中央宣传部、国家新闻出版广电总局
2016年主题出版重点出版物

绿色发展与森林城市建设

上

国家林业局 编

中国林业出版社

图书在版编目(CIP)数据

绿色发展与森林城市建设：全2册 / 国家林业局编.
-- 北京：中国林业出版社, 2016.12(2017.12重印)
ISBN 978-7-5038-8900-4

Ⅰ. ①绿… Ⅱ. ①国… Ⅲ. ①城市林－建设－研究－中国 Ⅳ. ①S731.2

中国版本图书馆CIP数据核字(2016)第323210号

出 版 人 金 旻
总 策 划 刘东黎
责任编辑 于界芬 杜建玲 张 锴 王 远 于晓文

出　版 中国林业出版社（100009 北京西城区德内大街刘海胡同 7 号）
网　址 http://lycb.forestry.gov.cn
电　话 (010) 83143542
发　行 中国林业出版社
印　刷 北京雅昌艺术印刷有限公司
版　次 2016 年 12 月第 1 版
印　次 2017 年 12 月第 2 次
开　本 787mm×1092mm 1/16
印　张 35
字　数 680 千字
定　价 298.00 元

《绿色发展与森林城市建设》

编撰工作领导小组

组　　长　张建龙
顾　　问　蒋有绪　李文华
副 组 长　彭有冬　张鸿文　程　红　金　旻
成　　员　王洪杰　王祝雄　郝燕湘　贾建生　刘　拓
　　　　　王海忠　闫　振　胡章翠　章红燕　郝育军
　　　　　高红电　黄采艺　杨　超　孙国吉　周鸿升
　　　　　王志高　叶　智　刘国强　郭青俊　周光辉

编撰委员会

主　　编　程　红
策　　划　刘东黎　李天送　马大轶　刘雄鹰

上册主编　李天送　马大轶
上册编委（按姓氏笔画排序）
　　　　　于宁楼　于彦奇　王　成　王俪玢　刘宏明
　　　　　杨玉芳　邱尔发　但新球　张志强　范　欣
　　　　　郄光发　徐程扬

下册主编　刘东黎　马大轶　李文波
下册编委（按姓氏笔画排序）
　　　　　朱卫东　刘东黎　刘先银　李文波　李玉峰
　　　　　张小平　胡勘平　徐小英

前言

建设森林城市，是加快城乡造林绿化和生态建设的创新实践。2004年，在全国关注森林活动组委会的倡导下，国家林业局启动了国家森林城市创建活动。12年来，这项活动得到了地方党委、政府的高度重视和城乡居民的衷心欢迎，呈现出良好的发展态势。目前，已有118个城市被授予国家森林城市称号，有80多个城市正在创建国家森林城市，有13个省份开展了省级森林城市创建活动。

党的十八大以来，习近平总书记对城市生态建设高度重视，先后作出了一系列重要指示。习近平总书记指出，要增强城市宜居性，优化城市空间布局；城镇建设要体现尊重自然、顺应自然、天人合一的理念，依托现有山水脉络等独特风光，让城市融入大自然，让居民望得见山、看得见水、记得住乡愁。2016年1月26日，习近平总书记在主持召开中央财经领导小组第12次会议时又专门强调，要着力开展森林城市建设，搞好城市内绿化，使城市适宜绿化的地方都绿起来；搞好城市周边绿化，充分利用不适宜耕作的土地开展绿化造林；搞好城市群绿化，扩大城市之间的生态空间。

在这些重大战略思想的引领下，《中共中央关于制定国民经济和社会发展第十三个五年规划的建议》《中共中央国务院关于进一步加强城市规划建设管理工作的若干意见》《中华人民共和国国民经济和社会发展第十三个五年规划纲要》等重大决策部署，赋予了森林城市建设拓展区域发展空间、营造城市宜居环境、扩大生态产品供给等重要任务。着力开展森林城市建设，已经成为习近平总书记对推动林业发展的新要求，成为实施国家发展战略的新内容，成为人民群众对享受良好生态服务的新期待。

着力开展森林城市建设是建设美丽中国的必然要求。党的十八大首次提出要建设美丽中国，描绘了全面建成小康社会的美好蓝图。习近平总书记强调，全社会都要按照十八大提出的建设美丽中国的要求，切实增强生态意识，切实加强生态环境保护，把我国建设成为生态环境良好的国家；要坚定不移爱绿植绿护绿，把我国森林资源培育好、保护好、发展好，努力建设美丽中国。森林，是建设美丽中国的核心元素和基本色调。美不美，看山和水；只有山清，才能水秀。没有森林，就没有青山绿水，就不会有良好生态，美丽中国便无从谈起。只有着力开展森林城市建设，才能有效加快城乡绿化步伐，完善城乡生态系统，增加森林资源总量，扩大城市生态空间，提升森林质量和改善生态景观，为建设美丽中国奠定坚实基础。

着力开展森林城市建设是增进民生福祉的重大举措。习近平总书记指出，良好生态环境是最公平的公共产品，是最普惠的民生福祉；环境就是

民生，青山就是美丽，蓝天也是幸福；植树造林是实现天蓝、地绿、水净的重要途径，是最普惠的民生工程。当前，拥有更多的森林绿地和良好的生态环境，已经成为城乡居民追求幸福生活的新期待，也是各级党委、政府改善民生的重要内容。但是，我们国家本来就缺林少绿，而且森林大多分布在远离城市的山区林区，很难满足城市居民“推窗见绿、出门进林”的要求。着力开展森林城市建设，就是要在城市居民身边增绿，让居住环境绿树环抱、生活空间绿荫常在，更加便捷地享受造林绿化带来的好处，提升他们的幸福指数。

着力开展森林城市建设是推动绿色发展的重要抓手。十八届五中全会把绿色发展作为五大发展理念之一，明确提出要坚持绿色富国、绿色富民，为人民提供更多优质生态产品，推动形成绿色发展方式和生活方式。习近平总书记强调，要走生态优先、绿色发展之路，使绿水青山产生巨大的生态、经济和社会效益；要紧紧围绕提高城镇化发展质量，高度重视生态安全，扩大森林、湖泊、湿地等绿色生态空间比重，增强水源涵养能力和环境容量。着力开展森林城市建设，一方面，可以有效地改善城市生态环境，提高城市生态承载力，扩大城市的环境容量，增强城市发展的吸引力和竞争力；另一方面，可以大力发展以森林资源为依托的绿色产业，壮大绿色经济规模，改变传统的产业结构和发展模式，促进城市转型升级和绿色增长。

着力开展森林城市建设是实现森林发展目标的有效途径。2015 年气候变化巴黎大会上，习近平总书记代表中国政府庄严承诺，我国 2030 年森林蓄积量要比 2005 年增加 45 亿立方米左右。国家“十三五”规划纲要把森林覆盖率、森林蓄积量作为约束性指标，提出到 2020 年全国森林覆盖率提高到 23.04%，森林蓄积量增加 14 亿立方米。实现这些目标，任务十分艰巨，必须调动一切积极因素，挖掘一切有效潜力，扩大造林面积，增加森林总量。近年来，我国城市森林快速增加，已成为新增森林面积的一个亮点。根据对全国 180 多个创森城市的统计，创森期间，每个城市年均新造林面积 20 万亩左右。着力开展森林城市建设，有利于实现 2020 年我国森林发展目标，兑现 2030 年森林蓄积量增长的承诺。

着力开展森林城市建设是全社会办林业的生动实践。习近平总书记强调，坚持全国动员、全民动手植树造林，努力把建设美丽中国化为人民自觉行动；绿化祖国，改善生态，人人有责。当前，我国经济处在发展阶段，财力还不很雄厚，同时我国林业和生态建设欠账很多，投入需求巨大，这样造成了国家投入很难满足林业建设的实际需求。所以，中央确定了“全国动员、全民动手、全社会办林业”的林业建设方针。着力开展森林城市建设，一方面，可以为地方党委、政府提供一个很好的抓手，形成高位推动、部门互动、百姓联动的林业建设格局；另一方面，可以通过宣传发动，更好地凝聚全社会参与林业建设的正能量，特别是为社会资金投入林业搭建很好的平台，真正形成全社会办林业的良好局面。

为贯彻落实习近平总书记的重要指示精神和中央的决策部署，国家林业局已经将森林城市建设列为林业发展“十三五”规划的重要内容，并制定出台了《关于着力开展森林城市建设的指导意见》，进一步明确森林城市建设的总体要求，这就是：认真贯彻习近平总书记系列讲话精神，牢固树立创新、协调、绿色、开放、共享的发展理念，以改善城乡生态环境、增进居民生态福利为主要目标，以大地植绿、心中播绿为重点任务，构建完备的森林生态系统，打造便利的森林服务设施，建设繁荣的生态文化，传播先进的生态理念，力争到2020年，建成6个国家级森林城市群、200个国家森林城市、1000个示范森林村镇，为全面建成小康社会、建设生态文明和美丽中国作出新贡献。

在这个重要的时刻编撰本书，目的是为了向读者展示13年来我国森林城市建设的理论和实践探索进程、具有中国特色的成功做法和经验总结，以此推动森林城市建设在绿色发展的背景和要求下，取得新的进展和成效。

本书是2016年中央宣传部、国家新闻出版广电总局主题出版重点出版物。本书分为上下两册，上册主要写国家森林城市的发展历程、理论与实践、建设成效、未来发展，下册主要写我国国家森林城市建设实践和成果。编撰过程中，本书得到了各级领导的高度重视，也得到了很多专家的大力支持；同时本书征集了较多照片，没有全部署名，在此一并表示感谢。

编　者

2016年11月

目录

下

第一章　相助守望，共筑绿色长城

第二章　长三角城市群的绿色光谱

第三章　珠三角：大绿倾城

第四章　湘鄂赣：绿色长江入画来

第五章 中原：绿色连城诀

第六章 山东半岛：择绿而生

第七章 东北：黑土地的"绿色含金量"

第八章 江淮：绿色发展与生态红利

绪　论

习近平总书记强调，要走生态优先、绿色发展之路，使绿水青山产生巨大的生态、经济和社会效益；要紧紧围绕提高城镇化发展质量，高度重视生态安全，扩大森林、湖泊、湿地等绿色生态空间比重，增强水源涵养能力和环境容量。

要着力开展森林城市建设，搞好城市内绿化，使城市适宜绿化的地方都绿起来；搞好城市周边绿化，充分利用不适宜耕作的土地开展绿化造林；搞好城市群绿化，扩大城市之间的生态空间。

一

中国的绿色发展，呈现的是对中国古代天人合一、道法自然等生态智慧。在中华传统文化资源中，具有丰富的朴素自然观思想，也蕴含着绿色发展理念的萌芽。“数罟不入洿池，鱼鳖不可胜食也。斧斤以时入山林，材木不可胜用也。”先人很早就明白，生态没有替代品，物资都有穷尽时。《庄子》讲“爱人利物之谓仁”，《孟子》称“材木不可胜用也”；都是在劝告人们对大自然的开采要适可而止。儒家文化中的“君子畏天命”，强调人事必须顺应天意；道家文化的“道法自然”“辅万物之自然而不敢为”，提出自然法则不可违背，尊重万物的存在，才能实现国泰民安。

中国的绿色发展，是中国可持续发展的现实选择。2010 年当中国成为世界第二大经济体、全球二氧化碳排放量大国和能源消耗量大国时，大气、水、土壤等污染也已接近和达到环境承载上线。特别是工业化和城镇化的快速发展，也带来了严重的生态环境问题。面对资源约束趋紧、环境污染严重、生态系统退化的严峻形势，面对人民群众对清新空气、干净饮水、安全食品、优美环境的迫切需求，绿色发展成为中国经济社会可持续发展战略的内在要求和必然选择。

中国的绿色发展，更是一场实际行动。2015 年党的十八届五中全会首次把“绿色发展”作为五大发展理念之一，着重解决人与自然和谐问题，明确提出：“要坚持绿色发展，坚持节约资源和保护环境的基本国策，坚持可持续发展，坚定走生产发展、生活富裕、生态良好的文明发展道路，加快建设资源节约型、环境友好型社会，形成人与自然和谐发展现代化建设新格局，推进美丽中国建设，为全球生态安全作出新贡献。”并要求把绿色发展理念贯穿在经济社会发展的各个方面，其中，在拓展发展新空间方面，强调支持绿色城市、智慧城市、森林城市建设。

二

城市的意义在于引领国家发展，给人民创造更美好的生活。作为人类文明的重要载体，城市的出现距今已有6000多年历史。尽管全球城市面积仅占地球表面积的2%，但全世界超过一半的人口居住在城市中。我国正进行着人类历史规模最为宏大的城镇化进程，这一划时代的进程将广泛影响着中国乃至世界的未来。

什么是理想城市？古希腊哲学家亚里士多德的名言："人们为了活着，聚集于城市，为了活得更好，居留于城市。"城市的本质，在于提供一种"有价值、有意义、有梦想"的生活方式。如果说城市的本质是"让生活更美好"，那么，理想的城市，就应当是"绿色"的城市，绿色，应当是一座城市的生命色。全面加强生态建设、推进绿色发展，是世界城市建设的潮流，也是中国城市发展的新方向。

选择什么样的发展模式与路径，折射的是对发展有怎样的认识。

□石河子市全景

绿色发展是一种观念、理念、文化、伦理以及行为准则。如果说楼宇、桥梁代表着城市的繁华，那么绿色则代表着一座城市的品位，它应是一座城市永远追求的境界。一座高品位的城市，要以生态建设、节能减排和环境治理为重点，发展绿色产业，倡导绿色消费，弘扬绿色文化，探索资源节约、环境友好的生产方式和消费模式，走出一条生产发展、生活富裕、生态良好的可持续发展道路，才会在市民的心里被接纳，在人们的眼里得到认同。

三

随着经济的发展和人民生活水平的提高，人居环境已越来越成为人民群众关注的焦点，人们对于良好生态环境的需求日益迫切。苍郁森林、幽深湿地、绿色通道、秀美村庄，不仅是城市品质的标志，也是市民、公民最普惠的生态福利。将众多的中国城市，建设成为一座座山清水秀、产业发达、宜业宜居、环境友好的现代化森林城市，也就成为中国城镇化快速发展的必然战略选择。

森林城市，是对一座城市生态成就的最高评价，也是一座城市影响力、竞争力的重要体现。建设森林城市实质上是对城市自然生态系统进行修复和完善。国家林业局局长张建龙说，归纳起来，我国森林城市建设突出了五个方面：

在主要目标上，坚持大地植绿，着力打造完备的城乡森林生态系统。通过对山水林田湖进行统筹规划、综合治理，打造出“林在城中、城在林中”的现代城市风貌。

在重点任务上，坚持心中播绿，切实增强城乡居民的生态文明意识。通过建设多种多样的参与式、体验式生态科普场所，推动生态文明教育进社区、进学校、进机关、进厂矿、进军营，营造处处受教育、时时受熏陶的氛围。

在建设范围上，坚持城乡统筹，大力推进城乡生态建设一体化进程。通过造林绿化和生态建设的统一规划、统一实施、统一管理，改变城乡生态建设二元结构，消除城乡人居环境的差距。

在建设方式上，坚持师法自然，全面提升城乡生态系统的近自然水平。大力推行造林树种选择本地化、森林绿地配置多样化、管护措施近自然化，使城乡生态建设更加科学，更为节约，更有实效。

在结果取向上，坚持以人为本，有效提供公平普惠的生态福祉。通过建设绿道和生态标识系统、无偿开放公园绿地，真正把森林城市建设成果变成最公平的公共产品、最普惠的民生福祉。

四

一片片树林绿意盎然，起伏的山丘绿草如茵，波光粼粼的湖面游船荡漾，气派的广场时尚现代……森林城市为何能化腐朽为神奇？曾经最难绿化的地方，建起了森林公园；昔日污水横流的母亲河，变成碧波荡漾的城市水系；经济困窘、污染严重的老工业基地，几年时间里变成了宜居的绿色城市……这一个个典型案例的背后，有着怎样鲜为人知的改革探索？又有多少非同寻常的创新实践？本书写作的立意正在于此，我们深入几十个绿色发展理念下、建设森林城市的最前沿，探索得失经验，以为未来中国森林城市发展之参照。

《绿色发展与森林城市建设》一书在编纂过程中，我们主创人员既坚持突出重点与兼顾全面相结合，立足当前与着眼长远相结合；又立足各地实际，总结各地经验，彰显各地特色；还充分借鉴相关的文化理念，使本书成为绿色发展和森林城市建设一次具体实践的集中展示。同时，从经济、社会、生活、文化多个角度，对绿色发展与森林城市建设这一宏大主题，进行综合性的探讨。

任何城市的发展和崛起，都有路径选择，这是决策层和顶层设计者必须面临和解决的问题。摒弃落后的政绩观，才能步履稳健，柳暗花明。对于如何释放和发展一个地区的生产力，可能有多种手段、多条路子。路子对，事半功倍；路子偏，事倍功半，甚至山河依旧，遗患后代。本书下册，我们精选了几十个森林城市的典型案例。相信这些案例对读者深入了解和探讨我国城市未来可持续发展模式，如何改善城市人居生态环境，如何提升城市品位和形象，如何增强城市综合竞争力，有着弥足珍贵的价值。

五

绿色发展是当今世界发展的新潮流。

转变发展方式，追求绿色增长，愿中华大地涌动起绿色发展的滚滚热潮。

以绿色发展的理念，推动中国城市建设，实现中国城市开放创新、活跃活力、雅居兴业、保护传承、安全和谐；以生态和人文为核心，倡导生态环境、人类生活与经济增长的和谐共赢，为科技产业、生活、工作创造优良环境。强调“以人为本”，围绕人的活动，遵循人与自然的和谐同存的规律，在人们的生活中更多享受到自然与文化和谐带来的雅居乐趣，让每个人都置身于绿色的城市环境中，保持我们生活的

品位与品质，这是中国城市建设未来努力的方向。

按照国家林业局制定林业发展“十三五”规划，到2020年，我国将建成6个国家级森林城市群、200个国家森林城市、1000个示范森林村镇。

“罗马不是一天建成的”。这是西方建筑界流传的一句谚语。一个城市的文化需要积淀，需要时间和空间的滋染，并非一蹴而就。一座以绿色发展为指导理念创建的森林城市，也不是在短时间内可以建设起来的，往往要用5年、10年甚至更长的时间，需要我们坚持不懈的努力。

让山川林木葱郁，让大地遍染绿色，让天空湛蓝清新，让河湖鱼翔浅底，这是建设美丽中国的美好蓝图，也是推进绿色发展与森林城市建设的宏伟目标。

我们相信，在绿色发展理念指引下的中国森林城市建设，本身就是一幅气势磅礴的生态变迁图，必将是一段恢弘深刻的绿色发展史。

□珠海市鸟瞰

绿色发展与森林城市建设

第一部分

森林城市：应运而生，方兴未艾

随着全球经济社会发展和城镇化进程不断加快，人与自然的关系问题日益凸显。我国在借鉴国外城市生态建设经验和作法的基础上，立足国情林情，创造性地提出了建设一种新的城市形态——森林城市。

让森林走进城市：城镇化进程的必然选择

城市是经济社会发展的中心地带，是人口高度集中的主要地方，是人类文明进步的集中体现。作为经济、政治、文化、社会等方面活动的中心，城市发展在我国经济社会发展中具有举足轻重的作用。中华人民共和国成立以来特别是改革开放以来，我国经历了世界历史上规模最大、速度最快的城镇化进程，取得了举世瞩目的成就。1949 年，我国各级规模城市共有 136 个，城镇化率 10.64%，到 2003 年年底，我国共有建制市 660 个，城镇人口超过 5 亿，城镇化率达到 40.53%。城市的快速发展带动了整个经济社会的发展，已成为我国现代化建设的重要引擎。但随着人口的增长和经济的发展，城市也成为资源能源消耗和温室气体排放的主要地方，面临着由此产生的严峻形势。

（一）城镇化进程中的突出生态问题

随着我国城镇化进程加快，经济发展迅猛和城市人口急剧增长，城市生态系统遭到严重破坏。同世界平均水平相比，我国大多城市缺林少绿，绿化覆盖率偏低，树种相对单一、生态功能不足，城市生态问题日益突出。

1. 大气污染

城市大气污染主要来自烟尘和粉尘、二氧化硫、二氧化碳和一氧化碳、光化学烟雾、含氟和氯的废气等。据世界银行报告，中国一些主要城市大气污染物浓度远超过国际标准。尤其是，随着城市机动车数量大幅度增长，机动车尾气逐渐成为城市大气污染的重要污染物。其中，由于二氧化硫的大量排放，造成城市酸雨出现频率不断增加，城市大气污染面积不断扩大。近年来，雾霾天气发生频率高、强度大、范围广。

2. 水污染

据统计，我国一半以上的城市缺水，缺水成为限制城市发展的因素之一。与此同时，在城市日渐缺水的同时，城市面积的扩大也造成城市区域的水污染问题日益加剧。如工业废水、生活污水的超标排放或经下水道流入河流、湖泊而污染地表水使水生生物散失，水体失去原有的提供饮用水和养殖功能，并使周围的生态环境变差，或进入土壤中污染地下水。随着城郊农田的农药、化肥使用量不断增加，中国城市区域的水污染问题普遍严重并呈恶化趋势。全国城市附近的湖泊，富营养化程度不断加重。一些湖泊形成污染严重的水体，直接危害到附近地区人们的健康，影响社会和经济健康稳定的发展。

3. 热岛效应

城市因大量的人工发热、建筑物和道路等高蓄热体及绿地减少等因素，造成城市高温。城市热岛现象的存在使城市的气温比郊区普遍偏高，形成了城市中春夏早、秋冬迟，严寒日少，夏季高温日多，初夏日来得早等现象。一般大城市年平均气温比郊区高 0.5 ～ 1℃，冬季平均最低气温高 1 ～ 2℃。城市的热岛效应随城镇化的程度提高而不断加剧。在同一季节，同样的天气条件下，城市热岛强度还与城市规模、人口密度、建筑密度、城市布局、附近的绿化景观区以及城市内局部下垫面的性质有关。

4. 生物多样性降低

由于建筑用地的急剧扩张，城市原有的绿色空间特别是森林、湿地等自然生态空间不断受到挤压和切割，限制了野生动物迁徙和基因交流，直接威胁生物多样性安全。特别是随着城镇化进程的加快，城市里建成的人工生态系统植物种类单一，以植食性昆虫居多，缺乏以昆虫为食的二级取食者，破坏了自然生态系统的平衡，有可能引发病虫害的大面积爆发。因此，只能依靠人工措施才能维持人工生态系统的平衡。但依靠化学农药灭虫的城市，不仅造成生态系统日渐脆弱，还形成严重的环境污染，导致恶性循环。

5. 自然灾害频发

由于缺乏合理规划、乱砍滥伐、随意改造河塘等现象时有发生，导致森林植被破坏严重，水土流失严重。同时，基础设施建设造成土地大面积硬化，减少雨水渗透，破坏了原有植被的生长环境，减少植被覆盖率，导致滑坡和泥石流等灾害的发生。

此外，还有土壤污染、噪声污染、光污染等一系列生态环境问题。这些生态问题都严重影响了城乡居民生活质量和城市可持续发展。

（二）城市居民对良好生态的迫切需求

随着城镇化进程的加快和人们生活水平的提高，人们对改善身边生态环境的要求越来越迫切，把森林建在城市、把绿色留在身边，更渴望呼吸上清新的空气、喝上纯净充足的水、吃上绿色的食品、拥有健康优美的自然景观和人居环境已成为城市生态建设的现实需要和广大人民群众的强烈诉求。

据 1999 年北京零点调查公司对北京、上海、广州、武汉、成都等城市居民进行的森林生态意识专项调查显示，与 80 年代相比，73.1% 的受访市民表示自己在 90 年代对于森林保护、植树造林、野生动植物保护方面事务的关注程度有不同程度的上升，其中 83.2% 的市民对于城市森林绿地建设的关注程度最高。

据另一项北京奥丁市场调查有限公司对城市居民生态需求的调查结果，城市居民的生态环境需求呈现多元化趋势，城市居民理想的人居环境是街道、小区绿树成荫、绿意盎然的空间，最渴望亲近的自然环境是森林和绿地，节假日休闲最向往的则是森林公园和郊外农村田园。而森林公园等各类生态休闲场所不多，难以满足居民需求的问题最为突出，城市居民已意识到，不能一味地追求城市美化亮化，而破坏原有的自然生态系统，城市的发展不应该以自然生态环境的丧失为代价。市民对改善生态环境状况的措施和途径的指向十分明确，在城市生态建设主体调查中，82% 城市居民倾向于以森林和树木为主体，在对居住社区的绿化方式的调查中，更倾向于植树的方式。通过城市居民对森林在改善城市生态环境中作用的认识调查中发现，人们越来越认识到森林在解决城市生态问题中的重要性。

调查充分说明，广大城乡居民对生态环境的关注度越来越高，对森林在改善城市生态环境中的作用认识越来越高，对政府改善生态环境的期望值越来越高，必须加大城市森林建设的力度，才能满足人民群众的要求，赢得人民群众的拥护。

（三）森林在改善城市生态环境中的巨大作用

在推进城镇化过程中，世界各国普遍重视发展城市森林。20 世纪末以来，欧美发达国家经过城镇化快速发展，日渐重视森林在改善城市人居环境、缓解环境污染、满足休闲游憩需求等方面的重要作用，并以各种方式推进城镇化地区森林的保护和恢复。美国的华盛顿、加拿大的渥太华、英国的伦敦、意大利的罗马、俄罗斯的莫斯科、奥地利的维也纳、德国的柏林，都曾经开展过大规模的城市森林建设，力图通过加强森林、湿地、绿化带等绿色基础设施建设，打造完备的城市森林生态网络，进一步改善人居生态环境，提高生态承载力，提升城市可持续发展能力。

□ 美国华盛顿的城市森林景观（引自昵图网）

1. 森林可以为城市提供清新的空气

森林能有效地减少城市空气污染物浓度，可以吸收紫外线和空气中的有毒物质，据专家测定，1 公顷森林每年能吸收二氧化硫 700 多千克。森林还能有效减少空气中悬浮颗粒物浓度。悬浮颗粒物是造成城镇能见度低和对人体健康产生严重危害的主要污染物之一。森林具有显著杀菌，提高空气洁净度的功能。城市空气中细菌的含量一般为每立方米 2700 ～ 28600 个，是森林中平均值的 66 倍。除此之外，森林中还会释放出大量对人体健康有益的“植物精气”，能阻止细菌、害虫的成长蔓延。

2. 森林可以为城市提供纯净的水

一项由世界银行和世界自然基金会发起的，以世界各地 105 个大城市为研究对象的调查结果显示，对城市水源净化最为“廉价、有效”的方法就是保护好水源周边的森林资源，人们应该把精力和资金转移

到保护森林上来。调查还指出，森林可以有效减少山崩、腐蚀及沉积，可以通过过滤污染物提高水源的纯净度，甚至可以起到“吸纳、储存”水分的作用。我国的研究也表明，青海省森林在涵养水源方面，每亩森林可增加蓄水量 20 立方米；广州城市森林生态系统每年贮水量比无林地多 6.4 亿立方米。

3. 森林可以调节城市小气候

森林能有效调节城市的气温和地温。城市中的行道树、散生树及成片林在炎炎夏日都可起到降温作用，大面积的片林还能有效冷却空气和推动空气运动。据研究，在成片林和林荫道下，夏季能降低气温 3℃左右，路面温度 7℃，建筑物表面温度 4 ~ 10℃。森林还能吸收和反射太阳辐射，使达到林下的光照强度大大减弱，可以通过叶面蒸发大量的水分，带走热量，提高周围空气的湿度。夏季行道树能提高街道上的相对湿度 10% ~ 20%。

□广州森林城市景观

□佛山市共有大小河涌、水道已绿化长度达697.69公里，水岸绿化率为91.80%。图为佛山新城滨河生态廊道

4. 森林可以丰富和保护城市生物多样性

生物多样性是人类赖以生存的物质基础，也是城市生存的根本条件，它对维持区域和城市的生态平衡、可持续发展具有十分重要的意义。森林具有保存和维护生物多样性的特殊功能。据统计，目前地球上大约 500 万～5000 万种生物中，有 50%～70% 在森林中栖息繁衍。

5. 森林可以提高城市居民的健康水平

森林与城市居民的身心健康、生命安全紧密相关。森林可以释放大量的负氧离子，调节人体的生理机能，改善呼吸和血液循环，减缓人体器官衰竭。研究表明，长期生活在城市的人，在森林中生活一周后，其神经系统、呼吸系统、心血管系统功能都有明显的改善作用，机体非特异免疫能力有所提高，抗病能力增强。森林的绿色视觉环境会使人产生满足感、安逸感、活力感和舒适感。森林中的特殊气味具有消除疲劳和心理不安的作用。一项对日本东京老年人的调查表明，如果居住在步行可到达的城市森林周边，居民的死亡率较远离城市森林的有所下降。丹麦的研究学者也发现，居民离城市森林越近、每周进入森林绿地休闲的次数越多，其压力指数越低。

□ 柳州市创森共完成人工造林面积 9.23 万公顷，森林覆盖率达 63.2%，建成区绿化覆盖率 38.9%，人均公共绿地面积 10.37 平方米。图为柳州市貌

□温州市以城乡道路、江河海岸和农田林网为框架，打造城乡绿网，道路绿化率达 95%。图为文成火红的绿道

6. 森林可以满足人们精神文化的需求

城市森林文化是城市文化和城市生态文明的重要组成部分，它所包含的城市森林美学、园林文化、旅游文化等，对人们的审美意识、道德情操起到了潜移默化的作用，也使城市森林成为城市文化品位与文明素养的标志。

事实表明，我国城镇建设虽然得到了长足发展，但是由于多方面的原因，城市生态建设并没有得到足够重视，城市生态状况远远落后于发达国家，越来越不适应城市经济社会发展和城市居民对生态的需求。目前，我国城市最短缺的，不是高楼大厦，不是柏油马路，而是生态产品；城市功能中最脆弱的，不是经济功能，不是社会功能，也不是文化功能，而是生态功能，这已成为我国城市与发达国家城市的重要差距。大力发展城市森林，对于改善城市生态、扩大环境容量、提升城市竞争力，满足城市居民亲近森林、回归自然的愿望，具有十分重要的意义。

以生态建设为主：
新世纪中国林业肩负的重大使命

跨入新世纪，我国进入了全面建设小康社会、加快推进社会主义现代化的新的发展阶段。但是恶劣的生态环境已经成为制约我国经济社会可持续发展的根本性因素之一，党和政府对改善生态越来越重视，社会对生态环境的关注达到了前所未有的程度。林业不仅是经济社会可持续发展的重要公益性事业和基础产业，更是生态建设的主体，改善生态环境日渐成为社会对林业的主导需求，经济社会可持续发展迫切要求我国林业有一个大转变。

（一）国家层面首次开展可持续发展林业战略研究

2001 年 7 月，国家林业局按照国务院的决策部署，开展了“中国可持续发展林业战略研究”项目。近 60 名中国科学院、中国工程院院士和资深专家领衔，20 多个部门和 40 多个学科的近 300 名研究人员组成项目研究组，以可持续发展理论为指导，研究总结了古今中外林业

□龙回首栈道全景

□中国可持续发展林业战略研究成果著作

发展的历程，揭示了全球生态环境发展的现状与趋势，分析了林业在经济社会发展中所面临的机遇和挑战，明确了林业在中国可持续发展中的地位和作用，研究了新时期林业发展的重大任务，明确提出当前中国林业应当果断实现由以木材生产为主向以生态建设为主的历史性转变，同时提出了以大工程带动大发展，实现林业跨越式发展的新模

式，并首次对天然林保护、野生动植物和湿地保护、森林植被和水资源配置等十大林业发展战略问题进行了系统研究。其中，城市林业发展战略问题被列入十大战略性问题，明确提出：

在战略目标上，按照保障城市生态安全、建设生态文明城市为战略要求和“城在林中、路在绿中、房在园中、人在景中”的布局要求，建设以林木为主体，总量适宜、分布合理、植物多样、景观优美的城市森林生态网络体系，使全国70%的城市的林木覆盖率到21世纪中叶达到45%以上，其中城市建成区林木覆盖率为40%，商业中心林木覆盖率为15%，居民区及商业区外围为25%，城市郊区为50%，使城市的人居环境有显著的改进，使城乡绿地实现一体化。

在战略布局上，为了使城市森林布局全面付诸实施，城市森林建设必须纳入城市发展规划。城市森林建设要以乔木为主体，乔、灌、草、藤共生的复层结构为主，以对应我国城市可用于林业建设的土地极为有限的基本国情。城市林业建设应与城市园林、城市水体、城市基础设施建设相互协调，融为一体，使之形成“林园相映、林水相依、林路相联”的自然美与生态美；城市林业应以乡土树种为主，在植物配置上应以长效型为主，注重森林景观多样性、生态系统多样性和生物物种多样性，在管护上应采用近自然的方式，减少人工的维护，以降

□创森期间，东莞全市森林覆盖率上升至37.4%，城市人均公园绿地面积提高到17.3平方米。图为东莞市鸟瞰

低城市林业的养护成本；同时，要充分利用农田、河流、公路、铁路防护林体系对城市环境改善的辐射功能。

在战略措施上，城市森林建设不仅要体现提高城市环境质量、居民生活质量和可持续发展能力的要求，而且要体现城市生态环境建设由绿化层面向生态层面提升的要求，以及人与自然和谐相处的要求。并要求做到：将城市林业与城市布局结合起来，使城市功能分区的特征更为显著；充分利用原有植被和原生地形地貌的生态价值；将森林与其他植被整合成有机的城市绿地系统；将城市森林建设与水体保护结合起来；将重点林业工程与城市森林建设结合起来；按照区域特点配置城市森林体系；建设城乡绿地相连的森林体系。

（二）中央林业决定出台加快了林业转型发展

2003年6月25日，中共中央、国务院颁发了《关于加快林业发展的决定》（中发〔2003〕9号，以下简称《决定》）。《决定》是多年来我国林业理论探索和实践发展的深刻总结，是指导我国林业改革和发展的纲领性文件。《决定》确立了我国林业以生态建设为主的指导思想、基本方针、战略目标和战略重点，优化重组了林业生产力布局，对林业体制机制和政策措施作出了重大调整，破解了林业发展面临的一系列亟待解决的重大问题，指明了林业跨越式发展的方向。《决定》的发布，标志着我国林业结束了以木材生产为主的时代，进入了以生态建设为主的新阶段，表明了党中央、国务院改善中华民族生存与发展条件的坚定决心，对于推动我国林业跨越式发展，实现山川秀美的宏伟目标，维护国家生态安全，全面建设小康社会，具有重大的现实意义和深远的历史意义。

中共中央　国务院
关于加快林业发展的决定
（2003年6月25日）

□《中共中央　国务院关于加快林业发展的决定》出台

《决定》对林业进行了重新定位，明确提出林业既是一项重要的公益事业，又是一项重要的基础产业，不仅要满足社会对木材等林产品的多样化需求，更要满足改善生态状况、保障国土生态安全的需要，生态需求已成为社会对林业的第一需求；在贯彻可持续发展战略中，要赋予林业以重要地位；在生态建设中，要赋予林业以首要地位；在西部大开发中，要赋予林业以基础地位。

《决定》确立了加快林业建设要坚持“全国动员，全民动手，全社会办林业”“生态效益、经济效益和社会效益相统一，生态效益优先”等 7 项基本方针。确定了加快林业发展的战略目标、对林业生产力布局进行了优化重组、对林业体制机制作出了重大调整、对完善林业发展支持保障等方面提出了明确要求。《决定》还提出，要动员全社会力量关心和支持林业工作，投身国土绿化事业。要大力加强林业宣传教育工作，不断提高全民族的生态安全意识。《决定》还对加强城市林业建设提出了要求，明确要努力发展好森林公园、城市森林和其他游憩性森林。城市绿化要把美化环境与增强生态功能结合起来，逐步提高建设水平。

同年 9 月 27 ～ 28 日，国务院在北京召开全国林业工作会议，对贯彻落实《决定》精神，加快林业发展作出全面部署。全国迅速掀起了加快林业发展、加强生态建设的热潮，我国林业进入了以生态建设为主的新阶段。加快林业发展成为社会共识，林业的影响和地位空前提高，为林业赢得了广泛的重视和支持，增强了林业发展活力，拓展了林业发展空间。

大地植绿、心中播绿：
森林城市建设的永恒主题

新世纪初，中央全面实施以生态建设为主的林业发展战略，对林业建设尤其是城市林业发展提出了新的要求，这就是：既要下大力气实施好林业重点生态建设工程，构建起国土生态安全屏障，也要积极推进百姓“身边增绿”，使城乡居民身边的森林多起来好起来，使森林更好地为人民群众生产生活服务。

按照中央的决策部署，为了探索一条推动新时期林业生态建设和转型发展的新路径，搭建一个调动全社会参与林业建设特别是地方党

委政府抓林业工作的新平台，2004 年，在全国关注森林活动组委会的倡导下，全国绿化委员会、国家林业局启动了国家森林城市创建活动，目的就是深入开展“大地植绿和心中播绿”。一方面，通过大力发展城市森林，修复和完善城乡自然生态系统，有效地增加城乡的森林绿地面积，为城市经济社会可持续发展提供良好的生态支撑。另一方面，积极培育生态文化、弘扬生态道德，推动生态文明教育覆盖到城乡每一个角落，真正把植绿、护绿、爱绿的意识和尊重自然、顺应自然、保护自然的理念，植根在城乡居民的心中。当年，全国绿化委员会、国家林业局举办了首届中国城市森林论坛，并命名贵阳市为第一个国家森林城市，由此拉开了中国森林城市建设的序幕。

（一）森林城市的发展进程

自 2004 年以来，我国森林城市建设在实践探索中不断发展完善，大体经历了三个阶段：

第一阶段（2004—2007 年），这是一个传播理念、凝聚共识的阶段。鉴于森林城市建设刚刚起步，它的内涵与外延、原则与理念、措施与做法等还处在一个探索完善的过程，还处在一个被社会认识接受的过

□ 国家森林城市——贵阳市

□首届中国城市森林论坛开幕式（郄光发供图）

程。当时，主要把森林城市建设定位为一项林业宣传实践活动，每年命名少数几个城市森林建设成效显著、市域生态环境良好的城市为国家森林城市，由全国政协人资环委、国家林业局、经济日报社共同举办一次"中国城市森林论坛"，邀请国内外专家和市长介绍理念、交流做法，以此来扩大宣传、凝聚共识。

第二阶段（2008—2012 年），这是一个加快推进、规范完善的阶段。随着森林城市建设理念的传播和实践成果的显现，不少城市自觉地把森林城市建设作为加强生态建设的重要手段，主动加入创森行列，森林城市建设呈现出由点到面的发展态势。为此，国家林业局逐步把森林城市建设作为林业重要工作，加强了理论引领和实践指导。一方面成立了森林城市研究中心，建立了由 60 多位专家学者组成的创森专家库，来指导地方的创森活动；另一方面，逐步把创森的理念、标准等系统化、规范化，颁布了技术的标准和管理办法，不断把森林城市建设纳入到了科学化轨道。

第三阶段（党的十八大以后），这是一个地位凸显、蓬勃发展的阶段。党的十八大作出建设生态文明和美丽中国的战略部署后，森林城市建设在经济社会发展和生态环境建设中的地位与作用越来越凸显。习近平总书记对城市生态建设高度重视，先后作出了一系列重要指示。习近平总书记指出，要增强城市宜居性，优化城市空间布局；城镇建设

要体现尊重自然、顺应自然、天人合一的理念，依托现有山水脉络等独特风光，让城市融入大自然，让居民望得见山、看得见水、记得住乡愁。2016 年 1 月 26 日，习近平总书记在主持召开中央财经领导小组第 12 次会议时又专门强调，要着力开展森林城市建设，搞好城市内绿化，使城市适宜绿化的地方都绿起来；搞好城市周边绿化，充分利用不适宜耕作的土地开展绿化造林；搞好城市群绿化，扩大城市之间的生态空间。

在这些重大战略思想的引领下，《中共中央关于制定国民经济和社会发展第十三个五年规划的建议》《中共中央国务院关于进一步加强城市规划建设管理工作的若干意见》《中华人民共和国国民经济和社会发展第十三个五年规划纲要》赋予了森林城市建设拓展区域发展空间、营造城市宜居环境、扩大生态产品供给等重要任务。各地建设森林城市的热情不断高涨，得到了各地党委政府的积极响应和人民群众的普遍欢迎。全国有 26 个省（自治区、直辖市）的近 200 个城市开展了森林城市创建活动，其中，有 118 个城市获得“国家森林城市”称号，有 26 个省（自治区、直辖市）还开展了省级森林城市创建活动，森林城

□ 通过实施重点工程，市域森林覆盖率达 36.3%、建成区绿化覆盖率达 40.98%。图为佛山市区绿化

市建设呈现出了蓬勃发展的势头。着力开展森林城市建设，已成为习近平总书记对推动林业发展的新要求，成为实施国家发展战略的新内容，成为人民群众对享受良好生态服务的新期待。

（二）森林城市建设的理念和做法

森林城市建设，是借鉴发达国家经验，适应我国国情和发展阶段，推进城乡生态建设的一种实践创新。自 2004 年开始，国家林业局紧紧围绕"让森林走进城市、让城市拥抱森林"这一主题，不断完善森林城市建设的工作定位、主要目标和政策措施，切实加强组织领导，始终贯彻中央的决策部署，把服务党和国家工作大局贯穿于城市森林建设的全过程，始终立足于满足人民群众日益增长的生态需求，使城市森林建设成为人民群众的共同意愿和自觉行动，始终遵循自然规律和经济社会发展规律，确保城市森林建设沿着科学持续发展的轨道推进，始终发挥国家森林城市的引领示范作用，带动和促进城市森林建设深入开展，探索走出了一条适合我国国情林情的森林城市建设之路。

1. 坚持规划先行，注重发挥规划对森林城市建设的科学引领

一方面，规定每个城市必须编制一个期限超过 10 年的建设规划；另一方面，明确要求森林城市建设的过程就是规划落实的过程。还特别提出规划要有"三个载体"的功能。

（1）新理念和新要求的载体。森林城市建设源于城市林业，又超越一般造林绿化，建设的理念原则和方式方法等都有自己的要求，只有在规划中明确这些新理念新要求，才能确保森林城市建设不会走偏。

（2）建设目标和任务的载体。森林城市有定性和定量的评价指标，相对应的建设目标和任务也十分明确，只有在规划中准确设定这些目标任务，才能保证森林城市建设不会随意而为之。

（3）城市政府承诺支持的载体。森林城市建设是生态工程也是社会工程，十分复杂，需要各个方面的支持，特别是城市政府的支持保障，只有在规划中载明政府有关人财物等的支持承诺，才能保障森林城市建设有序推进。

2. 坚持以人为本，注重按照人的需要做好森林绿地的文章

在森林城市建设中，以人为本既是指导思想，更有实在的内容，

□青岛市一居民小区

□惠州市道路绿化

具体体现在三个方面。

（1）森林建在哪里要以人为本。强调森林城市建设就是要改善老百姓生产生活环境，所以森林建在哪里、建多少，既要尊重自然规律，更要满足改善生态环境的要求。

（2）建怎样的森林要以人为本。强调老百姓生产生活需要什么样的林子，就要建什么样的林子，树种的选择、林相的形态、林子的功能都要服从老百姓这一要求。

（3）如何使用森林要以人为本。强调城市森林绿地建设必须解决好为人服务的问题，改变过去那种与人隔离的做法。明确规定现有公园绿地要免费开放，新建森林绿地要同步建设进入设施和标识系统，方便老百姓自由进入森林，尽情享受森林。

3. 坚持综合治理，注重打造协调完备的城乡自然生态系统

森林城市建设的实质，就是对以森林为主体的城乡自然生态系统进行修复和完善。所以，把发展森林作为森林城市建设的首要任务，同时又把山水林田湖作为重要的生态因子，纳入森林城市建设中统筹考虑。在这方面，主要采取了三个措施。

（1）通过让森林进社区、进村屯、进校园、进军营、进机关、进厂矿，让森林科学地融入到城市的每一个单元，真正体现森林城市建设以林为主的基本原则。

（2）通过采取林水相依、林路相依、林田相依、林山相依的建设模式，让森林与其他自然生态系统相互融合，充分体现森林对维护山水林田湖生命共同体的基础作用。

（3）通过实施河流治理、湿地保护、田园风光和美丽乡村的打造，让山水田林湖等各种生态系统在森林城市建设中都有一席之地，推进城市自然生态系统的平衡协调发展。

4. 坚持师法自然，注重提升城市森林生态系统近自然化水平

森林城市建设就是遵照森林生态系统的内在规律和近自然林业理论，通过人工的方式建设出能够自维持的森林，改变过去重美化、轻生态的做法。在这方面，主要采取了三个措施。

（1）造林树种选择本地化。就是要突出乡土树种在城市森林建设

中的地位和作用，明确规定乡土树种的使用比重不得低于70%。

（2）森林绿地配置多样化。就是新造林绿化要模拟自然植被结构，努力做到乔灌草复层结构和组团分布，以提高森林绿地的生物多样性和生态功能。

（3）管护措施近自然化。就是城市森林绿地的管护，要以不破坏系统内部的物质交换和能量流动为原则，避免过度人工干预，特别是那种追求整齐划一的过度修剪。

5. 坚持城乡一体，注重统筹推进城乡造林绿化和生态治理

森林城市建设是全域性的，既包括中心城区，也包括郊区和乡村。在森林城市建设中，我们明确规定要把城区绿化与乡村绿化统筹考虑、同步推进，为城乡居民提供平等的生态福利。在实践中，要求做到“三个统一”。

（1）统一规划，把乡村绿化作为重要内容，在森林城市规划中给予明确，确保乡村与城区造林绿化在同一个平台上谋划，具有同等的地位。

（2）统一投资，在工程安排、资金投入、政策扶持上，乡村和城

□森林氧吧

□和谐乡村

区一视同仁，改变过去城区投资高标准、乡村投资低水平的状况。

（3）统一管理，通过建立森林城市建设指挥机构，改变过去在造林绿化上城乡分割、不同部门分块管理的状况，逐步实行统一管理的体制。

6. 坚持政府主导，注重推进全社会共建共享建设格局的形成

森林城市建设是生产公共产品和提供公共服务的过程，这决定了政府工作的应有之义。城市政府要切实承担起组织者、推动者和管理者的角色，引导社会力量积极参与，齐心协力推进森林城市建设。在实践中，主要做到了“三个加强”。

（1）加强组织领导，成立由市长（或书记）担任组长、政府部门参加的森林城市建设领导小组，履行组织领导、规划编制、资金筹措、指导监督、考核考评等职责，真正把森林城市建设纳入到城市党委政府工作的重要议事日程。

（2）加强建设保障，在安排好公共财政专项资金、保证造林用地和苗木供应的同时，通过制定政策、创新机制，吸引民间资本投入，

形成全社会参与森林城市建设的良好局面。

（3）加强宣传发动，通过媒体的宣传报道、户外的公益广告，以及开展“我参与、我奉献”、评选市树市花、认养认建绿地等形式的主题宣传实践活动，让广大市民了解关注森林、支持参与森林城市建设，形成全社会共建共享的良好格局。

（三）“十三五”森林城市建设的总体要求和主要任务

1. 总体要求

为深入贯彻习近平总书记关于“着力开展森林城市建设”的重要指示精神和中央的决策部署，国家林业局将森林城市建设列为林业发展“十三五”规划的重要内容，出台了《关于着力开展森林城市建设的指导意见》，明确了森林城市建设的总体要求，即：

全面贯彻党的十八大和十八届三中、四中、五中全会精神，认真落实习近平总书记关于着力开展森林城市建设的重要指示，牢固树立创新、协调、绿色、开放、共享的发展理念，以改善城乡生态环境、增进居民生态福利为主要目标，以大地植绿、心中播绿为重点任务，构建完备的城市森林生态系统，打造便利的森林服务设施，建设繁荣的生态文化，传播先进的生态理念，为全面建成小康社会、建设生态文明和美丽中国作出贡献。到 2020 年，森林城市建设全面推进，基本形成符合国情、类型丰富、特色鲜明的森林城市发展格局，初步建成 6 个国家级森林城市群、200 个国家森林城市、1000 个森林村庄示范，城乡生态面貌明显改善，人居环境质量明显提高，居民生态文明意识明显提升。

2. 主要任务

《关于着力开展森林城市建设的指导意见》提出，今后一个时期森林城市建设的主要任务有以下 8 项：

（1）着力推进森林进城。将森林科学合理地融入城市空间，使城市适宜绿化的地方都绿起来。充分利用城区有限的土地增加森林绿地面积，特别是要将城市因功能改变而腾退的土地优先用于造林绿化。积极推进森林进机关、进学校、进住区、进园区。积极发展以林木为主的城市公园、市民广场、街头绿地、小区游园。积极采用见缝插绿、拆违建绿、拆墙透绿和屋顶、墙体、桥体垂直绿化等方式，增加城区绿量。

（2）着力推进森林环城。保护和发展城市周边的森林和湿地资源，构建环城生态屏障。依托城市周边自然山水格局，发展森林公园、郊野公园、植物园、树木园和湿地公园。依托城市周边公路、铁路、河流、水渠等，建设环城林带。依托城市周边的荒山荒地、矿区废弃地、不宜耕种地等闲置土地，建设环城片林。

（3）着力推进森林惠民。充分发挥城市森林的生态和经济功能，增强居民对森林城市建设的获得感。积极推进各类公园、绿地免费向居民开放，建设遍及城乡的绿道网络和生态服务设施，方便居民进入森林、享用森林。积极发展以森林为依托的种植、养殖、旅游、休闲、康养等生态产业，促进农民增收致富。

（4）着力推进森林乡村建设。开展村镇绿化美化，打造乡风浓郁的山水田园。注重建设村镇公园和村镇成片森林，拓展乡村公共生态游憩空间。注重提升村旁、宅旁、路旁、水旁等“四旁”绿化和农田防护林水平，改善农村生产生活环境。注重保护大树古树、风景林，传承乡村自然生态景观风貌。

（5）着力推进森林城市群建设。加强城市群生态空间的连接，构建互联互通的森林生态网络体系。依托区域内山脉、水系和骨干道路，建设道路林网、水系林网和大尺度片林、贯通性生态廊道，实现城市间森林、绿地等生态斑块的有效连接。加强区域性水源涵养区、缓冲隔离区、污染防控区成片森林和湿地建设，形成城市间生态涵养空间。

（6）着力推进森林城市质量建设。加强森林经营，培育健康稳定、优质优美的近自然城市森林。实施科学营林，尽量使用乡土树种、有

□本溪市河岸景观

□古树保护

益人体健康和吸收雾霾的树种，合理调控林分密度、乔灌草比例、常绿与落叶彩叶树种比重。实施现有林林相改造，形成多树种、多层次、多色彩的森林结构和森林景观。加强林地绿地的生态养护，避免过度的人工干预，注重森林绿地土壤的有机覆盖和功能恢复，增强其涵养水分、滞尘等生态功能。

（7）着力推进森林城市文化建设。充分发挥城市森林的生态文化传播功能，提高居民生态文明意识。依托各类生态资源，建立生态科普教育基地、走廊和标识标牌，设立参与式、体验式的生态课堂。国家森林城市应该建设一个森林博物馆，以及其他生态类型的场馆。加强古树名木保护，做好市树市花评选。利用植树节、森林日、湿地日、荒漠化日、爱鸟日等生态节庆日，积极开展生态主题宣传教育活动。

(8) 着力推进森林城市示范建设。切实搞好国家森林城市建设，进一步完善批准的标准和程序，充分发挥其示范引领作用。积极开展省级森林城镇示范，带动森林县城、森林乡镇、森林村庄建设。国家森林城市行政区域内的县（区、市），原则上都要是省级森林城镇。对国家森林城市实行动态管理，加强后续的指导服务和监督检查。

□东莞水岸绿化

绿 色 发 展 与 森 林 城 市 建 设

第二部分

森林城市：
城乡生态建设的创新实践

中国森林城市建设是在学习借鉴国外经验并结合中国国情和城市市情基础上，通过不断开展理论与实践创新发展起来的。本章选择世界上具有代表性的一些国家和城市，介绍其发展城市森林的主要做法和特点，阐述具有中国特色的森林城市建设体系和重点内容，使读者更清晰地了解中国森林城市建设的内涵和特点。

城市森林：他山之石，可以攻玉

城市化是当今世界的主要趋势，为了缓解城市化和工业化发展带来的生态环境问题，世界各国积极开展生态建设，增加城市化地区的森林、树木覆盖率，充分发挥森林和树木在改善城市生态环境方面的功能。1962 年，美国肯尼迪政府在户外娱乐资源调查中首次使用“城市森林”一词；同年在“总统户外休闲资源评估委员会”下设“城市林业信息处”，标志着美国城市林业正式诞生。1965 年，加拿大多伦多大学 Erik Jorgensen 教授提出完整的“城市林业”概念，自此城市林业与城市森林的研究和建设逐渐在北美、欧洲乃至全球掀起了热潮。进入 21 世纪，世界各国把发展城市森林作为增强城市综合实力的重要手段和城市现代化建设的重要标志。城市与森林和谐共存，人与自然和谐相处，是当今世界生态化城市的时代潮流和发展方向。

（一）发达国家城市森林的典型案例

1. 美国

在美国，城市森林从市中心向外依次由 4 部分组成：市中心商业区树木、城市边缘高密度住宅区树木、近郊住宅区树木、郊区的残留片林。城市和社区森林由行道树、广场绿化、片林、办公区绿化、城市公园、运动场、庭院花园、高速公路绿化带等组成。

据美国农林部林务局对 48 个大陆州的城市森林资源最新调查结果显示，城区城市林木覆盖率为 27.1%，约有 38 亿株树木；大城市区的平均林木覆盖率为 33.4%，约有 744 亿棵树。这与全美 48 个大陆州的平均林木覆盖率 32.8% 很接近，说明美国的城市化发展依然可以保证较高的林木覆盖率，这也使其城市林业建设处于世界领先地位。其主要做法体现在 5 个方面：

注重提高城区树冠覆盖率。为了突出森林生态系统的完整性、功能性和组成成分的多样性，使片林、林带、单木等多种森林成分与河流、湖泊等共同构成片、带、网相连的森林生态网络系统，美国非常注重提高整个城区的树冠覆盖率。

美国林学会提出了城市树冠覆盖率发展目标，即密西西比河东及太平洋东西部的城市地区，全地区平均树冠覆盖率 40%，郊区居住区 50%，城市居住区 25%，市中心商业区 15%；西南及西部干旱地区，全地区平均树冠覆盖率 25%，郊区居住区 35%，城市居住区 18%，市中心商业区 9%，同时对停车场等区域也提出了树冠覆盖率的建议。

加强绿色生态廊道建设。从 20 世纪中叶开始，美国各州分别对本州的各类绿地空间进行了连通尝试；70 年代开始有了"绿道"（Greenway）概念；1987 年，美国总统委员会提出建立充满生机的绿道网络，将整个美国的乡村和城市空间连接起来。在美国，根据形成条件与功能的不同，绿道分为以下 5 种类型：城市河流型——通常是作为城市衰败滨水区复兴开发项目中的一部分而建立起来；游憩型——建立在各类有一定长度的特色游步道上，主要以自然走廊为主，也包括河渠、废弃铁

□美国华盛顿市区的河岸森林（王成供图）

路沿线及景观通道等人工走廊；自然生态型——沿着河流及山脊线建立的廊道，为野生动物的迁移和物种的交流、自然科考及野外徒步旅行提供了良好的条件；风景名胜型——沿着道路、水路而建，对各大风景名胜区起着相互联系的纽带作用；综合型——建立在诸如河谷、山脊类的自然地形中，很多时候是上述各类绿道和开敞空间的随机组合。

开展树木城市评选活动。美国树木城市创建活动始于 1976 年，由美国植树节基金会发起，美国农业部林务局和美国各州林业官员协会共同组织，其宗旨是促进城市生态环境建设。截至 2008 年，已有 3400 多个不同规模的城市或社区获此殊荣，1.38 多亿人口居住在美国树木城市社区。美国树木城市的指标体系相对简单，且以定性指标为主。树木城市建设的成功经验主要在于城市林业的法制建设和组织宣传，城市林业长期发展规划，政府部门与民间团体、非政府组织和广大居民的参与及协调。通过设置树木城市增长奖等奖励指标体系，促进已获得美国树木城市称号的城市持续进步。

发挥公众与社区在城市森林建设的主力军作用。由于美国是民主体制国家，公众对绿化的兴趣、倾向、需求及参与在城市森林建设中起着决定性作用。自 1992 年以来，超过 50.4 万名志愿者通过社区植树造林项目与国家树木信托基金建立伙伴关系，78.3 万名学生参与城市森林建设。在美国，群众性的绿化活动主要有：每年“树木节”植树活动；为支持 1984 年奥运会，开展的“百万树木工程”的城市林业工程；1989 年发起的名为“地球解放”的全国性运动，使全美林学会第一次成功地将城市林业、地方社区的植树计划与全球的环境相结合。此外，一些专业性组织机构与民间团体，如国际树木协会、美国林业工作者协会、美国植物花园和植物园协会、美国林业协会等，通过对城市林业的宣传和培训，促进了市民对城市林业重要性的理解，并对城市林业建设给予身体力行的支持。

将森林健康理念应用于城市林业。“森林健康”的概念最早由美国提出，是美国在有害生物、火灾防治实践中形成的一种新的理论。美国国会于 1992 年通过《森林生态系统健康与恢复法》。美国联邦政府每年出资 1.28 亿美元用于全国的森林健康监测。美国森林健康思想在城市林业中的实践主要包括树木健康状况监测、树木病虫害防治等健康维护以及城郊森林火灾防控等方面。依托强大的软件系统，为美国城市森林健康监测提供有力的支持。例如，把每棵树作为目标对象进行标记，常年监控其生长状况以及病虫害发生的城市树种分析系统（CAT）软件，能够分析不同树种对城市特殊环境抗逆性、生长特性等指标，且应用方便、数据延续性强。另外，美国农业部林务局和内务部相关机构联合各州林业部门一起举办各种活动，加强城郊火灾防控及社区教育，鼓励居民采取公园林下可燃物掩埋，进行集中性、计划性火烧等措施，这些做法在维护公园及城郊森林健康方面起到了重要作用。

2. 加拿大

早在20世纪初，加拿大政府便注意到原始森林在逐渐消失，并关注起森林的保护与恢复问题，在20世纪中叶开始重视造林绿化。至今，加拿大森林面积居世界第三，占世界森林总量的10%，森林覆盖率达到45%，曾连续3年被联合国评为“最适合人类居住的地方”。其主要做法体现在3个方面：

注重对城市森林资源的保护。加拿大政府非常注意生态资源保护，特别是对水资源和生物物种的保护，尤其利用生态系统原理进行流域性、区域性保护，成效显著。随着城市的不断扩张，为了保护生态敏感地区和农用地不被侵占，确保城市空气及水资源保持清洁，早在

□加拿大汉米尔顿植物园（林小峰供图）

2004 年，安大略省就规划出 180 万英亩的“安省绿化保护带”。保护带横跨安省工业和制造业中心的金马蹄地区，其内部的耕地、农村、水资源和塘地也得到了相应保护。该绿化保护带从赖斯湖到尼亚加拉河全长 325 公里，囊括 2165 平方公里的湖泊、湿地、河谷和森林，7200 平方公里的农村地区。在保护带的绿色开敞空间里，政府组织开展旅游、娱乐和保健游憩等项目，吸引着超过 50% 的安大略省居民前来徒步、野营、滑雪、采摘、品酒。流经多伦多的 3 条主要河流——红河、亨伯河和顿河，也被列入保护带，其流域范围内的所有山谷都受到保护，成为多伦多最宝贵的天然生态走廊。

注重森林休闲游憩功能的开发利用，建立人性化的步行游憩系统。在城市中构建发达的步行生态系统，既能让人们回归自然，也能极大地提升整个城市的环境质量和文化品位，创造出特色鲜明、充满人文关怀、健康和谐的文明城市。为了满足人们接近自然的要求，整合城市的自然和人文资源，多伦多从 20 世纪 60 年代开始构建名为“发现之旅”（Discovery Walks）的生态网络和步行系统。作为一种自助的步行旅行线路，将峡谷、公园、历史遗存、湖滨水岸和社区等城市人文、历史和自然资源联系起来，至今已建立起覆盖整个多伦多的 7 条线路，涵盖中央峡谷、荡河溪谷、西部峡谷、格里森溪流、东部峡谷、北部峡谷、汉莫尔河磨坊湿地、多伦多中心区等。每条路线上，多伦多政

□加拿大多伦多 High Park（林小峰供图）

府布置了舒适的座椅、公共艺术品以及咖啡馆和小型商业服务等设施，同时，提供明确的标识系统、地图和沿途的信息指示牌，也标示出邻近的地铁出入口、问讯处、卫生间等公共设施。在公共场所，提供随处可以免费取阅的宣传册让市民和游客更好地了解“发现之旅”。

注重对森林资源的科学经营。加拿大森林资源丰富，长期以来坚持森林资源可持续利用的思想指导森林经营，其森林可持续经营处于世界领先水平。加拿大是林业可持续发展的主要倡导国，于 1992 年提出森林可持续经营目标，分为 6 大标准 62 个指标。主要内容包括：建立部长联席会议制度，对全国森林保护与经营进行规划，并明确相应的指标。推行森林认证制度，对森林经营规划的编制、木材采伐作业等项目，由具备认证资格的咨询公司开展符合法定程序的认证。目前，已认证的森林面积达 1.16 亿公顷，其中通过 ISO 认证的森林面积占 72%。另外，政府划出一定面积的森林建立模范林，按照多效益和可持续经营目标的要求，考虑动物、水资源、鱼类、景观、空气、环境和木材生产等多价值平衡，以及国家、林业企业和林区社团等多利益的介入与兼顾，制定多种经营方案，让公众广泛参与讨论，选定最佳方案，并依此进行经营管理。

3. 英国

英国是最早接受城市林业概念的欧洲国家，自 20 世纪 80 年代起便开展全国性的城市林业发展项目。英国的城市森林主要指镶嵌在建筑物周围、具有多种功能、提供宜人的空间、促进城市居民身心健康的城市绿地开敞空间。其主要做法体现在 4 个方面：

营造环城“绿带”。据 1997 年英国调查数据显示，英国经由规划确认的环城绿带共有 14 个，覆盖面积达到 165 万英亩，约占国土面积的 13%，有效地控制了建筑用地的无限扩张。伦敦的环城绿带是其绿色空间的重要特征，成为推动世界建设环城绿带的成功典范。伦敦的绿带平均宽度 8000 米，呈楔入式分布，按照顺风方向配置，促进城区与郊区空气的交换，很好地改善了城市小气候。同时，绿道也提供大伦敦最主要的野生生物生境，发展了野生生物廊道。

科学规划布局。英国注重规划不同层次、类型的城市森林，如花园、公园、自然保育地等，形成科学合理的城市森林生态系统。如大伦敦地区规定，每 1000 人拥有 4 英亩绿地，1/4 英里之内应有一块绿

□ 英国伦敦的城市森林公园（引自网络）

地，且这片绿地可供游玩、散步，并具有一定的自然保育、景观功能。

以伦敦为代表的英国绿地分类体系包括带状公园、小型公园、小区级公园、区级公园、市级公园、区域性公园等6级标准，根据伦敦公园绿地分级标准，考察市民对现有的绿地满意程度，判断各区域居民对绿地的享有状态，再规划发展新绿地。此外，英国政府规定，土地开发不能影响自然保护，优先保护具有特殊价值的区域。截至2001年，伦敦具有市级、区级、社区级的重要自然保育地1210处，占土地面积的17%。这些自然保育地对维护城市生物多样性具有重要意义。

发展社区森林。1989年，农村委员会和林业委员会提出发展社区森林活动，宣布在英格兰和爱尔兰主要的城市郊区发展12片新的社区森林，主要目的是帮助恢复城郊废弃地区，提供新的就业机会和休闲场所。在开始建设6片社区森林以后，英国的其他城市也开始开展相应工作。社区森林面积的迅速扩大，产生了大量的工作岗位，除了需要直接的工程人员外，还需要许多专业技术人员。公众的大力支持，促进了社区森林的不断发展。

开发森林康养功能。园艺疗法起源于17世纪末的英国。1978年，英国成立"英国园艺疗法协会"，以所有年龄层以及各种患者为服务对象，振兴庭园园艺事业，为有兴趣利用庭园进行治疗的人们提供援助，它是欧洲唯一的专业组织。19世纪至20世纪初，英国的园艺疗法已普遍得到社会的公认和病人的接受。园艺疗法是一种辅助性的质量方法，借由接触和运用园艺材料，维护美化植物、盆栽和庭院，接触自然环境而舒解压力与复健心灵。目前，园艺疗法多运用在一般疗育和复健医学方面，例如精神病院、教养机构、老人和儿童中心、医疗院或社区等。园艺疗法的种类繁多，包括植物疗法、芳香疗法、花疗法、药草疗法、艺术疗法等，对提高人的身心健康乃至社交能力、道德水平等均有显著影响。

4. 俄罗斯

俄罗斯的城市森林建设为世界各国所瞩目。以莫斯科的城市森林建设为代表，大片森林环绕着城市，小块森林均匀点缀在楼宇间，道路与河道的林带交织成趣，形成了“城在林中”的胜景。其主要做法体现在 3 个方面：

通过科学保护与规划，实现城市森林空间分布比较均匀。在俄罗斯的很多城市、郊区都有大片的森林公园，每个公园占地多在 300 ~ 500 公顷。文化休息公园的规划是在功能分区的基础上进行，各分区之间有一定的占地比例关系。例如，娱乐区占总用地比例通常是 5% ~ 7%，文化教育区占 4% ~ 6%，体验运动区占 16% ~ 18%，儿童活动区占 7% ~ 9% 等。以莫斯科城市森林布局为例，从 1930 年起就开始实施“绿

□ 俄罗斯莫斯科的城市森林景观（引自网络）

色城市”的城市改建方案，后来，莫斯科市区发展到有100条林荫大道、98个市（区）级公园、800多个街心花园；在城郊建立了宽20～40公里的环城森林公园和郊野森林公园近30个，分别从8个方向楔入城市，其中有17个大型森林公园，9000多公顷的湿地森林，还有一座面积3000多公顷的森林疗养区，构成城市森林的基本格局。

实施近自然的植物配置和管理。俄罗斯各个城市中，无论是大面积的森林公园，还是线状林带，以及零散分布于城区的小块绿地，都常见乔灌草相结合的近自然群落配置模式。这种自然式的配置模式不同于人为地把各种植物组合在一起而形成的人造景观，而是在材料、组分、群落结构上都体现了近乎自然景观的特点，既提高了生态、景观效益，也大大减少了维护管理费用。此外，俄罗斯在城市森林的管理上也采取了比较粗放的近自然模式，极少有人为雕琢痕迹。管理人员的主要职责不是除草、浇水等，而是对靠近路边的绿化地带进行低强度的修剪和管护，落叶也被扫进林地里，整个林地处于自然生长状态。

注重选择乡土树种。尽管俄罗斯位于高纬度地区，植物资源相对匮乏，但并不影响当地城市森林建设的发展。以乡土树种为主的地带性森林景观成为城市最主要的森林景观基调，更加彰显了城市特色。在莫斯科市内，最常见的绿化树种是椴树、白桦、欧洲赤松、橡树等地带性树种。既是林下灌木、草本植物，也是乡土植物。在树种选择上也多采用落叶树种，主要考虑到当地冬季漫长和日照较短的特点。

5. 瑞典

瑞典的林业相当发达，尤其是森林工业在世界上处于领先地位。瑞典把位于城市边缘的森林定义为城市森林，临近城市的森林主要成为城市居民的游憩地。城市中心的森林多为老林、成熟林，而郊区或城市边缘是新造的人工林。如今，瑞典有83%的人口居住在城市，因此城市树木的功能得到更高的重视。其主要做法体现在2个方面：

对城市森林进行分类经营。瑞典的城市森林分为5类，根据其不同的功能采取不同的经营措施。

（1）住宅、建筑附近的树林：采用一种称为“异龄灌木矮林作业”的方法，在住宅与森林间营造30米左右的过渡性林地边缘。

（2）住宅区森林：该类型城市森林的经营主要考虑如何使之更适合

小孩和老人使用，多为城市绿地，注重森林边缘设计。

（3）区域性城市森林：该类型城市森林主要是20世纪六七十年代建设的住宅区之间保留的中等规模森林，因此经营措施主要是在小面积森林中采用小规模经营技术，尽可能提供更多的森林类型供居民使用。

（4）休憩性森林：以提高森林的观赏性为主，一般面积超过60公顷，不同类型间逐渐变化，一般每0.5公顷设计一种变化。

（5）生产性森林：对此类森林经营主要采用以获得较高木材生产，同时满足森林多种用途的经营方式。

利用城市森林开展形式多样的户外自然环境教育。瑞典的户外环境教育呈现出方兴未艾之势，通过建立保护区、环境教育中心、森林学校、示范区等多种户外教育场所，使人们在游憩过程中便受到环境教育。一些自然保护区和环境教育中心为人们展示的生态城市建设，不仅理论先进，而且技术和配套设施齐全，使人们意识到，实现可持续发展不再是理论上的呼唤，而是包含了一整套可操作的技术体系。屋顶绿化示范中心、生态建筑示范小区等，都充分体现了节能型、环境友好型的特点，唤起了人们的低碳生活意识。瑞典的森林公司在1983年设计了一个称为“校园森林”的资助项目，用来作为小学生接受生态学教学的场所，目的是帮助教师教育儿童了解森林的经济价值

□ 瑞典的森林环境教育（引自网络）

及巨大的环境效益，至今已建立了数百个“校园森林”示范。

6. 德国

经过百余年“近自然林业”理论经营森林，使德国林业从一开始就较好地处理了森林的“生产性”与“环境性”“生态化”的关系，充分发挥了森林的游憩、景观、生态功能。德国的城市生态建设模式均以乔木为主体，尊重自然本底，模拟天然森林景观，进行近自然经营管理，使城乡绿化一体，整个城市犹如大花园。其主要做法体现在4个方面：

发挥城市森林的净水功能。德国非常重视发挥城市森林净化水质的功能。如法兰克福用经过一定处理的城市污水灌溉城郊片林，经过森林土壤的过滤，又进入地下水，并渗入美茵兹河，重新进入生产生活用水供应系统。

开发利用城市森林的游憩功能。在德国，主要游憩林规划在城市周边180公里（车程2小时）的范围内，并按不同人群的游憩习惯，设计了称为“环状活动”的森林。其中第一圈是靠近住宅区的森林边缘，

□ 德国斯图加特的城市森林景观（引自网络）

主要供儿童等活动；第二圈是青年人活动的主要场所，道路的设计特别密集，道路密度达到每公顷 100 ～ 150 米；第三圈稍远离居民住宅区，主要用于散步等活动。

城市森林建设中树种选择与配置更注重服务功能。以游憩为主的城市森林，沿路 30 ～ 40 米宽的林带采用阔叶树，充分展示树木植物的枝、叶、花、果等物候特点，丰富了森林景观的季相变化，提高了沿线美景度。林分密度也按照从低到高逐渐变化，近路边种植花、灌木或小乔木等，提高了游憩林的视觉通透度和景观层次感。

注重屋顶绿化和庭院绿化。由于德国的森林覆盖率高达 29%，在城市地区的绿化率已几近饱和，因此，城区通过阳台、屋顶等绿化增加绿化面积，使城市绿地面积得以偿还。德国的屋顶绿化已经有 30 多年历史，并取得了可观的经济、生态、社会效益，成为世界公认的节能环保国家的典范。目前，德国的屋顶绿化率已达到 80% 左右，取得这样丰硕的成果，与德国政府的相关政策保障系统、总体规划布局、先进的技术支撑以及人们的环保意识息息相关。庭院树木也是德国城市森林的重要组成部分，所占比重大。早在 18 世纪中期，德国颁布的〝小农园法〞就规定，国民每家每户有义务种植花草、树木、蔬菜等。有庭院的居民都很重视庭院绿化美化，他们利用空闲时间在自家庭院种植鲜花、蔬菜、水果，接受自然洗礼，也使孩子们在劳动中接受自然教育。

7. 澳大利亚

澳大利亚地大物博，人口稀少，由于历史上未曾遭受战乱或重大自然灾害，且城市绝大多数分布在气候适宜的沿海地区，因此生态环境良好，十分宜居。澳大利亚的城市林业建设始于 20 世纪 80 年代中后期，如 1989 年，澳大利亚政府提出〝十亿树木〞和〝绿色澳大利亚〞的建设计划、1990 年提出〝森林城〞的建设设想。经过近 30 年的城市森林建设，澳大利亚的城市已成为典型的森林城市，城市绿化覆盖率都在 60% 以上。其主要做法体现在 3 个方面：

保护城市周边森林资源，使城市处于森林之中。澳大利亚的悉尼、墨尔本、达尔文等主要城市，城区绿树成荫且绿量高，城市周围有大面积保存完好的天然林，整个城市镶嵌在茫茫林海之中。城市森林的空间分布格局均匀，无论是城市公园、街头绿地、道路绿带，还是房

□澳大利亚墨尔本的城市街道树木（王成供图）

前屋后，到处都是以高大的乔木为主体构成的城市绿地，建筑掩映在树木之中，从整体上构成了一个森林环境。城郊的发展则侧重原生态化，没有明显的农村田园生态圈，使城乡绿化融为一体。以首都堪培拉为例，被称为“森林之都”，城市人口只有7万人，整个城市都处于森林的掩映之中，城市里有很大的水面，很少有高楼大厦，庄园式的建筑与四周的林地、水面和谐配置，给人一种自然清新的感觉。

采用乡土树种营造近自然城市森林。澳大利亚的城市森林采用近自然式建设模式，使整个城市处于森林之中。一些主要城市的外围都有保存较好的大面积天然林，在城市内部通过各类片林、绿地相连，营造了良好的人居环境。无论是大面积的森林公园，还是带状的道路、河流两侧的林带，以及零散分布与各种建筑物之间的小块绿地，都采用乔灌草相结合的近自然植物配置模式，并注重生物多样性保护，为鸟类以及其他各种小动物提供了栖息场所。在城市森林的管理上，澳大利亚政府采取比较粗放的近自然管理模式，极少有人为雕琢的痕迹，对靠近路边的绿化带也仅进行低强度的修剪和管护，落叶被扫进林地，整个林地仍处于自然生长状态。对行道树的管理也采用近自然方式，行道树基本是以阔叶乔木树种为主，没有对树木进行截冠和高强度的修剪，每棵树都有庞大的树冠和2米以上的枝下高，人走在树荫下，车行在绿廊中，冬天可以透光晒阳，夏天可以遮荫纳凉。在城市森林的树种选择上，澳大利亚大量使用乡土树种桉树、榕树等阔叶树种，对引入的外来树种使用较少，并且只起点缀作用。

重视生物多样性保护，人与自然和谐相处。澳大利亚是世界上生态环境保护最好的国家之一，悉尼、墨尔本、布里斯班等主要城市多次被授予"联合国人居奖"。无论在城市还是农村，到处可见几人乃至十几人合抱的巨大榕树等各种古树名木。在郊区，袋鼠、考拉等本地野生动物在城郊林缘和草原大量出现。城市远郊地区的古树、沿海森林、内陆原始林与野生动物均呈原生态，生物多样性得到良好保护。

8. 日本

日本人多地少，但其森林覆盖率高达67%，是世界上绿化最好的国家之一。日本的城市森林兴起于20世纪70年代，为亚洲最早开展城市森林建设的国家。1990年，日本政府提出"森林城市"建设构想，并成立研讨委员会，开展市区和郊区的城市森林建设，全国1/5的森林位于城市周围。其主要做法体现在3个方面：

在市域范围内构建圈层式城市森林网络系统。通过近百年的不懈

□日本冈山城市鸟瞰（林小峰供图）

努力，日本在城市森林建设上创造了成功的模式，即以中小城市为主，构建 3 个城市森林生态圈：第一圈以建成区为主，大力发展精细日式园林、公园绿地和人文遗产绿色保护地；第二圈为自然、优美的乡村田园风光；第三圈是山地森林生态屏障。3 个城市森林生态圈通过四通八达的交通绿网相连接，共同构成圈层式城市森林生态网络系统。

建设发达的城市公园系统。城市公园是日本城市森林的重要组成部分，按功能可划分为利用型与保健型两大类，前者向公众开放，后者以保护环境为主要目的。大型的城市公园由国家设置，面积一般为 300 公顷以上。以东京的都市公园系统为例，根据《都市公园法》规定，都市公园系统由住区基干公园、都市基干公园、特殊公园、广域公园、休闲都市、国营公园、缓冲绿地、都市绿地以及绿道等组成。从 1979 年开始到现在，都市公园系统的建成面积以每年 10% 的速度递增，增加的主要是各类基干公园，说明日本的城市绿化以建设公园为主，对国有的其他绿地则以保护为主。同时，由于日本是地震灾害多发国，建立完善的防灾公园系统是应对震后避难疏散的有效手段之一。日本政府于 1973 年在《城市绿地保全法》里把建设城市公园置于“防灾系统”的地位；1993 年在《城市公园法实施令》中首次提出“防灾公园”一词；建设省于 1998 年制定了《防灾公园计划和设计指导方针》，根据公园面积大小划分出 6 种防灾公园类型。日本的防灾公园体现了“平灾结合”

□东京新宿医院（林小峰供图）

原则，平时作为普通公园供市民游憩，地震灾害发生后立即启动公园的避难与援救机能，发挥避难、救助、减灾、恢复重建等作用。

城郊大力营造保安林。为了国土安全、水源涵养，充分发挥森林的生态功能，日本专门划出一个保安林种（类似于我国的生态防护林种），其面积占全国森林总面积的35%，占国土面积的1/4。目前保安林的综合防护体系已经形成，保安林营建技术和制度也不断改进。此外，日本学者宫协昭提出的《宫协昭造林法》，即利用乡土树种，模仿天然森林群落营造近自然林的造林法，在全国550多个地方得以成功运用，培育了大片的保安林。保安林体系建设为日本带来了巨大的生态、社会效益。据林野厅公布的数据，日本每年通过森林减少的泥沙流失量约为58亿立方米，森林土壤的蓄水量每年达2300亿吨。

（二）国外城市森林建设的主要经验

世界发达国家积极推进城市森林建设，其先进理念和成功模式对于我国森林城市建设与时俱进、健康发展具有十分重要的借鉴意义。

1. 制定具有科学性和前瞻性的规划

国外城市森林的快速发展，得益于其对城市森林的科学定位，即把城市森林作为城市有生命的生态基础设施，结合城市规划制定了相应的城市森林发展规划。规划的制定一方面保证了城市森林成为城市建设的重要内容，同时规划的稳定性也确保了城市森林建设的持续健康发展。

城市森林建设必须与城市总体规划相适应，融入城市经济社会发展目标中，做到同步规划，协调发展，科学编制城市森林用地规划，做到以人为本，坚持适度的高起点、高标准。立足未来二三十年的长远发展目标，前瞻性地将城市、郊区一定范围内的生态用地、自然和人文景观丰富的地区甚至农田加以保护，统筹城乡生态建设，同时，实施阳光规划，通过各种形式向社会各界人士展示规划内容，最广泛地听取和吸纳社会各层面的意见和建议，使规划进一步完善，具有合理性和可行性，形成良性互动的反馈和参与机制。

2. 构建“森林斑块＋生态廊道”的城市生态网络结构

莫斯科、温哥华、多伦多、华盛顿、布达佩斯等欧美许多国家的城市，在城市规划特别是森林保护和恢复过程中，除了注重保护大斑块的自然林地，还特别注意保护具有生态廊道功能的河流岸带森林，形成了林水结合的自然景观带，有效地发挥了保护河流、连接城内外森林、湿地的生态廊道功能。

加拿大的多伦多市严格保护了穿过城市的河流及其岸带森林，形成贯穿城乡、连接森林与湖泊的自然生态廊道。20 世纪六七十年代，苏联完成了经营城市林和市郊林的规划体系，目前仅莫斯科就有 11 个天然林区，84 个公园、720 个街道公园、100 个街心公园，使城市拥有了良好的生态空间。

3. 以近自然林模式为主导的城市森林建设

城市森林建设的根本任务是改善城市生态环境和满足人们贴近自然的需求，近自然林的营造和管理成为城市森林建设的方向。近自然森林的建设理念，是在反思重美化、轻生态的绿化现象基础上提出的，企图通过利用种类繁多的绿化植物，模拟自然生态系统，构建层次较复杂的绿地系统，实现绿化的高效、稳定、健康和经济性，倡导营造健康、自然和舒适的绿色生活空间。欧美许多城市森林资源的主体就是自然森林，具有自然林的自维持能力，以及丰富的生物多样性。即使是后期人工营造发展起来的各种森林绿地，也非常强调树种选择、配置模式的近自然化。特别是在养护方式上，城市森林管理采取落叶归根、保育土壤的近自然模式，提高森林的水土保持和滞尘功能，许多城市将所属的森林划为自然保护区为野生动物的居息环境，为城市带来无穷的野趣。

4. 城郊森林控制城市的无序扩张

城市化的快速发展对城市建设用地产生了前所未有的巨大需求，一方面单个城市的规模不断扩大，城市周边的土地被大量的转化为城市建设用地，另一方面卫星城的不断出现也加剧了城市地区的用地矛盾。在这个过程中，森林和湿地等生态用地往往成为建筑用地拓展的首选。

国外许多国家在城市化过程中都非常注意森林、湿地等保护工作，把城市森林作为城市基础设施的重要组成部分，制订了长期稳定的保护规划，并通过政府、市民以及非政府组织监督落实，许多城市的周围都保留有大片的城郊森林，对控制城市的无序发展，促进现代城市空间扩张由传统的摊大饼式向组团式方向发展，发挥了限制、切割等重要作用。

5. 绿道网络建设满足居民日常游憩和低碳出行需求

绿道是城市森林的一种重要表现形式，它是指连接开敞空间、连接自然保护区、连接景观要素的绿色景观廊道，具有娱乐、生态、美学、教育等多种功能。它能延伸并覆盖整个城市，使市民能方便地进入公园绿地与郊野林地，同时提高了绿道沿线各类绿地的景观和生态价值。

在绿道建设中，应针对行人和非机动交通，集生态、景观、游憩和健身为一体，利用与城市道路、河流并行的绿色健康走廊相互串联，将城市绿地与郊区风景林有机联结成独立于城市机动交通网络的城市健康森林绿道网络。从 20 世纪中叶开始，美国各州分别对本州的各类绿地空间进行了连通尝试。目前，美国的绿道类型主要包括城市河流型、游憩型、自然生态型、风景名胜型、综合型等 5 大类。加拿大的步行生态系统充分体现了人性化，以多伦多的“发现之旅”步行系统为例，步道线路整合了城市的自然和人文资源，沿途配置了座椅、公共艺术、小型商业、标识系统、卫生间等较完善的服务设施。

6. 注重保护生物多样性

在人口密集的城市化地区，森林、湿地等自然景观资源破碎化问题是造成该地区生物多样性丧失的重要原因之一。而城市森林作为城市生态系统的主体，既是一些物种重要的栖息地，也是许多鸟类等动物迁徙的驿站，在维持本地区生物多样性和大区域生物多样性保护方面都发挥着重要作用。因此，在城市建设包括城市外扩、道路建设等方面重视保留重要的森林、湿地资源，建设宽度足够的自然生物廊道，为动植物迁移提供通道。同时，外来物种的大量引入也对本地区生态系统稳定和生物多样性保护带来威胁。因此，在城市森林建设过程中，注重本地乡土树种的使用与保护，使整个城市森林生态系统的主体具有地带性植被特征，保证森林生态系统的健康稳定。

7. 发展社区森林促进城市森林景观的均衡发展

英国、美国的城市森林建设是与城市、社区建设同步推进的，这些社区类似于中国的新城、郊区小镇或一些经济开发区。通过发展社区森林，不仅提升了社区人居环境质量，而且保持了城乡之间的整体性。正因为生态环境和基础设施的无差别发展，城郊社区森林营造了乡村社区优美自然、舒适清新的人居生态环境，既延续了自然、乡野的景观风貌，也融入了花卉、彩叶等景观植物要素。

8. 开发利用城市森林的游憩和教育功能

城市化地区森林资源的主导功能是改善人居环境，提供清洁水源及休闲游憩场所。欧美国家在城市附近建立森林公园、湿地公园和城市郊野公园，并规划建设了短、中、长程的多样化的森林游憩步道，建立较完善的步道体系，形成贯通城乡的、便民游憩的森林健康廊道，方便市民走入森林。

瑞典 20 世纪七八十年代提出建设“美丽而有吸引力的森林”，为居民提供游憩活动的场所。法国巴黎的枫丹白露森林，离市中心 60 公里，主要以橡树、欧洲赤松、山毛榉等乡土树种作为生态景观林，每年吸引游客量达 1000 万人次。加拿大温哥华山地森林游憩步道的设计充分吸纳了登山客的建议，既考虑森林保护、安全管理的需要，又满足登山者的登山探幽、回归自然的需求。德国依托森林、湿地自然环境，建设了体验式、参与式的自然科普和生态道德教育场所，使居民在游憩中习得科普知识。

9. 实施城市森林的科学精准管理

欧美城市普遍重视城市林地、绿地土壤管理，无论是美洲国家还是欧洲大陆城市，城市林地、绿地包括每个行道树下面都很少有土壤裸露问题，普遍利用树皮、树枝、碎木、树叶、树根等树木材料加工形成的有机地表覆盖物来改善城市土壤性状，这样不仅保持了土壤水分，还增加了土壤养分来源，促进了树木健康生长，更主要的是改善了土壤透水性、持水能力和滞尘能力，对控制城市水土流失和空气中的粉尘污染特别是二次扬尘非常有效。

法国巴黎在对所有城市树木进行详细调查的基础上，收集每个树木的位置、树冠、树高、胸径、长势、病虫害、地表覆盖、根系等基本信息并配有图片，同时利用 GIS 技术汇总和信息化手段，对市区所有树木的生长环境、健康水平、功能状况等实现了城市森林树木的精准化管理，也为制定相应的养护对策提供了依据。

10. 发挥公众和社会组织参与城市森林建设的积极性

城市森林建设牵连城市的千家万户，涉及社会各个方面。群众既是城市森林的直接受益者，也是参与者，因此提高社会公众的生态意识对城市森林的建设有着十分重要的意义。政府通过立法、行政和宣传发动的手段调动一切积极因素，取得各部门、机构、市民的支持与拥护，形成全社会爱绿兴绿的良好氛围。

美国于 20 世纪 70 年代制定法律，正式将城市森林纳入农业部林务局管理，解决市民植树技术和资金方面的困难。在联邦财政和政策的引导下，州立林业机构、民间的非盈利组织、保护组织和专业组织通过开展各种活动，改善城市和社会森林来改善社区环境。

中国森林城市建设的理论发展

中国 1989 年从国外引入城市森林的概念，之后在北京、广州等地开展了相关研究探索，并在长春、合肥等城市开展了“森林城市”的

□ 湖南桃源县黄石水库绿化场景

建设实践。最早对城市森林问题开展系统研究和实践，是1998年国家科技部和国家林业局启动的中国森林生态网络体系建设研究与示范项目。项目在全国16个城市开展了城市森林研究与示范，特别是在2002年，由中国林业科学研究院首席科学家彭镇华教授、华东师范大学宋永昌教授带领的课题组，开展上海现代城市森林发展研究，编制了上海城市森林建设总体规划，并初步形成了中国森林城市建设理论基础，有力推动了中国森林城市建设实践发展。

（一）“林网化与水网化”相结合，构建城市生态网络

林网化与水网化就是基于城市特点，全面整合核心林地、林网、散生木等多种模式，有效增加城市林木数量；恢复城市水体，改善水质，使森林与各种级别的河流、沟渠、塘坝、水库等连为一体；建立以核心林地为森林生态基地，以贯通性主干森林廊道为生态连接，以各种林带、林网为生态脉络，实现在整体上改善城市环境、提高城市活力的林水一体化城市森林生态系统。

林网化与水网化具有“林水相依、林水相连、依水建林、以林涵水”的特点，把城市的森林与湿地两大自然生态系统有机结合起来，构建城市森林生态系统，是森林生态学、景观生态学在城市生态系统

建设中的具体应用，更有利于形成“林荫气爽，鸟语花香，清水长流，鱼跃草茂”的美好城市环境。“林网化与水网化”的建设思路符合我国实际，有利于协调各部门之间的关系，能够利用较少的土地通过整体效益达到改善城市生态环境的目的。

（二）注重城市森林生态系统健康，发展近自然城市森林

城市森林建设是在人口密集、高度人工化的地区保护、恢复和重建以森林树木为主体的自然生态系统，其根本任务是要改善城市生态环境和满足人们贴近自然的需求，生产木材已经不是城市森林的主体目标，而是要更加注重森林的休闲游憩、改善环境、愉悦身心等服务功能。因此，城市森林的主体是近自然森林，建设的目标是近自然的城市森林生态系统。要注重乡土树种的使用和保护原生森林植被，强调体现本地特色森林景观。在城市树木养护方面，要遵循树木生长规律，尽量避免过度修剪。在苗木形态要求上，提出要保持树形的完整性，使用全冠苗。森林群落要近自然，城市森林的主体是地带性森林植被为主，保持森林景观的地域特色，模仿天然森林群落营造近自然林。设计管理要近自然，强调模仿植物的自然组合，获得自然美，利用好原有地形、地貌条件。在城市森林管护方面，要尽量保持绿地的

□绿满泉城

自然属性，实行近自然的管护，追求树木健康和良好的服务功能，有利于增加生物多样性，减少水资源消耗和人力、物力投入。

（三）突出城市森林建设的生态服务功能，实现三个转变

中国城镇化发展带来了对城市生态环境的新需求，城市森林建设要抓好三个转变：

1. 从注重视觉效果为主向视觉与生态功能兼顾的转变

长期以来，我国城市绿化主要强调视觉景观效果，无论在植物选择、模式配置等建设环节，还是在日常养护、管理方式等方面，都突出了这种理念。相对的对生态功能注意的不够，但随着城市的发展，特别是城市生态环境问题的日益突出，要求绿化建设必须突出生态功能的发挥，突出多种效益的结合。因此，在城市绿化观念上首先要实现从注重视觉效果为主向视觉与生态功能兼顾的转变。包括要重视乡土树种、乡土植被类型的使用，提倡低维护的绿地建设，保护自然山水植被，提倡近自然的水岸处理和绿化，以及建设节水型的城市森林等。

2. 从注重绿化建设用地面积的增加向提高土地空间利用效率的转变

我们的城市化进程快速发展，许多城市都在发生日新月异的变化，突出的表现就是高楼大厦林立、路桥纵横交错，可以说是一种人为的“造山运动”。城市变“高”了，但反过来看我们搞的绿地却变“矮”了。一方面造盆景式的所谓精品，另一方面城市里的许多树木被人为地在2米左右截干，似乎已经成为理所当然的做法，无论是有没有电线限制的道路，都一样，行道树都采取这种方式，甚至一些成片造林的空旷地树木也被习惯性的截冠修剪。结果不仅导致高额的建设成本和维护费用，而且经常要发生病虫害。我国适合于城市绿化而又树体高大、冠形良好的乔木资源十分丰富，从生态角度地上20米空间效益潜力巨大，亟待开发。包括绿化要以乔木为主，少截干，多整枝，提高枝下高，提高树木整体高度，充分占领城市地上空间，使楼房掩映在绿树丛中，以及增加攀缘植物的绿化比重，使越来越多的人造“建筑山”披绿等等。

□美丽乡村

3. 从集中在建成区的内部绿化美化向建立城乡一体的城市森林生态系统的转变

城市郊区作为城市化过程中土地利用方式变化频繁的特殊地带，具有较高的生态敏感性。该地区作为城区污染物吸纳的主要场所之一，其环境污染问题是一个长期的累积过程，特别是近些年来随着城市工业的快速发展，使这个问题日益突出。现在许多城市郊区的环境污染已经不是简单的大气、地表水污染问题，而是深入到土壤、地下水，达到了即使控制污染源短期内也难以修复的程度，特别是重金属污染问题的日益突出，这对人体的危害是非常严重的。因此，城市生态环境建设必须突破原有的城市建成区、郊区两张皮的格局，要从整体考虑，在生态建设方面实现一体化建设，特别要加强城市郊区森林生态建设，既可以弥补城区绿量的不足，又可以有效隔离建成区与周边农业生产土地，形成污染防护隔离带，其生态功能高效。包括加强城市周边、城市组团之间、城市功能分区过渡区的绿化隔离林带建设，加强道路、水系、农田三大防护林网建设，以连接重点生态区的骨干河流、道路为主建设贯通性的城市森林生态廊道，加强城郊污染土地生态修复，发展花卉、苗木等非食品类生态产业，以及开展郊区低效生

□ 河南济源——黄河故道水岸绿化

态林的定向改造，发展近自然生态风景林等。

（四）服务城市发展和居民的多种需求，建设“三林”体系

城市森林要追求生态、经济、文化等多功能。基于国家生态建设、生态安全、生态文明的“三生态”林业建设思想，以及城市森林本身生态、经济、社会三大效益兼顾的特点，从城市森林的生态、经济和文化三大功能角度，提出了森林城市建设的“三林”体系：

1. 生态林体系

生态林体系是指片、带、网相连接的以发挥生态功能为主的森林。主要以山地森林、平原防护林、城区大型林地为主。在这些生态林的经营中，要向近自然林的方向引导，并借鉴恒用林的经营理念，适当增加长寿命、高经济价值珍贵树种，使之成为本地区森林生态系统健康稳定的基础和生物多样性保护的基地，为城市生态环境的改善提供长期稳定的保障，满足城市可持续发展和改善人居环境的需要。

2. 产业林体系

产业林体系是指以提供木（竹）材、绿色森林食品、苗木花卉、林副产品为主的用材林、竹林、经果林、苗圃等，主要功能是发挥经济效益，也对改善全市生态环境起着补充增强作用。产业林主要受产业发展的经济效益左右，在一定的时期内是随市场波动的。因此，产业林体系建设要结合本地区林业产业发展的区块特色，以市场为导向，满足社会对林产品的消费需求。

3. 文化林体系

文化林体系是指以改善人居环境和具有丰富文化内涵森林的总和，主要包括森林公园、城市园林、村庄林、名胜古迹林、古树名木、各类游憩林和纪念林等，是森林文化体系的重要组成部分。文化林体系在传承历史文化的同时并具有改善环境的功能。应重点加快各类纪念林、森林生态环境教育基地建设，传承城市历史文化，实现人与自然协调发展。

中国森林城市建设的重点内容

森林城市建设以森林和树木为主体，城乡一体、稳定健康的城市森林生态系统为目标，其主要内容是建立功能完备的森林生态体系、森林产业体系和森林文化体系，为城市经济社会发展提供更多更好的生态产品。

（一）扩展绿色空间

1. 拓展城区生态空间

将森林科学合理地融入城市空间，使城市适宜绿化的地方都绿起来。充分利用城区有限的土地增加森林绿地面积，特别是要将城市因功能改变而腾退的土地优先用于造林绿化。积极推进森林进机关、进学校、进住区、进园区。积极发展以林木为主的城市公园、市民广场、街头绿地、小区游园。积极采用见缝插绿、拆违建绿、拆墙透绿和屋顶、墙体、桥体立体绿化等方式，增加城区绿量，提高树冠覆盖率。

（1）公园绿地建设。积极发展以林木为主的城市公园、市民广场、街头绿地，提供日常休闲游憩场所。

（2）社区绿化建设。加强城市居住区、机关单位、学校、军营绿化建设，鼓励开展森林小区、森林单位、森林学校、森林军营的创建活动。

（3）林荫道路建设。采用高大、长寿命乡土树种，进行街道林荫化建设。

（4）绿荫停车场建设。采用高大落叶乡土树种，绿化露天停车场。

2. 建设环城森林

保护和发展城市周边的森林和湿地资源，建设以生态防护为主，具有休闲游憩功能的城周森林，利用城近郊道路、河流，建设景观防护林，构建环城森林屏障。

（1）环城片林建设。依托城市周边自然山水格局，利用现在森林、湿地资源及城市周边的荒山荒地、矿区毁弃地、不宜耕种地等闲置土地，建设成片森林、湿地。

（2）生态防护林带建设。在城市周边公路、铁路、河流、水渠等地段，建设以游憩景观与防护隔离为主要功能的林带，与城周生态游憩林相连接，形成一定宽度的环城森林。

3. 开展村镇绿化美化

开展村镇绿化美化，提升村旁、宅旁、路旁、水旁等“四旁”绿化和农田防护林水平，改善农村生产生活环境，打造乡风浓郁的山水田园。

（1）“四旁”绿化。结合美丽乡村建设，充分利用乡土树种、景观树种、经济树种、珍贵树种和花、灌木，在村旁、宅旁、路旁、水旁等空间开展造林绿化美化。

（2）庭院绿化美化。选择能满足乡村居民生产、生活需求，又有地方文化特色与观赏功能的庭院植物，绿化美化庭院。

（3）农田防护林网。对适宜建设农田林网的平原村镇开展农田林

□墙体垂直绿化

网建设，达到《生态公益林建设技术规程》农田林网建设标准。

（二）完善生态网络

1. 保护现有森林资源

以优化城市、城市群发展格局为目标，在城市、城市群发展中优先保护好现有成片的地带性森林资源，保护好区域性湖泊、河流等湿地资源，形成大块自然森林湿地为主的结构，传承自然的山水生态格局，维护好城市自然脉络。

2. 建设城市间成片森林、湿地

城市之间的森林、湿地等生态空间，是城市重要的生态屏障，可以有效地避免城市无序扩张。要充分利用城市之间分布的自然森林、湿地，扩大现有生态空间，加强区域性水源涵养区、缓冲隔离区、污染防控区成片森林和湿地建设，形成城市间生态涵养空间，防止多个城市连片发展，优化城市群发展格局，消解城市热岛效应等问题。

（1）退污还林还湿。针对受严重污染，已经不适宜粮食、水果等食品类农产品生产的土地，以生态修复和利用为目标，结合产业结构调整启动实施退污还林还湿工程，在保护土地生产性功能的基础上，通过建设生态防护林、风景游憩林、苗圃花卉基地等措施，形成污染土地生态修复与生态空间扩大双赢的局面。

□ 森林进城——双月湾

□群鸟嬉戏

(2) 区域水源补给区森林建设。在城市重要地下水源补给区和地表水源汇聚区，规划建设以自然林为主的大面积森林湿地，扩大地表水蓄存和地下水补给的自然生态空间，增加水源涵养与地下水净化补给空间，提高雨洪资源和中水循环利用能力，使城市重要水源地森林覆盖率达 70%以上。

3. 建设区域生态廊道

依托自然山脉、骨干河流水系，通过保护、恢复拓宽、补缺造林等措施，建设足够宽度和群落结构自然的贯通性区域生态廊道，把孤岛状的山地森林、平原片林、湖泊湿地、河流网络连接起来，促进空气交流、水系连通、生物迁徙路径通畅，实现区域主要森林、湿地之间相互连接。

4. 建设道路、水系林带

加强区域性道路、河流沿线造林绿化，注重公路、铁路等道路绿化与周边自然、人文景观相协调，建设"车行绿中、人在画中"的道路景观，适宜绿化的道路林木绿化率达 80%以上。注重江、河、湖、库等水体沿岸生态保护和修复，打造"水清、岸绿、景美"的滨水景观，水体岸线自然化率达 80% 以上，适宜绿化的水岸林木绿化率达 80%以上。

（三）提升森林质量

1. 培育近自然森林

在城市森林培育过程中，根据森林生态系统演替规律和景观需求，以种植乡土乔木树种为主，合理调控林分密度、乔灌草比例、绿色彩色树种比例，培育近自然城市森林。对城市周边生态风景林，针对现有林分的状况开展林相改造，调节林分树种组成结构，形成多树种、多层次、多色彩的稳定森林景观。

2. 提升乡村景观林

以原生地带性景观的恢复为目标，对现有村镇公园和村镇成片森林实施林分改造，补植原生树种，建设景观优美、乡风浓郁的乡村森林景观。注重保护大树古树、风景林，传承乡村自然生态景观风貌。

3. 增加生物多样性

以保护与恢复本地区重要动植物栖息地为目标，加强自然保护区、

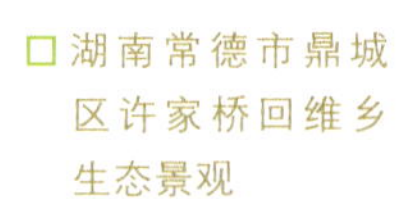

□ 湖南常德市鼎城区许家桥回维乡生态景观

自然保护小区建设，为本地动植物栖息提供足够的安全空间。保护和选用留鸟、引鸟、食源蜜源植物，每个城市在城区和近郊区打造多处5公顷以上城市片林。

4. 提高森林树木养护水平

在城市森林树木栽植、养护过程中，减少截干、修剪等过多的人为干扰，培育自然健康的城市森林树木；注重城市森林绿地土壤的有机覆盖和功能恢复。

（四）传播生态文化

1. 增加生态文化场所

依托森林公园、郊野公园、植物园、湿地公园和自然保护区等自然游憩地，因地制宜地建设能够展现地方生态文化特色、功能实用、适合开展生态文化宣教活动的各类场所。

（1）特色场馆。建设森林博物馆、湿地科普馆、森林学校、生态文化主题馆等生态科普教育场馆。

（2）户外自然体验场所。在城区及城市近郊地区自然游憩地，如综合公园、植物园、湿地公园、城市绿道、郊野公园等，开辟建设以科普教育、自然体验为主题的园区或步道，并配备多样化的自然体验设施或场地，如森林浴场、观鸟屋、芳香植物园等，鼓励公众走进自然、感受自然。

（3）生态标识设施。大力加强各类自然公园科普解说设施建设，园区内广泛使用形式多样、内容丰富的科普解说设施，如标志标牌、宣传栏、互动科普游戏设施等，使公众感受到浓厚的生态文化宣教氛围。

2. 推动全民自然教育

大力推动全民自然教育工作，丰富森林城市生态文化内涵，特别是为城市少年儿童提供良好的户外学习条件，吸引更多的教师、学生亲近自然，了解自然和认识自然，促进城市少年儿童的身心健康发展，增强环境保护意识，帮助树立正确的生态伦理观。

（1）精品课程与活动方案。结合自然资源特色，以植物、动物、

□森林旅游已成为人们最偏爱的休闲方式。图为游客在武宁县罗坪镇长水村千年红豆杉林下留念

土壤、水等多种自然元素为学习对象，通过自然观察、手工制作、科学探究、游戏体验等手段，制定一系列能够满足不同学习者需求和特点的精品课程与活动方案。

（2）人才服务体系。自然教育基地广泛招募、培训社会志愿者，为志愿者提供自然教育服务平台，促进基地自然教育长期有序开展；从事科普教育、科学研究的人员与大、中、小、幼各类教育机构开展长期合作，以讲座、课堂教学、户外学习等形式宣传生态文化，普及自然科普知识。

3. 开展宣传推广活动

健全义务植树、古树名木保护、生态节庆、环境教育等各类生态文化活动体系，创新生态文化传播推广形式，加强城市生态文化宣传教育工作，营造全社会关心、支持、参与环境保护的良好社会氛围，培养公众环境素养、提高公民环境保护意识。

（1）公众参与平台。不断拓展生态文化传播形式和公众参与渠道，开展各种形式的义务植树活动，或通过以资代劳、购买碳汇等义务植树尽责形式，倡导和组织社会各界参与植树造林、森林保育活动。

（2）宣传推广平台。利用网络媒体、手机媒体等新媒体形式进行科普知识宣传，以国际、国内环境与自然保护相关节日、纪念日、主题日为契机，广泛开展各类生态文化宣传教育活动，传播生态文化理念。

(3) 特色生态文化传承。通过持续开展古树名木保护、市树市花评选等富有各森林城市特色的生态文化活动，传承地方历史文化，激发人民群众的文化和精神认同感。

（五）强化生态服务

1. 拓展生态游憩空间

合理布局各类生态游憩地，健全立足市域、县区、乡镇、社区的多级游憩空间体系，发展森林公园、湿地公园、郊野公园、生态观光园、社区公园等各类游憩空间，提升城市森林服务半径，为城乡居民提供均衡的生态游憩场所。

(1) 城区生态游憩空间。在城市建成区、城市近郊地区积极建设城市森林公园、湿地公园、森林植物园等生态游憩空间，充分发挥生态游憩与生态文化功能，丰富自然体验、自然教育等项目，通过绿色建筑、节水灌溉等可持续管理或建设手段，发挥城市森林、城市湿地、城市绿地等绿色基础设施的生态服务功能，实现500米服务范围覆盖

□森林中的狂欢——三月三耍西山

度达到 90%。

（2）郊区生态游憩空间。城市郊区建设或提升 20 公顷以上的森林公园、湿地公园、郊野公园等大中型生态游憩空间，发展康养、乡村游等特色项目，满足城市居民出行 10 公里可达的目标，提倡对植物景观的近自然化构建和管理。

（3）村镇生态游憩空间。结合地域特色，因地制宜，加强村镇休闲游憩场所建设。

2. 完善休闲绿道网络

建设遍及城乡的绿道网络，使城乡居民每万人拥有的绿道长度达 0.5 公里以上，为市民提供亲近自然、绿色出行的空间，满足居民亲近自然、休闲游憩的生活需求。

（1）城区绿道。在城区内选择适宜线路建设社区绿道、市域绿道

□ 河南济源槐树林荫道

网络，串联市区公园、广场、景区、美丽乡村、滨水空间等人文与自然风光区域，合理设置驿站，配置游客服务中心、自行车租赁点、餐饮点、观景点、科普解说设施、厕所等，满足供市民休闲、游憩、健身、出行。

（2）区域性绿道。在城市间构建区域性绿道，实现居民“绿色出行＋远行”，拓展居民游憩绿道长度，有机串联自然和历史文化风景名胜区、自然保护区、历史古迹等重要节点，加强区域间生态资源共享，构建区域间互联互通的绿道网，加强与城市公共交通系统无缝衔接。

3. 发展惠民生态产业

积极发展以森林为依托的旅游、休闲、康养、种植、养殖等生态产业，拓展生态服务模式，促进生态产业发展。充分发挥森林休闲观光度假功能，打造一批森林康养、森林运动、森林风情小镇等精品森林生态旅游基地；积极发展森林旅游活动项目，建设露营基地、房车基地、婚纱摄影基地、森林采摘园等新型体验基地；发展经济林果、林下经济等生态产业，促进林农增收致富。

中国森林城市的传播推广

在中国森林城市建设推进中，通过持续举办中国城市森林论坛、中国森林城市建设座谈会以及一系列国际交流活动，推广中国森林城市建设理念，宣传中国生态建设成就，营造了全社会高度关注、积极参与森林城市建设的浓厚氛围，树立了中国政府的良好形象。

（一）中国城市森林论坛

中国城市森林论坛由关注森林活动组织委员会主办，由全国政协人资环委、国家林业局和经济日报社共同举办。从2004年起，每年举办一次。每届论坛都围绕落实科学发展观、建设生态文明和美丽中国、建设两型社会、促进绿色增长、应对气候变化等国家重大战略决策部署，确定论坛主题。在论坛上命名一批森林建设成效明显、生态良好的城市为“国家森林城市”，参加论坛的人员既有国内城市市长、各省（自治区、直辖市）林业主管部门负责同志等政府官员代表，又有国内外专家学者代表、国际组织代表。通过组织专家学者探讨森林城市建设的理论和实践，宣讲传播森林城市建设的先进理念，组织城市市长进行经验交流，推广森林城市建设的成功经验和做法，组织媒体进行成效宣传，宣扬推进森林城市建设、提高人民生活品质的成效，达到了激励先进、树立样板的目的，进一步动员和吸引政府部门、社团组织、企事业单位、公民个人关注、支持和参与造林绿化和森林城市建设，为建设生态文明和美丽中国贡献力量。

中国城市森林论坛逐步成为森林城市和生态建设领域的最高层次论坛，成为具有广泛号召力和影响力的绿色品牌，产生了广泛的社会影响，有力地推动了我国森林城市事业的蓬勃发展，在论坛中形成了森林城市管理、决策和科学研究紧密互动的独特发展模式，通过森林城市建设管理者、研究者和受益者的共同参与，使森林城市建设科研成果直接转化为具体的实践行动，又把实践中遇到的问题用科学研究的方法来得以解决。这种模式以最有效率的方式迅速提高了我国森林城市的质量和水平，实现了森林城市建设的跨越式发展。

每届论坛还根据会议交流成果形成各具特色的论坛宣言，每一次宣言都是对当下森林城市建设的集结号和指南针，这对于动员和组织全社会广泛参与城市森林建设，推动中国城市走上生产发展、生活富

□第七届中国城市森林论坛

2014 年森林城市建设座谈会

裕、生态良好的文明发展道路发挥了积极的作用。

（二）中国森林城市建设座谈会

随着中国森林城市建设的不断深入和发展，从 2013 年开始，“中国森林城市建设座谈会”取代了“中国城市森林论坛”，成为推动我国森林城市建设的动员会、部署会。按照党的十八大作出的建设生态文明和美丽中国的战略部署，国家林业局和各级林业部门深入宣传贯彻习近平总书记系列重要讲话精神和十八大精神，把森林城市建设作为建设生态文明和美丽中国的重要工程，作为提升新型城镇化水平和质量的重要抓手，作为改善城市宜居水平和生活质量的重要途径，作为加快林业改革发展和现代化建设的重要内容，深入宣传中央林业方针政策和建设成效，提升全社会对发展林业和森林城市建设重要性的认识，凝聚地方党委政府的共识，明确提出，要把森林城市建设摆到重要位置，加强组织领导，抓好规划编制、资金筹措、用地保障等重点任务落实。强调林业部门是森林城市建设的牵头单位，要做好综合协调、指导督促、苗木供给等工作，统筹推进城乡绿化美化。

为贯彻落实中央关于森林城市建设的新部署和新要求，国家林业局结合森林城市建设实际，出台了推进森林城市建设指导意见，对“十三五”时期森林城市建设做出了全面部署，明确了森林城市建设基本原则，确立了发展目标，提出了主要任务以及相关保障措施，成为“十三五”时期推进全国森林城市建设的纲领性文件。启动了全国森林城市发展规划编制工作，做好全国森林城市建设科学布局和总体安排，服务好国家重大战略的决策部署。推进森林城市建设规划编制、监测评估的技术规程的制定工作，完善提升森林城市建设标准，确保森林城市建设工作始终沿着科学规范有序的轨道前进。森林城市建设在各级政府工作中的地位和作用越来越突出，进入了全面大发展的新阶段。

（三）中国森林城市建设的国际影响

在全球城市化进程加快的背景下，中国森林城市建设日益成为国际社会关注的焦点，首届亚太城市林业论坛、首届国际森林城市大会、亚欧城市林业国际研讨会、中欧城镇化与城市森林建设国际研讨会、东盟论坛，以及世界林业大会和国际林联大会等一系列国际重要会议，都对中国森林城市建设的成功作法进行研讨，认为中国是发展中国家推进城市生态建设的范例。

1. 首届国际森林城市大会

首届国际森林城市大会（1st International Forest City Conference）是国际社会围绕森林城市建设议题在全球范围内召开的首次世界性会议，也是完全由我国倡议和主导的一次国际盛会。

首届国际森林城市大会于 2016 年 11 月 29 ～ 30 日在我国广东省深圳市举办。大会由国家林业局、全国政协人口资源环境委员会和深圳市人民政府共同主办，由国家林业局城市森林研究中心、国际竹藤中心、深圳市林业局和国际竹藤组织共同承办。大会紧紧围绕党的十八届五中全会所提出的建设“森林城市”的战略要求，围绕联合国 2030 年可持续城市和社区发展议程，以“森林城市与人居环境”为主题，旨在促进森林城市建设中新理念、新模式和新实践的对话与合作，分享各国森林城市建设的成功经验，探讨未来可持续城市与社区发展路线图。

会议期间，来自中国、美国、英国、德国、加拿大、意大利、葡萄牙、澳大利亚、韩国、马来西亚、印度尼西亚、古巴、乌干达等 40 多个国家和国际组织的 500 多位专家、校长、市长和城市森林管理人员参加了本次会议。与会代表围绕森林城市建设理念与实践、城市森

□ 首届国际森林城市大会开幕式

林生态功能与评价、城市森林生态系统服务、森林城市发展模式与创新实践、森林城市规划与管理，以及竹子在提升城市景观和民生福祉中的作用等议题展开了研讨。

首届国际森林城市大会为世界各国在森林城市建设领域搭建一个交流与合作的平台，分享世界各国城市森林建设的成功经验，促进我国和其他国家城市森林建设事业的健康发展。本次大会还形成了会议的一项重要成果《深圳宣言》，宣言高度评价首届国际森林城市大会，认为大会将在城市林业发展历史中具有里程碑式的重要意义。

2. 首届亚太城市林业论坛

首届亚太城市林业论坛（1st Asia-Pacific Urban Forestry Meeting）是联合国粮农组织召开的首次世界性城市林业会议，是亚太地区的一场城市林业盛会。

首届亚太城市林业论坛于 2016 年 4 月 6 ～ 8 日在我国广东省珠海市举办。论坛由联合国粮食及农业组织（FAO）、国家林业局城市森林研究中心和珠海市人民政府共同举办，论坛主题为“面向更加绿色、健康、幸福的未来”，旨在通过讨论亚太地区城市与城郊森林的地位，相互学习与交换经验，讨论城市森林战略发展的长期合作，讨论用自然之法解决城市生态问题，并达成面向“更绿、更健康、更幸福”未来的共识。

□ 首届亚太城市林业论坛闭幕式

论坛期间，来自澳大利亚、印度、韩国、新加坡、马来西亚等 17 个亚太国家和地区代表，联合国粮农组织、联合国大学、国际树艺协会、美国、英国、加拿大、意大利、巴西、斯洛文尼亚等 9 个国际组织和欧美国家城市林业专家，以及国内 55 个单位或城市的代表共计 250 人参加了论坛。世界各地的城市林业专家就亚太地区城市森林概况、亚太地区城市森林研究案例、国际经验、城市森林对推动联合国新可持续发展目标的作用展开了主旨报告，并对亚太地区国家城市森林的当前地位、城市森林的共同点与区域挑战等议题进行了研讨。同时，论坛还分别对城市森林与环境质量、人类健康、绿色经济、文化传承、绿色基础设施等内容展开深入的研讨和交流。论坛发表的《珠海宣言》对亚太地区城市林业发展提供了明确指导。

3. 亚欧城市林业研讨与交流活动

亚欧城市林业研讨会是由我国和欧洲国家共同组织的旨在促进亚欧城市林业领域科技合作的国际研讨会。

2001 年 6 月，在中芬联合举办的“亚欧森林保护和可持续发展”国际研讨会上发布了《贵阳宣言》，确立了亚欧森林科技合作框架。在 2002 年泰国清迈第二次亚欧森林合作会议上，正式把城市森林纳入亚欧森林科技合作网络，全面启动了亚欧城市森林合作。2004 年，北京和苏州两地联合举办了首届亚欧城市林业研讨会，此后每两年举办一次会议。

研讨会的成功举办，探讨交流了亚欧城市林业科技领域的最新进展与成果，推动了亚欧特别是中国城市林业的科技创新、学科建设和团队建设；传播了城市森林景观设计、树种选育、经营管理，以及城市林业发展政策与规划等新理念；激发了公众和社会对城市森林的关注与参与。

在推动亚欧城市林业网络发展的同时，中欧城市林业合作在广度、深度和成效上取得了可喜进展。中欧双方城市林业专家建立起了友好、稳定、有效的合作平台，极大地推动了中欧城市林业的发展与合作。

□ 第二届亚欧城市林业国际研讨会代表合影

□ 首届亚欧城市林业研讨会闭幕式（郄光发供图）

此外，我国还于2013年成功举办了“中欧城镇化与城市森林建设国际研讨会”，此项活动是落实中欧双方领导人签署的《中欧城镇化伙伴关系共同宣言》的重要举措之一。“中欧城镇化与城市森林建设国际研讨会”旨在为中欧国家在城镇化与城市森林建设领域搭建一个交流与合作的平台，以便更好地凝聚中欧双方智慧，促进中欧国家城市森林建设健康发展。来自欧盟成员国、国际竹藤组织成员国、世界自然保护联盟的代表，以及我国地方城市代表和国内外城市森林领域的近160位代表参加了研讨会。中欧之间开展城镇化与城市森林建设的交流与研讨是中欧合作向多领域拓展的重要体现，受到了国际社会的广泛关注。这次会议集中展示了我国城市森林研究和示范应用领域的突出成就，彰显了科技支撑对城市森林发展带来的巨大作用。近年来国际森林城市领域会议活动具体见下表。

□中欧城镇化与城市森林建设国际研讨会展览

近年来国际森林城市领域会议活动

会议名称	组织单位	会议主题
首届国际森林城市大会	国家林业局、全国政协人口资源环境委员会和深圳市人民政府主办，国际竹藤中心、国家林业局城市森林研究中心、深圳市林业局和国际竹藤组织共同承办	森林城市与人居环境
首届亚太城市林业论坛	联合国粮食及农业组织（FAO）、国家林业局城市森林研究中心和珠海市人民政府共同举办	面向更加绿色、健康、幸福的未来
首届亚欧城市国际研讨会	国家林业局、科技部、芬兰贸易工业部、丹麦环境部	发展城市林业，推进城市生态化进程
第二届亚欧城市国际研讨会	中国林业科学研究院、丹麦哥本哈根大学森林景观规划研究中心	城市森林与居民福祉
第三届亚欧城市国际研讨会	中国林业科学研究院、丹麦哥本哈根大学森林景观规划研究中心、广州市林业局	城市森林与生活品质
中欧城镇化与城市森林建设国际研讨会	国家林业局城市森林研究中心	城镇化与城市森林建设
第13届世界林业大会城市森林边会	国家林业局城市森林研究中心、联合国粮农组织、丹麦森林景观研究中心、美国林务局	—
第14届世界林业大会城市森林边会	国家林业局城市森林研究中心、国家林业局城市森林研究中心	—
中国—东盟城市森林论坛	国家林业局、广西壮族自治区人民政府	共同推动森林城市、低碳城市、宜居城市建设

绿 色 发 展 与 森 林 城 市 建 设

第三部分

森林城市：绿起来富起来美起来

我国森林城市建设是在市域范围内构建以森林等绿色生态系统为基质的重大建设工程，其目标是将城市功能斑块与城市廊道景观建设在以森林绿地为基质的景观中，真正形成“城在林中，林在城中”的现代城市风貌，实现市域范围内的生态空间优化、生态服务功能提升、生态产业惠民、生态景观美化、生态福利全民同享。

建设森林城市，维护区域生态安全

我国森林城市建设着眼于市域空间范围内城乡一体化的森林生态系统保护、恢复，为实现区域生态安全奠定了坚实的基础。

森林城市是我国推进城市生态建设的一种创新实践，具有缓解热岛效应、治理环境污染、调控雨洪灾害、保护生物多样性、应对气候变化等独特功能，为城乡居民提供优美健康的人居环境、充足便捷的休闲场所，拓展城市绿色生态空间，实现人与自然和谐共生的城市发展方式。

（一）完善生态基础设施，保障城市生态安全

城市地区的森林和湿地，素有“城市绿肺”与“城市之肾”的美称，其生态、经济、社会、文化作用是全社会的公共财富。森林城市建设是在人口密集、自然生态系统空间受到严重挤占的高度人工化地区开展城市生态系统建设，应按照城市发展需求，首要任务是保障城市的生态安全。要以生态学原理进行布局和建设，建立和完善森林、湿地为主的城市生态安全体系，为城市社会经济可持续发展提供保障。

城市森林是城市生态系统的重要组成部分之一，在城市生态系统的物质交换和能量流动过程发挥重要作用。在城市之间、城市周边或新老城区之间建设大型隔离绿带是通过城市森林约束城市空间发展的重要方法之一。我国开展森林城市建设以来，许多城市通过保护现有森林、树木与湿地景观，提升现有森林植被与湿地景观质量与功能，建设道路林网、水系林网、农田林网、关键物种迁移与运动廊道以及城乡绿道等打造各具特色的绿色生态廊道；将现有的大面积森林、森林斑块、大面积湿地、片林、乡镇村绿地、城市公共绿地、防护绿地、社区绿地、街头绿地等块状生态单元连接起来，形成由点、线、面、

片构成的市域城市森林生态网络体系，全面发挥城市森林的生态系统服务功能，为区域生态安全提供坚实的保障。同时，在推进城市化过程中非常注重森林、湿地等生态系统的保护与建设工作，城市的周围尽量保留大片的城郊森林，构成了城市的绿色生态屏障，有效地控制城市的无序发展。

（二）扩大城市生态容量，增强城市生态承载力

我国许多城市，特别是工业城市和生态脆弱地区城市生态空间相对不足。随着人口的增长和城市规模的不断扩大，生态环境问题依然突出，生态环境质量堪忧，城市生态容量难以维系城市健康可持续发展的需要。这些问题成为我国许多城市提升竞争力的主要短板，制约城市的可持续发展。

发展城市森林、建设森林城市，是提高城市生态承载力的有效途径。据专家测算，一座 20 万千瓦的燃煤发电厂一年排放的二氧化碳，48 万亩人工林就能全部吸收；一架波音 777 飞机一年排放的二氧化碳，1.5 万亩人工林就能全部吸收；一辆奥迪轿车一年排放的二氧化碳，14 亩人工林就能全部吸收。在城市化进程不断加快、城市生态面临巨大压力的今天，通过大力发展城市森林，为城市经济社会科学发展提供更广阔的空间，显得越来越重要、越来越迫切。

我国各城市在城市森林建设中，也越来越注重提高城市森林的绿

□杭州免费开放西湖景区和市区公园，建成 37 个森林公园、70 多处生态旅游景点。图为西湖景区

量，构建立体绿化体系，体现在乔木树种、乡土树种、地带性植被的使用等方面。适当引进优良种源，实行乔、灌、花、草、藤立体搭配，构建复合森林结构，营造近自然植物群落；结合旧城改造工程，为了解决绿化用地与城市建设用地的矛盾，通过拆墙透绿、借地建绿、拆违扩绿等措施新建绿地；多以高大乔木构成城市绿地系统的主体，使森林均匀分布于城市的各个角落；垂直绿化形式多样，如屋顶绿化、墙壁绿化、桥体绿化、架棚绿化、阳台绿化、栏杆绿化、篱墙绿化等，增加城市空间绿量，使绿色成为了城市的基本色调。

（三）坚持生态为先，增强抵御风险能力

现代城市对充满梦想的人们有无穷的魅力，越来越多的人涌向城市，经济发展方式也在不断的转变。随着城市化进程加快，人口不断的聚集，气候和城市环境发生变化，城市管理面临着更多的问题，交通拥挤、水资源紧张、卫生条件变差、空气受到污染等问题给城市发展带来风险，庞大的体系逐渐演变的过程会给城市带来风险和危机。然而城市快速发展的目的，无非是为了给人们创造更好的生活条件，提升生活品质，所以如何使城市在发展的同时保持生态与文化环境的平衡，降低环境恶化带来的风险，森林城市建设给出了很好的答案。

作为有机的整体，城市发展的动力系统和城市稳定的平衡系统相辅相成，居住小区和高楼大厦拔地而起，配套的绿化措施必须及时跟上；道路建设的四通八达，行道树的防护也要如影随形；供水设施齐备完善，也需要水源涵养林来保驾护航。

城市森林生态系统如同一个无处不在的调节系统，随时随地为城市的建设提供平衡的力量，使城市建设的各项基础设施和城市经济发展的诸多成果，在真正意义上起到惠民富民、造福于民的作用。在森林城市建设中，应以建设城市森林为主体，不断提高乔木在城市森林生态系统中的比例；以森林和树木为主体，使城市、乡村、郊区在森林的环抱中，形成城市森林网络格局，以近自然的模式构建城市森林生态系统，在城市的发展建设和规划、管理过程中，最大限度地发挥森林生态系统的服务功能，有效地提高城市抵御自然和人为风险的能力，展现新时代的城市魅力，充分发挥现代城市的发展潜力。

□在创森过程中，九江依形就势，因地制宜，开展了形式多样的绿化。图为南湖公园垂直绿化带

建设森林城市，提升城市综合竞争力

美好的城市形象是城市综合竞争实力强大的重要体现。自然生态环境和城市人居环境的优越程度，已经成为除经济、社会、文化、基础设施等之外，评价城市综合实力的重要指标。在新时代的背景下，生态指标所占权重越来越大，由此森林城市建设成为提升城市综合实力的重要途径。

（一）林城相融，彰显美好城市形象

森林城市建设旨在打造以森林和树木为主体，城乡一体、稳定健康的城市森林生态系统，营造林城相融、林水相依、林路成网、林居优美的城市环境，提供优质的空气质量、洁净的水环境条件和良好的居住条

件。随着城市建设进程和植物生长发育，城市和森林逐步融为一体，成为一个城市的建设理念与形象定位的具体表达，促进城市物质条件的完备和精神文明的发展进步，有利于城市对外形象的传播和城市自身魅力的塑造，从整体上提升城市的价值。森林城市建设在增加城市形象美好度上有着十分显著的作用，契合了城市发展的现实需求。

我国沿海城市率先在改革开放的经济浪潮和对外交流中深刻体会到城市形象对于城市发展和人们安居的重要性。因此，在抓经济增长的同时将生态建设和环境改善放到十分突出的位置。内陆城市在先行典范带动和内生动力驱使下，也相继选择走绿色发展道路，增强自身的综合竞争实力。

（二）绿水青山，提供优良投资环境

企业的繁荣进步是社会财富实现的重要方式，城市建设同样离不开企业的发展。吸引更多的企业前来投资建设，推动城市经济的蓬勃发展，前提即是拥有良好的投资环境。随着城市化进程的加快和生态

问题的日益突显，投资环境的重要决定因素已发展成从自然资源、经济状况、政治法律和社会文化等多方面进行综合考量。其中，森林资源和人居环境就是反映自然资源与社会文化指标的主要因素之一。古语道“栽下梧桐树，引得凤凰来”。

森林城市建设一方面致力于在国土上营造天蓝、地绿、水净的美好家园，另一方面也为吸引各方投资和各类建设项目创造了适宜的环境条件。城市森林生态系统建设的完善与否，决定了投资者对城市自然资源深厚程度和城市人居环境质量评价的高低，也决定了城市是否具备为企业未来发展提供更优质服务和持续进步空间的承载能力。

城市绿化水平的提高和森林覆盖率的增加，有助于企业将特定的城市作为投资地点生根发展。企业的进驻也有助于社会文明的进步和经济水平的增长。自然生态环境的改善，带来城市居住环境的改善，为企业和人才提供宜居条件，让企业能够做好长期发展的规划，也让专业技术人才有信心在城市中定居、生活和创业，吸引更多、更好的投资者前来参与城市建设。

□创森期间，东莞全市森林覆盖率上升至37.4%，城市人均公园绿地面积提高到17.3平方米。图为东莞市鸟瞰

（三）优美空间，改善城乡人居环境

森林城市建设的关键是体现以人为本、普惠民生的原则。按照城市发展需求，提高城乡人居环境质量，充分满足人们对森林和湿地功能的多种需求，促进人与自然和谐发展。森林城市建设应合理布局、优化结构，提高乡土树种使用比例，合理搭配乔灌草植物，减少城市绿化维护成本，建立健康、高效、优美的城市森林群落，有效发挥森林在改善生态环境中的作用，使城市森林更好地服务于和谐社会的建设。

森林作为城市生态系统中的最重要、功能最强大的绿色基础设施，在保护人类健康、改善生态环境、美化城市景观、优化城市格局等方面具有其他城市基础设施不可替代的作用。国际上城市森林的快速发展得益于其对城市森林的科学定位，即把城市森林作为城市有生命的绿色基础设施，与城市市政设施统一规划、建设，形成完整的城市生态系统。

近年来，我国各地也将城市森林与市政设施共同纳入总体规划中。我国森林城市建设十分重视城市森林格局的优化，坚持以“山水林田湖是一个生命共同体”为原则，以保护、恢复、重建和完善生态过程为手段，利用绿廊、绿楔、绿道和结点等，将城市的公园、绿地、庭院、

□国家森林城市——广州市

苗圃、自然保护地、农田、河流、滨河绿带和郊野公园纳入绿色网络，组建扩散式廊道和网络，组成一个动态的绿色网络体系。通过森林城市建设，从空间上将城市中孤立的公园、广场、绿地、保护区或其他重要自然或文化资源载体进行系统规划，经由生态廊道建设，打通城市自然生态斑块，构建贯通性的城市森林生态网络，藉此促进城市各类基础设施间的互补与互惠、镶嵌与混入，直至相互融合，最终，实现森林城市建设中城市基础设施各要素之间的功能最大化、效益最大化和成本最小化，并形成有机整体。

此外，建设全面开放、免费服务的城市绿地系统是森林城市建设重要理念之一，是森林城市建设植绿惠民的重要行动指南。全面开放的城市绿地系统，为公众开展日常健身和假日休闲提供更多、更优质、零支出的绿色开放空间，是公众推窗可见的“森林绿”、步行可至的“自然地”、世代可享的“生态福”。

各地还按照市域范围森林城市建设的总体规划，积极推进美丽乡村建设，乡镇村生态环境建设得到了前所未有的重视，取得了长足的发展与进步，绿化水平显著提升。乡村绿化坚持城乡一体原则，重视对传统村落、乡村生态文化遗产等的保护和对生态人文价值的传承；同时注重现代文明与历史传统的有机融合，赋予传统乡村生态文化创新

□国家森林城市——日照市

发展、与时俱进的生命力。

建设森林城市，积累绿色财富

森林城市建设所带来的绿色财富不能单纯用经济核算来衡量，其真正价值超出了金钱、物资、房屋、土地等常规财产的概念范畴，涵盖了生态、经济、社会等多方面的综合效益，既有形又无形。这笔财富不会像股票期货短期爆发获利，而更像是一种长期稳定的高额回报储蓄，在森林城市建设的过程中不断地积累与沉淀，发挥着强国、兴市、富民的重要作用。

（一）绿色种植业让土地产出增值

森林城市建设坚持以绿色发展为导向，以产业富民为目标，鼓励发展以特色经济林种植、种苗花卉、林下经济为主的绿色种植业。这样做既有利于有效利用国土资源，又有利于调整农村产业结构，促进农民就业增收和地方经济发展。

特色经济林产业是集生态、经济、社会效益于一身，融一、二、三产业为一体的生态富民产业。特色经济林产业采取“政府主导、企业主体、市场运作、部门服务”的工作机制，示范带动、强力推进、因地制宜发展特色经济林，形成“龙头企业＋基地＋农户”的产业化经营体系，成为群众脱贫致富、增加收入的有效途径。

种苗花卉是调整农业结构、促进农民增收、协调经济发展的“新亮点”，为加快国土绿化、维护生态安全、建设美丽中国提供了重要的物质基础，为带动休闲观光、生态旅游、促进社会就业和农民增收致富作出重要贡献。森林城市建设强调种苗本地化，各地方政府立足自身资源优势，大力发展特色化、区域化、集团化的种苗产业，形成以国有苗圃为龙头，多层次、多种所有制协调发展的苗木花卉培育体系，实现了苗木产业健康、持续、稳定发展，为国家森林城市各项生态工程提供优质的绿化苗木。

林下经济是林业产业的重要组成部分。采取森林复合型经营模式发展林下经济，既充分利用了林地资源，提高了林地产出率，又实现了生态效益与经济效益双赢。许多创森城市通过实施林下经济发展工

□林下种植

程，实现了"造林向造景转变、造林向创收转变、造林向造富转变"。依托丰富的森林资源，充分利用林下土地资源和林荫优势，积极推行林草、林药、林菌、林禽等林下经济立体开发，形成农、林、牧各业资源共享、优势互补、循环相生、协调发展的生态林业模式，实现多重效益，促进林地增效、林农增收，对带动林农、农村经济乃至区域经济的发展都有显著的促进作用。

（二）涉林加工业让生态产品丰富

随着社会经济的发展和居民生活水平的提高，城乡居民对特色林产品和绿色精深加工林产制品的需求逐渐增加。在森林城市建设中，各地以本地森林资源为依托，充分挖掘自身优势，创新发展思路，大力发展涉林绿色加工业，形成了较为完整的绿色产业链条，促进了特色经济林、林下经济等林业一产的发展，产出了木竹原料、精品水果、生态茶叶、畜禽产品、中药材、木本油料等多种产品，提高了林产品附加值。同时，在原有林产加工业的基础上，结合国内外先进的加工技术和设备，涉林产品精、深加工业迅速发展，彻底转变了过去林产加工业存在的“规模小、效率低、技术落后”的状况。

各地在建设森林城市过程中，坚持绿色发展理念，不断优化投资环境，强化产业转型升级，充分利用各种专项资金支持，如省级林业产业发展专项资金、农业产业化专项资金、农业综合开发项目专项资金和林业专项贷款等，重点扶持了一批专业水平较高、规模化生产经营、有市场优势、产业关联度大、带动能力强的涉林产品精深加工龙头企业。通过龙头企业带动相关林产基地的建设，以林产基地带动周边农户积极参与，进一步发展配套产业，大幅提高农户经济收益。部分地区地方政府通过推动林业产业示范园区的建设，引导和鼓励林产加工企业向工业园区聚集，培育产业集群。快速发展的涉林龙头企业和逐步壮大的产业集群，为林农提供了大量的工作岗位和务工就业机会。绿色加工业已成为各地调整地方经济结构、带动农民增收致富、实现绿色可持续发展的重要抓手。

（三）森林服务业让“绿水青山”成为“金山银山”

森林城市建设促进了以生态旅游为核心的第三产业蓬勃兴盛和以

□绍兴市充分利用当地资源，大力发展森林休闲旅游业，实现林业增效、林农增收。图为柯桥区王坛的香雪梅海

生态旅游服务为新亮点的森林服务业快速发展，有效缓解了就业压力、带动地方经济发展，已成为林区群众脱贫致富的重要途径之一，实现了森林惠民的目标。

生态旅游是森林城市建设过程中提高自然资源多功能利用水平，推动新常态下供给侧结构性改革和林业产业转型升级，促进全民健身养生、推动健康中国建设的重要途径，也是助推林区脱贫攻坚、实践"绿水青山就是金山银山"和"冰天雪地也是金山银山"的重要手段。生态旅游依托于森林公园、湿地公园、沙漠公园、自然保护区、风景名胜区等地开展，旅游收入增幅明显，旅游带动效益显著。以森林公园为例，截至 2015 年年底，全国已建立不同类型的森林公园 3234 处，经营面积 1802 万公顷，占全国森林面积的 8.7%。2015 年全国森林公园接待游客 7.95 亿人次，总收入 871 亿元，其中旅游收入 706 亿元。此外，景区周边农民也通过发展"森林人家""农家乐"等享受到了国家森林城市建设带来的红利。在建设森林城市的过程中，受到青睐的生态旅游业不仅可以推动地方产业结构优化调整，还可以形成不以消耗森林、湿地资源为代价，促进地方经济社会全面可持续发展的新模式。通过建设生态旅游目的地，能够有效地改善当地的基础设施条件、区域招商引资环境，有力地促进林区和农区的产业结构和经济结构调整，创造更多的就业机会，给地区经济发展注入新的活力，发掘新的经济增长点。

我国创森城市在开展森林城市建设时，都不约而同地把发挥森林资源的休闲康养功能作为绿色产业发展的重要抓手，并立足于自然禀赋、城市区位和人文底蕴发展出具有自身特色的森林康养产业。2016 年 10 月 25 日，中共中央、国务院印发《"健康中国 2030"规划纲要》，将全方位、全周期维护和保障人民健康上升为国家战略，以"共建共享、全民健康"为战略主题，确立"以促进健康为中心"的"大健康观""大卫生观"，并将这一理念融入社会公共政策制定实施的全过程，统筹应对广泛而复杂的健康影响因素，提出普及健康生活、优化健康服务、完善健康保障、建设健康环境、发展健康产业等五个方面的战略任务，具有鲜明的系统性、指导性和可操作性。这与森林城市建设改善生态环境、促进全民健康的目标和理念是完全一致的。森林城市的建设，迎合了生态资源转化为生态资产的趋势和人们日益突出的养老、养生等需求，扩大与增加了社会财富积累的渠道，不仅让城市决策者从思路和行动上，逐渐接受、认同并积极推进森林康养这一新兴产业，也让具体从事于绿色服务业的企业或农户得到了发展动力和提升空间，实现了对森林康养产业大规模、高质量、品牌化的正面推动。

建设森林城市 打造生态文明窗口

森林城市建设，不仅是增加城市森林绿地、改善城市生态环境的过程，更是普及生态知识、传播生态理念的过程，在政府执政理念、生态文明制度建设、生态环境建设、生态文化传播、公众生态文明意识提高、社会经济发展中的生产方式和生活方式转变等方面都起到了积极的推动引导作用。

（一）推动政府转变发展理念

在城市工业化进程发展阶段，快速提高 GDP 是城市发展决策主要驱动力。但是，近 10 年来，尤其是“十二五”以来，实施区域发展总体战略和主体功能区战略、积极稳妥推进城镇化、积极应对全球气候变化、大力发展循环经济、加大环境保护力度、促进生态保护和修复，已经成为我国优化格局、促进区域协调发展、建设资源节约型与环境友好型社会、实现绿色发展的重要举措。

1. 改变了政府生态决策行为

提高城郊森林的生态服务、社会服务以及经济服务功能，保障区域生态安全，大力发展城乡森林提高人居环境质量，发展功能性城市森林改善生态环境……这些都是创建国家森林城市活动中，生态体系建设的重要内容。在创森过程中，各级政府通常把生态保护与可持续发展作为决策重点，采取以政府为主、企业和社会与个人等为辅的投资对策，大力开展人居环境城市森林建设、城郊森林植被建设等，将生物多样性保护、应对全球气候变化、控制水土流失等融入生态环境建设，提高环境质量、提高城乡宜居水平，走可持续发展之路。

城市土地寸土寸金，城市土地紧缺是普遍现象。在建成区和规划的未来建成区内，建设城市森林、产业园区、居民区、道路等灰色基础设施建设往往发生土地使用矛盾。为了保障城市林木覆盖率达到40%、人均公园绿地面积超过11平方米的标准，为居民创造宜居的生活、生产环境，开展创森活动的政府通常将城市森林建设用地放在重要的位置，充分利用一切可以利用的土地建设城市森林，并采取高标准、高要求的措施，按照一路一景、一街一特色的绿化要求建设城市森林。新建的城区、工业园区、居民区往往也是绿化覆盖面积最高、公共园地建设水平最高、道路绿化标准最高、环境质量最好的生态型城区、园区和居民区。

2. 促进了政府行为的生态化

在创建国家森林城市过程中，政府行为的生态化首先突出表现在创建活动的全社会化上。创森工作由市委市政府统一领导、相关部门共同参与、林业部门牵头实施，在建设工程和建设内容的执行中实现了各部门相互协调、负责部门主导实施的局面，形成了建设的合力。有的创森城市实施了绿色考核、监督机制，即将建设任务落实到每一级政府、每一个部门主管领导、每一个负责人，实行层层签订责任书，并作为年度干部考核的重要依据。此外，创森城市对森林城市建设的总体规划有较高的执行力，规划内容实施、完成率都在90%以上，有许多城市的实际建设内容甚至超出了总体规划设计的内容。通过发展森林城市，城市的领导者、管理者对生态政绩观的认识更加深入，逐渐摈弃过去单纯追求GDP、忽视生态建设和环境保护的发展观念，树立起打造绿水青山也是政绩的新观念。

（二）推动生态文化传播

生态文化建设是森林城市建设的重要内容。各创森城市在森林城市建设总体规划中重点编写生态文化建设内容，组织实施生态文化载体基地工程、生态文化体验工程和生态文化活动，深入挖掘竹文化、花文化、茶文化、古树名木文化的内涵，传播森林文化知识，丰富人们文化生活。建立健全森林博物馆、标本馆、科普长廊、生态标识等生态文化基础设施，为城乡居民了解森林、享受森林提供方便。在各类公园建设中，以艺术作品、宣传栏、标识牌、解说词、解说牌等形式充分展示地方代表性历史文化。在森林产业体系建设中，生态旅游

□“中国湖南张家界国际森林保护节”已连续举办了 18 届

□创森万人签名活动

□江门市森林进校园活动

相关工程的建设成为生态文化传播的重要基地。

各创森城市通过报纸、电台、电视台、网络等各种舆论阵地，进行形式多样的宣传报道，广泛深入地宣传建设森林城市在改善城市生态、提升城市品位、提高城市综合竞争力、惠及城市居民生产生活等方面的重大意义和深远影响，建设全民动员、全社会共同参与森林城市建设的社会环境，提高市民植绿、护绿、爱绿、兴绿的生态意识。依托于新的信息技术而产生的门户网站以及以网络为主导的手机短信、数字报纸、数字杂志、数字广播等新媒体，设立专栏、手机报、微信公众号、车载数字宣传广告等，加强与社会公众间的互动交流，提高了生态文化传播效率。

许多创森城市还举办了市树市花评选、摄影大赛、森林音乐会，"森林使者"评选，森林城市知识闯关竞赛等活动，开展印刷广告、印刷标语、数字广告等为主的标识宣传，出版大量与宣传创建国家森林城市相关的生态文化科普书籍、学术专著，提高广大市民的森林城市建设知晓率，充分调动全社会参与森林城市、造林绿化的主动性和积极性。各级党政机关、企事业单位、社会团体以及广大市民，通过创森活动的引导，积极地投身于生态环境保护、城市森林植被保护、名木古树保护、义务植树、认领认养认建等群众参与式、体验式活动，激发人们关注森林、保护森林、发展森林的责任感，让建设森林城市成为老百姓的自觉行动。通过宣传动员市民参与对城市森林建设的评判和监督，赢得市民对城市森林建设的理解和支持，形成开展城市森林建设的强大合力，为建设绿色家园和美丽中国贡献力量。

（三）创造绿色精神财富

在森林城市建设的过程中，广大市民以主人翁的姿态积极投身其中，树立健康向上的生态文明观念和道德情操，争做绿色生态文明的倡导者和宣传者；自觉参加各种形式的义务植树和造林绿化活动，争做绿色生态文明的播种者和建设者；关心爱护绿色生命，自觉保护身边的一草一木，争做生态文明的参与者、传播者和推动者。

森林和绿色是生命的象征，是文明的标志。有了森林和绿色，我们的城市就会生机盎然，我们的生态就会更加优良，让森林走进城市，让城市拥抱森林，让人们感受绿色，让绿色造福人类。

□十堰市实验小学“绿满水源地，小手护家园活动”

森林城市建设留下的绿色精神财富会长期存留并传播下去。这些绿色精神财富，可能以森林、草木、山峦、河川为载体，在造林、护林人的守候下，静静等待人们的造访；可能以飞鸟、走兽、蛙虫、蜂蝶为具象，在自然保护者的呵护下，轻轻掠过人们的身旁；可能以古村、老屋、楼馆、文学为寄托，在文化传承者的传播下，默默讲述着人与自然的故事。森林城市就是城市的形象，就是城市的未来，就是城市居民的福祉。森林城市建设让人们接受绿色洗礼，返璞归真，走向人与自然和谐共生的新时代。

□十堰市张湾区拓展生态科普阵地，推进校园植物挂牌

□南京城区建成各类公园绿地318处，郊区建有森林公园、湿地公园和郊野公园52处。图为紫金山景区

绿 色 发 展 与 森 林 城 市 建 设

附 件

中国 12 个省级森林城市建设情况

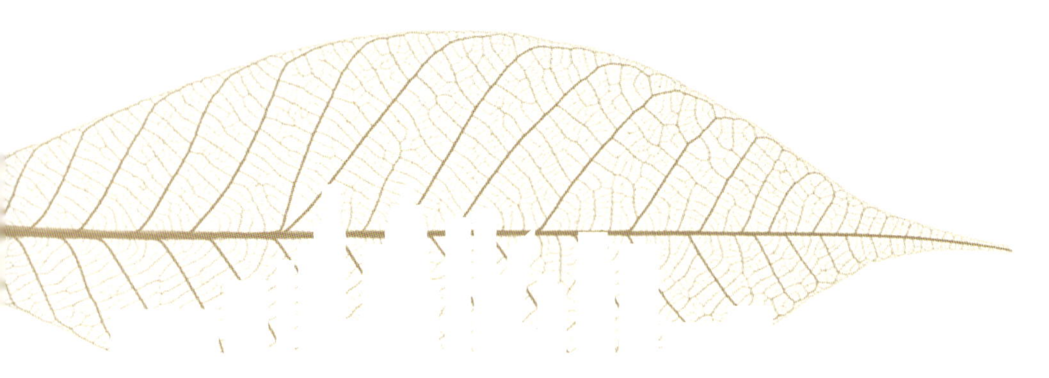

辽宁省

一、发展历程

辽宁省委、省政府高度重视国土绿化工作，特别是近年来，省政府将加强森林城市建设、推进城乡绿化一体化，作为贯彻落实习近平社会主义生态文明建设理念、建设美丽辽宁的重要切入，作为实施辽宁老工业基地全面振兴战略，推动节约发展、清洁发展、安全发展和全面协调可持续发展的重要环境保障措施，纳入各级政府工作重点，强力推动。

“十一五”初期，辽宁省委、省政府做出了建设生态省的重大战略决策，把加强生态建设、加快林业发展摆上了全省经济社会发展的重要战略位置。省政府印发了《辽宁生态省建设规划纲要》（2006—2025年），提出用20年时间，举全省之力，通过实施生态产业、生态建设、综合整治、环境建设、绿色创建五大工程，建设生态经济、资源支撑、环境安全、自然生态、生态人居、生态文化六大体系，全面加强生态环境保护和治理，开展了史无前例的碧水、青山、蓝天工程建设。各地按照省政府的部署要求，制定规划，细化方案，强化措施，加快推进生态建设。同时，在落实国家重点生态建设工程的基础上，省政府投入资金，先后启动实施了辽西北边界防护林体系建设工程、“五点一线”滨海大道绿化工程、大规模造林绿化工程、“百校千村”绿化工程等一系列重点生态建设工程，为森林城市建设打下了坚实基础。

2010年，省政府在全省造林绿化工作会议上做出了“全省十四个市包括县城都要争创森林城市”的部署，要求全省加大造林绿化力度、改善生态环境，在实施大规模造林绿化工程的同时，强化青山保护，整治环境，恢复生态，大力推进森林城市建设工作，解决城市绿地覆盖率不够、绿量不足的问题。省绿委按照省委、省政府的部署要求，把进一步推进城乡绿化美化作为工作重点，加强调度指导，协调林业、城建、交通、铁路等相关部门，各司其职、各负其责、通力配合，协同推进城市、村庄和通道绿化美化。

2011年，省政府提出深入开展“绿化村屯、美化家园”活动，并把村屯绿化列入省政府重点民生实事工程。省绿委、省林业厅制定出台了《辽宁省开展“绿化示范村”和“绿化模范村”建设活动的实施方案》，计划在“十一五”期间，每年创建1000个绿化示范村、100个农村绿化示范学校，进一步推动了全省村屯绿化的快速发展。

2012年2月27日，省政府在全省春季造林绿化会议上做出了“要在城市大力推进森林城市建设，让市民享受到城市森林带来的种种恩惠。每个单位、每个小区都应该成为绿色的、成为花园”的部署，并提出要把县城建设与积极开展文明城市、森林城市、卫生城市等群众性创建活动结合起来，提高市民文明素质，促进县城全面发展。2012年4月，省绿委组织相关部门专家，以国家森林城市创建活动方案为指导，借鉴国内相关地区的经验做法，在充分调研的基础上，制定了辽宁省省级森林城市创建活动方案及评比标准。4月28日，省政府召开部门绿化工作协调会议，听取了省绿委办、省林业厅关于制定《辽宁省森林城市创建活动实施方案（草案）》情况的汇报，并审议通过了实施方案。会议强调，在全省县（市区）当中开展省级森林城市创建工作十分必要、十分重要，这是推进县（市区）全域绿化特别是城市绿化的重要载体，各县市区政府要把此项工作摆到重要日程。会议要求，要把森林城市创建活动的原有基础性指标和变化增量结合起来，分梯队，分区域实施，鼓励调动各地积极性。每届分区域评选省级森林城市，并给予一定的以奖代补资金。

2012年6月15日，省绿委印发了《辽宁省森林城市创建活动实施方案》和《辽宁省森林城市评价标准》，辽宁省省级森林城市创建活动正式启动。创建活动得到全省各县（市、区）的积极响应。按照《辽宁省森林城市创建活动实施方案》，至首届省级森林城市创建申报截止时间，全省共有11个市的29个县（市、区）提出了创建申请。为严格把关，确保坚持标准，提高创建工作质量，省绿委根据工作程序，组织有关部门专家召开评审会，对各申报地区进行了严格评审，确定了辽东地区的桓仁县、本溪县；辽中南地区的庄河市、普兰店市、瓦房店市；辽西北地区的喀左县、凌源市，计7个县（市、区）为省级森林城市创建单位，创建期限为2012—2013年。并要求各创建城市严格按照创建标准和经批复的创建工作方案，加快施工，提高建设质量。

2013年1月，省绿委根据各地造林绿化和森林城市创建工作情况，下发《关于进一步推进省级森林城市建设的实施意见》，要求各地以创建省级森林城市为载体，带动大规模造林绿化活动，全方位开展公园、公共绿地、城市道路、社区、学校、医院、厂区、村屯绿化等绿化建设。创森城市的森林覆盖率、林木绿化率、城市绿地率、绿化覆盖率、人均公园绿地面积等主要建设指标，必须达到或超过省级森林城市评价标准。同年8月，省绿委召开全省森林城市建设工作电视电话会议，要求高标准规划，大规模建设，加快推进城乡绿化一体化，提高森林城市创建水平。2013年年底，首期创建省级森林城市的地区，通过大力开展城市绿化、村屯绿化、通道绿化、荒山绿化、单位庭院绿化，全域绿化水平明显提升，生态环境、发展环境和人居环境发生了质的飞跃，人民群众的幸福感和舒适感不断提升。通过专家核验和评审，

桓仁县、本溪县、庄河市、普兰店市、瓦房店市、喀左县、凌源市被省绿化委员会授予第一届“辽宁省森林城市”称号。

2014年1月，为进一步提高森林城市建设标准，省绿委办组织专家对《辽宁省森林城市评价标准》与《辽宁省森林城市评价量化指标表》进行了修改与审议。重新完善细化了26项评价量化指标，将“县城建成区绿化覆盖率由达到20%以上提高到28%，县城人均公园绿地面积由不低于8平方米改为不低于10平方米，增加了每年度治理本辖区矿山地质环境总面积比上年度治理计划增长10%及100%完成本辖区内的省级及省级以下发证矿山的《矿山地质环境恢复治理与土地复垦方案》的编制工作等内容”。并启动了第二届省级森林城市创建活动，大连市旅顺口区、金州新区，北票市和兴城市等4个区（市）取得了创森批复，加快开展森林城市创建活动。

2015年年初，省绿委为进一步推进森林城市建设，在总结国土绿化经验基础上，组织开展了“森林七进”活动。一是森林进社区。要求居住区绿化覆盖率要达到30%以上。实现森林文化进社区，居民植绿、爱绿、护绿意识较强，积极开展居室、阳台养花及墙面楼顶等立体绿化活动。二是森林进村屯。持续开展“万村万树”村屯绿化活动，每年建设300个左右绿化模范村，每个村屯累计植树达到1万株以上。三是森林进校园。在校内开展森林文化和生态文化教育，积极组织广大青少年开展义务植树活动，校园绿化覆盖率要达到20%以上。四是

□庄河

森林进企业。企业庭院绿化覆盖率要达到 25% 以上，所有企业均需开展庭院绿化，四周形成林带。五是森林进路网。国省道、铁路等交通干线可绿化里程要达到 95% 以上。其余公路适宜植树部分都应栽植行道树。六是森林进水岸。水岸适宜绿化的地段绿化率要达到 80% 以上。七是森林进公园。人均公园绿地面积要达到 8 平方米以上，市民平均出行 500 米有休闲绿地。要通过开展“森林七进”活动，加快城乡绿化美化步伐，形成具有地域特色的森林生态系统，有效增加森林绿量。同年 11 月，省绿委组织专家对申报创森城市的旅顺口区等 4 个区（市）进行检查验收，相关城市经过 2 年的创建活动，以“创森”为载体，大力加强城市生态建设，创造了良好的人居环境，弘扬了城市绿色文明，提升了城市品位，构建了人与自然和谐的城市，各项指标均达到省级森林城市标准。经省绿委会成员单位大会讨论，报省政府领导审批后，命名旅顺口区、金州新区、北票市和兴城市 4 个区（市）为第二届“辽宁省森林城市”。

二、主要措施

（一）坚持生态优先

针对辽宁省经济社会协调可持续发展的生态需求，加快省级森林城市建设，坚持生态优先原则，注重树种选择、配置形式等内容，以生态学原理进行布局和建设，建立和完善森林、湿地为主的生态安全体系，构筑凌源社会经济可持续发展的绿色屏障。有效解决社会经济发展与资源环境保护的矛盾，增强资源环境生态承载力，使生态建设得到全面拓展，生态保护得到全面深化，生态文明建设步入新的历史阶段，实现经济、社会和环境的协调可持续发展。

（二）落实以人为本

在森林城市建设中，始终贯穿人性化设计理念，按照城市发展需求，提高人居环境质量，充分满足人们对森林和湿地的多种需求，促进人与自然和谐发展。同时，以森林旅游业、特色林果、花卉产业、休闲度假等绿色产业的发展，充分发挥森林的多种效益，提升产业富民能力，实现凌源森林生态、经济与社会效益的协调统一。充分发挥政府的主导和引导作用，充分调动广大群众参与的积极性。通过制定和完善相关政策与法律法规、舆论宣传、市场引导以及生态文化活动的开展，加大全市各部门森林城市的建设力度。与此同时，通过开展义务植树、纪念林、科普宣传、林木认养等森林城市建设活动，提高全民的生态文明意识，促进和谐社会建设。

（三）突出地方特色

各创建城市从当地的经济社会发展水平、气候地理特点和文化历史传承出发，走本地特色化的森林城市建设之路，建设具有浓郁地方特色的省级森林城市。各地按照森林生态系统的内在规律，师法自然，建设城市森林，遵循适地适树的原则，合理布局、优化结构，提高乡土树种使用比例，合理搭配乔灌草植物，减少城市绿化维护成本，建立健康、高效、优美的城市森林群落，有效发挥森林在改善生态环境中的作用。同时，根据自然条件和森林分布特点及功能需求，因地制宜，建立不同的管理体制、经营体制、投入渠道和发展模式，实行林业分类经营、分区实施，持续深化集体林权制度配套改革，加强公益林保育，形成区域特色明显，商品林、公益林协调发展可持续林业经营模式。建设山清水秀的生态文明城市，使城市森林更好地服务于和谐社会的建设。

（四）城乡绿化同步

各地按照城乡统筹发挥的要求，在森林城市规划与建设中，树立城市绿色空间开放性的概念，将城乡绿化统一纳入城市森林建设工程中，摒弃城市森林建设只在城市建成区范围内的传统思路，从山区大环境森林生态系统的整体性、协调性和区域性来考虑，不仅在建成区、中心区营造森林绿地，而且注重城郊森林景观建设、乡镇的森林绿地建设，强化贯通城乡的河流、道路等森林绿色廊道建设，打通城乡森林连接，构建城区森林与乡村、山地森林相融合的绿色森林网络。建设近自然的城市森林生态系统，最基本的是打破城区、郊区和农村的界限，将城乡森林建设与城镇建设和发展作为一个整体统筹规划和合理布局。把城区绿化及郊野公园建设和村镇绿化统一纳入森林城市建设总体布局中，并把森林城市建设纳入城市建设规划中。结合城市总

□旅顺口市民健身步道

体规划、土地利用规划、水系绿化、交通道路绿化、城市生态建设等，全面协调交通、水利、农业、城建等相关部门进行统一部署、分别实施。通过各部门的造林绿化和生态治理建设，将城市绿地建设有机结合，构成一个完整的城市森林生态系统，充分发挥社会、经济和生态效益，促进城市的全面协调发展。

（五）强化规范管理

各地在森林城市创建工作中，坚持创新管理，推进森林城市建设健康发展。加强城市森林营建、管护技术的研究，通过科技创新有效解决制约现代林业发展的技术“瓶颈”；加强城市林业人才培养，以科技进步和人才支撑生态建设和产业发展；加强地方性林业政策法规的修改和完善工作，加强林业执法队伍建设，坚持依法治林，增强法制观念，强化造林与管护并重的意识，加强和改进森林资源保护管理工作，巩固建设成果。各地坚持以生态建设为核心，加强现有的森林资源保护，广泛发动全社会力量开展植树造林活动，推进城区绿化、村镇绿化、水系绿化，并注重林木经济效益的发挥，并结合发展用材林、经济林等具有经济效益的特色优势林业产业，加强产业基地建设，带动农民脱贫致富。

三、进展成效

开展省级森林城市创建活动以来，各级党委和政府对造林绿化空前重视，各级领导率先垂范，亲自协调调度。各部门密切配合，精诚合作。社会各界、广大群众积极参与，推动了造林绿化工作健康快速发展。截至2015年年底，全省已有11个县（市、区）达到省级森林城市建设标准，创造良好的城市生态和人居环境，有效增强了城市综合竞争力，促进了地方经济的繁荣发展，取得了明显成效。

桓仁满族自治县以实现“蓝天、碧水、青山”为目标，创森期间共投资8000万元，完成新增绿地87.59公顷。完成以主要公路沿线为重点的坡耕地退耕还林2.5万亩，荒山造林1万亩，围栏工程235公里。规划义务植树点18个，完成义务植树807亩。城区绿地面积403.59公顷，人均公园绿地12.2平方米，建成区绿化覆盖率达到44%，林木绿化率46%。建设绿色村庄50个，全县110个村庄有公园绿地，人均公园绿地6.2平方米，每个村均有多处风景林。江河两岸护岸林建设695公里，江河宜林地绿化率达100%；公路和县乡村道路绿化375公里，平均造林成活率98%，绿化率达到100%，森林覆盖率达到78.39%。形成了以世界文化遗产地五女山山城为中心、桓龙湖风光为生态主轴、环城森林带为重点、县区自然保护区等森林为补充的综合城市园林绿化系统，逐步构成城乡一体化的城市森林体系，使全县绿地面积高于全国人均水平。

庄河市以建设“绿色庄河”作为提高综合竞争力、实现可持续发展的战略工程，作为建设生态宜居城市、提升市民生活品质的基础工程，在全市范围内着力组织实施道路绿化、乡镇及村屯（社区）绿化、园区绿化、森林公园建设、青山保护、河流绿化、经济林建设、花园式单位建设、林业种苗建设、城区绿化等“十大工程”。创森期间，共完成造林24.5万亩，植树5120万株，投入资金13.5亿元。其中，完成城乡道路绿化30条，450公里；绿化工业、农业、林业、旅游等各类园区共16个，植树80万株，造林面积0.37万亩；绿化乡（镇）、街道、村屯（社区）共52个，植树530万株，造林1.2万亩；完成河流绿化40条（段）、102公里，植树400万株，造林0.53万亩；完成以工厂、企业、机关、学校、医院、部队、敬老院、住宅小区为重点的企事业单位绿化工程 180 个，植树 98 万株，造林 0.83 万亩；以庄盖高速公路、丹大高速公路、滨海路、201 国道等公路两侧为重点，完成疏林地补植 9.44 万亩，建设沿海防护林 1.2 万亩，退坡地还林 0.65 万亩，小开荒还林 0.35 万亩，基本消灭了“天窗”；新建和续建天门山、步云山、银石滩、花山湖、度仙谷、金鸡山、石鼓山等森林公园 8 处，完成造林面积 0.5 万亩，植树 50 万株；新发展经济林 7.6 万亩，植树 840 万株；新建 150 亩以上林业规模化特色苗圃 20 个，总面积 0.36 万亩；完成裸露山体和裸岩等植被修复工程 4 处，造林 0.03 万亩，植树 9 万株，超额完成森林城市建设总体规划中 2013 年的建设任务。全市森林覆盖率达到 44%，林木绿化率达到 46%；城市建成区绿化覆盖率达到 45.3%，绿地率达到 40%，城市人均公共绿地面积达到 17.8 平方米；高速公路、省道、铁路绿化率分别达到 100%、96%和 87%以上；宜林地绿化率达 95%；矿山、矿坑、裸岩植被恢复的治理率达 92%；水岸绿化率达到 82%，各项创森指标均得到了提高。

兴城市以“五园”建设为重点，提升森林城市文化内涵。按照“绿量做足、小品做精、美化做靓”的原则，打造了一批城市精品生态屏障，不断丰富了森林城市文化内涵，为广大市民提供了休闲娱乐、感受生态文化的好去处。一是高标准改造首山国家森林公园。投资 3000 万元，完成了首山森林公园山门改造，新建生态停车场 2.2 万平方米，完成首山补绿造林 500 亩，完成四家屯办事处纪家北山增绿造林 120 亩，新建首山栈道 1100 延长米，提升了首山的旅游功能和运动功能。二是高水平建设海滨带状公园。投资 2000 万元完成了兴海公园改造。依托兴城海滨浴场良好的植被资源，新增绿化带 2.3 公里，建成木栈道 4.5 公里，使一、二、三浴场实现了有效贯通，提升了森林城市文化品位。三是高品位修建海河公园。投资 2700 万元，结合兴城河城区段综合治理工程，建设了占地 7.5 万平方米的海河公园，新增绿化面积 4.8 万平方米，栽植各种落叶乔木及常绿树木 500 余株，改善了区域生态环境。四是高起点谋划河口湿地公园。河口湿地公园规划总面积 1003 公顷，分为湿地保育区、恢复重建区、宣教展示区、合理利用区、管理服务区五个功能区，旨在打造城市绿肺。投入资金 3.5 亿元，完成了兴城河城区段综合治理，建成 20 万平方米绿地，建设生态绿岛 3 处，从源头上改善了兴城河水质；投资 2600 万元，对湿地范围内的

□本溪县城全景

深水井进行地埋处理，并实施湿地碱蓬草连片种植；投资1.3亿元，建设了海河大桥，并启动了兴城河北岸带状公园和木栈道建设，为湿地公园休闲观光创造了便利的交通条件。五是高质量打造绿色校园。大力实施校园绿化工程，积极推动校园环境建设向纵深发展，建成了二高中、辽宁工大附属中学、南一小学等38所绿色校园，绿化面积8.6万平方米，营造了优美的教学环境。

北票市生态文化建设实现新突破。一是强力推进自然保护区建设工作。现已建成两个国家级自然保护区，即大黑山森林生态自然保护区和上园四合屯古生物化石自然保护区；两个县级自然保护区，即白石水库湿地自然保护区和大青山森林生态自然保护区。二是加强绿化体系建设。在森林建设中坚持实行"以乡土树种为主，以引进树种为辅"的原则，栽植乔灌树种已达四十多个，形成比较丰富的植物群落和以自然为主的森林生态系统，基本实现了"四季皆绿，三季有花，丰富多彩"的城市森林景观。建成了以"一山两河"（即北票至台吉南山，凉水河、黄杖子河）"三条绿化带"为基础的防护绿地，在城市周边，老城区和台吉新区之间形成了绿化隔离林带，缓解城市热岛、浑浊效应等，实现了城区环境质量的不断好转。三是强化古树名木保护工作。出台了《北票市古树名木保护办法》，开展了古树名木普查登记工作。共普查出古树名木346株，并落实了管护责任，实行挂牌保护。四是打造多元化的森林建设与保护模式。在下府开发区建有湿地科普知识教育基地一处，与候鸟观测相结合，每年开展生态科普活动2次以上。

坚持开展全民义务植树活动，义务植树尽责率达到 90% 以上。在各管理区普遍开展了绿地绿树认建认养活动，城市绿地绿树管护工作的长效机制基本形成。

金州新区的秀美家园带动了城乡经济增长。绿色生态网的编织，绿色魅力的探寻，不仅让城市展现出了动人的容颜，更让农村呈现出别样的风姿。近几年来，新区不断加大村庄绿化和森林镇街建设力度，尤其是农业园区的建设，充分利用现有自然条件，突出自然、经济、乡土、多样的特点，大力推进村旁、宅旁、水旁、路旁、田旁以及村口、庭院、公共活动空间等绿化美化建设，大力推进森林景观、森林休闲广场、森林小游园等建设，基本形成了“镇在园中，村在林中、房在树中、人在景中”的生态宜居环境，累计建成森林街道 10 个，完成生态村建设 60 余个，其中市级绿化模范村 20 个。多年来，新区花卉、种苗业得到了长足发展，特色苗圃基地达 110 多个，花卉产业年产值达到 1.5 亿元，广大农户从中受益，新区的鲜切花已远销俄罗斯、日本、韩国等十几个国家和地区，大花蕙兰、蝴蝶兰、红掌、仙客来等七个品种位居全国前列。营造绿色环境、提升竞争力，经过近几年来的不懈努力与积累，全面提升了新区的知名度、美誉度和竞争力，

□北票

如今的金州新区绿色活力四射，处处唱响深化改革开放的凯歌。新区先后荣获多项殊荣，城乡生态环境的改善也拉动了绿色经济的快速发展，全区的旅游业实现了超常规发展，金石滩国际旅游度假区优美环境步入了快速发展轨道。新区依靠优质的投资服务和良好的生态环境最终赢得了投资者的信任，英特尔等3000多家外资企业来新区投资落户。2013年实现地区生产总值1616.8亿元，增长10.2%；固定资产投资1565.8亿元，增长23%；公共财政预算收入117.3亿元，增长11.5%；实际利用外资39亿美元，增长5.4%；实际利用内资390亿元，增长23.4%；出口总额121.2亿美元，增长13.5%；社会消费零售总额346亿元，增长15%。可以说，绿色生态已成为新区迈向国际的通行证。绿色是生命的本色，是幸福的底色，也是金州新区的特色，是新区人民对建设森林城市的新期待。森林城市建设只有起点，没有终点。新的目标，蕴藏着新的希望；新的举措，酝酿着新的突破。

四、下一步工作安排

在下一步工作中，辽宁省将在巩固现有建设成果的基础上，紧紧围绕省委、省政府提出的建设省级森林城市群的目标，广泛深入开展省级森林城市创建活动，以森林城市创建为载体，大力推进国土绿化，增加森林绿地面积，加快城乡绿道、郊野公园等城乡生态基础设施建设，发展森林城市，建设森林小镇，初步形成符合省情、具有特色、类型丰富的森林城市格局。要充分利用好城镇周边闲置土地、荒山荒坡、污染土地，开展植树造林，成片建设城市森林、湿地和永久性公共绿地，积极发展以林木为主、便民实用的街心公园、小绿地，增加市民休闲活动空间，为改善生态面貌和人居环境，建设生态文明美丽辽宁做出新的更大贡献。力争到2020年，全省有一半的市达到国家级森林城市建设标准；到2030年，实现省级森林城市全覆盖。

（一）加强绿化成果保护

要坚持把保护和巩固绿化成果作为推进森林城市建设的重要基础工作来抓，强化管护队伍建设，加强依法治林，推进森林城市可持续发展。一是推行划定城市“绿线”，对城市森林实行严格保护，确保城市绿化、生态重点保护区不受破坏。要严格征（占）用绿地、林地审批，加强林木更新采伐管理，严禁擅自改变绿地用途，保证城市森林面积。二是加强幼林保护与管理，绿化园林绿化养护，做好森林防火、病虫兽害防治，杜绝人畜危害，巩固绿化成果。三是积极推行"群防群治"，充分发动群众、依靠群众，建立林区用火管理制度，完善乡规民约、村规民约，真正达到群众自我教育、自我约束、自我管理、自我监督。四是建立生态、资源、环境动态监测系统，提高城市森林现代化管理水平。五是加强执法队伍建设，加强园林、林业、环保、城管等相关部门齐抓共管，积极探索有效的联防联治与长效管理机制，切实保护和巩固森林城市建设成果。

（二）提高科技支撑水平

森林城市建设离不开科学技术的保障。要牢固树立科技兴林的观念，加强对森林城市建设中关键技术问题的研究，运用先进的科学技术，解决创建过程中的实际问题。一是加大先进适用技术应用力度。大力引进推广先进适用技术，加快林业科技成果推广进程，加快构建林技推广体系。通过组织广大科技人员开展送科技下乡、先进技术推荐会等形式，把科技成果、先进适用技术迅速推广到林农手中，推广到林业生产实际中。二是加强关键性技术问题研究。重点突破城市森林结构功能研究、湿地保护恢复与多功能利用、生物多样性综合保护、林农复合经营、森林食品安全生产、森林生态效益监测、数字林业建设等关键技术的研究。加强重点工程的科技支撑，制订切实可行的科技实施方案，提高工程建设的质量和管理水平。三是抓好示范区点的引领作用。要针对城市森林区位的特殊性和重要性，突出抓好绿化示范基地或示范点建设，提高科技含量，加强规范化管理，严格按照工程建设要求精心施工，充分发挥示范点的示范带动作用，促进优势特色林业的发展，提升城市森林工程建设的整体水平，带动和引导整个项目建设的顺利开展。

（三）加大资金投入力度

一是建立政府投入为主，多渠道投入体制。森林城市是城市建设的重要基础性、公益性事业，在积极争取各级财政加强投入的基础上，加强协调，加大多渠道筹集资金力度。要以创建花园式单位、绿化先进单位为载体，支持鼓励机关、企事业单位投资建设社区绿园，发展森林城市；要结合深化林权制度改革，按照“谁开发，谁受益”的原则，倡导开发企业大力建设小区片林，营造良好的居住环境；要大力推行全民义务植树运动，鼓励企业捐款、冠名赞助和个人“认种认养”；要积极探索商品林建设以社会投入为主、政府补助为辅的投入机制，推行采取灵活多样的形式拓宽城市森林建设资金来源渠道，保证建设资金。二是完善森林生态效益补偿机制。要按照现有生态公益林补助政策和资金渠道，建立国家、省、市三级重点公益林森林生态效益补偿机制，并根据经济社会发展逐步提高补助标准。三是强化资金使用管理，各有关部门和单位要按照资金投入渠道和相关管理办法，严格资金使用管理，设立资金专户，搞好成本核算，加强资金使用监督，提高资金的使用效率。

（四）加大宣传发动力度

要认真组织开展全民义务植树活动，提高全民生态意识。广泛开展全民义务植树和社会造林活动，以开展植树节活动为契机，以多种

□庄河海王九岛

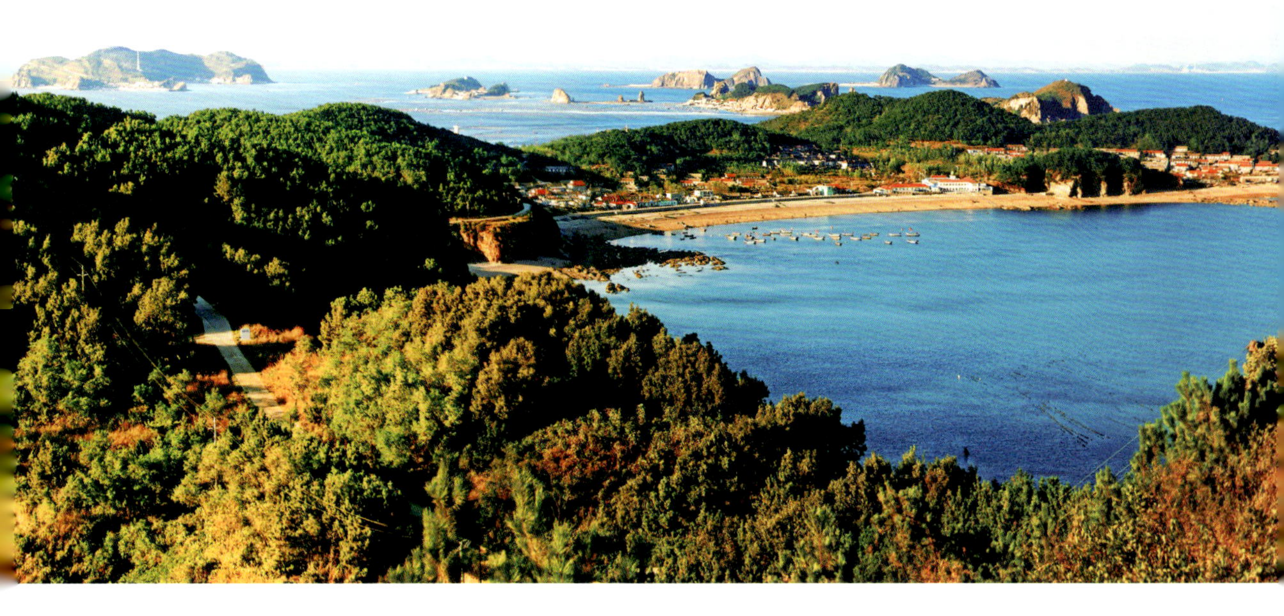

形式组织动员机关、团体、企事业单位和广大市民积极参与义务植树活动，要创新义务植树尽责形式，注重义务植树实效性，确保造林成活率，提高全民生态意识。要加强宣传，营造良好氛围，充分利用各种媒体，通过多种形式，加大森林城市宣传力度，调动各种积极因素，提高广大干部群众的参与意识，全面推进森林城市创建工作。要大力表彰在创建工作中做出突出贡献的单位和个人，激发全体市民的集体荣誉感和社会责任感，形成全党动员、全民动手、全社会搞绿化的良好局面；要通过举办森林摄影大赛、森林节等活动，通过标语、广播、电视、网络等现代信息平台，营造全社会关心、支持、参与森林城市建设的文化氛围。

吉林省

一、发展历程、进展效果和主要举措

在国家林业局的号召和指导下，吉林省林业厅于2009年开始组织开展省级森林城市创建活动。吉林省共有60个县（市、区），地势东高西低，地貌特点是东部山区多林少田，中部半山区林田参半，西部平原多田多湿地少林。针对这一特点，结合《国家森林城市评价标准》，制定了《吉林省森林城市创建评选活动实施办法》和《吉林省森林城市检查考核办法》，并积极宣传森林城市创建理念。

截至目前，吉林省共评选出12个省级森林城市（分别是珲春市、梅河口市、磐石市、敦化市、桦甸市、临江市、柳河县、通化县、集安市、辉南县、九台市、安图县），占全省县（市、区）的20%。经过多年的发动宣传，各地“创森”积极性日益增强，城市乡村绿化力度逐年加大，城市宜居、生态良好的发展态势正在逐步彰显。

吉林省开展省级森林城市主要有以下五方面主要举措：

（一）根据《国家森林城市评价指标》制定了《吉林省森林城创建评选活动实施办法》和《吉林省森林城市检查考核办法》

吉林省是我国的重点森区之一，平均森林覆盖率44.1%，不少城市都掩映在群山翠树中，是天然的“森林城”，但市区和村屯的绿化还不尽如人意，离“让森林走进城市，让城市拥抱森林”的理想状态还很远，所以制定一个科学合理的《吉林省森林城创建评选活动实施办法》《吉林省森林城市检查考核办法》，为指导各地编制创城规划和验收评审提供了依据。

（二）与吉林省“关注森林”活动紧密结合开展相关工作

吉林省从2009年开始组织开展省级“关注森林”活动，其中创建“森林城市”是“关注森林”活动的主要内容之一。每年都将创建省级森林城市列入“关注森林”活动方案并与创城标准一同下发各县（市、区）林业局。在连续四届省级“关注森林”活动表彰奖励大会上，先后对7个省级森林城市进行了授牌并重点表彰了县（市、区）长和林业局局长。

（三）各创城县（市、区）根据《吉林省森林城市创建标准》自行编制规划，宣传中心指导编制宣传片和宣传画册

吉林省各县（市、区）经济都不很发达，为把有限的资金都用在创城的实际工作中，吉林省不强制创城县（市、区）到专业单位编制规划，各地林业部门联合相关单位结合当地的绿化美化等相关规划对照《吉林省森林城市创建标准》编制省级森林城市创建规划，为创城县（市、区）节省了资金。为加大宣传力度，提高市民知晓率，让广大市民参与到创城队伍中，吉林省林业宣传中心积极与创城县（市、区）联合，编制创城宣传片、成果汇报片等并在省电视台和当地电视台播

□吉林省省级森林城市辉南县境内的三角龙湾鸟瞰

□吉林省省级森林城市柳河县城鸟瞰

□吉林省省级森林城市集安美五女峰森林公园秋景

放，还编制各种宣传画册、宣传单向全市发放，有效提高了市民的知晓率和参与度。有了广大市民的支持，各创城县（市、区）各项工作都得以顺利开展。

（四）省级森林城市不设规划执行期，各地根据实际长期努力完善，并定期组织省政协委员到创城县（市、区）检查督导创城规划的实施

吉林省"关注森林"活动是由省政协牵头组织开展的省级公益活动，每年关注森林秘书处（设在宣传中心）都组织政协委员定期到省级森林城市复查、督促省级森林城市规划的实施。对工作滑坡、主要指标下降、达不到规定标准的，予以警告，并责令其限期整改。整改仍不

合格的，将收回奖牌，撤销其荣誉称号。

（五）创城程序简化

（1）有意创森的县（市、区），以市政府的名义向林业厅上交申请。林业厅根据当地实际情况对照创森标准决定批准与否。

（2）林业厅批准其创森后，创森县（市、区）如期上报创森规划。经林业厅相关部门审议后实施。

（3）规划实施满 2 年（如各项指标都达到省级森林城市标准，可当年申请评审），创森县（市、区）通过自查认为各项指标达到省级森林城市标准后，上报自查报告并提出评审申请。

（4）省林业厅组织专家实地考察。一是听取创森县（市、区）汇报；二是查看相关资料（如绿化组织机构建设、绿化目标责任制建设和有关创城的法规、文件、材料、档案及创森规划实施情况等）；三是现场检查（按一定比例抽样检查）；四是专家按考查情况打分评审；最后形成评审意见。认为达到省级森林城市标准的，省林业厅下发命名文件；对未达到标准的令其改进并继续实施创城规划。

（5）创森县（市、区）自筹规划实施资金。目前省林业厅没有对取得和在创森林城市的县（市、区）给予资金和政策倾斜。下一步结合国家局的相关政策的出台，吉林省也会出台相应的政策来鼓励各县（市、区）创建省级和国家级森林城市。

二、下一步工作安排

（1）积极宣传创森成功的城市，树立典型，以点带面，在保证达标、高质的前提下，使吉林省省级森林城市落地开花加速发展。

（2）吉林省已创森的城市大都分布在东部和中部，西部目前还没有省级森林城市，原因是西部的森林覆盖率达不到省级森林城市的标准。针对这个情况，吉林省准备修改相关办法和标准，使东、中、西各项标准适合当地实际，充分调动各地创森的积极性。

浙江省

建设森林城市，是加快国土绿化和生态建设的创新实践，是推进林业现代化和生态文明建设的有力抓手。浙江省自 2007 年开展关注森林活动和森林城市（城镇）创建工作以来，按照国家林业局和省委、省政府的决策部署，紧紧围绕“让森林走进城市，让城市拥抱森林”的宗旨，坚持“绿水青山就是金山银山”的发展理念，以“五年绿化平原水乡，十年建成森林浙江”为目标，“加强生态建设、维护生态安全、弘扬生态文明”，深入开展森林城市、森林城镇、森林村庄等系列森林创建活动，取得了显著成绩。如今的浙江城乡，森林遍布、绿树成荫，林水相依、绿美交融，生态全面改善，曾经的城市绿化洼地正在变成生态福地，人民群众的获得感显著增强。

一、森林城市创建工作取得显著成效

自 2007 年以来，在省委、省政府、省人大、省政协的高度重视和大力支持下，“关注森林”活动和森林城市建设紧紧围绕林业和生态建设的重点难点问题，组织开展了一系列创建活动、生态建设工程和林业富民行动，取得了令人可喜的成效。

（一）坚持城乡联动，森林系列创建成效显著

各地以“五年绿化平原水乡，十年建成森林浙江”为指引，以“让

□104 国道长兴香山岭段

森林走进城市，让城市拥抱森林”为目标，大力推进森林城市、森林城镇、森林村庄等森林系列创建活动。十年来，全省新增森林面积 372 万亩，森林覆盖率达到 61.17%。一是省级森林城市创建实现全覆盖。各地大力营造城市片林、环城林带、绿色通道、生产绿地和立体绿化，着力构建多树种、多层次、多色彩、多效益的城市森林，加快改善城市人居环境。十年来，全省成功创建杭州、宁波、温州等国家森林城市 12 个，数量全国最多，82% 设区市获得了“国家森林城市”称号。累计创建省级森林城市 75 个，实现了省级森林城市创建县级全覆盖。二是城镇空间实现全景化。各地大力开展小城镇环境综合整治绿化工作，优化城镇各类绿地配置，进一步提升城镇绿化水平和景观效果，不断改善小城镇生产、生活和生态环境质量。全省累计创建省级森林城镇 375 个，其中 50% 的中心镇完成森林城镇创建。三是村庄绿化实现全域化。各地结合“美丽乡村”建设，加快村庄绿化步伐，建设了一大批环境优美、生态和谐、各具特色的森林村庄。全省 90% 的行政村开展了绿化建设，已建成省、市、县三级森林村庄 7907 个。

（二）加快扩面提质，森林生态体系日益完善

各地以森林城市建设为载体，大力促进森林扩面提质，森林生态

体系建设取得显著成效。一是平原绿化高歌猛进。针对平原缺树少绿、生态脆弱的现状，自2010年起，全面实施“1818”平原绿化行动，全省累计新增平原绿化面积257万亩，平原区林木覆盖率达到20.01%，比2010年提高了5.21个百分点，城乡生态环境明显改善，人民群众获得感不断增强。二是森林质量精准提升。大力实施“新植1亿株珍贵树”行动和千万亩珍贵彩色森林建设，通过发展珍贵树种、实施林相改造和森林抚育经营，着力提升森林质量，建设珍贵森林、彩色森林和健康森林三片林子，全省累计完成新植珍贵树4513万株，建设珍贵彩色森林545万亩。三是基干林带全面合拢。相继实施了沿海防护林体系一期、二期、三期工程，大力度、大投入、大手笔推进，重点建设温台和环杭州湾等沿海基干林带，建成了宽度50米以上的基干林带964公里，全省1800公里泥质沿海基干林带实现合拢，宜林岩质岸线实现了全面绿化，有效改善了沿海地区生态环境，保障了农业可持续发展。

（三）推进转型升级，林业富民能力不断增强

浙江省大力发展现代林业产业，形成了木业、竹业、森林食品、花卉苗木、野生动物驯养繁殖和森林休闲养生等林业主导产业。2016年，全省林业产业总产值达到5120.7亿元。在巩固提升主导产业的同时，林业产业新业态、新科技、新平台层出不穷，有力地促进了林业增效和林农增收。一是推进新业态。开展了5个县森林休闲养生建设试点建设，创建5个现代林业经济示范区、566个现代林业园区、52个森林特色小镇、93个森林人家，连续10年举办省级以上森林旅游节20多次，森林休闲养生新业态迅速兴起。目前全省共有15多万人直接从事森林旅游业经营活动，带动社会就业人数近65万人次，全省森林旅游业年接待游客超过1.8亿人次，产值超1356亿元。二是推广新科技。大力实施“一亩山万元钱”林技推广示范行动，研创出铁皮石斛仿生栽培，雷竹、毛竹生态覆盖等10种模式，三年来，全省累计推广64万亩，实现总产值75亿元，增收32亿元。三是打造新平台。大力构建森博会、花木节等森林产品展示展销平台，连续十年成功举办中国义乌国际森林产品博览会，累计参展企业1.3万家，实现成交额394亿元，成为全国乃至亚太地区林业会展经济发展的领头羊和行业风向标。

（四）强化保护管理，森林资源实现稳步增长

浙江省大力加强森林、湿地和生物多样性保护，全省森林资源指标持续向好，呈现出总量加速增长、质量稳步提升、生态持续改善的良好态势，特别是森林覆盖率达到61.17%的历史高位，提前实现“十三五”期末发展目标。一是强化目标考核。将森林质量考核纳入了省委对市、县党政领导班子考核基础指标，将森林保护和发展纳入淳安等26个加快发展县发展实绩考核指标体系，由省政府对各市政府开展森林浙江建设目标责任制考核，有效提升地方政府对森林资源保护发展工作的关注程度和支持力度。二是严格森林资源保护。全面落实林地用途管制制度，2011年以来全省共办理林地项目13851项，使用林地面积30658公顷，有力保障重点基础设施项目开工建设。加快一区两园建设，全省林业系统共建立国家级自然保护区7个、省级9个；国

□杭州国家森林城市

家湿地公园 10 个、国家城市湿地公园 4 个、省级湿地公园 17 个；国家级森林公园 41 处，省级森林公园 82 处。切实加强古树名木保护，全省已建成古树名木主题公园 63 个，有 4600 多株古树名木得到救治性保护。持续加强公益林管护，全省公益林补偿标准从 2007 年的每年每亩 12 元已提高到 2017 年的主要水系源头县每亩 40 元、其他县每亩 31 元。三是加强森林灾害防控。近五年，全省共发生森林火灾 580 起，受害森林面积 2924 公顷，与前五年同期相比，森林火灾下降了 57.3%，受害森林面积减少了 67.4%。全省年均完成林业有害生物防治作业面积 200 多万亩，松材线虫病防治实现了“发生面积、病死树数量、疫点数量”三下降。

（五）深化宣传引导，森林生态文化日益繁荣

各地通过开展形式多样的宣传教育活动，进一步厚植森林生态文

化，使绿色文化成为全社会的主流价值观。一是大力开展主题宣传活动。积极举办世界野生动植物日、世界湿地日、爱鸟周等宣传活动，先后开展“最美森林”“最美古树”“最美古道”“最美绿化通道”“最美湿地”等最美系列评选活动，进一步在全社会营造建设生态文明的良好氛围。二是全力打造生态教育基地。将森林公园、湿地公园、自然保护区和国有林场等打造成传播生态知识、开展生态教育的重要阵地，先后命名省生态文化基地 73 个，设立生态道德教育基地 32 个、生态科普教育基地 587 个，每年接待参观考察近 2000 万人次。三是广泛开展义务植树活动，先后组织开展了省市党政军领导义务植树、“千校万人同栽千万棵树”“生态日护林植树大行动”“珍贵树种进万村”等主题植树活动，十年来，全省累计参加义务植树 1.12 亿人次，植树 3.3 亿株，建设义务植树基地 5790 个，面积 59.2 万亩，种植各类纪念林 20 多万亩。

（六）持续推进改革，林业发展活力竞相迸发

各地森林城市创建过程中，充分利用森林城市建设这个载体，推进林业各项改革。一是推进股份合作制改革解决“谁来经营”问题。推广林地、林木和家庭林场等 3 种股份制合作模式，发展适度规模经营，引进工商资本与林农结成利益共同体，林农按股分红。建立林业股份合作社 168 家、家庭林场 1294 个、“林保姆”专业户 3.85 万户。全面实施林地经营权流转证制度，已发放流转证 1352 本，涉及林地 84.5 万亩，林地经营者的合法权益得到有效保护。二是推进林业金融改革解决“钱从哪里来”问题。累计发放林权抵押贷款 269 亿元，累计借款经营主体 27.31 万户，贷款余额 85 亿元。建立村级担保合作社，解决小额贷款担保难题。开展公益林补偿收益权质押贷款，按补偿资金的 15 倍提供贷款，实现了质押权能最大化。三是推进“最多跑一次”改革解决“政府怎么服务”问题。大力下放审批权限，厅本级 80% 的许可事项已委托市县。厅本级群众和企业办事事项 100% 实现“最多跑一次”。积极开展森林植物检疫目录管理、使用林地和林木采伐同步办理等改革。4 个全省性审批系统实现与“一窗受理”平台数据共享，极大方便了企业和群众。四是完成国有林场改革解决“林场怎么发展”问题。以建立现代国有林场为目标，明确国有林场公益性质，科学核

定事业编制，妥善安置富余人员，统筹国家和省3亿元资金，有效解决历史遗留问题，林场发展活力进一步增强。

实践证明，“关注森林”活动和森林城市建设已经成为服务浙江省中心工作、推动经济发展方式加快转变的重要社会力量，成为大力发展森林、建设现代林业的重要工作平台，成为面向全社会传播生态文明理念、动员广大群众共建美丽浙江的重要宣传途径。我们要继续巩固这些来之不易的成果，保持久久为功的定力，努力在“关注森林”活动和森林城市建设实践中向党和人民交出满意的答卷。

二、森林城市创建工作主要做法

开展“关注森林”和森林城市创建活动10年来，浙江取得了丰硕的成果，浙江大地绿色葱茏，花团锦簇，天蓝水清，环境宜人；同时，更积累了很多宝贵的经验，在创森工作中我们做到“四个坚持”：

（一）坚持党政主导，着力构建合力推动的工作格局

全省各级党委、政府都把创建森林城市作为推进生态文明建设的重要抓手，把“森林城市”称号作为展示生态建设成就的最高荣誉。一是书记抓绿化。省委、省政府连续8年召开全省平原绿化工作座谈会，每年省委书记亲自召集20名县委书记汇报交流平原绿化工作，全省所有县（市、区）党委书记全部参加会议，坚持“一张蓝图绘到底，一任接着一任干”，强势推进森林城市建设和平原绿化。在省委、省政府主要领导的亲自倡导和直接推动下，各级党委、政府把“创森”作为生态惠民的战略工程和民生工程，写入政府工作报告，纳入经济社会发展规划，各市（县）的书记和市（县）长都亲自挂帅、亲自部署、亲自督查，全省形成了“县委书记抓绿化”的大好局面。二是合力抓“创森”。2007年成立由省委宣传部、省人大农资环委、省政协人资环委、省绿化委员会、省林业厅等9个部门组成的“省关注森林组织委员会”，省政协主席一直担任委员会主任，全面启动森林城市创建工作。目前，浙江省已连续9年在每年“两会”期间专门召开全省“关注森林”工作会议，省政协主席每次都亲自部署森林城市创建工作。省政协主席、副主席、省人大常委会副主任每年都亲自带队验收“省森林城市”。各

地也都成立了“关注森林”活动的组织机构，全省形成了“政协牵头、绿委负责、部门配合、上下联动、各方参与”的良好格局。

（二）坚持围绕中心，着力形成统筹推进的创森模式

全省各级党委、政府深刻意识到抓绿化就是抓发展、抓发展必须抓绿化，把森林城市创建融入当地中心工作，作为“一把手”工程，实行大工程带动、大手笔投入、大规模扩绿。一是把创建森林城市作为绿化大工程全力打造。建立健全政府引导、市场运作、社会参与的多元化投入体制，积极采取流转、租用、征用等多种方式解决绿化用地，以工程化方式推进森林城市建设，持续增加城市森林面积和质量。十年来，全省已累计投入“创森”绿化资金850亿元。二是把创建森林城市作为绿化大平台统筹推进。坚持把森林城市创建紧紧融入“四边三化”“三改一拆”“五水共治”、小城镇环境综合整治、美丽乡村建设等省委、省政府中心工作，借势发力、借梯登高，整合绿化工程、集中财政资源、形成推进合力，最大限度地提高城市森林的覆盖面。目前，全省结合“四边三化”完成森林通道建设里程1.72万公里、面积28.02万亩，完成通道沿线林相改造面积120.9万亩；结合“三改一拆”完成改拆后绿化面积1720万平方米，凸显了创森工作的巨大成效。

□黄岩公路秋色

（三）坚持规划引领，着力把好创森质量的工作导向

浙江省坚持以人民为中心的发展思想，把改善城市生态质量作为创森的生命线，牢牢把握创森标准和要求，切实做到按标准实施、按标准验收。一是高质量编制规划。加强指导把关，制定了浙江省森林城市（城镇）建设规划编制纲要，坚持做到所有规划都由省级以上规划单位承担，组织专家讨论，并作为创建森林城市的必备条件。注重规划特色，依据城市定位科学编制规划，点线面结合、乔灌花配套，避免千城同面、千篇一律，构建以森林为主体的城市生态系统。坚持科学种树，按照“高、富、帅、土、特、长”的标准合理选择树种，把创森作为新植1亿株珍贵树行动的主战场。落实长效机制，树立过程意识，健全管养机制，确保森林城市能创建成、成果能巩固好。二是动真格检查验收。制定公布浙江省森林城市和森林城镇评价标准、申报办法、核查办法等一系列工作制度，让“创森”有规可依。实施“创森”预检制度，在正式验收前半年组织专家对申报城市开展预检，帮助查重点、寻问题、找差距，下发整改通知，及时跟踪检查，做好查漏补缺。正式验收时，重点对照整改落实情况进行验收，严把创建质量关，切实做到“不走过场”，确保“森林城市”这张“金名片”的含金量。

（四）坚持宣传造势，着力营造人人参与的良好氛围

全省各地不断创新宣传载体和形式，传播生态文化知识，弘扬绿色发展理念，引导社会各界携手参与“创森”工作。一是邀请书记谈绿化。2009年以来，连续9年联合浙江电视台录制“书记谈绿化”节目，先后邀请了46位市、县的党政一把手畅谈创建森林城市、改善生态环境、推动国土绿化的成功经验和发展思路，并在浙江电视台黄金时间播出，引起各界共鸣，社会反响良好。二是组织群众参与创森。会同相关部门每年组织开展省市党政军领导义务植树、百万学子植千万棵树、发展彩色森林建设美丽浙江、珍贵树种进万村、保护母亲河、推进公路“三化”“营造彩色森林，建设美丽通道”“营造美丽森林，推进五水共治”等形式多样的主题活动，利用丰富多彩的活动载体加强森林城市建设宣传，让创森工作家喻户晓、深入人心。

三、下一步工作安排

“十三五”是浙江省高水平全面建成小康社会的决战期，也是生态文明建设的关键期。下一步，要全面贯彻党的十九大精神，牢固树立“绿水青山就是金山银山”理念，深入实施“八八战略”，高水平开展“关注森林”活动和森林城市建设，努力把全省建成“大花园”“大景区”，为建设美丽浙江和高水平建成小康社会、高水平推进社会主义现代化建设提供有力支撑。

（一）以城乡一体化为目标，推进森林城市全域化

要深入贯彻落实习近平总书记“着力开展森林城市建设”的重要指示，在深化与提升上下工夫，把浙江省森林城市建设推向更高层次。一要巩固提升国家森林城市建设成果。进一步巩固全省现有的12个国家森林城市建设成果，以改善城市生态环境、增加城市森林面积、提升城市森林质量、增加城市居民游憩空间为目标，继续推进各项森林城市建设工程，不断提升国家森林城市建设质量，进一步调整和优化森林绿地空间布局，建设城市生态“绿核”，推进城乡一体，构建分布均衡、结构合理，功能完备、效益兼顾的森林生态网络体系。二要积极组织国家森林城市创建。目前，浙江省已有9个设区市成功创建国家森林城市，舟山、嘉兴正在创建和申报国家级森林城市，力争到2020年，全部设区市建成国家森林城市。同时，推动国家森林城市向县级延伸。全省已有30个城市向国家林业局报备创建“国家森林城市”申请，力争到2020年，全省30个以上县（市）成为国家森林城市。三要努力推动森林城市群建设。浙江省已着手开展省森林城市群建设工作，以城乡森林一体化建设为目标，统筹谋划、整体推进，点、线、面结合，城、镇、村协调，扩大城市之间的生态空间。重点推进杭州、宁波、温州和金华—义乌四大都市区森林城市群建设，努力推动长三角国家森林城市群建设，争取在森林城市群建设上有新的突破。四要加快推进森林城镇和森林村庄建设。从全省看，绍兴柯桥和永康已经领先一步，实现了森林城镇区内全覆盖，玉环、德清和秀洲也有望加入全覆盖城市队伍。各地要按照整体推进、全域联创的思路，加快省级森林城镇创建步伐，争取到2019年实现省级中心镇创建“省森林城镇”

全覆盖。同时，要持续开展森林村庄建设，实行省市县镇村五级联动，扩大覆盖范围，加大绿化力度，加快改善农村生产生活环境，到2020年，争取50%以上的城镇和村庄建成森林城镇（村庄）。

（二）以一村万树为重点，建成浙江省域大花园

要把国土绿化放在"三改一拆""小城镇综合整治""五水共治""四边三化""两路两侧"中来统筹推进，深挖可绿空间，加大绿化力度，进一步拓展生态协调发展空间，改善人居环境，提升美丽形象。一要持续推进平原绿化行动。深入开展"三改一拆""小城镇综合整治"绿化工作，充分利用拆改整治后的闲置用地和立体空间上的空白区域，通过规划建绿、见缝插绿、拆违还绿、拆墙透绿和屋顶、墙体、桥体等垂直绿化方式，增加城乡绿量。深入开展"五水共治"绿化工作，加强水域沿岸及周边绿化，建设生态防护林网，打造沿江、沿河、沿山、沿湖万里绿化走廊，形成布局合理、结构优化的水域森林生态系统。深入开展"四边三化""两路两侧"绿化工作，持续推进森林通道、万里绿道网建设，实施浙中生态廊道等工程，实行"四边"沿线绿化整体推进，促进通道断带合拢、成带成林。二要大力开展一村万树行动。在全省范围内实施"一村万树"千村示范万村推进三年行动，以1个村新植1万株树为载体，大力发展珍贵树种、乡土树种，持续加快农村绿化步伐，优化农业农村生态环境，着力构建覆盖全面、布局合理、结构优化的乡村绿化体系，增强森林生态系统质量和稳定性，促进人与自然和谐相处。到2020年，实现每个乡镇建成至少1个以上的示范村，建成示范村1000个以上、推进村10000个以上。打造"一村一品""一村一景"的美丽乡村，推进万村景区化。三要积极推进生态屏障行动。我国新一期沿海防护林体系建设工程已正式启动，各有关市、县（市、区）要认真落实省里印发的《浙江省沿海防护林体系建设工程规划（2016—2025）》，制订工作方案，分解建设任务，落实保障措施，持续推进防护林体系建设。要以增加沿海生态资源总量为目标，深入挖掘沿海区域绿化潜力，认真抓好退化防护林带修复、纵深防护林提升改造等工作，着力构建功能强大、结构稳定、环境优美的防护林体系。

（三）以新植1亿株珍贵树为核心，实现森林质量大提升

可将新植1亿株珍贵树作为林业转型升级和大花园建设的抓手，精准施策，扎实推进。一要加大珍贵树种发展力度。充分利用好采伐迹地、火烧迹地、荒芜坡地、退化经济林地等立地较好、集中连片的地块，选择合适树种，打造一批高标准珍贵树种基地。大力开展珍贵树种进校园、进公园和进军营等活动，形成发展珍贵树的良好范围。二要认真抓好示范体系建设。要认真落实“3个1000”示范建设，坚持高标准、高投入、高质量，着力抓好局长示范林、示范点、示范单位建设，打造一批珍贵树种发展的精品亮点。台州、建德等18个国家和省级示范市、县（市、区），要切实承担好示范引领的重要任务，集中建设一批能够反映成效、得到广泛认可的示范工程。三要积极推进美丽林相建设。要按照沿线连片整体推进的方式，每年选择一条或多条道路，在突出部位、关键节点，大力实施林相改造，补植珍贵彩色树种，加快营造美丽森林景观带。针对松材线虫病危害发生严重的问题，要加大抚育力度，积极开展松木林改造，切实维护森林生态安全。

（四）以“一亩山万元钱”为突破，推动林农增收再提速

浙江省林业资源丰富，生态环境优良，生态产品深受消费者喜爱。各地要充分利用自然资源禀赋，努力走出一条“绿水青山就是金山银山”的林业富民之路，加快“绿色发展、生态富民”步伐，为探索乡村振兴道路提供林业样板。一要加大产业富民力度。要大力发展木业、竹业、花卉苗木、森林食品、野生动物驯养繁殖和森林休闲养生等产业，加快打造现代林业经济示范区、森林小镇、森林人家等平台，推动生产、加工、销售、旅游、文化等一体化融合发展，延长产业链、提升价值链、拓宽增收链。二要加大科技富民力度。要提高林业科技成果转化率和应用性，深化推广服务机制和利益联结分配机制改革，让专家和技术人员把新品种留在基层，把新技术传授给农民，研发更多的林下经济模式，创造更多的“一亩山万元钱”示范。要加大产业农民、技术农民的培育力度，提升自我发展能力，增强可持续发展水平。三要加大机制富民力度。要推进林业股份合作制改革，鼓励龙头企业与农户、家庭林场、林业合作社等经营主体采取股份式、合作式、托管式等运作模式，通过

□长兴石英村

"保底＋分红"的方式，让林农分享产业链增值收益。

（五）以一区两园建设为抓手，确保森林资源得保护

要把生态保护放在更加突出位置，实施山水林田湖草生态保护和修复工程，构建生物多样性保护网络，全面提升森林、湿地等自然生态系统稳定性和生态服务功能。一要严格生态红线管控。科学划定生态红线，加强林地用途管制和定额管理，健全天然林保护和生态公益林建设机制，逐步提高公益林补偿标准，建立森林资源监测体系，实时掌握资源的动态变化。二要加快一区两园建设。加快自然保护区建设步伐，对生态系统具有典型性以及珍稀濒危野生动植物的重要分布区域，积极划建自然保护区。加快新建一批湿地公园，争取每个县有一个以上的湿地公园、每个设区市有两个以上的国家湿地公园。大力发展城市型、城郊型和平原地区森林公园，推进森林公园提质增量。三要强化森林资源保护。加强基础设施建设，提升机具装备水平，健全航空护林体系，完善科学防火机制，加大依法治火力度，全面提高森林火灾综合防控能力。建立健全林业生物灾害监测预警、检疫御灾、防灾减灾体系，实现林业生物灾害防治的法制化、科学化、标准化、信息化，使主要林业生物灾害的发生范围和发生程度大幅度下降，危险性有害生物扩散蔓延趋势得到控制。

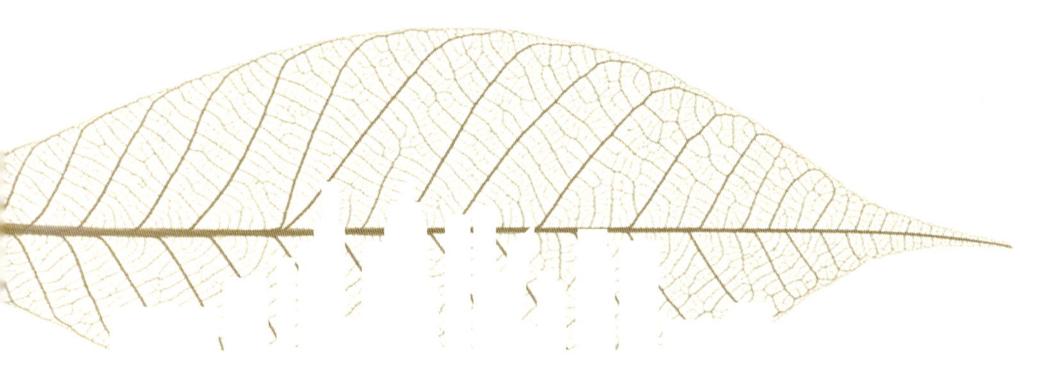

安徽省

建设森林城市，不仅是时代的发展要求，更是人民对美好生活的迫切需要。2012 年，安徽省委、省政府做出了实施千万亩森林增长工程的决策部署，在千万亩森林增长工程建设中，把创建省级森林城市、森林城镇、森林村庄作为重要内容，大力推进“森林创建”，加快城乡绿化美化。森林创建作为整合行政资源、凝聚各方力量的统一平台，作为改善生态环境、提高城市竞争力的有力手段，已得到全省各级党委政府的高度重视和充分认可。

一、发展历程

安徽省森林城市的基本概念，是指城市生态系统以森林植被为主体，强调城乡绿化协调发展，注重森林多功能利用和多效益发挥，各项建设指标达到安徽省森林城市标准要求，并经安徽省绿化委员会授牌的县（市、区）。

安徽省森林城市建设标准如下。

森林覆盖率：淮河以南县（市、区）森林覆盖率达到 35%以上；淮河以北县（市、区）森林覆盖率达到 25%以上。原则上，县（市、区）辖区内的乡镇（街道）三分之二以上为省级森林城镇。

建成区绿化：城市建成区绿化覆盖率达到 35%以上，人均公园绿地面积 10 平方米以上。乔木种植面积比例占绿地面积达 60% 以上，乡土树种占城市绿化树种的80%以上。

城市森林生态网络：江、河、湖、渠、水库等水体沿岸注重自然生态保护，公路、铁路、县乡道等绿化注重结构和配置，林木绿化率都达95%以上。城市重要水源地森林植被保护完好，功能完善，森林覆盖率达到70%以上。注重加强城市出入口绿化，突出城市特色风貌，城市出入口通道林带宽度在50米以上，城市道路绿化率达100%。平原县（市、区）的农田林网控制率达到85%以上。

城市生态屏障：城区建有多处以各类公园为主的休闲绿地，分布均匀，使市民出门500米有休闲绿地，基本满足本市居民日常休闲游憩需求。在城市周围建有植物园、森林公园或湿地公园和其他面积10公顷以上的生态旅游休闲场所2处以上。

城市森林生态文化：认真组织全民义务植树活动，广泛开展城市绿地认建、认养、认管等多种形式的社会参与绿化活动，并建有各类纪念林基地。建立义务植树登记卡制度，全民义务植树尽责率达85%以上；积极开展生态科普宣传，建有2处以上森林或湿地等生态科普知识教育基地或场所，利用植树节、森林日、湿地日、爱鸟周等生态节庆日，积极开展生态主题宣传教育活动。古树名木管理规范，保护措施到位，保护率达100%。

森林城市管理：党委和政府高度重视林业和生态建设，编制了森林城市建设总体规划，并通过政府审议、颁布实施1年以上。创建工作指导思想明确，组织机构健全，政策措施有力，公众对森林城市建设的支持率和满意度应达到90%以上。创建森林城市档案管理完整、规范，相关技术图件齐备。

安徽省森林城市建设分为2个阶段：

第一阶段为2012—2016年，第二阶段为2017—2021年。为贯彻落实省第九次党代会精神和《生态强省建设实施纲要》，进一步加快城乡造林绿化步伐，大幅度提高森林覆盖率，打造宜居宜业的生态强省，自2012年起，省委、省政府启动实施千万亩森林增长工程，把开展森林创建作为千万森林增长工程的重要内容，同时也是全省各级林业部门推进林业生态建设的一个重要抓手，通过创建来凝聚共识，提升林业地位。计划到2016年，争取创建国家森林城市（设区市）5个、省级森林城市（县、市、区）20个。

□ 安徽广德县笄山竹海

《安徽省林业增绿增效行动实施方案（2017—2021 年）》对森林创建工作都提出了具体目标和任务，提出 2017—2021 年，全省新增 4 个国家森林城市、20 个省级森林城市，着力创建皖江国家森林城市群。

二、主要举措

安徽省从 2012 年开展国家森林城市、省级森林城市、省级森林城镇和森林村庄以来，在省委、省政府的坚强领导和国家林业局的大力支持下，全省上下共同努力，取得了明显成效。主要做法是：

（一）坚持四级同创

2011 年，省第九次党代会确立打造“三个强省”、建设美好安徽的奋斗目标后，省委、省政府把加快造林绿化、提高森林覆盖率作为生态强省建设的首要任务，出台了《关于实施千万亩森林增长工程推进生态强省建设的意见》，决定开展森林城镇创建活动，省绿化委员会出台了《关于开展创建省级森林城市、森林城镇活动的实施意见》，提出以“让森林走进城市，让城市拥抱森林”为主题，以设区市、县（市、区）的建成区和规划区为重点，大力建设城市片林、城市森林公园和各类公共绿地，加强城乡结合部、城市出入口通道森林长廊、森林景观建设，积极创建森林城市。与此同时，省绿化委员会、省林业厅根据各地创建意愿，于创建年度的前一年年底下达创建任务，并提出要求。在森林创建过程中，坚持以创新促创建，建立健全“政府主导、社会参与、市场运作、项目整合、各方联动”的工作机制，持续深入推进“创森”。全省各级绿化委员会、林业部门借机发力，把森林创建与美丽乡村、农村人居环境整治建设结合起来，真正把创建森林城市工作纳入议事日程，摆在重要位置，切实做到统一领导、统一部署、统一规划、统一组织、统一实施，把创森任务层层分解落实并制定切实可行的工作计划和实施方案，做到领导到位、措施到位、责任到位。省林业厅、省文明办连续3年召开创建森林城市工作现场推进会，各创森县（市、区）分别召开创森动员会、推进会等，以创森为平台，掀起了城乡绿化热潮，全省形成市、县、乡（镇）、村四级同创的喜人局面。

（二）坚持规划引领

习近平总书记在中央城镇化工作会议上强调：要依托现有山水脉络等独特风光，让城市融入大自然，让居民望得见山、看得见水、记得住乡愁。城镇化是城乡协调发展的过程，城镇化和城乡一体化，绝不是要把农村都变成城市，把农村居民点都变成高楼大厦。城乡一体化发展，完全可以保留村庄原始风貌，慎砍树、不填湖、少拆房，尽可能在原有形态上改善居民生活条件。为扎实规范开展森林创建工作，省绿化委员会、省林业厅印发了《关于做好省级森林城市、森林城镇建设规划编制工作的通知》，同时，为规范编制创森规划，省绿化委员会印发了《安徽省森林城市建设规划编制大纲》《安徽省森林城镇建设编制大纲》，各地根据创建森林城市、森林城镇不同的任务需求，开展好规划设计工作。各地将森林创建规划纳入当地经济社会发展总体规划，与森林增长工程规划、林业增绿增效规划、林业发展规划、美丽乡村规划、农村人居环境整治以及“三线三边”绿化提升行动规划紧密结合、有机衔接。创森规划突出体现地方特色，与当地的市情、县情、乡情紧密结合，秉承历史文化传统，突出重点、特点、亮点。造林与造景相结合、造林和农民增收致富相结合，真正做到绿起来、美起来、富起来，实现林业生态、经济和社会效益相统一。按照省级总体规划，各地立足当地城镇村庄实际和林情特点，充分尊重群众意愿，对城镇村庄统筹规划，优化森林布局结构，统筹推进森林城市、森林城镇、森林村庄建设。创建国家森林城市、省级森林城市，全部聘请国家或省级规划设计单位编制“创森”规划，其中，省级森林城市总体规划要求必须经县级政府批准实施，且规划实施一年以上经自查达到省级森林城市建设标准方可申请验收。

（三）坚持质量标准

为确保森林建设质量，省绿化委员会、省林业厅先后研究出台了省级森林城市、森林城镇、森林村庄考核验收办法，制定印发了相关技术导则和标准，为基层和群众提供技术支持和行动规范。持续开展万名林业科技人员下基层服务活动，加强技术指导。各地普遍实行行政与技术双线责任制，通过分片包干、驻点指导等多种形式，为农民和企业提供全方位、全过程的技术服务。经核查，各创森城市造林面积合格率达 99.8%，造林成活率达 91.2%。其次，注重发挥林业科技在创森中保障作用，建立技术人员挂钩制度，从规划设计、苗木采购、种植管理各方面加强技术指导把关，选择有利的时节、合适的树种、合理的密度，做到种一棵、活一棵，植一片、成一片。特别是在树种选择上体现地带地域特点，坚持适地适树，确保苗木质量，大力发展乡土珍贵树种，促进森林城市建设上水平、上档次。为防止创建过程中出现“大树进城”现象，省里明文规定，对于栽植胸径 20 厘米以上大树的，在森林城市考核验收中实行一票否决。

（四）坚持政策激励

认真落实“谁造谁有、合造共有”和“谁投资、谁受益”政策，建立健全财政奖补、项目建设、专业培训等扶持政策，鼓励承包户依法采取转包、出租、转让及入股等方式流转承包地，推进林业适度规模经营。为推进森林创建工作，省里明确规定，将各地“创森”的造林绿化任务一并纳入千万亩森林增长工程和林业增绿增效补助范围，并对实现创建国家级、省级森林城市的市、县，省财政分别奖补 100 万元、50 万元，截至目前，省财政共兑现奖补资金达 3300 万元；另外，对成功创建省级森林城镇和森林村庄由各市、县分别给予奖补。合肥、淮南、宣城、滁州等市，每个森林城镇和森林村庄的市财政奖补标准分别达到50万元、20万元以上。蚌埠市对森林创建中农村房前屋后零星栽植的树木，每株补助10元。来安县在森林城市创建中，对林业规模经营企业、大户、专业合作社等各种造林经营主体在省、市奖补的基础上，县财政按1∶1配套进行奖补。郎溪县在城乡规划范围内经过林业部门验收合格的造林面积每亩补助300元，森林长廊验收合格每公里补助10万元，成功创建省级森林城镇奖励50万元、省级森林村庄奖励20万元。其次，省绿化委员会规定，在开展国家森林城市和全国绿化模范单位创建中，对成功创建省级森林城市的县（市、区）予以优先申报。

（五）坚持多方投入

各地把城市森林建设作为民生工程，实行"政府引导、社会参与、市场运作、资金整合、各方联创"的创建工作机制，充分发动社会各界力量，广泛聚集人力、财力、物力投入森林城市建设。据初步统计，全省各级财政投入城市森林建设资金约150亿元。同时，实行市场运作，通过招商引资、招标承包、反租倒包等多种形式，吸引社会投资造林。蒙城县为加大创建省级森林城市的力度，提高城区绿化面积，加快城市公园建设，县财政先后投资8亿多元建设城南新区森林公园、鲲鹏公园和滨河景观带。太和县创建省级森林城市，两年内县级财政投入4亿元，带动企业投入10亿多元。宁国市积极探索股份制造林新

□安徽界首市万亩楸树林基地

模式，道路绿化工程由园林绿化公司、道路沿线相关村（社区）共同参股造林，共吸引5家外地客商、11家本地企业参与省级森林城市创建工作，政府累计投入以奖代补资金2600万元，注入民间资本1.2亿元。各类社会主体已成为森林创建的重要力量。

（六）坚持广泛宣传

全省各级各部门组织开展了形式多样创森宣传活动，借助公益广告、新闻媒体、网络平台、新闻发布等平台，共同营造"爱绿、植绿、护绿"社会氛围。省委宣传部专门部署春季植树造林宣传报道工作，中央及省内主要媒体积极行动，安徽日报、省电视台、省广播电台和中安在线均开设专栏、专版，加大宣传力度，为森林创建及国土绿化营造了良好的舆论氛围。合肥市委宣传部与市绿化委员会、林业和园林局以"传播绿色文明、共建生态合肥"为主题，联合开展"365——天天爱绿、护绿"宣传活动，广泛利用街头、公园等场所，宣传绿化科普、法制知识；组织合肥日报、合肥晚报等5家市级媒体，全程报道义务植树及造林绿化的进展和动态。淮北市在中小学校开展"弘扬生态文明，共建绿色校园"宣传活动。金寨县通过创森，开展县树、县花评选活动，县人大常委会审议通过，桂花树为县树，映山红为县花。与此同时，该县还举办创森知识培训班，创森演讲比赛，创森健步走，创森科普活动，创作反映森林生态文化的歌谣、书画和文学作品，组织创森摄影大赛等一系列活动。黟县为丰富创森主题活动，营造良好的创森社会氛围，利用传统的"义务植树节""爱鸟周""科普活动周""世界地球日""世界环境日"等，开展内容丰富、形式多样、主题广泛的生态科普教育活动。同时，创新开展了"创森杯长跑大赛及创建森林城市万人签名活动""创森杯青少年作文比赛""创森杯趣味比赛活动""全县树木认建认养"等活动，不断提升全民创森意识，有效地提高了市民的知晓率、支持率，进一步丰富了创森内涵，弘扬了生态文明，为创森工作营造了良好的社会氛围。

（七）坚持全民参与

全省以"身边增绿"和"共建共享"为主题，协同推进森林城市创建活动，各级党政领导带头参加，建立领导创森绿化点。各级团组织、妇联、工会等同步组织开展“青年林”“巾帼林”“工会林”“八一林”基地创建活动，广泛动员全社会参与。与此同时，坚持“环境治理、绿化先行，生态建设、森林为主”的原则，省文明办在全省相继组织开展“三线三边”环境整治行动，省林业厅作为“三线三边”绿化提升的“重点长”，切实把“三线三边”绿化提升行动与森林创建紧密结合起来，同步推进，相互促进，相得益彰；住建部门以改善城乡环境面貌、提升人居环境质量为目标，扎实推进城镇园林绿化提升行动。交通部门以营造“畅安舒美”的通行环境为主线，结合全省“三线三边”环境治理，积极创建公路“森林长廊”，基本实现了公路应绿尽绿；水利部门以提升江河沿线生态效益为目标，把水利绿化与水利管理，水利经济、水利旅游、环境保护有机结合；国土资源部门积极开展矿山生态环境保护与治理行动，结合土地整治项目，大力实施农田防护林工程；省农垦事业管理局全面开展“绿化家园”活动，大力开展植树造林活动；铁路部门积极开展铁路“森林长廊”建设。

（八）坚持长效机制

创建森林城市是一个过程管理，森林城市创建只有起点、没有终点，只有更好，没有最好。各地在成功创建森林城市的基础上，继续加大力度，毫不松懈地推进植树造林工作，而不是“刮风式”或“运动式”地创森，真正做到齐抓共管、坚持常态长效。首先，各地遵照自然规律和经济规律，在坚持党政主导、部门配合、社会参与的同时，努力建立健全常态化推进和长效化管理机制，在组织机构、力量配备、资金投入、政策保障上体现加快推进生态文明建设的意图，坚持一张蓝图绘到底，一任接着一任干，坚持不懈地植树造林，持之以恒地改善生态；其次，把管理养护作为森林建设的重要方面，建立完善绿化管护制度、长效管养机制，健全管护体系，明确管养主体，落实人员经费，做到建设与管护并举、发展与保护并重，切实巩固森林城市建设成果。

（九）坚持检查考核

为严把创建质量关，切实做到“不走过场”，确保“森林城市”这张“金名片”的含金量。省绿化委员会相继颁布了森林城市考核办法、申报办法、检查验收细则，建立健全省级森林城市复查制度，让"创森"有规可依。在整地和造林的关键时期，每10天通报一次进度，并派出督导组和专家组分赴各地进行督查指导，抓落实、促进度、保质量。各地相继召开现场会、调度会、推进会，党政领导深入造林现场，进行督促检查。在每年的森林城市核查验收时，根据核查验收内容，形成考核验收专家组，分为综合组、农村组和城区组。综合组负责问卷调查，申报材料合规性审查；城区组依据城市绿地类型，随机抽取20%进行现场核验；农村组随机抽取面积不少于15%的乡镇，每个乡镇抽取造林面积不少于50%的小班进行实地核查。综合评分90分以上，通过核查组验收，核查验收成果纳入各级政府目标责任考核内容。

三、进展成效

自2012年开展创森以来，安徽省深入贯彻习近平总书记"绿水青山就是金山银山"和"着力开展森林城市建设"的重要思想，按照国家林业局和省委、省政府的决策部署，强势推进森林城市创建，让森林走进城市、让城市拥抱森林，取得了显著成效。截至2016年，已成功创建国家森林城市6个，创建率为37.5%；创建省级森林城市46个，创建率为43.4%；创建省级森林城镇454个、森林村庄3379个。如今的江淮大地，森林遍布、绿树成荫，林水相依、绿美交融，生态全面

□安徽宣州区寒亭镇通津村绿化

改善，人民群众的获得感幸福感显著增强。在森林创建过程中，始终坚持以人为本，以满足人民群众生态需求为出发点，真正使创建成果惠及广大人民群众。

一是加快城乡绿化步伐。"创森"活动有力促进了林业生态建设，在工作推进中，坚持把森林城市创建紧紧融入"五大发展美好安徽建设""三线三边环境综合整治""长江经济带发展"、农村人居环境整治、美丽乡村建设等省委、省政府中心工作，借势发力、借梯登高，整合绿化工程、集中财政资源、形成推进合力，最大限度地提高城市森林的覆盖面。自2012年创森以来，全省累计完成新造林1064.29万亩，森林覆盖率达到28.65%，为打造生态强省、建设美好安徽打下坚实生态基础。合肥市通过创建国家森林城市，以森林进城围城、森林沿河沿路、森林覆岭、森林环湖、森林入村"五森"工程为牵动，五年完成造林117.8万亩，是"创森"前五年的7倍多。蜀山区在注重大生态建设的同时，加大城区小环境治理，主要是以提升道路和节点绿化景观为抓手，以建设成片公共绿地为重点，通过见缝插绿、拆违建绿、破墙透绿、废硬改绿、灯杆挂花、屋顶摆绿、交口摆花等多种方式，延伸绿化空间，实现绿化立体、全方位发展。先后组织实施了城区绿化大会战项目110多个，新增绿化面积132.58万平方米，提升改造绿化面积136.7万平方米。

二是构筑生态保护绿色屏障。安庆市遵循生态优先和城乡一体化发展的原则，工程治理与植被恢复相结合，成片造林与见缝插绿相结合，"点、线、面"相结合，全市共完成人工造林104.1万亩，精心打造城市森林生态保护屏障。全椒县着力构建"青山碧水辉映、山水林路相依"的森林城市生态景观格局，全面推进县城周边镇、村造林绿化，建设森林城市外围大型森林防护屏障；以合宁高速、京沪高铁、一环线和二环线等重要干道两侧绿化为骨架，高标准建设森林景观长廊，拓展延伸周边成片造林、农田林网建设，构建完备的全县森林生态防护体系。歙县围绕"一环、五带、多园"的森林城市建设空间布局，不断加大对城区绿地的建设力度，围绕城区绿化提升，抓好绕城森林屏障建设。泾县通过森林城市建设，切实加强森林资源保护，划定生态公益林41640公顷，建立水西国家森林公园和汀溪自然保护区，全县天然林受保护面积达5万余公顷，建设桃花潭国家湿地公园和平垣市级湿地公园，建立了扬子鳄自然保护区。

三是增加城市生态服务功能。通过创森，发挥森林、湿地等的碳汇功能，实现了间接减排，生态环境容量得到进一步拓展，城市可持续发展的能力得到增强。黄山市实现县级森林城市全覆盖，全市森林覆盖率提高到 82.9%，市域内大气质量和地表水质常年保持国家一级、一类标准，先后获得“中国人居环境奖”“中国优秀旅游城市”“世界特色魅力城市 200 强”“中国最具幸福感城市”等一系列殊荣，并成功入选国家主体功能区建设试点示范、国家生态文明先行示范区和国家生态保护与建设示范区。金寨县森林覆盖率高达 74.5%，生态环境质量优，被命名为“长寿之乡”，一个很重要的条件就是那里空气中的负氧离子含量很高。池州市通过创建国家森林城市，新建和扩建森林、湿地公园 48 个，全市森林和湿地服务功能价值评估近 1000 亿元，森林单位面积价值是全国的 1.89 倍。

四是促进绿色富民。优越的生态环境已经成为各地最宝贵的财富，促进了绿色富民产业发展。全省基本形成了以木竹深加工、森林食品加工、生物制药、森林旅游和花卉苗木、林下种养殖等特色林业产业体系。地处淮北平原的宿州市的桥区创建省级森林城市，营造环城林带，发展城郊林业，林业年产值达 114 亿元，跃居全省之首。界首市将创森与脱贫攻坚相结合，促进林业产业发展，市政府出台了《关于加快林业发展推进脱贫工作的实施意见》，支持引导发展“林业企业＋基地＋贫困户”模式，带动贫困户发展林业，增收明显。利辛县先后引进造林企业近 20 家，流转土地 5 万余亩，吸纳社会资金 3.2 亿元投入林业建设，建成现代林业示范区 1 个，省级龙头企业 3 家，百亩以上造林大户 138 户，有力地带动农民脱贫致富和产业发展。砀山县以创建省级森林城市为契机，协调发展生态林业和民生林业，在改善生态环境的同时，带动林业产业迅速发展。目前，全县拥有规模以上林业企业 67 家，市级以上龙头加工企业 19 家，农民林业专业合作社 196 家，取得了良好的生态、经济和社会效益。

五是提升城市文化品位。通过森林城市创建，传承生态文化、弘扬生态文明，进一步提升城市居民的生态文化品位，增强人们“爱绿、建绿、护绿、养绿”的意识，使城市居民接受现代生态文明观念，提高群众的生态文明意识，自觉参与森林城市创建活动。加大了对古树名木、自然原生植被等的保护力度。黄山市全力打造山水相依、城林交融的森林城市风光，使“望得见青山、看得见绿水、记得住乡愁”成为黄山最鲜明的标识，进一步提升了城市文化品位。谯城区通过大手笔实施“林拥城”、亳药花海大世界、植物园、湿地公园创森工程，有力地改善了城市生态环境，提升了城市生态文化品位，提高了市民幸福指数。

四、下一步工作安排

安徽省将认真贯彻习近平总书记提出的“要着力开展森林城市建设”的重要指示精神，在深化与提升上下工夫，把森林城市建设推向更高层次。一是力争创森走在全国先进行列。全省 16 个设区市中，已有 5 市成功创建国家级森林城市，2016 年 6 月，国家林业局正式批准芜湖进入创建国家森林城市的行列。马鞍山、宿州、淮北、滁州、淮南等城市也在积极准备开展创建工作，力争到 2020 年，创建不少于 10 个国家森林城市；已有 30 多个县（市、区）已成功创建省级森林城市。二是积极创建县级国家森林城市。根据国家林业和草原局的统一部署，力争到 2020 年，省级森林城市不少于 70 个。力争走在全国先进行列。三是着力加快皖江国家森林城市群建设。《皖江国家森林城市群总体规划》即将印发实施，以森林一体化建设为目标，整体推进，搞好城市内、城市周边和城市间绿化，点、线、面结合，城、镇、村协调，扩大城市之间的生态空间，提升城乡绿化的生态功能，通过皖江国家森林城市群建设，助力长江经济带安徽段发展。四是持续推动森林城镇和森林村庄建设。按照整体推进、全域创建的思路，积极发动、加强指导，加大力度推进省级森林城镇、森林村庄创建步伐，在实施乡村振兴战略中进一步发挥重要作用。

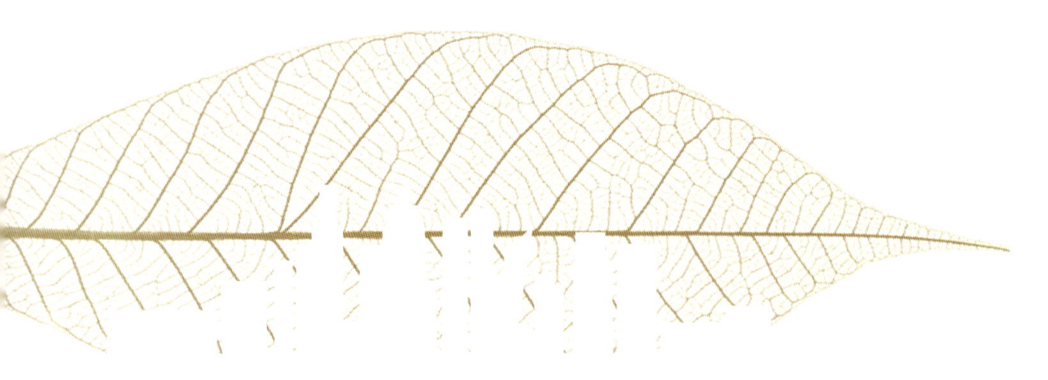

福建省

为深入实施生态省战略，推进美丽福建、生态文明试验区建设，福建省于2010年全面启动国家和省级“森林城市”创建活动。截至2016年，全省已拥有4个“国家森林城市”（厦门、漳州、龙岩、三明），泉州、福州、莆田、南平、宁德和平潭综合实验区正在积极创建“国家森林城市”；已有62个市（县、区）正式提出“省级森林城市（县城）”创建申请，其中已表彰6批共24个“省级森林城市（县城）”。至“十三五”末，将实现全省省级森林城市（县城）全覆盖，地级城市国家森林城市全覆盖。福州大手笔建设森林城市，成效卓著，受邀

□龙头山杜鹃花

参加联合国粮农组织在罗马举办的第24届林业委员会会议和第六个世界森林周活动，向与会各国嘉宾分享福州森林城市建设的特色和经验。主要做法：

一、高位推动，注重组织领导

2010年，福建省委、省政府下发《关于加快造林绿化推进森林福建建设的通知》（闽委〔2010〕37号），强调要“突出抓好9个设区市城区的植树造林，多建城市片林、城市森林公园，加快推进争创森林城市”。2011年，福建省人民政府印发《福建省“十二五”林业发展专项规划》（闽政〔2011〕56号），提出“十二五”期间全省创建国家森林城市3个、省级森林城市（县城）30个的工作目标。省绿化委、省林业厅先后下发了《关于开展创建森林城市（县城）活动的通知》和《福建省森林城市（县城）申报与考评办法》，制定了福建省地方标准《森林城市（县城）总体规划技术规程》并被省政府授予“福建省标准贡献奖”三等奖。在推进森林城市建设过程中，各地将创建森林城市作

□赏花

为"一把手"工程，党委、政府主要领导亲自挂帅、亲自部署、亲自推动。如，福州市由市委书记任市绿化委员会主任，市长担任常务副主任，统筹协调全市绿化工作，将创森工作列入市委、市政府一线攻坚和一线考察干部的重要内容，扎实推进各项工作落实。

二、宣传发动，注重营造氛围

一是以植树节和义务植树月活动为契机，积极倡导"让森林走进城市、让城市拥抱森林"的理念，广泛开展"森林进城、森林环城、森林惠民"主题宣传活动，大力宣传森林城市建设的意义、成效和先进典型，推动地方党委、政府将森林城市建设摆上重要议事日程和为民办实事项目。二是注重宣传对象的广泛性、宣传内容的丰富性、宣传手段的多样性，在用好报纸、广播、电视等传统媒体的同时，广泛运用网络、微博、微信、手机客户端等新媒体，通过开展"创森"摄影展览、征文比赛、市民问卷调查、发放知识手册等多种形式的宣传活动，为建设森林城市营造良好的舆论氛围和社会环境。三是部署开展“森林城市·绿色家园”摄影主题大赛活动，按照国家林业局宣传办公室印发《“森林城市·绿色家园”摄影主题大赛活动方案》的要求，精心组织，积极参赛，用摄影作品展现森林与城市、绿色与人居的和谐画卷。

三、认真谋划，注重目标落实

省委、省政府《关于进一步加强城市规划建设管理工作的实施意见》明确提出，“到2020年，持续创建一批园林城市和森林城市”；省政府已将森林城市建设列为《福建省“十三五”林业发展专项规划》的重要内容。各地把森林城市建设作为推动绿色发展的重要抓手，作为增进民生福祉的重大举措，对创森工作进行再动员、再部署，从国家级和省级两个层面落实创建目标。一是实现“国家森林城市”全覆盖。力争在“十三五”末，全省9个设区市和平潭综合实验区均获得“国家森林城市”称号。二是基本实现省级森林城市全覆盖。按照国家森林城市行政区域内的县（市、区）原则上都要满足“省级森林城市（县城）”的新要求，“十三五”期间计划新增“省级森林城市（县城）”35个以上，基本实现“省级森林城市（县城）”全覆盖的目标。

四、生态优先，注重创森惠民

一是着力推进城市内绿化，提升城市绿化水平。进一步完善城市绿地系统规划，建设一批城市森林公园、湿地公园、城市片林、林荫大道、城乡绿道等生态服务设施，积极推进森林进机关、进学校、进住区、进园区，将森林科学合理地融入城市空间，形成林在城中、城在林中的景象。如，泉州市挖掘城市绿化空间，连续3年通过向社区、学校、宗教活动场所等赠送苗木的方式，推动市区种植珍贵树种1.2万株；三明市推进城市片林建设和新老城区扩绿增绿，使城区绿化覆盖率从2012年的41.38%提高到现在43%以上。二是着力推进城市周边绿化，营造环城森林景观带。加强城市周边山体、水体、湿地等自然生态保护和生态修复，构建环城生态屏障；依托城市周边公路、铁路、河流、水渠等，建设环城林带；充分利用城市周边的荒山荒地、矿区废弃地、城乡结合部不宜耕作土地开展绿化造林，提升城市森林的“绿肺”和休闲功能。如，福州依托城郊山体和两江四岸滨水绿地，大力推进环城郊野森林公园带建设，建成五虎山、旗山等国家级森林公园5个，省级森林公园10个，形成“森林围城”的格局，市民出城5公里即可到达森林公园。三是着力推进城市群绿化，扩大城市间生态空间。“十三五”期间，福建省将以推进国家和省级“森林城市”创建全覆盖为基础，积极探索厦漳泉等森林城市群建设，依托区域内山脉、水系、路网、林地等要素，以“三带一区”建设（沿海防护林基干林带、生物防火林带、森林生态景观带和重点生态区位林分修复）为重点，通过绿色通道、绿色屏障、生态廊道建设和城市绿化，实现城市间森林、绿地等自然生态系统的互联互通。四是着力推进乡村绿化，打造乡土气息浓郁的美丽乡村。贯彻落实省政府《关于进一步改善农村人居环境 推进美丽乡村建设的实施意见》，以绿化促美化、以绿化促文明、以绿化促致富。重点抓好乡村公园建设、乡村生态景观林营造，积极引导农民利用“四旁四地”（村旁、宅旁、水旁、路旁，宜林荒山荒地、低质低效林地、坡耕地、抛荒地）种植珍贵和优良乡土树种，努力打造一批绿色产业发展型、旅游休闲型、传统村落型、自然生态型等各具特色的美丽乡村。五是着力推进森林文化建设，增强城乡居民生态文明意识。充分发挥城市森林的生态文化传播功能，依托森林公园、自然保护区、城乡绿道网等各类生态资源，建立生态科普教育基地，完善生态标识、解说系统，设立参与式、体验式的生态课堂，为城乡居民了解森林、享受森

林提供方便。深入开展全民义务植树活动，加强古树名木保护，做好市树市花评选及推广应用，让建设森林城市成为老百姓的自觉行动。

五、加大投入，注重资金保障

全省各地坚持“让森林走进城市、让城市拥抱森林”的新理念，以实施城乡绿化一体化“四绿”工程为重点，以弘扬森林生态文化为特色，把“创建森林城市，打造宜居环境”写入政府工作报告，列为为民办实事项目，多渠道筹措资金，高标准、高投入、高效率推进。据不完全统计，创森期间，福州市通过加大政府财政投入、激活社会资金等多种途径，筹集创森资金207亿元，大力实施显山露水增绿等一批创森工程；厦门市投入资金40多亿元，大力实施“城市森林生态建设、林业产业经济发展、森林生态文化培育”等三大工程，平均每年完成新造林面积占市域面积0.7%；漳州市投资53.6亿元，重点组织实施“六大森林城市工程”；泉州市投入66.42亿元，大力推进四大体系23项创森工程项目建设，其中晋江下游生态整治工程（一期）、山线绿道工程、泉州植物园等项目采取PPP模式，利用社会资本，解决资金问题，实现更好更快地推进建设；龙岩市投入100多亿元资金，重点建设“十大森林城市工程”；三明市立足“森林惠民、森林富民、森林育民”，投入90多亿元资金，实施城乡绿化一体化等十大工程建设，实现省级森林城市（县城）全覆盖。

□大美三明

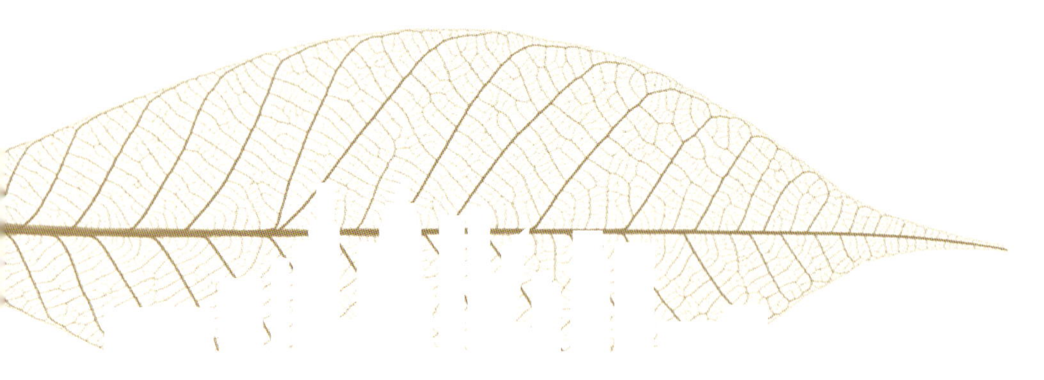

湖北省

湖北地处长江中游，是南方集体林区重点省份。素有“千湖之省”之称，森林和湿地资源丰富。全省林地面积876.09万公顷，占国土面积的47.13%。其中森林面积736.27万公顷，森林覆盖率为39.61%。湿地面积144.5万公顷，占国土面积的7.8%，面积居中部第1位，全国第11位。林地与湿地面积总和超过全省国土面积“半壁江山”。湖北省地处南北过渡地带，是生物多样性富集区，鄂西武陵山区是同纬度生物多样性最丰富地区，神农架是北半球中纬度地区保存最完好的物种基因库，大别山是南北地理气候分界线，幕阜山是长江中游重要的水源涵养地。举世闻名的三峡库区、南水北调中线工程水源区雄踞境内。湖北省地理区位独特，生态地位极其重要，生态安全备受世人关注。

一、开展森林城市建设的基本情况

森林城市建设是推进生态文明建设的重要举措，也是建设“美丽湖北”、实现“绿满荆楚”的生动实践。在国家林业局的正确领导和关心支持下，湖北省扎实开展关注森林活动，以森林城市建设为抓手，在全社会形成关注森林、尊重自然、保护生态的良好氛围。截至目前，湖北省有6个城市被授予“国家级森林城市”称号，11个城市被授予“湖北省森林城市”称号，一大批城市相继启动了森林城市创建工作，全省森林城市建设蔚然成风。湖北省森林城市建设的基本做法是：

（一）强化领导，高位推动

党的十八大以来，习近平总书记多次强调指出，走向生态文明新时代，建设美丽中国，是实现中华民族伟大复兴中国梦的重要内容；建设生态文明是关系人民福祉、关系民族未来的大计；保护生态环境就是保护生产力，改善生态环境就是发展生产力；绿水青山就是金山银山；为子孙后代留下天蓝、地绿、水清的生产生活环境。

领导重视是持续深入推进森林城市建设的重要前提和保障。湖北省委、省政府历来十分重视关注森林活动，省委书记李鸿忠就关注森林活动做出过多次指示、批示，并提出了“绿色决定生死、市场决定取舍、民生决定目的”的三维纲要，把绿色发展摆在首要位置。省领导牵头推动关注森林活动。2010年4月，“第七届中国城市森林论坛”在武汉成功举办，为湖北省开展关注森林活动提供了宝贵的经验。同年10月，湖北省政协人资环委、省绿化委员会、省总工会、共青团湖北省委、省妇女联合委员会、湖北日报社、省广电总台、省新闻工作者协会和省林业厅等9部门联合成立了由时任省政协主席宋育英任主任、赵斌副省长、郑心穗副主席任副主任的“湖北省关注森林活动组织委员会”。“湖北省关注森林活动执行委员会”主任是省林业厅厅长，关注森林活动办公室设在厅办公室。

全省市、州党委政府带头行动，宜昌、襄阳、十堰、荆门、咸宁、随州等地均成立了高规格领导小组，市委书记、市长亲自挂帅出征，担任“创森”总指挥，统筹协调解决问题；各县、市、区都成立了相应的领导小组，高位推动森林城市建设工作落实到位。强有力的创森机构为湖北省深入开展关注森林活动、森林城市建设提供强大的组织保障。

（二）出台政策，持续推进

2013年9月，湖北省委办公厅、省政府办公厅印发了《关于实施绿满荆楚行动的意见》，把加强森林城市和森林城镇建设纳入绿满荆楚行动的八大重点建设任务，重点推进实施。2014年12月，省委、省政府召开全省加快推进绿满荆楚行动动员会，省委书记李鸿忠再次强调，生态文明建设是湖北的“第一建设”，进一步提出了“三年绿色全覆盖”的目标，要求构建湖北“建成支点、走在前列”的生态支点。同时，省委、省政府联合出台《关于加快推进绿满荆楚行动的决定》，将森林城镇创建工程纳入七大重点工程统筹推进。各地相应出台政策支持森林城市建设，形成了上下联动的森林城市创建氛围。

宜昌市制定了《宜昌市绿化美化行动方案》和《宜昌市通道绿化建设规划》等，全面构建“宜昌市域林业生态网络骨架”，打造“三峡地区绿色景观通道枢纽”，初步建成“中部地区生态文明先行示范”。随州市先后出台了《关于加快推进国家森林城市创建工作的实施意见》《随州市封山育林管理办法》《随州市城乡绿化三年攻坚计划》《关于绿满随州以奖代补实施方案》等，启动实施城市森林公园建设，持续推进森林城市建设。襄阳市围绕创建国家森林城市，制定出台了《襄阳市创建国家森林城市三年行动计划》，确定了 99 个创建国家森林城市支撑性项目，形成了创建的强大合力。

（三）整合资源，加大投入

在森林城市建设的资金投入上，全省各地坚持用市场的办法破解资金难题，吸引更多的社会资本参与林业建设，形成了政府财政预算投入、银行贷款投入、社会融资投入、部门整合项目资金投入、企业利润投入、群众自发投入的新机制。“十二五”期间，全省直接投入森

林城市建设资金超过 1000 亿元，其中整合国家和省级涉农项目资金 700 多亿元，市、县两级政府投入建设资金 200 多亿元，吸引社会资本投入 100 多亿元。

随州市整合发改、农业、财政、国土等涉农涉林资金，捆绑使用扶持城乡绿化，鼓励社会资本、民间资本、金融资本等多种投入，引导公司制、股份制、合作制等多模式造林，鼓励专业合作社上山、公司上山、民营企业家上山，近 5 年共启动森林城市建设项目 68 个，投入资金 158 亿元，社会资本成为森林城市建设主力军。襄阳市以创森建设项目为支撑，广泛筹集创森建设资金，2013 年以来，全市共启动实施重点建设项目 58 个项目，多渠道筹集创森资金 67 多亿元，为加快创建国家森林城市提供了资金保障。宜昌市实施中心城区绿化建设工程、三峡珍稀植物种质资源保护工程、三峡库区湿地保护与恢复工程、森林生态旅游建设工程等九大主体工程，直接投入森林城市建设资金 34.98 亿元，3 年全市完成植树造林 67.33 万亩，每年义务植树达到 900 万株以上。

（四）大力宣传，营造氛围

湖北省把森林城市建设作为建设生态文明和美丽湖北的重要工程，

□青山环绕十堰这座绿车城

作为发展生态林业和民生林业的重要内容，作为提升城镇化水平和质量的强大动力，采取各种有效措施，加大森林城市建设的宣传力度。省林业厅每年动用上百万资金与主流媒体合作开展各种宣传活动，在全省营造了关注林业生态建设、关注森林城市建设的良好舆论氛围。

各地十分重视森林城市建设宣传活动。宜昌市组织出版发行了《中国长江三峡植物大全》《长江三峡地区珍稀濒危特有植物图谱》《绿色宜昌》等一批林业生态保护及成果展示专著。创作《古树传奇》《林业人之歌》等一批林业生态保护作品。襄阳市从四大市级新闻媒体和林业部门抽调 11 名业务骨干，成立创森宣传专班，在市级各新闻媒体开设专栏。同时，他们还在繁华路口、人口密集地段、城区入口设置了 135 块公益广告牌，襄阳电视台、公交车和出租车、各单位和各临街门店电子显示屏滚动播放创森宣传标语和口号。荆门市把创建国家森林城市作为促进人与自然和谐“第一途径”，在大型 T 牌、城区临街电子显示屏、高速公路广告牌、有线电视、公交车、出租车张贴创森标语；开展创森摄影大赛、作文比赛等，全方位、多形式、高频率宣传创森活动，市民知晓率、支持率、满意率和参与度不断提升。十堰市在本地报刊、广播、电视、网络等媒体开设创建专栏，长期在主次干道、建设工地张贴宣传喷绘、在社区设置宣传标牌，同时利用《十堰手机

□武汉东湖森林林荫小道

报》平台，每天向全市 30 万市民发送创建动态，营造了浓厚的森林城市建设氛围。

（五）明确责任，狠抓落实

全省各地积极开展"森林城市"创建工作，层层分解责任，着力抓好落实。宜昌市明确市创建国家森林城市领导小组成员单位职责分工，2012 年 7 月获得国家森林城市后，做到机构不撤、人员不散、职能不变，形成推动森林城市建设的强大合力。市委市政府还出台《关于巩固国家森林城市创建成果进一步健全森林城市创建长效机制的通知》，将森林城市建设工作纳入年度目标考核内容，组织、规划、政策等方面全面保障到位。襄阳市委、市政府制定了《襄阳市创建国家森林城市工作实施方案》，签订年度目标责任状，明确创建重点、责任单位和完成时限，同时建立了创森工作联络员和定期检查督办等制度，由市领导带队多次进行全方位检查督办。随州市建立了市"四大家"领导包联创森重点工作制度和"市、县、镇、村"四级党政主要领导主抓工作机制，将创森工作纳入市直部门和县市区党政领导班子年度责任目标，严格考核结硬账。咸宁市将创建国家级森林城市写入了党代会报告、《政府工作报告》和市委常委会重点工作，立足实施方案明确了创建目标、工作重点、责任分工和完成时限，将创森任务逐级分解到县、乡、村，纳入各级政府和市直部门的目标责任管理，层层签订责任书，各地各部门坚持大员上阵，实地检查督办，确保了创森工作组织有序、责任落实。

在持续开展国家森林城市建设的同时，大力推进"湖北省森林城市"建设，并积极向县、市、区和乡镇、街道延伸。2011 年 12 月湖北省举办了首届森林城市颁奖晚会，授予了宜昌、随州两城市"省级森林城市"称号，杨松，尹汉宁，王少阶、陈述贤、罗辉、赵斌、郑心穗等领导出席晚会并颁奖。2012 年 12 月 6 日召开第二届"湖北省森林城市"创建工作会议，授予襄阳、咸宁、荆门、恩施、赤壁、宜都 6 市"湖北省森林城市"称号，12 月 25 日召开湖北省第二届关注森林活动授牌会，杨松、郑心穗等省领导为襄阳等 6 市授牌。

截至目前，全省已有 11 个市、县被授予"省级森林城市"称号，42 个乡镇、街道被授予"省级森林城镇"称号。荆州、丹江口、老河口、南漳县、房县以及恩施各县市等一大批县市启动了森林城市建设有关工作，特别是 2016 年 1 月 26 日习近平总书记关于“着力开展森林城市建设”重要讲话以来，各地启动推进国家、省级森林城市和省级森林城镇建设的积极性空前高涨，全省森林城市建设热潮进一步显现。

二、森林城市建设的主要成效

自 2010 年起，湖北省在森林城市建设中始终遵循经济规律和自然规律，做到“三化”：造林树种选择的本地化，乡土树种的使用比重不得少于 80%；森林绿地配置的多样化，形成乔灌草复层结构和组团分布；管护措施的近自然化，避免过度的人为干预。同时，森林城市建设还要求坚持务求实效、循序推进，反对违背自然规律和群众意愿的形象工程、政绩工程，特别是大搞奇花异草、大树古树进城和非法移栽等行为。

总结近年来湖北省森林城市建设工作，主要有五个方面的成效：

一是加快了国土绿化进程。通过开展森林城市建设，林业工作进一步融入到各级党委政府的中心工作，成为重要议事日程，市、县、乡党政“一把手”亲自部署、亲自调研、亲自督办，在资金上、政策上予以倾斜，有力推动了林业工作，加速了国土绿化进程，有效地推进了生态文明建设。各地林业部门以森林城市创建为抓手，统筹推进七大工程，同步实施重点林业生态工程，以骨干交通、水系廊道、集镇乡村为依托的绿色生态网络和绿色家园建设取得显著成效。城区、城郊、农村三位一体，水、路、林三网合一，生态林、经济林、景观林三林共建的绿色生态格局基本形成，森林固碳和生态承载能力明显提升。“十二五”的五年，是湖北林业发展最快，也是取得成果和进步最多的五年。“十二五”期间，全省共完成人工造林 1075 万亩，封山育林 490 万亩，中幼林抚育 2520 万亩，退耕还林 182.33 万亩，利用德贷项目外资造林 30 万亩，义务植树 4.9 亿株，建成绿色示范乡村 1800 多个，极大绿化和美化了城乡人居环境，增加了绿色惠民的生态空间。

二是完善了林业治理体系。在森林城市建设过程中，各地以推进林业治理体系和治理能力为目标，全面深化林业改革，创新林业体制机制。

全省完成林改确权面积1.18亿亩，登记发放林权证370.47万本，林改确权率和发证率分别达到99.94%和99.88%，集体林权制度主体改革基本完成。全省组建县级林权管理机构72个，资源资产评估机构67个。鄂西北林权交易中心揭牌运行，林权服务体系逐步完善。认真实施《湖北省森林资源流转条例》《关于推进全省农村产权流转交易市场建设的指导意见》和《湖北省农林产权流转交易监督暂行办法》。全省累计流转林地面积2144.2万亩，占全省林地总面积的16.82%。林权抵押面积320万亩，累计贷款金额79亿元。襄阳市、恩施市跻身全国集体林权制度改革综合改革试验示范区。全省14个县纳入中央财政补贴的政策性森林保险试点。试点县市共签保单5141份，投保森林面积3032.43万亩，占应投保面积的83.88%，工作进度居全国前列。国有林场改革全面启动。制定印发了《湖北省林业产业统计管理办法（试行）》，改革林业产业统计办法。加大了林业行政审批制度改革力度，精简了林业行政审批事项，提升了审批效率。

三是促进了城市绿色发展的良性循环。在开展森林城市建设过程中，一方面坚持高标准、严要求，推进森林城市建设各项指标落到实处；另一方面创新性开展林业生态示范县建设，积极争取将林地保有量、湿地保有量等纳入到市州党政领导班子年度考评和“三农”考核

□峡江春来早，宜昌绿意浓。森林城市宜昌秀美一角

指标内容，融入到城市建设和绿色发展的全过程，有效发挥了考核的指挥棒作用，促进了绿色发展步伐。

湖北省出台了《湖北林业推进生态文明建设规划纲要（2014—2020年）》，划定了全省林业生态红线（林地860.67万公顷、湿地144.5万公顷、森林745.18万公顷、自然保护区149万公顷）。完成了全省森林资源"一类清查""二类调查"、全省第二次湿地资源调查和国家级、省级公益林区划落界工作。4984万亩天然林得到有效管护。划定国家战略储备林110万亩。实施了森林资源动态监测，实现年年出数。编制实施省县两级林地保护利用规划，实现全省林地落界"一张图""一套数"。根据2014年全省森林资源连续清查第七次复查（全国第九次资源清查）结果，全省林地面积达到1.31亿亩，比2009年（下同）增加了435万亩；森林面积达到1.1亿亩，增加了345万亩；森林蓄积量达到3.65亿立方米，增加了0.52亿立方米；森林覆盖率达到39.61%，提高了1.21个百分点。

四是搭建了全社会参与的绿色产业平台。森林城市建设有效调动了社会方方面面的力量，通过广泛深入的宣传动员，全省大量企业、专业合作社、大户等各类市场主体和广大群众纷纷参与到森林城市建设和林业生态建设中来，形成了全党动员、全民动手、全社会参与的生动局面。

湖北省相继出台了《关于支持林业企业转型发展的意见》《关于加快推进非公有制林业发展的意见》《关于加快林下经济发展的意见》，启动实施"1010"工程，加快原料林基地建设，与省农行、农发行、农信联社、民生银行、省邮储银行签订了战略合作协议，加强银企对接，破解资源、资金两大瓶颈，促进林业产业转型发展。搭建经贸合作、招商引资平台，成功举办"中国中部家具博览会""中国武汉绿色产品交易会"，承办了"2015中国森林旅游节"。实现林业招商引资420亿元，社会资本投入林业达480亿元。新型林业经营主体不断壮大。全省现有9家国家级林业重点龙头企业，居全国第一方阵。湖北现代林业科技产业园24个，省级林业重点龙头企业达431家，农民林业专业合作社3800余个。38家涉林企业获中国驰名商标和中国名牌产品。全省特色经济林面积达到2606.5万亩，占全部森林面积24.3%。林下经济经营面积1000万亩，初步形成集群发展、规模发展的产业格局。2014年全省林业产值1709.5亿元，提前一年超额完成“十二五”规划目标。2015年林业总产值比“十一五”末增长214%。

五是坚定了生态文明的发展理念。通过开展森林城市建设活动，全省上下进一步坚定了绿色发展理念，有力推动了绿色GDP成为各级干部最大业绩、绿色生产成为广大企业最大动力、绿色生活成为城乡居民最大追求，绿色发展意识逐渐深入人心。

湖北省还开展了以森林文化、湿地文化等为主题的系列宣传报道，编辑出版了《湖北古树名木》大型画册，拍摄录制了《荆楚湿地交响曲》专题片，在新华网、人民网、凤凰网、国家林业局、湖北省政府等知名主流网站和主流媒体刊载反映湖北林业建设成就的报道1万余篇。开创性地举办中国·湖北生态文化论坛。组织了“湖北湿地保护奖”评选活动，开展了“世界野生动植物保护日”“湿地日”、爱鸟周等活动。建立了一批以森林公园、湿地公园为依托的国家和省级生态文明教育示范基地。开展了国土绿化表彰活动，社会各界参与绿化国土和生态文明建设的积极性不断增强，生态文明意识和理念不断深入人心。

三、“十三五”森林城市建设总体思路和举措

2015森林城市建设座谈会后，湖北省迅速召开了厅党组扩大会，全面传达了森林城市建设座谈会精神，认真组织学习了国家林业局局长张建龙的讲话，分析本省森林城市建设的现状，研究了部署了本省“十三五”时期的森林城市建设工作思路和措施。

（一）“十三五”时期森林城市建设工作思路

根据湖北省召开的省委十届七次全会，提出省“十三五”规划建议，在第26条“加快推进新型城镇化”里，将“森林城市建设”纳入其中，省林业厅及时制定了相关的实施方案。

“十三五”期间，全省将按照“建设5～8个国家森林城市，建设10～15个湖北省森林城市”的目标，指导编制森林城市建设规划，谋划一批森林城市建设重点工程纳入国家和地方“十三五”经济社会发展规划。进一步规范开展湖北省森林城市的创建工作，考核命名一批湖北省森林城市、森林城镇、森林村庄。不断完善森林城市建设指标

□武汉市民在解放公园游憩

体系、技术规范、制度机制等，争取出台湖北省森林城市管理办法。

（二）“十三五”时期的森林城市建设措施

（1）加强统筹规划、分类进行指导。按照“十三五”期间“建设 5 ～ 8 个国家森林城市，建设 10 ～ 15 个湖北省森林城市”的目标，同步推进、分类指导。同时，加强森林城市建设方面的培训及相互交流，确保目标顺利完成。

（2）完善创建指标，注重建设实效。针对森林城市建设中出现的新情况，发现的新问题，及时调整和完善森林城市建设的指标、体系及相关制度，使森林城市建设在基层能落地生根，有序推进。

（3）加大建设投入，争取奖励措施。结合开展的绿满荆楚行动及林业重大工程项目，加大对森林城市建设的投入；同时，积极引导社会资本、民间资本、金融资本参与森林城市建设。争取出台奖励政策，对创建成功的城市采取以奖代补的方式给予适当的奖励。

（4）加强顶层设计，出台管理办法。按照国家林业局和省委、省政府的统一部署，加强顶层设计，建立多层级森林城市创建体系。结合国家林业局关于森林城市建设的有关精神，争取出台湖北省森林城市管理办法。

四、下一步工作安排

习近平总书记指出，“山水林田湖是一个生命共同体”。山青才能水秀，青山方有绿水。我们将深入学习领会，真正从实现中国梦和建设美丽中国美丽湖北的战略高度，不断深化对森林城市建设的认识，切实增强责任感、使命感。

（1）根据新形势和新情况，制定《湖北省林业厅关于着力开展森林城市建设的指导意见》和《湖北省森林城市管理办法》。

（2）积极指导荆州、宜都市、恩施市争创“国家森林城市”；组织专家组对利川、巴东、老河口、竹溪等创建“湖北省森林城市”进行实地考核验收，择机授牌。

（3）积极策划“森林城市、森林惠民”主题宣传活动，广泛宣传各地发展城市森林、建设森林城市的科学理念、创新举措、实践成果和典型经验。

（4）积极筹备召开第四届湖北生态文化论坛。广泛邀请专家、学者共同研讨生态理论、交流生态文化，提高湖北生态文化的传播力和影响力。

广西壮族自治区

一、广西森林城市建设的发展历程

2009 年以来，根据自治区党委、政府关于加快城市森林生态建设工作一系列重要指示和工作部署，广西从 2012 年开始启动森林城市的创建工作，连续 2 年有 204 个单位获得“广西森林城市”称号。到了 2014 年按照中央有关清理整顿评比活动的精神要求，广西暂停开展这项工作。到了 2016 年，根据 2016 年 1 月召开的中央财经领导小组第十二次会议上，习近平总书记就国土绿化和生态环境保护做出重要指示，提出了“四个着力”的要求：“着力推进国土绿化、着力提高森林质量、着力开展森林城市建设和着力建设国家公园”及《国家林业局关于着力开展森林城市指导意见》关于“积极开展省级森林城镇示范、

□大容山国家森林公园——莲花景区生态环境

带动森林县城、森林乡镇、森林村庄”的要求，从 2017 年起，广西又重新启动这项工作，紧接着重新修订《广西森林城市等系列创建活动实施办法》，于 2017 年 3 月 13 日颁布并在全区实施，引导全社会关注森林城市，共建绿色家园。2017 年就有 95 个单位申报国家“森林城市”等系列称号，有 87 个获得“广西森林城市”称号。

二、主要举措

（一）加强组织工作和宣传力度

自治区绿化委员会负责全区“广西森林城市”系列称号创建活动的组织工作。按照“属地管理、分级负责”原则，各市、县（市）绿化委员会负责本辖区“森林城市”系列称号创建活动的协调、宣传发动、组织申报、考核等工作。各地、各有关部门充分利用报刊、广播、电视、微信、网络等新闻媒体及发放调查问卷，采取多种形式，大张旗鼓地宣传创建活动，争取全社会的理解、支持和参与，在全区掀起创建活动热潮。同时总结本地、本部门开展创建活动中涌现出的先进典型，营造创建活动的浓厚氛围。

□来宾市积极创建国家森林城市。图为来宾市城区绿化一角

（二）结合国土绿化行动，扎实开展创建活动

近年来广西壮族自治区以开展大规模国土绿化行动为契机，发动社会各界广发参与，做到全社会支持林业，全民搞绿化。如 2010 年，自治区党委、政府站在谋求绿色发展、推动绿色增长、实现绿色崛起的高度，顺应民意，出台了《关于实施“绿满八桂”造林绿化工程的意见》，全面实施涵盖山上造林、通道绿化、城镇绿化、村屯绿化和园区绿化的国土绿化工程。2011—2014 年，通过实施“绿满八桂”工程，共完成通道绿化 6095.8 公里，城镇绿化 5447 万平方米，村屯绿化 4211 个，山上造林 1663 万亩，通道可视一面坡林分改造提升 8.21 万亩，“千万珍贵树种送农家”5018 万株；完成义务植树 3.76 亿株，参加人数 1 亿人次；全区累计受益 3000 万人以上。八桂大地到处郁郁葱葱，全区生态文明建设成绩斐然；2015—2016 年，全区开展“美丽广西·生态乡村”村屯绿化专项活动，按照“以点带面、点面结合、示范带动、整体推进”的工作思路，推行“三林两区一道双发展”（即：营造护村林、护路林、护宅林，建设休闲林区、生态小区，建设乡村绿道，发展庭院经济和生态产业）的建设模式，坚持一村一景、见缝插绿，使乡村生态环境明显改善。2 年共完成自治区级绿化示范村屯建设

□陆川县小区绿化

任务10050个；一般村屯建设任务12.5万个；累计共投入资金21.22亿元。

此外还要求各地、各有关部门制定“广西森林城市”系列称号创建目标，研究具体的政策措施，落实年度和阶段性计划。及时发动有条件的单位进行创建和申报，指导开展创建活动，确保活动取得实效。

（三）落实创建活动经费

广西壮族自治区创建活动所需经费本着分级负责、多元投入的原则，通过“政府补、部门筹、企业引、社会集”等办法，多渠道筹措。不以创建活动为名，向申报单位收取任何费用。为助推“森林城市”系列创建工作的顺利开展，多年来林业厅积极与财政等部门沟通协调，争取森林城市建设的专项资金，补助相关市县和单位园区，从10万～200万元不等，主要用于创建活动和规划。如2013年补助430万元、2015年100万元、2016年100万元。各地也在资金筹备方面有很多举措，如县里的公路、交通、水利、市政、扶贫等部门整合资源，多元化筹措绿化资金。不少地方还把创建“森林城市”等系列创建活动经费纳入财政预算。一些地方（如武宣县）从土地出让金、县城建设维护税和配套中规划出固定比例的园林绿化资金。

三、下一步的工作安排

一是创建国家森林城市已被列为自治区党委、政府的重要工作，并作为对林业部门进行绩效考核的重要指标。广西将继续深入开展森林城市等创建活动，“十三五”期间将新增国家级森林城市5个以上，新增广西“森林城市”“森林县城”“森林乡镇”“森林村庄”“森林单位园区”等1000处以上，建成一批城乡绿化美化示范精品。

二是广西北部湾森林城市群建设的初步构想。根据《国务院关于北部湾城市群发展规划的批复》，拟提出广西北部湾森林城市群建设区域为南宁、北海、钦州、防城港、玉林、崇左市6个城市，其中南宁、玉林、崇左市已为“国家森林城市”，防城港市正在创建，力争明年创建成功。虽然北海、钦州两市还未提报创建国家森林城市，但基础较好，力争明年提报。

三是抓好资金落实，统筹好各部门的资金，结合林业项目开展创森工作，在规划区域把增绿作为首要任务，把提质作为长期任务，持续推进全民义务植树。每年对那些创森积极性高的市县除了安排常规的绿化项目外，适当安排创森经费给予补助。创森成功后每年还安排一些维护经费，同时督促各地把创森经费纳入财政预算。

四是抓好生态文化建设。因地制宜，鼓励有条件的地方建立健全森林博物馆、标本馆、科普长廊、生态标识等生态文化基础设施，广泛开展市树市花评选、植纪念林、树木认养认建等群众参与式、体验式活动，让建设森林城市成为老百姓的自觉行动。

五是严格执法，注重保护。牢固树立尊重自然、顺应自然、保护自然的理念，认真贯彻执行林业相关政策法规，切实加大森林资源保护力度。严格控制森林资源采伐限额，加强对森林资源的监控与管理。严厉打击乱砍滥伐林木，乱垦滥占林地、湿地，滥捕乱猎野生动物等违法犯罪行为。严禁从农村和山上移植古树、大树进城。采取多种措施，为野生动物营造良好的生活、栖息自然生态环境。切实做好森林防火和林业有害生物防治工作，防止出现大的森林火灾。

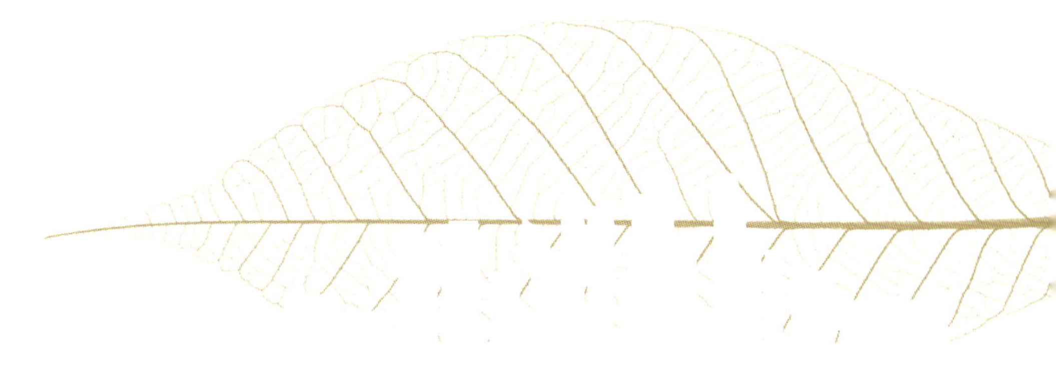

重庆市

重庆市位于中国西南部，地处长江上游重要生态屏障区，截至2015年年底，全市林地面积446.61万公顷，森林面积374.07万公顷，森林覆盖率45.4%，林木蓄积量20533.9万立方米。

一、森林城市建设发展历程

（一）市级森林城市建设阶段

创建市级森林城市是贯彻科学发展观和落实习近平新时代中国特色社会主义思想重要抓手。生态建设纳入五位一体布局，五大发展理念并举，其中绿色发展理念是与我们生态林业，森林城市建设息息相关的。建设生态文明、构建和谐社会的具体要求，是探索生产发展、生活富裕、生态良好的科学发展道路的重要实践，是弘扬城市绿色文明、提升城市品位的有效途径。开展市级森林城市创建活动，对于提高我市国土绿化的总体水平，改善长江上游地区生态环境，提升我市城市竞争力，促进经济社会又好又快发展具有十分重要的意义。

2008年，为认真贯彻落实党的十七大和十七届三中全会精神，加快建设生态文明，改善人居环境，促进科学发展，构建和谐社会，重庆市绿化委员会、重庆市林业局按照市委市政府相关文件精神印发了《关于开展重庆市级森林城市创建活动的通知》（渝绿委〔2008〕3号），重庆正式开展创建市级森林城市工作。为此，市绿委办编制了重庆市森林城市创建总体规划，制定了《重庆森林城市创建评选活动实施办法》《重庆森林城市评选条件》《重庆森林城市检查考核办法》《重庆创建国家森林城市建设指标对照表》等创森文件。

以区县（自治县）为对象，考核评定范围是各区县（自治县）行政区域的全域范围，全市各创森区县积极启动市级森林城市建设总体规划工作，创森指标对照表更是从综合指标、覆盖率、森林生态网络、森林健康、公共休闲、生态文化、乡村绿化等细化了城市森林覆盖率、城市建成区绿化覆盖率均需达到35%以上等创森硬性要求，各区县根据森林城市建设各个子项目的不同特点，按照分类指导的原则，力求突出重点和特色，准确客观地反映森林城市建设及绿化工作的质量、效果和水平。

森林城市创建采取申报制，本着自愿的原则，一年进行一次评选。由各区县对照《"重庆森林城市"创建评选及考核验收办法》中的有关标准进行自查，基本达到标准的城市，由区县（自治县）政府以正式文件形式向市绿化委员会、市林业局提出创建"重庆森林城市"的申请。申报材料包括城市社会经济现状、创建工作的组织领导、目标任务和详细计划、采取的政策措施和各项指标的实现情况。申请城市按照拟定的计划积极开展创建工作。市绿化委员会、市林业局根据申请城市创建工作的进展情况，适时对开展创建活动的城市组织检查，指导创

□渝北

建工作的开展。对创建达到要求的，由市绿化委员会、市林业局组织专家进行现场检查考核验收。各地申报“重庆市森林城市”，经市绿化委员会办公室组织检查考核或审查后，提交市绿化委员会全体成员会议审议，以市绿化委员会、市林业局的名义联合行文表彰，授予奖牌和证书。

2009年开始，为了更好地开展重庆市森林城市创建工作，让全市人民有参与感、获得感、幸福感，由市绿委办联合市委宣传部、市林业局连续3年在市级森林城市创建的标准基础上举办了2届“森林八创”创建活动。“森林八创”评选活动是认真贯彻“314”总体部署和国务院3号文件精神的具体举措，截至2011年第二届“森林八创”评选工作结束时，通过开展创建评选活动，建设了一批绿化美化效果好、生态经济产业较为发达的乡镇和村庄，命名表彰了一批造林绿化积极性高、环境优美、人与自然和谐的“森林通道”“森林单位”“森林住宅小区”“森林市街”和“特色森林公园”，展示森林重庆魅力，发扬典型示范带动作用，推动全市城乡绿化更好更快发展。

2012年，重庆市40个区县（含北部新区、万盛经开区）中已有33个区县获得“市级森林城市”授牌。5个区县通过验收，全市38个区县达到市级森林城市建设标准。

（二）国家级森林城市创建

现阶段，重庆市森林城市建设工作主要集中在鼓励并指导各区县积极创建“国家森林城市”。2012年永川区获得“国家森林城市”称号。2016年，北碚、荣昌、南川、梁平、武隆5个区首批向国家林业局申请创建森林城市并同年通过备案。市财政给予每区1000万元的创建资金补助。

创森区积极谋划，全面推进城市、农村、通道、水系、景区、园区、校园等绿化工程。荣昌区以森林生态产业、中心城区绿化和水系绿化为重点，确定了23个重点建设项目，总建设面积5000多公顷，项目总投资10亿元以上，规划建设5个规模在20公顷以上大型郊野公园。大足区重点实施“四山”“三河”“六湖”“两干道”森林彩化工程助推乡村振兴。铜梁区坚持城区、近郊、远郊三位一体，路网、林网、水网三网合一，生态林、产业林、文化林三林共建，科学推进项目建设。

武隆区在"创森"工作中，大力实施了生态绿化、道路绿化、城市公园、节点景观等推进工程。

二、主要举措

（一）高位推动，切实加强组织领导

重庆市市委、市政府把市级森林城市创建上升为全市发展战略，科学规划布局，建立了创建工作专门班子，负责创建活动的统筹协调和日常工作。市绿化委员会、市林业局负责重庆森林城市创建评选活动的组织领导工作，市绿化委员会成员单位按照各自的工作职能做好相关工作，市绿化委员会办公室具体负责日常工作。按照分级负责的原则，各区县绿化委员会、林业局在市绿化委员会、市林业局的统一组织领导和统筹协调下，具体负责宣传发动、组织协调、申报推荐、检查考核等工作。对评选出的"重庆森林城市"，由市绿化委员会、市林业局联合命名、授牌，给予表彰奖励。加强部门配合，各级林业、发展和改革、财政、交通、水利、园林、规划、建设、国土、督查等部门都积极参与和大力支持市级森林城市创建工作，保证创建活动各项工作有序推进。市、区县、乡镇（街道）和村（居委会）四级书记带头抓，全市上下一以贯之，始终保持高位推动，上下联动，全民行动，齐抓共享。

（二）规划先行，科学推进创森工作

为指导各地市级森林城市创建工作，市绿化委员会、市林业局制定了《重庆市级森林城市创建活动实施办法》和《重庆市级森林城市检查考核办法》。各地根据实施办法的要求，结合本地实际，统筹安排，周密部署，编制了创建森林城市的总体规划，明确本地森林城市建设的目标任务，落实年度和阶段性任务，研究具体的政策措施，并按照规划认真组织开展创建工作。基本达到创建标准的城市，可对照检查考核办法进行自查，并填写重庆市级森林城市申报表，按规定程序进行申报考核验收。市绿化委员会、市林业局组织专家进行现场检查考核验收。凡是没有开展创建活动而直接申报市级森林城市命名的，一律不予受理。

□巴南区五洲红枫园彩叶林景观

（三）全民活动，城市创森氛围浓烈

为了更好地创建市级森林城市，让全市人民有更多的参与感，2009—2011 年，重庆绿委办联合市委宣传部、市林业局联合发文，先后两次在全市范围内开展了“森林生态镇（乡）”“绿色村庄”“森林通道”“森林校园”“森林厂区”“森林住宅小区”和“森林市街”“特色森林公园”创建评选活动（以下简称“森林八创”活动），以创建市级森林城市为标准印发了《重庆市“森林生态镇（乡）”“绿色村庄”“森林通道”“森林单位”“森林住宅小区”“森林市街”和“特色森林公园”创建评选活动实施办法》（以下简称办法）。办法中明确了森林生态镇（乡）评选标准、绿色村庄评选标准、森林通道评选标准、森林单位创建标准、森林住宅小区评选标准、森林市街评选标准、特色森林公园评选标准。各区县和有关部门积极开展创建工作，踊跃参加评选活动，共向市绿委办报送了首批参评单位 295 个。通过群众投票、部门考核和专家评审等评选程序，并经评选领导小组审定，市委宣传部、市绿化委员会办公室和市林业局命名了首批先进单位33个。

（四）营造舆论，加大创建宣传力度

市级森林城市创建活动是一项涉及面广、政策性强、影响较大的工作。各地、各部门认真按照有关要求，充分利用报刊、广播、电视、网络等新闻媒体，采取多种形式，大张旗鼓地宣传开展创建活动的目的意义、指导思想、主要内容、考核指标、申报评审程序、主要政策措施等，努力提高群众的知晓率，争取全社会的理解、参与、支持，在全社会掀起创建活动热潮。加强信息报送工作，及时总结本地、本部门开展创建活动的先进经验，及时发现并大力宣传本地、本部门在创建活动中涌现出的先进典型，营造市级森林城市创建活动的浓厚氛围。

（五）多措并举，解决资金政策难题

一是“森林八创”建设资金按照政府主导、市场运作、公众参与的原则，采取“几个一点”的办法筹集，包括政府投入、国家重点工程投入、部门资金打捆、土地置换、社会资金进入、全民参与等。创

□林中城

建活动所需经费按照分级负责的原则，由各级财政纳入预算解决。不得以创建活动为名，向申报单位收取任何费用。二是争取市人大、市政府出台相关地方法规和政策，包括资金投入、财政补贴、土地置换、产业扶持、森林资源管理、林地流转、采伐管理等，从制度上保障森林城市建设工作的顺利实施。坚持依法治绿，强化森林、林地、绿地和名木古树的保护管理，加大对破坏森林资源违法犯罪行为的查处打击力度，切实巩固建设成果。

三、进展成效

树林增量。截至2011年年底，累计营造林1808.5万亩，占2200万亩总任务的82.2%。其中，新造林1181.7万亩、低效林改造626.8万亩，累计投入资金456亿元。种植各类苗木16亿株，每位市民新增近50棵树。从2009年起连续3年，人工林面积增速和森林覆盖率增速均居全国第一。森林覆盖率从2007年的33%、全国第17位、西部第6位提升到2011年的39%、全国第12位、西部第4位。重庆市已

□石柱县黄水油草河景区

成为全国种树最多、树种最为丰富的城市。

生活提质。一是按照森林年均生长量 2 立方米 /（亩·年），每年每生长 1 立方米蓄积量，平均吸收 1.83 吨二氧化碳、释放 1.62 吨氧气计算，目前新造林可吸收二氧化碳 4326 万吨，释放氧气 3830 万吨，空气中负离子浓度提升了 1 ~ 2 个等级。广大人民群众呼吸到了更加清新、优质的空气，重庆市森林碳汇和应对气候变化的能力得到大幅提升。二是新建 500 亩以下小公园 198 个、小游园 628 个，建成 500 亩以上公园 56 个、33 多万亩，新建绿化广场 164 个，新建城周森林屏障 52.1 万亩，316 条城市干道完成绿化升级，一些路段建成 10 ~ 20 米城市林带，升级改造了一批绿化节点，市民出门就能见到树。全市建成区绿化覆盖率达到 41.5%，建成区绿地率 38.3%，人均公园面积 14.3 平方米。2011 年，重庆市获得全国唯一的省级"生态中国城市奖"。

森林增效。重庆市自开展森林城市创建活动以来，坚持生态优先、以人为本，秉承建绿、插绿、透绿、添绿的原则，大力营造城市森林绿地，突出抓好城市及其周边的森林公园、湿地公园建设，提升城乡绿化档次，改善城乡人居环境，实现人与自然和谐发展，使广大人民群众共享造林绿化成果。

四、下一步工作安排

森林城市建设能构建完备的城市森林生态系统，体现森林对改善城市人居环境、提升城市品质等方面的作用意义，也能将生态文化作为城市文化重要组成部分，森林城市理念充分融入城市规划中。下一步重庆将着力打造森林城市群的建设。根据地理位置、生态区位及其在城市发展的主导功能划分，重庆市森林城市体系分为主城区森林城市群、沿江森林城市群和成渝森林城市群等 3 个森林城市群，促进森林城市的组团式、集群化发展。

五、保障措施

（一）坚持依法治林，保障森林城市建设的载体不受破坏

加大有关林业法律法规的贯彻实施力度，修改、完善、充实地方

性法规、规章和政策，加大林业执法力度，严格森林和野生动植物资源保护管理，严格处理违反规划，侵占和破坏林地的行为，做到"依法兴绿、依法治绿"。

（二）强化技术保障，完善森林城市建设科技支撑体系

在城市森林植被的建设和管护过程中，加强施工队伍的造林技术培训、管护工人的专业技能培训、群众的环保知识普及，加强与科研单位、大专院校的合作，积极开展先进经验和科学技术的学术交流活动，学习、消化和吸收国外先进的技术管理经验，提高管理、技术人员的科技水平，积极引进和推广先进实用技术，提高重庆市森林城市创建工作的科技含量和水平。

（三）加大宣传力度，形成全民参与创建合力

森林城市建设是一项系统工程，涉及面广、建设任务重、实施期长，需要全社会的支持和关心，依靠全市人民的积极参与，使之成为全民、全社会的共同行动。因此，要通过多种形式，做好宣传发动工作，加大森林城市建设的宣传力度，提高广大干部群众的参与意识，调动各种积极因素促进森林城市建设工作。充分利用电视、电台、报纸、网站和移动窗口、固定标识等媒介，动员全社会参与森林城市建设，努力形成政府倡导、广泛宣传、社会参与、自觉自愿的良性发展机制。大力表彰在森林城市建设工作中做出突出贡献的单位和个人，激发全体市民的集体荣誉感和社会责任感。

（四）完善资金渠道，加大森林城市建设投入力量

一是完善政府财政投入机制，包括财政投入稳定增长机制、财政补偿机制和财政信贷机制，重大项目积极争取专项资金；二是要拓展多元化的投资渠道，调整融资政策，改善融资环境，建立灵活有效的融资机制。同时，积极探索利用外资、吸引民间投资等多种融资方式，多方筹措建设资金。

四川省

一、创建工作基本情况及成效

开展森林城市建设活动，是提高新时期国土绿化和生态建设水平的重要途径。进入新世纪以来，四川省城乡绿化建设进入新的阶段，面对新形势和人民群众新需求，为进一步加快推进城乡绿化工作，大力改善人居环境，2006 年 12 月，四川省绿化委员会作出开展四川省森林城市创建评选活动的决议。省绿委办按照决议精神，制定了开展创建评选活动的一系列办法，规范创建活动有序开展。

自开展森林城市创建评选活动以来，全省各地、各有关部门、单位高度重视，热切关注，积极参与，掀起了城乡绿化热潮。从 2006 年开展森林城市创建活动以来，省绿化委员会分别于 2008 年、2009 年、2011 年、2013 年、2014 年、2016 年命名了一大批省级森林城市。据统计，截至 2016 年 10 月，全省共有 1127 个市、县（区）、单位、村先后荣获国家、省森林城市、绿化模范县（区）、绿化模范单位和绿化示范村荣誉称号。其中，获得国家、省森林城市荣誉称号的有 16 个，占全省设市城市 34 个的 47%；全国及省级绿化模范县（区）达到 72 个，占可纳入绿化模范县（区）创建的县（区）总数 132 个的 57.6%。其中，成都、西昌、泸州、广元、广安、德阳、绵阳 7 个城市为国家森林城市，遂宁、阆中、邛崃、华蓥、都江堰、攀枝花、达州、巴中、宜宾 9 个城市为四川省森林城市。在森林城市建设引领带动下，全省绿化模范县、绿化模范单位、绿化示范村等创建活动蓬勃开展，充分发挥了模范带动、示范引领作用。在创建活动推动下，全省城乡绿化水平不断提高，城乡人居环境进一步改善。截至2016年10月，全省城市建成区绿地率、绿化覆盖率、人均公园绿地面积分别达到34.56%、38.65%、11.96平方米；全省国道绿化率达88.63%、省道绿化率达94.3%，铁路绿化率达90%；全省森林覆盖率达36.88%，绿化覆盖率达66%。"共建绿色家园、共促生态文明"理念深入人心，形成了人人关心、全民参与绿化的新格局。

实践证明，开展森林城市建设活动，有利于明确工作目标，落实工作责任，激励先进，鞭策后进，调动广大人民群众和各行各业投身城乡绿化事业的积极性；有利于把绿化工作与推动城乡发展、建设生态文明和全面建设小康社会有机结合起来；有利于拓展绿化工作的外延、丰富绿化工作的内涵，促进城乡绿化和生态建设整体水平的提高，推动整个社会走上生产发展、生活富裕、生态良好的文明发展道路。

二、主要举措

（一）领导重视，高位推进

省委、省政府历来高度重视林业生态建设和城乡绿化工作，特别是抓住国家实施西部大开发、天然林资源保护和退耕还林工程等重大机遇，确立了建设"长江上游生态屏障""美丽繁荣和谐四川"等宏伟

□成都绿道建设

目标，做出一系列重大决策部署。2006 年 12 月，省绿化委员会第 18 次全体会议作出了关于开展四川省森林城市、绿化模范县、绿化模范单位、绿化示范村创建评选活动的“决议”。前后两任省长、省绿委主任都对创建评选方案做了重要批示，予以充分肯定。2009 年 7 月，省政府下发《关于加快推进城乡绿化工作的决定》重要文件，要求动员社会广泛参与创建活动，推动城乡绿化深入开展，不断提高各地绿化水平。2016 年，省绿化委员会印发了《大规模绿化全川筑牢长江上游生态屏障总体规划（2016—2020 年）》，对全省森林城市（群）建设思路、目标、任务等作了科学规划。省委、省政府及各有关地方（部门、单位）领导高度重视森林城市建设活动，不但深入调研创建活动、指示指导创建活动，还通过带头参加义务植树等方式，以实际行动积极参与森林城市创建活动，推动创建活动持续开展、取得实效。在各类评比表彰活动清理工作中，由于有省绿化委员会的决议、有省领导的批示肯定、有实践证明的显著成效，四川省含森林城市等绿化创建评选项目得以保留，使创建活动始终具有充分的权威性和合法性，为创建活动顺利推进奠定了坚实基础。

（二）建章立制，规范创建

在深入调查研究和广泛征求意见的基础上，2007 年 7 月，省绿化委员会出台《四川省森林城市等创建评选活动实施办法》，明确了创建评选活动的指导思想和基本原则、创建评选活动的内容、评选条件和

□金堂县五凤镇——省级森林小镇

考核指标、申报及评比表彰程序、保障措施和后续管理以及检查考核的具体办法，使整个创建评选活动从一开始就做到有章可循、规范操作。2010年5月，省绿化委员会发出《关于进一步搞好绿化创建活动加快推进城乡绿化的通知》，对森林城市创建活动进行了强调和规范。各地、各部门以开展绿化创建活动为契机，制定和完善城乡绿化发展规划以及森林城市创建规划，并注重与本地国民经济和社会发展总体规划、新农村建设、城乡环境综合治理以及林业、建设、交通、水利、旅游等专项发展规划相结合，立足当地实际，体现地方特色，以规划引领创建活动科学开展。

（三）自愿申报，平等竞争

在森林城市创建评选活动中，始终坚持自愿参与、自主申报和公益性原则，始终坚持公平、公开、公正等原则，既倡导各地积极参加创建活动，又不搞全面达标，不作硬性规定，不搞形式主义。主要是通过评比表彰这种激励措施，促进各地创优争先，发挥模范引领作用，进一步搞好城市森林建设和城乡绿化发展工作。是否申报参与创建评选，由各地根据考核标准和自身条件决定。明确不向参加创建评选的地方（单位）收取任何费用，不增加创建地方（单位）的负担。各级绿化委员会和有关部门加强对创建活动的指导，对基础条件好、基本符合创建评选条件的地方和单位重点培养，对工作尚有差距，一时难以达到评选条件的，加强督促指导，待条件成熟后再启动创建工作。

（四）多元投入，项目带动

省绿化委员会、省林业厅将城乡绿化建设作为全省经济社会可持续发展的大事，列入林业重点生态工程，探索建立以政府投入为导向、农户投入为主体、社会投入为补充的多元化投入机制，积极构建城乡绿化投入新模式。2008年以来，在森林植被恢复费和育林基金省级留成中安排资金2亿多，专项用于支持森林城市和城乡绿化示范点建设，将"创森"活动引向深入。同时，将天然林资源保护工程、退耕还林工程、灾后生态修复重建工程、造林补贴项目与森林城市创建工程相结合，优先安排项目和资金。创建市把推进城乡绿化与发展林业产业有机结合起来，通过"用好财政资金、整合项目资金、打捆部门资金、吸纳社会资金”等方式，广辟投资融资渠道，共筹集和投入绿化创建资金上百亿元，为创建工作的顺利推进创造了很好的前提和基础条件。如泸州市树立“用资源换资本，用绿地换投资”的理念，吸引各类社会投资主体承包治理和开发城市绿地资源，形成多渠道、多层次、多元化的融资格局；巴中市按照森林城市建设总体规划，依托天保工程、退耕还林和造林补贴等工程项目，近年来累计投入16.72亿元，完成六大森林工程建设。

（五）坚持标准，严格验收

为保证创建质量，始终坚持从实际出发推进创建评选活动，既鼓励创建，又稳步推进，严格按标准和程序实施检查考核，成熟一批验收一批。一是严格初审。创建森林城市，必须编制“创森”规划及实施方案，召开全市创建工作动员大会，并用2年左右的时间对规划、方案加以实施，予以检查考核，且申报材料必须资料完整齐全，数据客观真实、绿化指标达标。二是严格预检。主要检查宣传发动、领导重视程度，核实绿化数据的来源、支撑依据和准确性，查看内业资料是否齐全，对不足的地方督促其整改提高。三是严格验收。检查考核工作由省绿化委员会办公室统一组织，由厅级领导带队，省住建厅、水利厅、交通厅、教育厅、环保厅、成都铁路局等省绿化委员会主要成员单位，以及省林业厅有关处室和直属单位的领导和专家组成检查考核组，赴实地开展检查考核工作。

□美丽的国家森林城市——泸州

（六）命名授牌，表彰激励

2010年以来，省人民政府连续3年在泸州、广元、广安召开全省城乡绿化现场会议，命名表彰四川省森林城市、绿化模范县、绿化模范单位、绿化示范村，在大会上对获得命名的单位进行授牌，对各地进一步高度重视、深入搞好森林城市等创建活动产生极大的激励、推动作用。森林城市、绿化模范荣誉成为受表彰地区对外宣传的金字招牌，产生了积极的社会影响。

三、下一步工作安排

随着经济社会快速发展，人民群众对不断改善人居环境充满新的期盼。特别是党的十七大、十八大，把生态文明建设提到前所未有的高度，对全省城乡绿化建设跨越式发展提出了新的更高要求。我们将进一步采取有效措施，努力抓好创建工作，促进城乡绿化更好发展。

一是稳步推进创建活动。全面实现"十二五"全省森林城市创建规划目标，虽然工作数量任务不是很多，但由于那些创建尚未成功尤其是还未正式开展创建活动的市大多位于"三州"地区和盆周山区，基础条件相对较差，提高绿化指标和水平的难度较大。有鉴于此，创建工作将按照"放慢节奏，突出过程，加强指导，保证质量"的思路稳步推进。

二是进一步提升创建质量。加强对创建工作、创建活动的指导，严格标准和程序。根据当前全省城乡绿化工作新形势、新任务、新要求，在广泛征求各地、各部门、各单位意见的基础上，修订完善创建评选活动实施办法，进一步优化、完善创建工作，不断提升创建质量。

三是适时开展抽查复核。由省抽选部分已命名表彰的森林城市进行复查考核，对发现的问题限期整改，整改不到位的取消命名，促进创建成果巩固，不断提高建设水平。

四是加强宣传扩大影响。积极做好有关宣传工作，努力扩大创建活动的影响面、带动力。深化创建活动，进一步做好有关文件材料的收集和归档，规范创建工作管理。

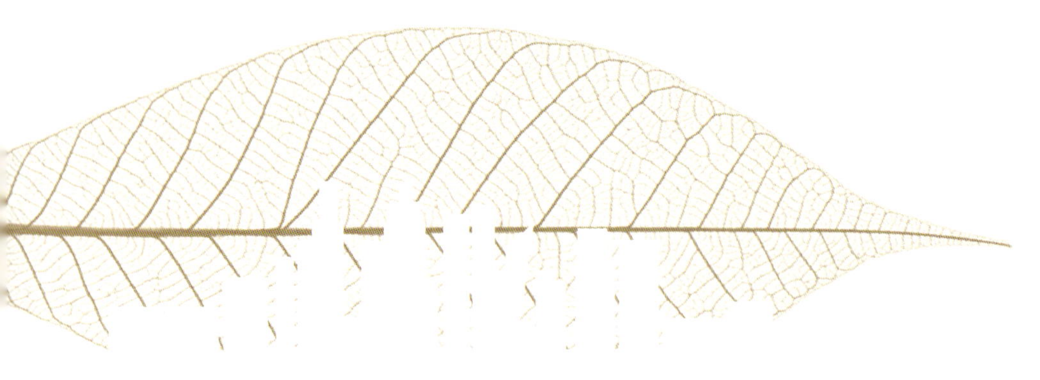

贵州省

2004年以来，贵州省认真践行“让森林走进城市，让城市拥抱森林”的理念，深入开展国家和省级森林城市创建活动，进一步推进了城乡生态建设和生态文明理念传播，始终不渝地坚守发展和生态两条底线，牢固树立“绿水青山就是金山银山”。截至2016年年底，全省省级森林城市共有8个。

一、省级森林城市建设步履坚实，创森成绩可圈可点

2013年，贵州省绿化委员会和省林业厅联合下发《关于开展贵州省森林城市创建工作的通知》，决定在全省开展创建省级森林城市活动。全省各地高度重视，把创建省级森林城市作为推进生态建设的一项重要工作，切实加强组织领导，制定创建工作方案，明确目标责任，积极开展创建活动。2015年以来，贵州省开展了省级森林城市评选活动。截至2016年，贵州省共有安顺市、凯里市、赤水市、安顺市、印江县、习水县、石阡县、思南县8个省级森林城市。

（一）注重地位提升

贵州省林业厅将森林城市建设作为林业发展的重要战略任务，纳入林业重点工程项目中，积极争取上升为省委、省政府的发展战略。省“十三五”规划纲要提出：“积极推进绿色城市、森林城市、人文城

□美丽的黄果树

市建设。”省委十一届七次全会提出：“因势利导建造绿色家园，营造山水城市，打造绿色小镇，建设美丽乡村，构建和谐社区。”“广泛开展绿色创建活动，积极创建绿色企业、绿色学校、绿色社区、绿色家庭。”省委书记孙志刚在省委十二届二次全会上提出：“统筹山水林田湖草系统治理，不断筑牢长江、珠江上游生态安全屏障。”努力实现森林城市建设定位和作用的新突破。

（二）注重组织领导

为了充分调动社会各界宣传林业、关注森林，提高全民生态意识，提升全社会生态文明理念，经研究决定，在全省开展关注森林活动。2012 年，贵州省成立了“贵州省关注森林活动委员会”，时任省政协副主席刘鸿庥和陈海峰副主席担任主任，省政协人口资源环境委员会、省绿委、省委宣传部、团省委、省教育厅、省广电局、贵州日报社领导担任副主任，时任省林业厅厅长金小麒担任执行委员会主任。关注森林活动的宗旨：关心林业、关注森林、绿色发展。省关注森林活动委员会成立后，开展了富有特色的宣传实践活动，特别是国家级森林城

□台江翁密河

市和省级森林城市的创建工作。

（三）注重制度保障

2013 年，贵州省绿化委员会和省林业厅联合下发《关于开展贵州省森林城市创建工作的通知》，决定在全省开展创建省级森林城市活动，旨在通过大力开展城市植树造林，增加城市森林面积，逐步构建以森林为主题的城乡绿化体系，提升城市生态功能，提高城市居民生活质量，进一步推动我省生态文明建设。贵州省森林城市创建活动由贵州省关注森林活动委员会组织，由省绿化委员会、贵州省林业厅承办。同年制定了《贵州省森林城市评价标准（试行）》和《贵州省森林城市评价量化指标》。2015 年，贵州省首次组织开展省级森林城市评选活动，并建立了以生态、林业、建设、环保、规划、文化等方面专家组成的贵州省森林城市专家库。

（四）注重创建指导

加强森林城市创建的指导和考核审查，把好创建的质量关。2015

年以来，每年都安排部署开展森林城市创建工作。指导申报城市做好森林城市总规编制、申报文件、自查报告等工作，认真做好申报城市初审工作，组织专家组到通过初审的申报城市进行实地核查，形成综合评价意见书并反馈给受评城市。严格对“贵州省森林城市”进行动态考核，对授予“贵州省森林城市”称号满3年的组织专家进行复查，达不到标准的督促限期整改，保证森林城市创建的质量。

（五）注重考核审查

每年对收到的创森材料，包括申报文件、自查报告、总体规划、相关图表和创森宣传片等进行初审，组织专家组到通过初审的申报城市进行实地核查，核查内容包括听取汇报、核查资料、现场检查、公众调查等，作出综合评价，形成综合评价意见书并反馈给受评城市。根据《贵州省森林城市申报命名规则（试行）》要求，组织对“贵州省森林城市”进行动态考核，从授予“贵州省森林城市”称号起满3年的应组织专家进行复查。凡工作滑坡，主要指标下降，达不到规定标准的，责令其限期整改。整改仍不合格的，将取消其“贵州省森林城市”称号。

（六）注重宣传发动

大力营造创建森林城市的氛围。与贵州电视台合作，制作了反映贵州省森林城市建设的宣传片。积极协调中央、省级媒体和各地媒体开展森林城市主题采访活动，深入宣传各地发展森林城市的经验、成效，形成强大的宣传声势。同时，通过报纸、电视、广播、网络、微博、微信等媒体平台，形成各类报道互相叠加、对受众进行全覆盖的效果，激发全省干部群众齐心协力共建共享森林城市的积极性，提高全社会的知晓率和参与度。

二、森林城市建设任重道远，创森问题不容忽视

贵州省森林城市建设虽然态势很好，但也存在一些不容忽视的问题和薄弱环节，主要表现为“五个不够、五个没有”。

一是认识不够到位、没有形成共识。有的地方和部门对森林城市

建设的重要意义认识不到位，没有把森林城市建设作为林业工作的重要抓手。有的对森林城市建设的重要功能认识不到位，只是将其作为改善人居环境的措施，没有充分认识森林城市建设在产业、脱贫、旅游等方面的重要作用。有的对森林城市建设的内涵外延认识不到位，认为森林城市建设只是栽树种树，没有充分认识到森林城市建设在涵养生态文化、便民利民富民、保障生态安全等方面的内涵。

二是政策不够完善、没有配套支撑。森林城市建设是一项涉及林业、财政、发改、住建、国土、环保、文化、旅游等诸多部门的系统

□绿洲

□绿色小区、和谐家园

工程。但目前，国家和省级层面都还没有全面的政策支持，特别缺乏支持森林城市建设的人、财、物等保障政策和各部门协同共建的联动机制，林业部门“自拉自唱”的情况还不同程度存在，标准体系、考核评价等相关配套政策也还不够健全。

三是投入不够多元、没有专项资金。国家和省级层面目前还没有专项资金支持，投入主要靠地方财政资金，受地方财政的制约因素较大。整合财政资金推进森林城市建设的机制还不健全，发改、住建、国土、农业、环保、林业等部门资金投入较为分散，捆绑整合力度不够。相对发达省区，贵州省公共财政投入不多。同时，社会资本进入森林城市建设的渠道还不通畅，投融资机制不健全，途径还不多。

四是发展不够平衡，没有真动起来。从全国来看，全国有137个国家森林城市，平均每个省有近5个，而贵州省只有2个，作为获得首个“国家森林城市”称号的省份，典型的“起了个大早，赶了个晚集”。从贵州省来看，有的市州积极性不高，重视程度不够，有的地方还没有真正动起来，有的市州连一个省级森林城市都没有创建成功，甚至没有提出创建申请。有的地方急于拿牌子、怠于创牌子，拿到牌子后续管理跟不上。

五是管建不够科学，没有完整体系。总体上看，贵州省森林城市建设普遍存在规划不完整的问题，零散、分散、无序的现象比较突出。森林城市建设专业人才非常欠缺，懂建设、管理、开发的人才匮乏，森林城市建设的作用还没有发挥出来。统筹森林城市建设的经济价值、社会价值、文化价值、生态价值还不够，规划、建设、管理衔接还不紧密。

三、推进森林城市建设正逢其时，创森工作大有作为

习近平总书记指出，森林是水库、钱库、粮库；森林关系国家生态安全，强调要着力开展森林城市建设。走进新时代，森林城市建设恰逢其势、正逢其时，我们要扎实抓好森林城市建设，确保有规划引领、有工程带动、有资金支撑、有政策保障。

一要突出规划带动，抓好规划编制工作。规划是森林城市体系建设的前提，必须坚持规划先行，保证森林城市建设有章可依。各地林

业部门要根据省的总体规划，精心组织编制本地森林城市建设规划，每个市州、县、市、区都要争取在近期完成森林城市建设规划编制，全面部署开展森林城市创建工作。

二要突出政策联动，抓好政策设计工作。2016 年 9 月，国家林业局印发了《关于着力开展森林城市建设的指导意见》，贵州省积极出台相关政策，推进森林城市建设，举办森林城市建设培训班，各地林业部门也要积极争取党委政府的支持。

三是突出典型推动，抓好示范创建工作。总结运用好安顺、赤水和金沙等地森林城市创建工作的成功经验，加大推广力度。积极开展省、市、县三级森林城市示范创建，打造一批森林小镇、森林村寨、森林人家示范点。扎实做好森林进城、森林环城、公园下乡、绿地进村、提升森林质量、培育森林文化等工作，预计 2017 年各市州至少完成 2 个省级森林城市建设任务。

四是突出投资撬动，抓好资金筹集工作。积极与发改、财政等部门沟通协调，争取森林城市建设专项资金，积极整合各部门资金投向森林城市建设。创新森林城市建设资金投入机制，鼓励金融和社会资本参与森林城市建设，多渠道募集社会资金，切实解决投入渠道窄、投入力度小等问题。各级林业部门要积极争取把森林城市体系建设纳入地方财政预算，落实建设资金，保障森林城市建设资金需求。

五是突出项目拉动，抓好智库建设工作。重点建好、用好三个库。建好、用好专家库，建立森林城市建设决策咨询专家库和指导验收专

□依山傍水

家库。建好、用好数据库，建立全面系统的森林城市规划、建设、考核和绩效评估指标体系，搭建“智慧林业云平台”，推进森林城市建设管理工作信息化、智慧化。建好、用好项目库，以县为单位编制一批森林康养、森林旅游、森林美食等项目，对森林城市、森林小镇、森林村寨、森林人家进行项目化包装，用项目争取项目，用项目推动招商引资，拓展森林城市建设融资渠道。

六是突出宣传发动，抓好氛围营造工作。我们将编辑《新时代森林城市建设》丛书，编辑《贵州森林城市建设公民读本》，包含森林城市、森林小镇等10类通俗读物，编辑森林城市建设科普画册，拍摄一部森林城市建设微电影，加强森林城市建设宣传。各地要充分发挥电视、广播、报刊、网络等各类媒体作用，加大森林城市建设宣传力度，形成全社会关心、支持和参与森林城市建设的良好氛围。

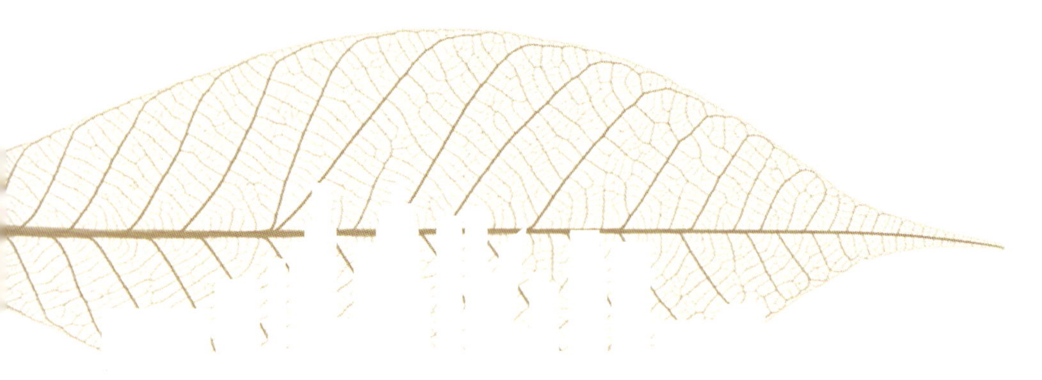

云南省

云南省现有省级森林县城 1 个，省级森林城市、森林县城建设总体规划通过专家评审的有 10 个，批准备案的有 4 个。

一、森林城市建设发展历程

云南省森林城市建设起步较晚，2013 年年初委托西南林业大学开始编制云南省森林城市、县城、城镇评价指标，5 月组织专家通过评审，进一步修改完善后 8 月提交省林业厅党组审议，到 2013 年年底报省政府，2014 年 1 月获得省政府批准。至此，云南省森林城市、县城、城镇申报与评选考核办法及评价指标经专家评审、省林业厅党组审议通过并报省政府同意后，于 2014 年 1 月 24 日下发执行。

云南省森林城市申报与评选考核办法规定，云南省森林城市、县城和城镇实行申报制，全省州级市、县级市均可申报云南省森林城市，县人民政府所在镇可申报云南省森林县城，除此之外的建制镇可申报云南省森林城镇。申报主体为全省州级市、县级市；县人民政府所在镇；建制镇。申报条件：一是申报城市、县城和城镇的森林建设各项指标须分别达到《云南省森林城市评价指标》《云南省森林县城评价指标》《云南省森林城镇评价指标》要求，且必备指标达到要求。二是森林城市、县城、城镇建设总体规划和其实施方案必须在编制完成、通过评审的基础上，已组织实施 1 年以上。

考核评定由云南省林业厅负责组织建立云南省森林城市（县城、城镇）专家委员会，以进行云南省森林城市（县城、城镇）的考核和复查工作。一是云南省森林城市（县城、城镇）核验组组织省级森林城市（县城、城镇）验收。主要采取材料审查、实地考察、听取汇报、观看录像等方式进行，最终形成书面考核意见，上报云南省林业厅。二是对通过考核的城市（县城、城镇）在云南省林业厅政府网站公示10个工作日。三是公示结束后，由云南省林业厅报请省人民政府对达到省级森林城市（县城、城镇）标准的城市、县城、城镇，由省绿化委员会和省林业厅联合授予“云南省森林城市、云南省森林县城、云南省森林城镇”荣誉称号。四是从开始申报到创建成功满2年的城市可申报创建“国家森林城市”。

云南省林业厅对“云南省森林城市（县城、城镇）”实行动态考核。对获得“云南省森林城市（县城、城镇）”称号3年后，组织专家进行复查，复查合格的，保留其称号；复查不合格的，给予警告，限期整改；整改不合格的，取消其称号。

二、主要举措

为进一步加快林业现代化和生态文明建设步伐，争当全国生态文明建设排头兵，建设西南生态安全屏障，为实现绿色协调发展、科学发展、跨越发展，加快云南省生态文明建设步伐，全面推进建设绿色宜居的现代化城市，加快推进云南省森林城市建设进程，省林业厅代省政府办公厅起草了《云南省人民政府办公厅关于加快推进森林城市建设的指导意见》。主要内容是：

（一）总体目标

到2020年，全省森林覆盖率达到60%以上，森林蓄积量达到18.53亿立方米以上，森林年生态服务价值达到1.6万亿元，全社会林业总产值超过5000亿元，林农从林业中获得的人均年收入达到3000元以上；建成区人均公园绿地达到9平方米以上，水源地森林覆盖率达到70%，交通廊道林木绿化率达到95%。森林城市建设质量明显提升，初步建成资源丰富、布局合理、功能完备、结构稳定、优质高效的现代林业体系，基本满足社会经济可持续发展的需求，农民收入明显增加，市民生产生活条件明显改善。初步建成滇中国家森林城市群、5个国家森林城市、10个省级森林城市、县城、城镇示范，城乡生态面貌明显改善，人居环境质量明显提高，居民生态文明意识明显提升。

（二）主要任务

一是加快推进森林进城。将森林科学合理地融入城市空间，使城市适宜绿化的地方都绿起来。充分利用城区有限的土地增加森林绿地面积，特别是要将城市因功能改变而腾退的土地优先用于造林绿化。积极推进森林进机关、进学校、进住区、进园区。积极发展以林木为主的城市公园、市民广场、小区游园。城中村改造、新建住宅小区、商业区要留有足够的绿化空间。积极采用见缝插绿、拆违建绿、拆墙透绿和屋顶、墙体、桥体垂直绿化等方式，增加城区绿量。

二是加快推进森林环城。保护和发展城市周边的森林和湿地资源，构建环城生态屏障。依托城市周边自然山水格局，发展森林公园、郊野公园、植物园、树木园和湿地公园。依托城市周边公路、铁路、河流、水渠等，建设环城林带。依托城市周边的荒山荒地、矿区废弃地、不宜耕种地等闲置土地，建设环城片林。

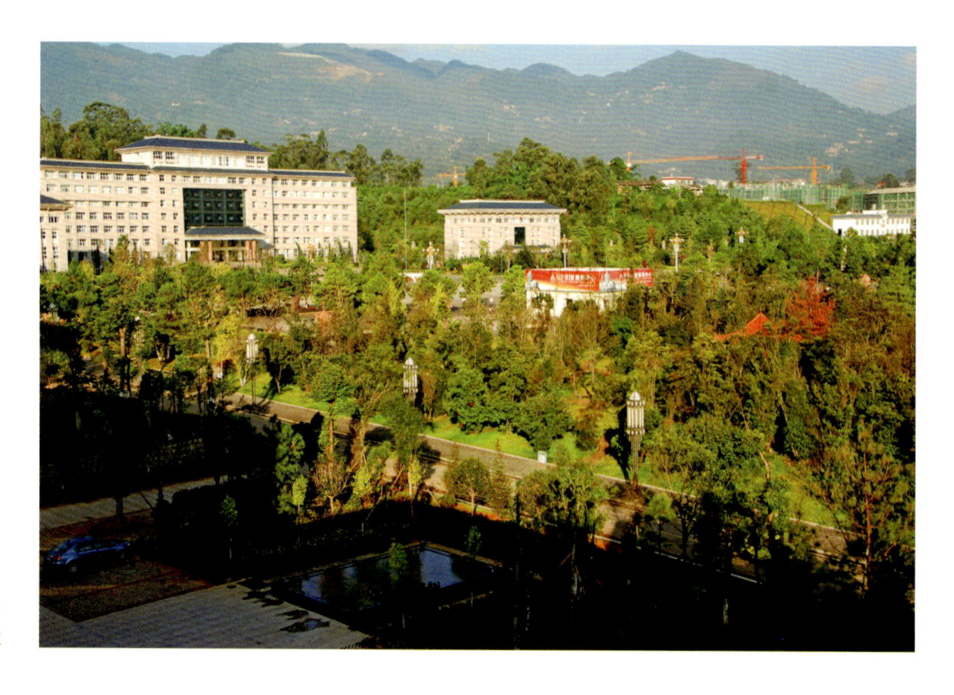

□云南凤庆县四机关建设

三是加快推进森林惠民。充分发挥城市森林的生态和经济功能，增强居民对森林城市建设的获得感。积极推进各类公园、绿地免费向居民开放，建设遍及城乡的绿道网络和生态服务设施，方便居民进入森林、享用森林。积极发展以森林为依托的种植、养殖、旅游、休闲、康养等生态产业，促进农民增收致富。

四是加快推进森林乡村建设。开展村镇绿化美化，打造乡风浓郁的山水田园。注重建设村镇公园和村镇成片森林，拓展乡村公共生态游憩空间。注重提升村旁、宅旁、路旁、水旁等"四旁"绿化和农田防护林水平，改善农村生产生活环境。注重保护大树古树、风景林，传承乡村自然生态景观风貌。

五是加快推进森林城市群建设。加强城市群生态空间的连接，构建互联互通的森林生态网络体系。依托区域内山脉、水系和骨干道路，建设道路林网、水系林网和大尺度片林、贯通性生态廊道，实现城市间森林、绿地等生态斑块的有效连接。加强区域性水源涵养区、缓冲隔离区、污染防控区成片森林和湿地建设，形成城市间生态涵养空间。

六是加快推进森林城市质量建设。加强森林经营，培育健康稳定、优质优美的近自然城市森林。实施科学营林，尽量使用乡土树种，合理调控林分密度、乔灌草比例、常绿与落叶彩叶树种比重。实施现有林相改造，形成多树种、多层次、多色彩的森林结构和森林景观。加强林地绿地的生态养护，避免过度的人工干预，注重森林绿地土壤的有机覆盖和功能恢复，增强其涵养水分、滞尘等生态功能。

七是加快推进森林城市文化建设。充分发挥城市森林的生态文化传播功能，提高居民生态文明意识。依托各类生态资源，建立生态科普教育基地、走廊和标识标牌，设立参与式、体验式的生态课堂。每个城市建设一个森林博物馆，以及其他生态类型的场馆，普及森林、生态知识。加强古树名木保护，做好市树市花评选。利用植树节、森林日、湿地日、荒漠化日、爱鸟日等生态节庆日，积极开展生态主题宣传教育活动。

八是加快推进森林城市示范建设。切实搞好国家和省森林城市建设，充分发挥其示范引领作用。国家森林城市行政区域内的县（区、市），原则上都要是省级森林城镇。对国家森林城市实行动态管理，加强后续的指导服务和监督检查。

（三）保障措施

（1）加强组织领导。各级林业主管部门要切实提高认识，把森林城市建设作为推进林业现代化的重要内容和有力抓手。推动森林城市建设纳入当地经济社会发展战略，摆上地方党委、政府的重要议事日程。要督促建立健全组织领导机制，加强对森林城市建设的人力、物力、财力支持。要协调相关部门各司其职、各负其责，形成森林城市建设合力。各州（市）、县（市、区）要成立由党委、政府主要领导挂帅，宣传部、纪检、发改、财政、国土资源、环保、农业、水利、林业、交通、城建、旅游等部门负责人组成的森林城市（县城）建设领导小组，全面负责本辖区森林城市建设领导、协调工作，负责创建森林城市工作的重大事项决策。

（2）明确工作职责。各级党委政府要加强对森林城市建设工作的领导，加强对本辖区、各行业、各部门绿化工作的督促、检查和指导。城市建成区、规划区的绿化管理，由城市建设（园林）主管部门负责牵

头实施；城市市区以外地区的绿化管理由林业主管部门负责牵头实施；农田周边、水果林树种的栽植由农业主管部门负责牵头实施；铁路、公路沿线两侧和港口、码头的绿化管理，由交通主管部门负责牵头实施；江河两岸、湖泊周围和水库、渠堰管理区域的绿化管理，由水务行政主管部门负责牵头实施。

（3）科学编制规划。根据《云南省"十三五"国民经济发展规划》和《云南省"十三五"生态文明建设推进计划》要求，因地制宜、高标准、高要求、高质量编制期限十年以上的本地《森林城市、县城、城镇建设总体规划》，明确各个阶段森林城市建设的目标任务、区域布局、实施进度、资金来源和保障措施，科学指导推进森林城市建设各项工作。

（4）积极筹措资金。要推动各级政府把森林城市建设纳入本级公共财政预算，切实落实建设资金。要建立起多元的投融资机制，鼓励金融和社会资本参与森林城市建设。要制定奖补政策，对开展森林城市建设的进行补贴，对获得"国家森林城市"称号的给予奖励。要划定生态红线，确保森林城市建设用地需要、生态建设成果以及自然山

□云南屏边县牧羊河湿地公园一角

水格局。按照“统一规划、统筹安排、渠道不乱、用途不变、各负其责、各计其功”的原则，整合叠加相关政策和项目资金，集中投入森林城市建设。

（5）创新工作机制。一是创新土地流转机制。农业用地、林业用地、水岸绿化用地和公路绿化用地均可依法放活土地经营权，采取转让、承包、租赁、作价入股等方式将土地使用权流转给有资金、有技术、有市场的经济实体开发经营。二是积极吸引社会资金投入城乡绿化项目建设。三是推行林木绿地认建、认养机制。鼓励机关、团体、企事业单位及个人通过一定的程序，以自愿出资、投工投劳等形式，参加林木种植或绿地建设、养护和管理的活动。

（6）扎实有序推进。要遵循经济规律和自然规律，增强森林城市建设的实效性。坚持循序推进，反对违背自然规律的蛮干行为，特别是运动式推进的做法。坚持务求实效，反对违背群众意愿的形象工程，特别是大搞奇花异草的做法。坚持勤俭节约，反对一切形式的铺张浪费，特别是大树古树进城和非法移栽的做法。

三、森林城市建设进展成效

2014 年 2 月，临沧市凤庆县提出了建设云南省森林县城的申请，同月省林业厅给予了备案。2016 年 10 月楚雄州双柏县，2016 年 12 月曲靖市麒麟区、马龙区也提出了建设云南省森林城市的请求，省林业厅均予以了同意备案。凤庆县经过 2 年多的建设，于 2016 年 9 月通过省林业厅组织专家核查验收，10 月获得“云南省森林县城”称号，这是云南省第一个省级森林县城。

四、下一步工作安排

云南省森林城市建设正大步向前，争取进入国家森林城市建设先进行列。云南省林业“十三五”规划提出，到 2020 年，省级森林城市、森林县城达到 10 个。

云南省林业“十三五”规划要求每个州（市）、县（区、市）都要做好森林城市建设总体规划，符合国家级条件的要及时申报创建“国家森林城市”，符合省级的及时申报创建“省级森林城市、县城、城镇”。国家林业和草原局提出了建设森林城市群的要求。在今后 10 年内，云南省计划初步建成 3 个国家森林城市群，即：以红河州、西双版纳州、德宏州、普洱市、临沧市、保山市 6 州市为主导，建设“云南边境森林城市群”；以昆明市、昭通市、曲靖市、楚雄州、玉溪市为依托，建成“滇中滇东国家森林城市群”；以大理白族自治州、保山市、丽江市、德宏州、迪庆藏族自治州、怒江州为依托，建成“滇西国家森林城市群”。这就意味着，10 年后，云南省森林城市数量将达到 100 个左右，占全省 129 个县（市、区）的 77.52%。具体计划是：

2018 年核查验收麒麟区、马龙区、双柏县森林城市。鼓励、支持近 20 个县（市、区）申报省级森林城市、森林县城。

到 2020 年，争取省级森林城市、森林县城达到 20 个，超额完成云南省林业“十三五”规划指标。

到 2025 年，省级森林城市、森林县城要达到 60 个。

到 2030 年，省级森林城市、森林县城要达到 100 个。

中央宣传部、国家新闻出版广电总局
2016年主题出版重点出版物

绿色发展与森林城市建设

下

国家林业局 编

中国林业出版社

图书在版编目(CIP)数据

绿色发展与森林城市建设：全2册 / 国家林业局编.
-- 北京：中国林业出版社, 2016.12(2017.12重印)
ISBN 978-7-5038-8900-4

Ⅰ. ①绿… Ⅱ. ①国… Ⅲ. ①城市林－建设－研究－中国 Ⅳ. ①S731.2

中国版本图书馆CIP数据核字(2016)第323210号

出 版 人 金 旻
总 策 划 刘东黎
责任编辑 于界芬 杜建玲 张 锴 王 远 于晓文

出 版 中国林业出版社（100009 北京西城区德内大街刘海胡同7号）
网 址 http://lycb.forestry.gov.cn
电 话 (010) 83143542
发 行 中国林业出版社
印 刷 北京雅昌艺术印刷有限公司
版 次 2016年12月第1版
印 次 2017年12月第2次
开 本 787mm × 1092mm 1/16
印 张 35
字 数 680千字
定 价 298.00元

《绿色发展与森林城市建设》

编撰工作领导小组

组　　长　张建龙
顾　　问　蒋有绪　李文华
副 组 长　彭有冬　张鸿文　程　红　金　旻
成　　员　王洪杰　王祝雄　郝燕湘　贾建生　刘　拓
　　　　　王海忠　闫　振　胡章翠　章红燕　郝育军
　　　　　高红电　黄采艺　杨　超　孙国吉　周鸿升
　　　　　王志高　叶　智　刘国强　郭青俊　周光辉

编撰委员会

主　　编　程　红
策　　划　刘东黎　李天送　马大轶　刘雄鹰

上册主编　李天送　马大轶
上册编委（按姓氏笔画排序）
　　　　　于宁楼　于彦奇　王　成　王俪玢　刘宏明
　　　　　杨玉芳　邱尔发　但新球　张志强　范　欣
　　　　　郄光发　徐程扬

下册主编　刘东黎　马大轶　李文波
下册编委（按姓氏笔画排序）
　　　　　朱卫东　刘东黎　刘先银　李文波　李玉峰
　　　　　张小平　胡勘平　徐小英

目录

下

第一章　相助守望，共筑绿色长城

第二章　长三角城市群的绿色光谱

第三章　珠三角：大绿倾城

第四章　湘鄂赣：绿色长江入画来

第五章 中原：绿色连城诀

第六章 山东半岛：择绿而生

第七章 东北：黑土地的“绿色含金量”

第八章 江淮：绿色发展与生态红利

第一章
相助守望，共筑绿色长城

第一节　京津冀：使绿色成为协同发展的底色

地展雄藩，天开图画，以燕山、太行山和军都山为书脊，幽云十六州就像是一册打开的经典。在那些幽远的岁月中，农耕民族和游牧民族，像是傍依两侧舒展开来的辽阔页码，相互倚靠而又激烈博弈。

太行山气势如虹，绵延千里，屏蔽华北，掩障中原；居庸关岩壑雄秀，深险幽僻，悬崖夹峙，万夫莫开。北京西郊，有太行余脉绵延至此，横卧拱卫，山峦玉列，是为西山，亦是京城之重要屏障。一代代人们沿着山脊加筑的长城，更是势如飞龙，盘旋于碧海。

同处燕山之南、太行之东的京津冀，山同脉，水同源，文同根。京津冀区域协同发展不仅必要、可行，而且具有深厚的历史文化根基，和共同的历史发展经验。

自辽金以来，京畿区域日益增强的一体化趋势，不仅有利于京畿区域社会的综合治理与稳定，有利于区域资源的配置与协调，有利于北京作为全国政治文化中心地位的巩固与加强，同时也促进了京畿区域文化的形成。明清以降，京津冀地区在政治文化、农业、手工业发展，以及商品流通、市场发育等方面，都越来越具有紧密的联系和互补性。

例如承德。清康熙四十二年（1703）在热河建避暑山庄，五十二年（1713），筑热河城。雍正元年（1723）置热河直隶厅，设理事同知。到乾隆中期，热河一带“户口日增，民生富庶”，“四方商贾之民，骈集辐辏，俨然一都会”，乾隆四十三年（1778）二月，改直隶厅为承德府。承德城的出现，也完全是北京政治中心地位向周边辐射的结果。

从北京的经济影响来看，天津城市的发展也是其中的典型。天津城修筑于明永乐二年，周回九里，时为天津卫的治所所在，还只是一个军事机构的驻所。进入清代后，由于漕运尤其是海运的发展，天津成为北京物资供应的重要来源地和周转站。天津城东门外沿河一带“米船盐艘往来聚焉”，其间“粮店、盐坨也鳞次其间”，北门外沿河一带“商旅辐辏，屋瓦鳞次”，集“针市街”“洋货街”“锅市街”等多种专业化商业区，被誉为“津门外第一繁华区”。

经济的发展带动了城区的扩大，而天津的这一发展从根本上离不开它作为京城运河漕运转输重地的地位。又如通州的张家湾，在元代本是一个小村，自从运河对北京的重要性日益增加，张家湾就逐渐发展为北方大镇。

施坚雅认为，就全国范围来说，“明清时期形成的各大区体系至今存在，其持续性非常突出。在各个大区中，中心大都市在整合其城市体系中的作用仍然十分重大。”从上述看，“大北京规划”的区划基础“大致就是元、明、清历史上的京畿腹地，就是明清时期顺天府下的24个州县，以及元代中期以后逐渐析出的河间、保定、永平等路（府）。在这个范围内，以北京为中心，形成了皇室与宫廷贵族、官僚士大夫，以及广大农业、工商业、服务业人口组成的社会分层，他们创造并且共享着一种独特的京畿文化。”[1]

元、明、清三代，北京不仅是全国陆路交通中枢，而且是水运终点，京杭大运河作为我国唯一贯穿南北的河道，迄清依然是南北交通最重要的水运干线。受此影响，京畿区域的主要城市大多分布在这些水、路运输干线的两侧。这种以北京为中心、沿水陆交通线延伸的带状城市布局，一直延续至今。

---

1 赵世瑜．京畿文化：“大北京”建设的历史文化基础．北京师范大学学报，2004（1）．https://mp.weixin.qq.com/s?__biz=MzUyOTAyNDgxNA%3D%3D&idx=2&mid=2247483786&sn=8212a1714df386fb36fef315166f40ee

其实不必追溯久远，仅仅上个世纪，北京（时称北平）、天津就曾先后做过河北的省会。河北唯一一所“211”大学——河北工业大学，至今还坐落在天津。

30余年了，三地一体化的热切呼声从未间断，各种合作从未停止。

京津冀地缘相接、人缘相亲，地域一体、文化一脉，历史渊源深厚、交往半径相宜，完全能够相互融合、协同发展。但长久以来，真正的京津冀一体化在学界、舆论眼里，始终只是“起大早、赶晚集”“雷声大、雨点小”。

直至近年，京津冀协同发展终于上升为国家战略，被提到了一个前所未有的高度。交通、环保、生态领域作为优先发展领域正在深入推进。“京冀携手合作，共筑绿色长城”，这是山水相连的京津冀地区，在一体化的背景下，对生态融合的期许。

京津冀位于华北平原北部，同属海河水系，尤其以潮白河、北运河、永定河、大清河为该区域的核心水系。这种同呼吸、共命运的自然地理环境，决定了京津冀区域在自然生态、山川水利、降水气候和资源供应等方面形成了唇齿相依的命运共同体。“缺水少绿，成为京津冀区域发展的最大制约”。[2]

国家林业局数据显示，目前，京津冀地区生态空间总量不足，人均森林面积仅为0.7亩，为全国平均水平的30%；人均湿地面积0.18亩，为全国平均水平的44%。1980年以来，京津冀平原区地下水累计超采量超过1550亿立方米。

造成这些问题的原因，正是没有坚持生态保护与建设协同发展，把京津冀地区作为一个完整生态系统，进行生态空间科学布局。

京津冀协同发展的中心思想就是以一体化为方向，统筹解决京津冀特别是北京的可持续发展的突出问题，打造现代化新型首都圈。要创新思路，大力推进广域行政，完善地方政府与非政府组织以及其他利益相关者跨地区协作机制，优化行政区划，促进绿色崛起。

推进京津冀协同发展，生态环境是基础，绿色发展是方向。必须始终守住生态底线，推动经济向绿色转型，使绿色成为京津冀协同发

---

2 刘仲华．京津冀区域协同发展的历史文化根基．前线，2014. https://hao.360.cn/?src=lm&ls=n3db425c399

展的底色，使京津冀成为人工修复生态的标杆。

为推进生态协同发展，《京津冀协同发展规划纲要》明确指出，京津冀一体化进程中，要坚持生态优先为前提，推进产业结构调整，建设绿色、可持续的人居环境。

京津冀协同发展，生态优先，已是刻不容缓。

目前，京津地区开发强度偏高，生产空间比例偏大，而生活空间和生态空间不足。推进京津冀协同发展，必须树立绿色发展理念，科学划定生态红线，合理设置绿色隔离带，扩大环境容量和生态空间。

当前京津冀地区存在资源约束趋紧、环境污染严重、生态系统退化的问题。三地共建绿色设计走廊，"抱团"共谋绿色发展，将提升京津冀的"绿色颜值"，助推京津冀"设计新蓝海"成型。

2016 年，国家林业局和北京、天津、河北三省市政府在河北张家口签订《共同推进京津冀协同发展林业生态率先突破框架协议》，印发了《京津冀生态协同圈森林和自然生态保护与修复规划》，明确了京津冀林业生态发展的方向。

地域的行政划分有边界，但空气、水等自然资源对于京津冀三地来说是共荣共通的。面对"绿色低碳"的共同目标，三地将在环境保卫战中加强合作，努力构建"东西南北多向连通、河湖路网多廊衔接、森林湿地环绕"的生态格局，共筑区域生态屏障。

在北部，将协同推进张承生态功能区建设；南部，全面推进京东南大型生态林带建设，加强北京新机场周边绿化；东部，着力构筑北京与廊坊北三县之间的绿化生态带；西部，恢复永定河流域生态功能。

同时，北京将牵头完善区域生态安全格局，"启动实施密云水库上游张承两市五县 600 平方公里生态清洁小流域治理工程，加快实施 50 万亩京冀生态水源林工程，在张承地区实施 10 万亩农业节水工程和坝上地区退化林改造试点工程，筑牢北部张承生态功能区生态屏障"，在生态林带建设方面，"京津冀将重点加强北京新机场临空经济区周边绿化，在通州、大兴和武清、廊坊等跨界地区集中连片实施退耕还湿、退耕还林工程，在南部地区形成大尺度的绿色开敞空间。"[3]

---

3 范晓．本市将加强京津冀生态保护协作 打好环境污染治理攻坚战．北京日报，2016-04-07. http://www.xinhuanet.com//local/2016-04/07/c_128871811.htm

以潮白河、北运河为轴线，加强流域森林湿地建设，在东部地区构筑与廊坊北三县相连接的绿化生态带。以永定河为轴线，加强流域综合治理，恢复流域生态功能，实现永定河全流域治理，打通西部地区生态廊道。

环首都国家公园体系建设也被列入了“十三五”目标。北京将加强与津冀区域协作，打造一批跨区域的国家级自然保护区、国家森林公园、国家湿地公园。在稳步推动八达岭国家公园体制试点区建设的基础上，积极推动构建野三坡—百花山、雾灵山区域等环首都国家公园体系。另外，以京沈客专、京唐城际、京霸铁路、京张铁路、京昆高速等主要铁路通道及北运河、永定河等主要河流为重点，三地将完善城市通风绿廊体系，共建京津冀区域大生态廊道，实现主要铁路、公路、河流两侧绿化加宽加厚，加快建设环官厅水库生态圈，形成互联互通的区域生态网络。

以大气污染防治、水环境治理、资源循环利用为突破口，三地将推动统一标准、统一行动、联合执法、协作共建，有效防控环境污染，切实改善区域环境质量。

京津冀的“生态症”，霾受关注最多。从“雾锁一城”到“十面霾伏”，京津冀 13 个城市曾有 11 个空气污染排名全国居前。空气“爆表”，三地“肺叶”不堪重负。

京津冀的“生态症”，水隐忧最大。从水量减少到水质恶化，区域 21 条主河，年均断流 258 天，劣五类水质河长 6180 公里。“血气”不通，体魄不健百病生。山水相连，空气相通，区域生态合作如何破题？生态区贫困问题如何解决？生态空间承载力如何进一步提高？

国家林业局 2016 年印发《林业发展“十三五”规划》提出，“十三五”时期，我国将加快建设京津冀生态协同圈，打造京津保核心区并辐射到太行山、燕山和渤海湾的大都市型生态协同发展区，增强城市群生态承载力。京津冀区域将建成国家级森林城市群。

根据规划，“十三五”期间，我国将以服务京津冀协同发展、长江经济带建设、“一带一路”建设三大战略为重点，综合考虑林业发展条件、发展需求等因素，优化林业生产力布局，以森林为主体，系统配置森林、湿地、沙区植被、野生动植物栖息地等生态空间，引导林业产业区域集聚、转型升级，加快构建“一圈三区五带”的林业发展新格局。

"一圈"为京津冀生态协同圈。"三区"为东北生态保育区、青藏生态屏障区、南方经营修复区。"五带"为北方防沙带、丝绸之路生态防护带、长江经济带生态涵养带、黄土高原—川滇生态修复带、沿海防护减灾带。

京津冀生态协同圈是京津冀协同发展战略的生态空间，范围包括北京、天津、河北三省市全部，以及山西东部、内蒙古中段南部、辽宁西南部、山东西北部。生态建设以构建环首都生态屏障为中心，辐射太行山、燕山、坝上高原和渤海湾地区。该区域西靠太行，北枕燕山，东临渤海，南接华北大平原，地缘相接、人缘相亲，地域一体、文化一脉。因地处北方农牧交错带前缘的生态过渡区，生态极为脆弱，长期的过度开发、地下水超采，造成生态空间严重不足，生态承载力已临近或超过阈值，大气污染、土地退化、人口资源环境矛盾凸显。

京津冀生态协同圈林业建设主攻方向，就是扩大环境容量和生态空间，缩小区域内生态质量梯度，提高生态承载力，把京津冀生态协同圈打造成为全国生态保护的中心区和样板区。划定生态保护红线，实施分区管理，全面保护森林、湿地、绿地资源，营造成片森林、联通水系和恢复洼淀湖沼湿地，建设永定河等生态廊道。加大京津保地区营造林和白洋淀、衡水湖等湖泊湿地恢复力度，建设太行山、燕山、坝上生态防护区和水源涵养区，加强水源地、风沙源区和环渤海盐碱地生态治理。加强环首都国家公园、森林公园、湿地公园建设，推动生态公共服务设施在城区均衡布局并贯通到周边地区，建设高品质的城市森林，打造国家重要绿色增长极。在植树造林方面，"京津冀生态协同圈将以京津保核心区过渡带为重点建设成片森林，在燕山、太行山水源涵养区、海河流域、坝上高原建设水源涵养林和防风固沙林。规划提出，京津冀区域将建成国家级森林城市群，该区域将建设大尺度森林、大面积湿地、大型绿地和花卉场所，完善城市绿道、生态文化传播等生态服务设施网络。"[4]

近年来，张家口一直在努力打造环京津绿色生态涵养区，这应当是京津冀协同、共同促进绿色发展的一个典型案例。

---

4 曹智．加快建设京津冀生态协同圈 增强城市群生态承载力．河北日报，2016-06-01. http://hebei.hebnews.cn/2016-06/01/content_5541322.htm

最近，河北张家口市生态环境监测连传捷报，坝上地下水位止跌回升、空气质量连续保持京津冀最好、水系水质呈逐年好转。作为首都北京重要生态涵养区和水源地，张家口始终把生态作为发展红线，按照绿色崛起的发展理念，实施生态修复工程，实现了生态环境好转。

张家口市生态系统脆弱，过去由于干旱缺水、植树绿化率低，导致水土流失严重，风沙肆虐，到 2000 年森林覆盖率仅为 20.4%，曾一度成为“全国污染严重城市”。进入新世纪以后，张家口坚持走“生态立市”的道路，加强与北京在生态建设领域的合作，力求实现张家口区域生态环境根本好转。

张家口在京津冀协同发展中具有非常重要的战略地位，抓发展中一定要有大局意识，宁可把发展速度放慢点，也要把环境治理好。

节能减排，发展绿色低碳产业。要使区域生态环境实现根本好转，改变落后生产方式，推进产业转型升级，发展绿色低碳产业是治本之策。为此，张家口在取缔和拆除上千家高能耗、高污染企业的同时，大力发展战略性新兴产业。除此之外，还结合自身区位、资源优势大力发展休闲旅游、养老健身、医疗康复、文化体育等新兴产业。

植树造林，建立首都生态屏障。目前，全市森林面积达到 1930 万亩，森林覆盖率达到 34.9%，森林蓄积量达到 2490 万立方米，构建起了多层次、网格化的首都绿色生态屏障。下一步该市将继续实施好京

□ 张家口在高速公路、国省干道及旅游通道两侧实施 2014 公里廊道绿化工程，实现城乡路网绿化全覆盖。图为城郊道路绿化

津风沙源治理二期、坝上防护林改造等绿化工程，确保每年造林规模不少于130万亩，到2020年森林覆盖率达到44%左右，把西北地区经过张家口侵蚀京津的3个风沙大通道全部封死。

治水节水，确保首都用水安全。该市先后实施了21世纪首都水资源可持续利用工程、首都上游稻改旱等重点工程，先后取缔宣化至怀来段直接入洋河的排污口17个，洋河、桑干河汇合后入官厅水库水质呈逐年好转趋势，永定河成为海河流域水质最优河流。

张家口年均降水量不足400毫米，为缓解水资源短缺状况，该市加快农业产业结构调整，因地制宜推进管灌、喷灌、微灌等农业节水项目建设，尽最大可能压缩水稻等高耗水作物种植面积，推广马铃薯、'张杂谷'等节水作物，其中马铃薯面积目前达到143.72万亩，坝上地区达103.7万亩，'张杂谷'面积达到17.3万亩，坝上1000亩。在坝上地区实施42万亩以膜下滴灌为主要方式的高效节水工程改造，年节水1600万立方米。目前，坝上地区总体地下水位回升46厘米，这也标志着坝上生态环境实现了逆转。[5]

通过实施节能减排、植树造林、治水节水三大措施，张家口生态环境全面好转，2013年全年空气质量达标天数266天，处于环保部监测的长江以北城市中最好水平。生态环境的改善又使全市旅游产业升温，连续4年接待人数和旅游收入两项指标增幅保持全省第一。

"燕山莽莽，太行巍巍，海河汤汤，地域一体，文化一脉。"[6]京津冀相互依存，是近邻，更应是近亲。京津冀不是一块一块拼接出来的区域，而应是一块儿长大变强的生命共同体。继珠三角和长三角之后，我国区域发展新的增长极需要催生，生态文明建设的路径需要探索。北京正腾笼换鸟，构筑"高精尖"产业体系；天津，在发力做实"北方经济中心"；河北努力打响压减过剩产能攻坚战，渴盼借力京津绿色崛起……自古燕赵多慷慨悲歌之士，行走在这片厚重的土地，感受到的是强烈的绿色崛起与绿色发展之渴望。

---

5 耿建扩，刘永刚，张泽民．张家口生态环境得到有效恢复．光明日报，2014-05-14（01版）．

6 朱竞若，陈杰，李增辉，余荣华，刘成友，施娟．九问京津冀协同发展．人民日报，2014-08-25.

第二节　美丽中国的北京样板

北京有 3000 多年的建城史和 800 多年的建都史，历经千百年的城市发展和历史变迁而逐渐演变成为全国的文化中心城市。

梁思成曾说，北京城之所以著名，就是因为它是“有计划的壮美城市”。从春秋战国到唐代，北京是华北地区文化中心，自辽南京、金中都之后，便逐渐成为了全国的文化中心城市。元大都之后，北京则成为了整个中国的政治中心和文化中心。长期以来，北京都是荟萃国之精英的文化竞技场、绽开中华各路风采的百花园。作为历史文化名城、世界著名古都，北京最重要的人文品牌首先是反映灿烂文化的文物古建和皇家园林。北京城市建设的丰富历史积淀，皇家园林所独有的浩然王气，使之成为一部异彩纷呈的大百科。

北京的西、北、东三面为太行山和燕山山脉，中间是永定河、潮白河冲积平原，远古时曾是一个大的海湾，地理学上称之为：“北京湾”。宋代理学家朱熹尝谓：“冀都（北京）正天地中间，好个大风水。”

北京城市精神首先是在中国所有城市中独具一格的浩然大气。它弘浩博大，流丽万有。北京城市最鲜明的特色是“大气醇和”。皇城根下的人们，看朝代更迭，沧桑巨变，有历史眼光，人间阅历。

这种“大气醇和”，还可以从内容的丰富和厚重上体现出来。老北京的历史传承和文化积淀，底蕴厚重，内容丰富，形式多样。皇家文化、官场文化，士林文化、庶民文化和市井文化，带有浓郁北方特点的民俗文化和民族文化，以及几乎在京城才独有的会馆文化和科考文化，它们共同融汇组成了北京的历史传统文化。这种厚重的历史及文脉为北京造就了得天独厚的优势。

以中轴线为中心的北京“龙脉”，构成了北京文化地理的有形的文脉；以紫禁城为代表的皇城建筑，以三山五园为代表的皇家苑囿，是无与伦比的中华文化凝固的史书，是北京文脉永存的有形的音乐与旋律。从历史上看，作为国家首都以来的 800 多年里，在大多时间里北京就是我国的文化中心，是文化创造的中心，是文化辐射的中心，一直扮演着历史进程中全国文化发展所能达到高度的“集中体现地”的角色。

作为千年的历史文化古都，又是当今全球瞩目的国际化大都市，在人口众多、经济发展的重重压力之下，北京的城市环境必然有达到极限的那一天。而想要在有限的环境容量下使一座城市发展得更好，唯一的途径就是发展绿色的、可持续的循环经济。在“国际大都市”的光环下，北京并不满足于只是一座楼宇林立的现代之城，转而将目光投向了绿色生态与新能源领域，渴望将自己打造成一座“生态城市”。

对北京人来说，森林曾经是一个稀罕物。北京森林覆盖面积很不均衡，大部分集中在山区，森林的缺失，使得这个城市的气质有些干燥。2012 年，北京市开始制定未来 5 年的城市森林建设总体规划，这是北京第一次将森林作为基础设施进行规划，当年春天启动了 20 万亩的平原造林。

当时北京最大的生态问题是扬尘。北京最大的风沙危害不是沙尘暴，而是就地起沙。大量的城市森林就能控制沙尘，也能改善城市土壤，使空气湿润，夏天更是纳凉休憩的绝佳空间。

也是从那个时候开始，人们逐渐认识到，城市森林还能限制城市过度无序扩张。并不是道路加上房子就是城市，城市规划中森林不可或缺。北京的整体空间布局已经形成，大规模地平原造林，只是在弥补当年城市规划时遗留的缺陷。

北京由于人口庞大，很难做到欧洲小镇般的森林空间。更重要的

□北宫国家森林公园

是把城市森林与郊区森林连接起来，打通绿色通道，使整个城市生态系统得到改善。野生动物也是森林的重要组成部分，可以想象，孩子在森林里玩耍，旁边有野兔奔跑，各种小鸟鸣叫，不远处的湿地河流里有白鹭，这才是北京人想要的生活环境。

“十二五”时期，首都绿化部门围绕建设国际一流和谐宜居之都，完成了以平原百万亩造林为代表的一批重大生态工程，北京基本形成了“山区绿屏、平原绿海、城市绿景”的大生态格局，城市宜居环境显著改善。

门头沟区 98.5% 为山地，是北京的生态涵养区。北京市里对门头沟不考核 GDP，不考核财政收入，最看重生态建设。门头沟就是要守住保护永定河的门，带好修复山区生态的头。

2016 年是“十三五”规划的开局之年，北京围绕非首都功能疏解的思路，“着力加大城区规划建绿，提高公园绿地 500 米服务半径覆盖率，新增小微绿地 40 公顷，新建屋顶绿化 10 万平方米、垂直绿化 50 公里，完成市级健康绿道 200 公里。”[7]

百万亩的平原造林，历时数年已经完成，让北京京郊的面貌焕然一新。2015 年 7 月 21 日，北京市园林绿化局详解了京津冀未来在生态环境建设方面的具体内容。首次提出了“国家公园”概念，京津冀地区将以三地连接部分的相关国家自然保护区为试点，建立国家公园，形成环首都国家公园环。

同时，三地将构造绿色生态廊道，形成世界级城市群生态体系。

按照《京津冀协同发展规划纲要》要求，北京市开始重点对贯穿全境并通向津冀的 30 余条交通干线和永定河、北运河、潮白河、拒马河等四条重要水系进行绿化建设。在重要水系每侧形成宽度 200 米以上的永久绿化带，建设 1000 ~ 2000 米宽的绿化控制范围，构建平原生态廊道骨架。

根据规划，到 2020 年，北京平原地区森林湿地将与天津、廊坊、保定三市的森林湿地实现连接，形成京津保地区大尺度绿色板块和森林湿地群。

同时，将整合京津冀现有自然保护区、风景名胜区、森林公园等

7 于立霄．北京生态环境显著改善 城市森林覆盖率将达 42%. 中国新闻网，2016-02-01.

各类自然保护地，构建环首都国家公园环。在城市之间、城市与功能区之间，通过大片森林、湿地的规划建设，构建绿色生态隔离地区，形成世界级城市群生态体系。

结合农业结构调整，北京将继续在平原地区推进绿化造林建设，未来 5 年新增林木绿地 38 万亩，使平原地区的森林覆盖率达到 30% 以上，形成环绕城市的大尺度城市森林。

北京市将对平原地区基础较好、区位重要、成带连片的城市森林，通过增加基础设施、提升生态景观，建设开敞型郊野森林公园，重点建设东郊森林公园、潮白河森林公园、大兴永定河森林公园、房山青龙湖森林公园、丰台彩叶森林公园、昌平沙河森林公园、顺义五彩浅山郊野公园、朝阳温榆河森林公园等 30 处，形成世界级城市群核心区森林景观体系。

在市区，北京市将充分利用城市拆迁腾退地和边角地、废弃地、闲置地，见缝插绿，开展小微绿地建设。到 2020 年，建设小微型绿地 300 处、面积 200 公顷，实现百姓身边增绿。

绿地也将成为市民休憩、健身的好场所，力争 2017 年前，完成 1000 公里市级绿道建设；2020 年以前完成全部区级绿道建设，完善全市健康绿道体系。园林绿化部门将大力在市民身边增绿方面实现率先

突破，力争到2020年，全市新增城市绿地2300公顷，让城市85%的市民出门500米就能见到公园绿地。

目前，通州区已在按照国家生态园林城市的标准进行规划编制。到2020年，通州城市副中心的绿化覆盖率将达到45%以上，公园500米服务半径覆盖90%以上，空气好于二级的天数达到300天以上，污水处理90%以上。

通观北京的森林进城的整体布局，可以看出三个亮点：

第一是"环"，三大区域构建国家公园环。

为提高北京的环境承载能力，打造宜居城市，未来将构建环首都国家公园环；此规划是通过整合京津冀现有的自然保护区、风景名胜区、森林公园等各类自然保护地，构建环首都国家公园体系。如雾灵山区域，可依托河北省雾灵山国家级自然保护区、北京雾灵山市级自然保护区建立国家公园；海坨山区域，可依托河北省大海坨国家级自然保护区、北京松山国家级自然保护区建立国家公园；在百花山区域，可依托河北野三坡、北京百花山国家级自然保护区，建立国家公园，形成环首都国家公园环。

第二是"带"，京津冀湿地群将实现连接。

根据《京津冀协同发展纲要》，北京将以大兴新机场、2022年冬奥

□ 雁栖湖

会等重要区域为重点，在与燕郊、香河、廊坊、固安、涿州相接壤的通州、大兴、房山等相关区域，进一步加大造林力度，形成京津冀大规模生态过渡带。

到 2020 年，使北京平原地区森林湿地与天津、廊坊、保定三市规划建设的森林湿地有机连接，形成京津保地区大尺度绿色板块和森林湿地群。

第三是“廊”，绿色生态廊道将全互通京津冀。

绿色生态廊道是一个城市或区域良好生态环境的基本框架，是城市重要的绿色通风廊道和生物多样性通道。北京市将重点对贯穿全境并通向津冀的 30 余条交通干线和永定河、北运河、潮白河、拒马河等四条重要水系进行绿化建设。

通过加宽加厚、改造提高河道和干线道路两侧绿化带，使交通干线每侧形成宽度在 50 米以上的永久绿化带，重要水系每侧形成宽度 200 米以上的永久绿化带，并构建 1000 ～ 2000 米宽的绿化控制范围，并与津冀绿色廊道实现跨区域互联互通，共同构建平原生态廊道骨架。

第四是“养”，就是整体修复西北部的生态涵养区。

《京津冀协同发展规划纲要》提出了环京 6 县绿化建设将重点推进，整体构建西北部生态涵养区，加大生态修复力度，建成京津冀区域第一道绿色生态屏障。

以协同推进京津冀西北部生态涵养区建设为重点，进一步加大张承地区密云、官厅两库上游重点集水区生态保护和修复支持力度，加快荒山治理进程，重点推进环京 6 县绿化建设，到“十三五”末完成规划 100 万亩的造林任务。建成京津冀区域第一道绿色生态屏障。北京将全面推进废弃矿山生态修复，对主要分布在门头沟、房山等 5 个区县的 10 万亩废弃矿山进行生态修复治理，恢复生态植被。

“十三五”时期，北京将扩大生态空间、环境容量，概括说就是要实现“三增加、一还清、一协同”。[8]

“三增加”，是指增加森林面积，巩固山区绿色生态屏障，实施 20 万亩宜林荒山荒地绿化，扩大平原地区森林空间，继续实施平原 38 万

---

8 北京市“十三五”规划纲要 .http://www.bjstb.gov.cn/taiban/_719/_747/537762/index.html

亩绿化造林，打造“山区绿屏、平原绿网、屏网相连、绿满京华”的城市森林格局；

增加绿色休闲空间，新增20处郊野公园，打造一批森林湿地公园，形成“绿郊野公园环—二绿郊野森林公园环—环京森林湿地公园环”的休闲公园格局，全市建成区人均公园绿地面积达到16.5平方米以上；

增加大面积的湿地，在房山长沟、琉璃河，大兴长子营、青云店，通州马驹桥等地，新建湿地3000公顷，在永定河、潮白河、官厅水库区域恢复湿地8000公顷，构建“一核、三横、四纵”的湿地总体布局，全市湿地面积增加5%以上。

“一还清”，是指重要河湖水系基本还清，完成清河、凉水河、温榆河、通惠河等河流水环境治理，加快推进河湖还清。

“一协同”，是指协同建设区域生态屏障。在北部，协同推进张承生态功能区建设；南部，全面推进京东南大型生态林带建设，加强北京新机场周边绿化；东部，着力构筑北京与廊坊北三县之间的绿化生态带；西部，恢复永定河流域生态功能。

“十三五”期间，北京将进一步完善中心城—新城—乡镇三级休闲公园体系，扩大绿色休闲空间。到2020年，全市建成区人均公园绿地面积将达到16.5平方米以上；郊野公园环—郊野森林公园环—环京森林湿地公园环都将加快建设；新增20处郊野公园，建成完整的郊野公园环。同时，建设提升朝阳温榆河森林公园、丰台彩叶郊野公园、房山青龙湖森林公园、通州台湖森林公园、大兴青云店郊野公园、昌平沙河森林公园等一批大尺度郊野森林公园。

环京森林湿地公园环方面，北京将在城市南部地区，打造通州潮白河森林公园和东南郊湿地公园、大兴永定河森林公园等一批森林湿地公园。在城市北部地区，将完善提升顺义潮白河生态湿地公园、昌平大杨山国家森林公园、怀柔喇叭沟门国家森林公园、密云穆家峪湿地公园、延庆松山国家森林公园等一批森林湿地公园。

北京还将继续开展废弃矿山生态修复治理工作，实施20万亩宜林荒山绿化、100万亩低质生态公益林升级改造、100万亩封山育林。到2020年，全市宜林荒山绿化要全面完成，森林覆盖率达到44%，比“十二五”末提高2.4个百分点。

如今，中央对北京做出了新的战略部署，要求坚持和强化北京作为全国的政治中心、文化中心、国际交往中心和科技创新中心的核心功能，深入实施人文北京、科技北京和绿色北京的城市战略，把北京建设成为国际一流的和谐宜居之都。展望未来，北京将被打造成为传统文化与现代文明交相辉映，历史文脉与绿色发展相得益彰，更具包容性和亲和力，更加充满人文关怀、人文风采和文化魅力的先进文化之都。

第三节　千年重镇，崛起在绿色新高地

石家庄是先商文明肇兴之地，中国蚕桑文明的发祥地之一。古老的秦皇驿道就从这里经过，著名的韩信背水之战曾在这里发生，这里还是东汉开国皇帝刘秀的中兴之地。由于独特的地理位置，这里也成为思想文化交流的通道和走廊，中原和北方民族的先进思想文化在这里融合、光大。

历代有不少文人墨客，描绘正定一带的土肥水美的富庶，赞美滹沱河沿岸的田园风光和正定城的秀美。北宋时期著名的政治家欧阳修、韩琦、沈括都先后奉使掌管过河北西路行政事务，在他们的一系列诗词、笔记中，不乏关于真定城的记载。仅欧阳修就为正定作诗七八首。清代诗人赵文濂如此描绘正定城："形势山河胜，津梁道路通。城环新水绿，塔挂夕阳红。驿柳萦官舍，池芹秀泮宫。环桥门未入，行色惜匆匆。"

唐代诗人李益，在滹沱河畔见"蕃使"（即外族使节）的一首感怀诗中写到："漠南春色到滹沱，边柳青青塞马多。万里关山今不闭，汉家频许郅支和。"诗中描述了作为中原和大漠的连接地，滹沱河成为中原的屏障。大诗人李白在《发白马》一诗中也写到"铁骑若雪山，饮流涸滹沱"。由此可见，滹沱河流域，一直作为河朔重镇、中原屏障而存在，乃历代兵家必争之地；尘封着游牧民族与农耕民族数千年的争夺与纠缠。

这些或激昂、或沉郁的诗句，也令人感悟到石家庄久远的历史沧桑。这是被血与火洗礼了数千年的土地。

"千里桑麻绿荫城，万家灯火管弦清。恒山北走见云气，滹水西来闻雁声。""从东垣故城到常山郡治，从石邑故城到真定府城，百代故城的千年兴废"，[9] 尽在滹沱河畔。在 3000 年前，这片区域就形成了中

9 艾文礼．千年故垒的城市文脉．光明日报，2010-09-09（11 版）．

心城市东垣（真定）、真定（正定），从秦汉时期起，作为县、郡、州、国、路、府治所，一直传承延续到近代，为现代化中心城市石家庄的崛起奠定了基础。

从地理环境上来说，石家庄位置特殊，是一个山区、丘陵、平原等多种地貌兼有的城市。

石家庄的西侧，是南北走向的太行山脉，由于缺林少绿，形成了典型的“焚风”效应；北边的滹沱河自西向东蜿蜒172公里，本可为石家庄添一份水的灵动，却断流30年，形成一望无际的干沙滩，带来严重的“沙漠”效应——主城区正好处在两者的夹角地带，身受“焚风”“沙漠”两种效应影响，再加上城市不断扩张形成的“热岛”效应，使其成为新的“火炉”，环境污染日显严重。

从污染最严重的省会城市到青山绿水的森林之城，石家庄走过了一条怎样艰苦而光辉的路程？

通过创建国家森林城市，构建与城市发展相适应的森林生态系统，是石家庄市实现绿色崛起的必然选择。石家庄把“创森”作为改善生态环境、提升河北省会形象、拉动城市经济、建设宜居名城的具体措施来抓。按照绿色发展的要求，以建设京津冀第三极和全国现代服务业、全国重要生物产业基地为目标，构建融合“人文底蕴、西依太行、中贯滹沱、一河两岸”的开放性城市森林和城市生态系统。

2010—2014年的5年间，石家庄先后完成造林绿化210多万亩，每年增长近两个百分点，是过去近30年的造林总和，创下历史造林之最。

截至2014年年底，全市森林面积达760万亩，森林覆盖率达36%，中心主城区绿地面积达8511.42公顷，中心城区绿化覆盖率达44.5%、人均公园绿地面积15.2平方米，全部达到或超过国家森林城市规定的各项指标。

在中心主城区，“路在林荫下，人在绿廊行，城在森林中”的城市景观已然形成；在主城区周边，由西山森林公园、三环路两侧绿化林带、环城水系两岸绿化林带、30万亩经济林构成的环城生态绿化林带已经建成；在城市拓展区，以西部太行山绿化为骨架的南北“绿色生态屏障”正在呈现；在北部，以滹沱河为动脉的东西“绿色百里长廊”日见苍郁；在东部平原、南部地区，以藁城、晋州鸭梨为主的特色林果产业基地，以栾城、高邑花卉、苗木为主的生态旅游观光园区也粗具规模。[10]

滹沱河百里绿色长廊绿化工程涉及正定、藁城、无极、晋州、深泽五个县（市），按照统一规划、分步实施、典型示范、重点突破、整体推进的方式进行建设，将各绿化片林及节点连线成带，建成完整的滹沱河百里绿色长廊。并按照生态优先、效益兼顾、因地制宜、适地适树的原则，"遇城建园、遇镇建景、遇村建林"，在滹沱河两岸建设数百米宽无间隙绿化带。该工程从 2012 年开始实施，当年就完成造林绿化 2 万亩，建成千亩精品示范点 4 个。2013 年将新增绿化面积 2 万亩，植树 200 余万株，当年项目总投资 2500 万元。

石家庄曾被称为"太行山最难绿化的地方"。

在西山上从高处俯视，北起大李庄、南至封龙山的西山如同巨大的影壁墙，石家庄市区就在"墙根"下。这种紧密相连，非但不利于市区污染物扩散，西山上大片裸露的片麻岩、石灰岩还成为吸收太阳热量的"利器"，加剧了省会市区的热岛效应。依山而建的众多小水泥

10 创森成果：5 年完成过去近 30 年造林总和 . http://hebei.ifeng.com/detail_2015_11/25/4595329_0.shtml

企业，成为省会大气污染的一大源头。西北风一起，粉尘直接“扬”向市区。

改善省会的生态环境，在西山上植树造林势在必行。

然而，漫山都是片麻岩、石灰岩，种树谈何容易！

西山岩石裸露。有土的地方，土层也薄。“没有植被，一下雨，水就往山下流，山上存不住一点水。尤其是山腰以上，绿化难度最大，坡度高达 60° 的陡坡上，连羊肠小路都没有，机器根本上不去，必须全靠人工。正是因为难干，多年来，石家庄绿化面积不断扩大，平原树木增加，但是太行山前沿地带，却一直是绿化最薄弱的地方。其间，有关部门也曾多次尝试绿化西山，结果人力、物力投入不少，但都没成功”。[11]

但是，必须啃下这块“硬骨头”。2011 年，西山造林绿化攻坚战正式打响，并列入石家庄市重点工程项目。

绿化西山，石家庄市首次采取了工程造林方式：就是交给专业的绿

□ 石家庄建成省、市级生态科普教育基地 16 处，省会生态文明教育示范基地 22 个。图为石家庄水上公园

11 石家庄 3 年时间治愈西山“生态疮疤”：政府规划市场运作．河北新闻网，2014-05-15. http://hebei.hebnews.cn/2014-05/15/content_3937398_2.htm

化公司开发，运用科学的管理方法和先进的技术，组织植树造林；政府部门向绿化公司要成活率，要工期，保证造林效果又快又好。

工程开始前，通过招投标，确定了有技术、有经验、会管理的具有三级资质以上的绿化公司，并把工期质量要求明确写进合同。

在陡坡上种树有讲究。岩石多，树坑挖不了太深，就在一侧用石头挡住，形成鱼鳞坑。种树之前，先在坑内铺一层无纺布，防止浇水后土顺着石缝流失。然后在坑内填上 20 厘米厚的养分土，放树、培土、浇水。春末或秋末，培完土后还要在树根部盖上一层塑料布，防止干热风造成水分蒸发，或用来保温。

缺土，就靠人工往上背。没有水，就用泵压上去。在 60° 的陡坡上种树，真是想尽了一切办法。西山造林，就这样在一个又一个的"想尽办法"中推进。为抢工期，最多时 22 个标段同时开工。

政府规划、市场运作，使得山前大道两侧 50 ~ 100 米区域内，迅速形成了 1 万亩的花果经济林带，呈现出春天繁花闹枝头、秋季硕果满枝头的喜人景象。300 多万株侧柏、火炬、毛白杨等树种在这里安营扎寨，昔日"生态疮疤"，今朝生态屏障，其变化，仅仅用了 3 年。

西山绿化，还在地势较缓的沟谷、坡脚，建设了面积达 8500 亩的义务植树基地，对距离市区较远、已经成林区域封山育林 2.5 万亩。就这样，5.3 万亩的西山森林终于覆盖整个西山。登上海拔 550 米高的西山山顶，向东远眺，石家庄市区小如沙盘。仅仅在数年前，西山还

□ 石家庄对主城区 70 个新建居住小区、学校及单位和 4438 个老旧小区进行了绿化配套建设和绿化改造提升。图为居民区绿化

到处是光秃秃的山头。如今的西山，则犹如一扇巨大的绿色屏风，矗立在城市西面。

2009 年年底，石家庄提出了创建国家森林城市的战略目标。2015 年 11 月 24 日，在安徽宣城召开的森林城市建设座谈会上，国家林业局宣布石家庄市成为 2015 年被命名的"国家森林城市"之一。

"创森没有终点"。按照《石家庄森林城市建设总体规划》，2016—2020 年为森林城市建设提升期，石家庄将以建设完备的森林生态体系，繁荣的生态文化体系和发达的生态产业体系为目标，把森林城市建设质量推向更高层次，把石家庄建设成为城中林荫气爽、山区碧水青山、平原花香鸟语、乡村花果飘香的燕赵大地上的一颗璀璨明珠。

"偶过东垣感慨增，离离禾黍满沟塍。水流哽咽君知否，欲向行人说废兴。"莽莽太行，浩浩滹沱，滩地肥美，地杰人灵。循着这些清词丽句、经世华章，那些或激昂或感伤的文字，让我们重新感悟石家庄这片热土。历史上，石家庄作为北方藩篱，护卫南部的中原文明；如今，石家庄拱卫在京津之侧，形成一道绿色的屏障，护卫着中原的生态环境。在管好养好来之不易的绿色之外，石家庄市正在掀起更为宏大的绿色省会再造工程。15 万亩环省会生态绿化工程、26 万亩"东中西三大片区"绿化工程……[12]

"东城渐觉风光好，縠皱波纹迎客棹"。行走在石家庄各地，城镇草木葱茏，山野满目苍翠，河流碧水清清……各种各样的生态文化载体，让更多的人置身其中，陶冶性情。森林公园、湿地公园、太平河景观、滹沱河景观植物园、环城水系……成为承载生态文化的重要平台。生态环境出现"跨越式"的明显改善，优良天数逐年递增，让生活在这座城市的人们惬意地仰望蓝天白云，享受到看得见、摸得着的幸福。

12 河北：石家庄历时 3 年 筑起西部生态屏障 . 河北日报 .http://www.312green.com/information/%C9%AD%C3%81%C3%96/detail-162346.html

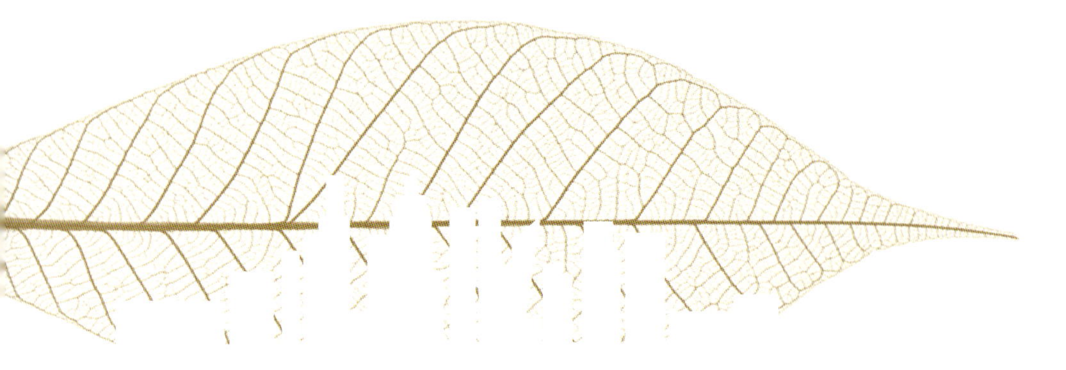

第二章
长三角城市群的绿色光谱

第一节　为长三角安装绿色引擎

从唐古拉山脉发源，在上海崇明岛以东注入东海，6300公里的长江，滔滔江水奔流一如往昔。不过，滋养中华文明的长江流域，它的发展轨迹，正在发生重大变化。

2016年，国务院发布关于长江三角洲城市群发展规划的批复，同意《长江三角洲城市群发展规划》（以下简称《规划》）。长三角地区合作与发展迎来新机遇。

长江三角洲城市群是中国城市化程度最高、城镇分布最密集、经济发展水平最高的地区。这个由上海、江苏、浙江、安徽四省市26个城市组成的城市群，被党中央寄予厚望：要争当新一轮改革开放的排头兵，到2030年全面建成具有全球影响力的世界级城市群。

长江三角洲城市群将充分发挥上海国际大都市龙头作用，提升南京、杭州、合肥都市区国际化水平，以建设世界级城市群为目标，在科技进步、制度创新、产业升级、绿色发展等方面发挥引领作用，加快形成国际竞争新优势。长江中游城市群：增强武汉、长沙、南昌中心城市功能，促进三大城市组团之间的资源优势互补、产业分工协作、城市互动合作，加强湖泊、湿地和耕地保护，提升城市群综合竞争力和对外开放水平。成渝城市群：提升重庆、成都中心城市功能和国际化水平，发挥双引擎带动和支撑作用，推进资源整合与一体发展，推进经济发展与生态环境相协调。[1]

绿色发展，同样是长三角城市群发展的根本。《规划》中提到的“要以生态保护提供发展新支撑”这一说法，对于长三角城市群的发展来说可谓切中要害。长三角城市群是长江经济带的龙头，之前中央已提出，长江经济带建设要共抓大保护，不搞不开发，城市群规划必然与这个理念衔接。

随着长三角城市群的逐步拓展，这些地区一方面对生态承载力的要求越来越高，另一方面生态碎片化问题也越来越突出，这就迫切需要通过推进城市群绿化，将城市之间的绿化区域和生态系统串联起来，发挥森林城市群的规模效应和带动作用。近年来，长三角地区通过推进森林城市建设和城市周边绿化，进而延伸到森林城市群建设，让森林成片，让清风入城；有力地呼应了这一区域绿色发展的潮流。

一江碧水向东去。在长江三角洲——中国东部这片最肥沃、最富庶的地域，建设森林城市的探索，将以更积极与卓越的姿态，顺应生态优先、绿色发展的战略抉择，进入崭新的现代化进程。下面精选了一些重要的城市案例，进行详尽分析。

第二节 徐州：石头上种出“森林城市”

“自古彭城列九州，龙争虎斗几千秋。”徐州古称“彭城”，为古九州之一。昔日因运河通达南北，有五省通衢之称，是通往京师漕运的要道。这里山川优美，虽地处平原，却有三河七湖七十二山峦；这里历史丰厚，遗迹众多，仅二十余座规模宏大的汉墓，就构成人文景观的华彩篇章；也因其物产丰富，历来是兵家必争之地，也成就了无数英雄。不仅出有刘邦、项羽、张良、萧何、刘裕、朱温、李昪、李煜等数十位帝王将相，更有张道陵、刘向、刘禹锡、刘知几、陈师道、李可染等数百位精英。

在地图上寻找徐州，会发现这个城市的地理位置非常奇特。苏、鲁、豫、皖四省交界处，京沪、陇海、徐连铁路在此交汇，地处长江

1 国务院关于依托黄金水道推动长江经济带发展的指导意见 .http://www.gov.cn/zhengce/content/2014-09/25/content_9092.htm

以北，却归江南省份管辖，到郑州、济南、合肥、南京的距离几乎等同，“北国门户，南国锁钥”的称号名副其实。

在过去的3000年间，在徐州大地上发生过500多场战争，一次又一次生灵涂炭、植被破坏，满目疮痍。1952年，毛泽东主席登上徐州的云龙山时，极目四望而心生感慨，号召徐州“发动群众，上山造林”。

然而如今走进这座城市，山环城、城依山，山下是湖、湖上是城，山水间的城市巷陌，绿廊似锦。

这座饱受战乱的千年古城、资源枯竭的百年煤城，何以在数年之间，蝶变出“一城青山半城湖”的清秀容颜？

近年来，徐州把建设和谐生态放在首位，通过“进军荒山”“显山露水”“生态修复”“还绿于民”等工程，使曾经灰头土脸的城市脱胎换骨。

徐州作为老工业基地，历史上依资源而兴、靠资源发展，在为全省和全国发展作出重要贡献的同时，也在生态环境上付出了巨大的代价。改变煤城灰色形象，建设绿色宜居城市，让子孙后代共享生态之福，成为徐州人民矢志不渝的追求。

金龙湖宕口公园，山峦叠翠，绵延不断，一派典型的江南水乡美景。但就在几年前，这里还是一个废弃的采石场，几乎寸草不生。

徐州山多。云龙山、九里山、凤凰山、白云山、拖龙山……72座山峦环伺全城。徐州市区及周边山头，主要是石灰岩，平均土壤厚度不超过10厘米，一桶水倒下去，几秒钟就漏没了。裸露的岩石上，植树人用钢钎开凿树坑，半天只能凿出一个，实在凿不开，只好用炸药炸出坑来；荒山无土，就一人一个麻袋往山上背，一袋土十几公斤，要爬几百米的山坡，三袋土才能种一棵树……加上气候骤旱骤涝，根本无法保持水土。种子到地里，还没发芽就干死了。

在这里造林，岂止一个“难”字。

金龙湖宕口公园占地面积512亩，由于历史上无序的爆破和采掘，造成岩体破碎，危崖累累，山上乱石成堆，日久风化形成宕口（坑洼地，主要是指露天矿山开采形成的采石场），岩体就像一块“城市的伤疤”，一刮风就尘土飞扬。

宕口公园分两期建设，本着“修复生态、覆绿留景、凝练文化、拉动经济”的理念，将整个公园“变废为景”。一期2010年建成，主要以山体绿化为主，已建成的日潭、月潭、珠山瀑布等是公园的亮点，开放后游览者络绎不绝；二期主要包括东珠山北坡、东坡景观绿化工程。

为破解石灰岩山地的绿化难题，技术人员经过研究摸索，想出了多种妙招："见缝插树"，用风镐拓宽岩石缝隙，在缝隙里填土种树；筑垒"鱼鳞坑"，在山坡上垒砖砌石，形成一个个看起来像鱼鳞的树坑，再在里面种植树木；对付断崖，把草籽混入泥浆，高压喷到断崖上，让种子落在缝隙里生长。[2]

自 2007 年以来，全市先后实施"向荒山进军"的绿色行动计划，累计投入资金 5.9 亿元，完成徐州市区、铜山北部、贾汪邳州接壤区、新沂东部、邳睢铜接壤区四大片丘陵山区绿化，对马陵山、艾山、大洞山、吕梁山、拖龙山等结合历史人文景观，"依山造景"，建设了 7 万亩各具特色的风景林。几年的不懈努力，全市绿化荒山 9.2 万亩，在全国开创了"石头缝里种出绿色森林"的成功范例。

海拔 361 米的大洞山是徐州市第一高峰，过去岩石裸露面积高达 70% 以上，且远离河湖水库，是徐州市荒山造林难度最大的地段。

□ 徐州全市 1.2 万公里水系廊道两侧林带宽度少则 50 ～ 60 米，多则 100 ～ 200 米，水岸绿化率达到 100%。图为故黄河风光带

2 石头上种出"森林城市"：看徐州如何实现生态蝶变．第一财经，2016-09-08. https://www.yicai.com/news/5093618.html

□ 徐州建成徐州环城国家森林公园1个、湿地公园4个、自然保护区1个，改造并向市民免费开放了云龙公园等一批公园绿地。图为云龙公园

从2010年起，徐州市全面启动“二次进军荒山”绿化工程，大洞山被定为首选战场。45家施工单位探索出了引水上山、悬索运苗、爆破碎石、机械挖坑、客土植苗等一整套荒山造林办法。2011年年初至2013年年底，大洞山荒山绿化工程累计投入资金近1.5亿元，投工20多万人次，栽植乔木260万株、灌木320万株，成活率达到90%以上。目前，大洞山荒山绿化工程已成为全国石灰质山体造林的样板工程。

徐州煤炭规模化开采已有130余年历史，曾是江苏省唯一的能源供应基地，计划经济时代，全省曾有8个地级市在徐州挖煤，生态环境付出了巨大代价。也曾被列入全国113个大气污染防治重点城市之一，全市形成了32万余亩采煤塌陷地。这采煤塌陷区，是大地的伤疤，也是徐州人长久的伤痛。

徐州的做法是，采用综合治理手段，把各类塌陷区建设成涵养生态的修复区、高效农业的标杆区；或是建设生态水系，形成新的自然景观。

从2008年起，规模浩大的塌陷区整治修复行动展开。九龙湖、大龙湖、金龙湖，九里湖、潘安湖、南湖……徐州市区周围那些过去的采煤塌陷区，以及洼地、坑塘，只要是无法耕种的地块，都因地制宜挖湖引水，或变身生态湿地，或打造乡村湖景。

徐州修订编制的城市总体规划，将包括周边采煤塌陷地等在内规

划为生态走廊，徐州将形成由十余座城中山体、百余个湖泊湿地组成的总面积达 125 平方公里的城市生态空间，生态区占主城区的比重达到 45%。[3]

徐州潘安湖国家湿地公园，曾经为权台矿和旗山矿采煤塌陷区域，是徐州市最大的采煤塌陷地。按照徐州市提出的“南有云龙湖，北有潘安湖”的发展战略，徐州在江苏省首创了集基本农田再造、采煤塌陷地复垦、生态环境修复、湿地景观开发“四位一体”的重大工程，投入资金约 23 亿元。

如今，这片历经风霜的百年矿区摇身一变成为湖阔景美、绿林成荫、鸟语花香的生态公园，在全国资源枯竭型城市转型发展中具有示范意义。国家旅游局、环境保护部批准潘安湖湿地为 2015 年度国家级生态旅游示范区。

经过 60 余年的持续努力，徐州市 60 余万亩荒山已披上了绿装，主城区内 72 座石质荒山全部按生态风景林标准完成森林植被恢复。

徐州通过规划建绿、拆违建绿、见缝插绿、破墙透绿、复层绿化、立体绿化等多种途径，城区基本实现“行居处处有绿地，推开窗户是

---

3 贺广华，申琳．绿色徐州从何来．人民日报，2014-11-29. http://society.people.com.cn/n/2014/1129/c1008-26116203.html

花园，走出家门进公园”的目标。如今，徐州市民出行 300 ～ 500 米，就有一块 3000 ～ 5000 平方米的公园绿地。

徐州水多。云龙湖、大龙湖、九龙湖、金龙湖、九里湖、潘安湖、微山湖、骆马湖，如涟漪般从市中心区向市郊扩散，故黄河、京杭大运河如两条玉带，或穿城而过，或绕城而行。

到过徐州的人，无不惊讶于徐州的水之多、水之清。谁也想不到，其中的很多湖泊，也是徐州人治理采煤塌陷地、修复“地球伤疤”的杰作。

5 年来，徐州“诞生”了大大小小上百个湖泊、湿地、新景区，潘安湖、九龙湖、九里湖都是徐州塌陷地综合治理的成果，昔日荒凉破败的“地球伤疤”，如今成为赏心悦目的城市明珠。

现在的徐州，公园很多。云龙公园、云龙湖风景区、彭祖园、奎山公园、珠山景区、徐州植物园、汉文化景区、泉山森林公园、快哉亭公园、奥体公园、楚园、龟山汉墓景区、劳武港防灾公园、百果园……这些公园，或新建，或重装，一个个次第绽放。

并且，这些公园建成之后，全部免费向市民和游人开放。“让绿于民”遇到的最大挑战是土地商业价值的诱惑。以 7.5 平方公里的云龙湖为例，有人做过计算，如果政府拍卖环湖的土地用于房地产开发，直接收益将超千亿元。[4]

云龙湖以珠山景区、小南湖景区、十里杏花、百亩荷塘、滨湖公园、市民广场、音乐厅、艺术馆等为代表的环湖景观带建设，让徐州市民有了引以为豪的“城市客厅”。

从前，云龙湖就是个大水库，一条沙土坝，周边满是杂草和荒地。为还湖于民，从 2003 年起，徐州从高起点规划入手，对云龙湖实施生态再造。腾出 3000 多亩市区黄金地块，兴建绿色景观长廊，并大规模拆除城区山脚、水岸边的违法建筑，陆续搬迁环湖周边 7 个村庄，以消除湖区污染隐患。

“云龙山下试春衣，放鹤亭前送落晖，一色杏花红十里，新郎君去马如飞。”曾任徐州知州的苏东坡，笔下有过这样的风景。在云龙湖东

---

4 新徐州崛起：一城青山半城湖 十年转型百年梦 . http://m.fang.com/newsinfo/xz/13552796.html

岸，徐州再造“十里杏花村”，栽植乔木3万株、灌木16万株，铺设植被10万平方米。初春时节，云龙湖东岸杏花似雪、灿若云霞。

如今的徐州，由“一城煤灰半城土”到“一城青山半城湖”。监测显示，随着生态格局的变化，徐州的气候条件也改变了：年降水量1100毫米左右，接近长江流域城市的平均水平，呈现出北方城市少有的临水生态。如气象专家形容，“等于把徐州城向南迁址八百里”。[5]

2012年7月9日，在内蒙古呼伦贝尔举行的第九届中国城市森林论坛开幕式上，徐州市被全国绿化委员会、国家林业局正式命名为“国家森林城市”。

在石头缝里，徐州硬是种出了一个“国家森林城市”。

2016年1月29日，国家住建部又传来消息：徐州等7个城市荣获“国家生态园林城市”称号。

昔日那座满目飞灰的老煤城已渐渐消逝在人们的记忆里，取而代之的是一座鸟语花香的山水城市，一座容颜清新美丽的生态城市。潘安湖湿地，天高水蓝、绿草成茵；金龙湖宕口公园，显山露水、山清水秀；九里山松柏苍翠，峰峦竞秀……无论是星星点点的“见缝插绿”“破墙透绿”，还是规模宏大的大片“泼绿”，或是艰苦卓绝的“石上种绿”，今天的徐州，正以“一城青山半城湖”的全新景致和“楚韵汉风、南秀北雄”的城市特质，赢得了人们“错把徐州作杭州”的惊叹。

第三节 森林南京，人文绿都

说起南京，人们就会联想到金陵春梦，秦淮风月。“六朝古都，十朝都会”，是南京城市文化最精要的诠释。漫步南京街头，就是在阅读一段历史，品味一种文明。

与其他古都不同的是，南京的建城史，又可说是一部绿色发展史，从孙权始创建邺城，到朱元璋奠基应天府，再到民国制定实施首都计划，南京城市的建设发展无不体现对自然的尊重和敬畏，无不体现对绿色的坚守和追求。远的不说，1928年“中山大道”建成，这条全长

---

5 赵卫东．和风徐来地 山水宜居州：徐州市创建江苏人居环境奖纪实．徐州日报，2015-09-23. http://wm.jschina.com.cn/9655/201509/t2412040.shtml

12公里的街道，比当时号称“世界第一长街”的美国纽约第五大道还长2公里。大街两侧和街道绿岛上栽满法国梧桐（悬铃木），每排以6棵树的队形，整齐地延伸10多里，几年之后，遮天蔽日，成为城市的风景。

“江南佳境旧金陵，山水城林新绿都。”由于历任主事者的偏爱，南京全城绿荫，总是郁郁葱葱。到20世纪60年代，南京城内的法国梧桐树有20万棵。南京市老城区20条主要街道，其中16条以法国梧桐作为行道树。20世纪八九十年代，这些树已长成参天大树，气势磅礴，相邻的两排梧桐顶端连接起来，形成拱廊，密不透风。就是下很大的暴雨，水也不会滴到行人身上。虽然南京有“火炉”之称，但人们走在街上几乎不用打伞，整个城市“就像一个大森林”。[6]

梧桐树，不仅是南京绿化的主角，更成为南京历史的符号、文化的象征，那满眼翠绿，舒缓着城市的步调，形成了南京沉静的人文底子。作家叶兆言充满感激地写到这些城市的绿化景观：“那些记忆中的充满温馨的林荫大道，曾给古城南京带来巨大的荣耀。人们一提起南京，首先想到这个第一流的绿化，而绿化的突出标志，便是栽在中山大道两侧和街中绿岛上的法国梧桐。……这是国内任何城市都不曾有过的奢侈和豪华。”不过自20世纪90年代起，由于市政建设，南京市内的梧桐树或遭砍伐或被移走，其中种植于民国时期的2万棵梧桐树，只剩下了3000棵左右。

但绿色终究成为南京的显著特色和城市名片，多年来南京致力于将特色放大，实施“绿色南京”发展战略，打造“森林南京、人文绿都”，努力实现经济发展与生态改善的协调同步，坚持大生态定位、大规划布局、大工程推动、大力度推进，走出了一条“生态经济共赢、人文景观相融、山水城林一体、城市乡村互动”的“森林南京”建设之路。

放眼今日南京，城在青山碧水中，人在绿树红花里，行在绿阴下，乐在芳草间。紫金山、雨花台、栖霞山风光旖旎，秦淮河、金川河、玄武湖丽水绕城，明城墙蜿蜒盘亘，林荫大道法桐参天、香樟苍翠，公园、小区绿地星罗密布……

如前所述，南京的绿色之美，非唯天成，更在人谋。

6 南京梧桐栽培史. https://wenku.baidu.com/view/81833d78daef5ef7bb0d3c5e.html

南京植树始于公元 229 年三国时期的东吴，历史可谓久矣。从唐朝诗人韦庄的“无情最是台城柳，依旧烟笼十里堤”和元代诗人“青青门外秦淮柳，几度飞花送船客”的诗句中，可见当时南京城市绿化之盛。

有着 2500 多年建城史和 450 多年建都史的南京，山水城林浑然天成，绿化资源丰富博大，在我国绿化史上具有特殊的地位和影响，近现代更以“绿城”名闻遐迩。

2009 年 12 月，南京提请江苏省政府向国家林业局申报创建“国家森林城市”，并提出了 2013 年建成国家森林城市的奋斗目标，正式启动国家森林城市创建工作。

“创森”不是起点。过去 10 多年来，南京全市上下，一直在持续深入推进“绿色南京”建设，硬是把南京的森林覆盖率翻了一番。连年的植树造林，不仅让南京城乡郁郁葱葱，也让这座城市脱掉了“火炉”的帽子，绿色已经成为城市的“环境底色”。

在森林城市建设中，南京市将城市建设总体规划和城乡统筹发展规划有机衔接，实现“建筑线”与“绿化线”双线同划、推进同步，加强城乡绿化建设，优化城乡绿化布局，推进城乡绿化统筹发展，编织出了一条圈层式、放射状，以主城区绿化为中心，以绕越高速绿化带、绕城公路绿化带、明城墙绿化带 3 个环城森林圈为环，以农田林网和江、河、湖、路防护林为网，以郊县连片规模造林为片，以森林镇村和郊野公园为点的“心、环、网、片、点”相交融、山水城林于一体的城市森林生态网络。

在点上，南京市坚持适地适树原则，提倡多种树、少种草，注重乔木种植的比例和景观效果，通过破墙透绿、拆违建绿、见缝插绿、垂直挂绿等形式，建设和完善城区公园广场绿化、社区绿化、露天停车场绿化、校园绿化、屋顶绿化、企事业单位绿化及新建道路绿化等，不断增加城区绿化面积和绿化空间，丰富城区森林生态景观，提升了城区绿化品质和档次，营造了“市民接触到绿、享受到荫、观赏到景”的生态宜居环境。

在线上，南京加强了长江、秦淮河、滁河、石臼湖等河流、湖泊，以及水库等水体沿岸生态保护和近自然水岸绿化，突出滨江、滨河风光带建设。在长江、秦淮河等江河湖水库岸线营造了 1200 多公里长、

30 ～ 200 米宽，共计 17 万亩的沿水防护林带，形成特有的水源涵养保护林网和森林生态走廊。目前，全市所有可绿化的江湖河道实现全绿化，水岸林木绿化率达 91.9% 以上。

在面上，南京加强道路林网构建，按照绿色通道建设与道路建设“同步实施、同步建成”的原则，以高速、干线公路绿色通道等贯通性森林廊道建设为重点，加快出城干道绿廊、入城绿楔建设，构筑多功能、多层次、全贯通的森林生态廊道，对进出城 1400 多公里的 14 条高速公路和 21 条国道省道等两侧栽种了 30 ～ 100 米宽，共计 12.9 万亩的道路防护林林带，使道路林木绿化率达到 94.8%，并建成了沪宁高速绿色通道、沪宁高铁绿色通道等几十条生态景观路和特色景观路，成为三季有花、四季有景、相对闭合的绿色通道。[7] 点、线、面并重加强了森林资源的管理和保护，为森林城市的建成奠定了坚实基础。

南京园林绿地分布均匀、结构合理、功能完善、景观宜人。鼓楼、山西路、汉中门等市民广场及面积在 5000 平方米以上的公园绿地，有几百处之多，居民出行 500 米，就有一处公园绿地，公园绿地服务半径覆盖率达到 92.6%，市民对城市园林绿化的满意率为 92.4%。“绿不断线、景不断链”，实现了绿树与高楼同生长，绿色与城市共延伸。

在持续开展“绿色南京”工程的同时，围绕“显山露水，滨江见城”，

7 陆信娟，陈永中．南京：长江之滨崛起最美森林城市．中国绿色时报，2013-01-04.

重点实施"两山两水两城一带"的生态园林建设：

——中山陵风景区经过环境综合整治和生态修复，恢复植被460余公顷，建成并免费开放十大主题公园，紫金山外缘面貌更加亮丽，生态功能显著提升。经评估，各类植物年吸收二氧化碳480万吨，释放氧气380万吨，年综合生态价值18亿元。

——幕府山曾是南京主城北部一道天然生态屏障，由于过度开矿采石，昔日风景秀丽、景色宜人的城北"绿肺"生态环境遭到巨大破坏。1998年起，市委、市政府痛下决心，先后关停9家采石场和4座垃圾场。历经10年寒暑，通过"石上绣花""轮胎固土"等创新方式创造了在裸岩绝壁上的生态复绿奇迹。十里长山重现绿意葱茏、鸟语花香，成为南京城北的绿色"氧吧"。

——玄武湖实施6.8公里的环湖路综合整治，秉承"以人为本、生态为先、凸显人文"三大理念，拓展生态湿地14000平方米，提升园林绿化景观53000平方米，建成李渔文化园等5处历史文化景点，这颗"金陵明珠"焕发出更加迷人的风采。

——秦淮河、金川河曾经水系淤塞、水质恶化、生态衰退；通过河道疏浚、引水补源，滨水绿化、重塑历史文化风貌。如今，秦淮河碧波荡漾，画舫穿梭；金川河波光涟漪，移步异景。两条水绿相依的生

□ 南京全市水岸林木绿化率达91.9%以上。图为明外郭－秦淮新河百里风光带

态、景观、人文廊道，已成为周边居民至爱的休闲场所。

——明城墙历经六百年沧桑，是世界上现存的最长的古城墙，是南京引以为傲的文化遗产。经过 10 多年综合整治，基本完成现存 25.1 公里明城墙风光带外侧保护和建设工程，一条城绿相映的生态、休闲、文化明城墙风光带铺展开来，宛如古城南京的一条“绿色项链”。

——明外郭逶迤百余里，为传承历史文化遗韵、彰显人文生态宜居特色，和秦淮新河串连起来，通过古迹遗址恢复、园林绿化景观建设，构成一条环绕主城的人文绿色长廊和生态屏障，极大改善了城市人居环境。

在高淳，有着数千年历史的村落深藏大山之中。过去，因位置偏远，交通不便，一直鲜为人知。如今，投入 8 亿多元打造的一条江苏省内最长的 48 公里“桠溪生态之旅”绿化景观带，盘旋于高淳县桠溪镇 6 个行政村之间，区域面积 50 平方公里，惠及民众 2 万多人。这条景观带堪称集生态观光、农事体验、高效农业、休闲度假为一体的林业综合旅游观光带。

2010 年 11 月 27 日，在苏格兰国际慢城会议上，“桠溪生态之旅”被世界慢城组织授予“国际慢城”称号，成为中国首个“国际慢城”。

绿色生态网的编织，绿色魅力的探寻，不仅让城市展现出了动人的容颜，更让农村呈现出别样的风姿。生态路让昔日的荒山变成了宝库，也向人们展现出一条多彩的致富之路。

近 5 年来，南京不断加大村庄绿化和森林镇街建设力度，充分利用现有自然条件，突出自然、经济、乡土、多样的特点，大力推进村旁、宅旁、水旁、路旁、田旁以及村口、庭院、公共活动空间等绿化美化建设，大力推进森林景观、森林休闲广场、森林小游园等建设，形成了“镇在园中，村在林中、房在树中、人在景中”的生态宜居环境，累计建成森林镇 25 个，完成绿化新村 3300 多个，其中省级绿化示范村 687 个。

在提升绿化品质的基础上，南京成功举办了中国第一届绿化博览会，建成了中国绿化博览园。全市江南八区建成区范围内建有多处且分布相对均匀、面积在 5000 平方米以上的各类公园绿地 318 处，郊区建有森林公园、湿地公园和其他面积在 20 公顷以上的郊野公园共 52 处，实现了市民开门见绿、推窗赏绿、步行 500 米有休闲绿地的目标，基本满足了市民日常游憩的需求。

根据《南京市绿地系统规划》，主城任何一点半径 300 米内应有一个面积 3000 平方米以上的公园，还要在街边、小区建设大量 3000 平方米以下的小游园。创建国家森林城市的目标设置以来，南京每年新增森林面积最多达 10 万亩以上。[8]

"江南佳丽地，金陵帝王州。逶迤带绿水，迢递起朱楼。"南京自古以来就是一个环境优美、生态良好的人文城市。在今天，以山为筋、以水为脉、以绿为韵、以文为魂的生态宜居城市已经显现，南京生态廊道、林荫大道、绿色通道、城市绿道与充满时代艺术和历史文化特色的各类景观、小品相映成趣，市民抬头即可见绿，推窗即可赏绿，足不出户就可以尽情地呼吸自然的给养。

2013 年 9 月 24 日上午，中国城市森林建设座谈会在南京召开，会上为南京市等 17 个城市授予"国家森林城市"荣誉称号。

在南京人的印象中，古城南京就像是一本再版多次、不断增加内容、丰富厚重的历史书。而那一排排高大壮硕、葱郁如盖的梧桐树，就像一行行绿色的诗。南京的古与新、人与事、情与景，都在这绿色的诗行中生动、鲜亮起来。

第四节　绿杨城郭：扬州

自大运河开凿以后，扬州已然地成了全国物资集散中心。"万商落日舱交尾，一市春风酒并沪"，正是这个城市当年车水马龙的写照。借助于这样得天独厚的地理优势，扬州的繁荣、富庶、开放甲于天下。中唐诗人权德舆一首《广陵散》中，有"八方称辐凑""层台出重霄"之语，道尽了古代扬州的繁华。王象之的《舆地纪胜》中亦谓："自淮南之西，大江之东，南至五岭、蜀汉，十一路百州迁徙、贸易之人，往还皆出扬州下。舟车日夜灌输京师者，居天下十之七。"

扬州城的秀美旖旎与便捷开放，吸引了无数文人墨客、名人雅士来到扬州，他们"以情寓景、感悟吟志"，驻足流连，行吟低唱。"形胜

---

8 陈鸣跃．历史政权遗址资源在园林绿地建设中的利用——以南京为例．中国城市林业，2013（6）：61.

访淮楚，骑鹤到扬州。春风十里帘幕，香霭小红楼”（杨冠卿《水调歌头》）；在诗人们笔下，扬州的城市符号渗透在树木、禽鸟、风雨、明月这样的自然景物上；并使之成为这个城市文化意象最贴切的代言者。

“烟花三月下扬州”“绿杨城郭”的美誉，则真实记载了扬州城清秀典雅的旧日风貌，表现出当时自然风光郁郁苍苍的独特韵致。

扬州，自古以来就是一座绿杨之城，又是一座花木之城。扬州多柳，大规模栽植始于大运河的开凿，据《开河记》中记载：“大业中，开汴渠，两堤上栽垂柳。诏民间有柳一株，赏一缣，百姓竞植之。”隋炀帝号召全民种柳护堤，并赐以重赏，于是杨柳遍布扬州大街小巷；白居易的“大业年中炀天子，种柳成行夹流水。西至黄河东至淮，绿荫一千三百里。大业末年春暮月，柳色如烟絮如雪”的诗句，就是其形象写照。

唐代姚合的《扬州春词三首》里，有“暖日凝花柳，春风三管弦”的诗句。在宋代张邦基的《墨庄漫录》中，也有文章太守欧阳修在扬州蜀冈大明寺平山堂前植柳造景的历史影像。明清扬州园林很多就以柳为名，如“长堤春柳”“万柳堂”“柳湖春泛”等。

“建安七子”之一的陈琳、以孤篇《春江花月夜》盖全唐的张若虚，还有白居易、欧阳修、苏轼、秦观等，当他们带着各自不同的心事来到扬州，这座城市的一片绿荫就成了他们情感的寄托物和负载体。

在民间，一到清明节，扬州家家门上都插有杨柳枝，妇女小孩也会用柳枝插入发髻，取平安之意。在隋杂曲歌辞《送别诗》里，则有“柳条折尽花飞尽，借问行人归不归”的诗句，那种天长地久的等待，尤其令人心折。

时光流转，转瞬到了清代。有一位书生官员王士祯来到扬州，在湖边水湄默默生长的花木使他雅兴大发，仿王羲之兰亭修禊，约请当地雅士名流，诗酒唱和。“北郭清溪一带流，红桥风物满眼秋，绿杨城郭是扬州。”这是他从扬州城外远远张望所得到的印象，瘦西湖两岸花柳满眼，不愧是绿杨之城。“绿杨城郭”由此成为扬州的代名词。

如今，古城扬州仍保持着古诗中特有的意境。在扬州城里一路走来，在扬州的会馆、园林、碑文、画舫、祠堂、道观等有着历史渊源和人文掌故的古迹中，可以看到在扬州市民的生活方式里，有一种世俗的精细，无论园林、饮食、诗文、漆器、玉雕、刺绣、琴曲，无不纤巧细致。扬州“崇文尚雅”的历史风尚，造就了诸多的文化景观。而那一片葱郁的绿色，也是一把引领人们踏入历史密境的钥匙。

个园的“春、夏、秋、冬”四季园林景观，何园的石林，吴园的文昌阁和藏书楼，藏书楼有“有福方能坐读书，成材未可忘爱国”的楹联，那些藏在砖瓦缝隙里的记忆碎片，都是需要静下心去打捞的。逸圃的火巷很让人称奇，特别是这些园林中的主人，对中国传统的风水文化的领悟很值得体味；再如扬州八怪的画作，真实而朴拙，又不乏文人雅趣，这些职业画家不受成法拘束，自由驰骋笔墨，抒发胸怀，快意淋漓。他们就如同生长在扬州这座水城里的野草繁花，带着与生俱来的勃勃生机，折射着那个时代特有的景观和风尚。扬州，的确是一个优雅的文化城市，是一个值得慢慢品味的城市。

扬州自然环境优越，园林绿化空间特色鲜明。运河城、历史古都和绿杨城郭，自然少不了不同历史时代的古典园林、自然山水和古树名木。

平山堂是北宋庆历八年欧阳修任扬州太守时所建。据《避暑录话》记述：“公每暑时，辄凌晨携客往游，遣人去邵伯湖取荷花千余朵，以画盆分插百许盆，与客相间……往往浸夜，载月而归。”平山堂因为记忆和怀念而呈现出某种温馨而沉静的气韵，也令我们遥想曾经丰富鲜活的古代城市生活。“坐花载月”的文人雅事，已沉淀于这座城市的历史记忆中，被温柔的月色笼罩。

扬州园林有一种自然成章的山水画法，融南方之秀、北方之雄于一体，臻于“虽为人作，宛如天开”的精微妙境。个园，取自清袁枚“月映竹成千个字”，以“竹之一枝”形似“个”字而得名，历经历史风尘的洗刷淘沥，更散发出独特的文化韵味，又显示了主人清逸绝俗的品格。

而扬州城市森林的建设，也继承了古典园林的精髓，追求自然与开放艺术的统一。古典园林中艺术美，古朴、水韵、绿杨、秀美的古典园林传统特色，完全可以和现代生态绿化有机结合。

这座古老的城市，因水得名，沿运河而兴衰，境内江河湖相连，古运河穿城而过。有水就有桥，古代扬州地处运河与长江的交汇处，城中有几条纵贯南北的官河，作为漕粮中转、商品往来和城市交通供水的主干，经常会有“扬州郭里见潮生”的景象。“堤绕门津喧井市，路交阡陌混樵渔”，在这样的水城里，桥成为城市的符号也就顺理成章了。水连树，树连水，水树相映，“水城共生”成为扬州独特的城市形态，也造就了扬州优美的自然风光。

“绿杨城郭是扬州”。这一千年佳句勾勒出的绿色，是扬州的城市底色，“林城一体、林水结合、林文相融”，则是扬州逐步营造出的富有自身特色的城市森林格调。

从确立绿色发展与生态城市建设规划，到摘得“国家森林城市”“生态城市”等桂冠，扬州经历了十几年的“绿色马拉松”。十几年间，扬州市把绿色发展与生态文明建设作为民生工程、民心工程来抓，通过实施生态文明建设和产业绿色发展，走出了一条生态、文化和经济协调多赢的可持续发展新路。

在项目招商引资上，始终秉持“生态优先、绿色发展”理念，严把项目审批关，对存在污染隐患的项目实行“一票否决”。在协调经济发展、城市扩容和生态建设的互动中，扬州成功实现了多赢。生态竞争力已成为扬州城市最核心的竞争力。这一切都令人感慨：扬州已经将静态的生态资产，转化为推动生产力发展、拥有蓬勃生机的资本。

扬州根据境内平原、低丘、湿地多、宜林资源相对较少的实际，以“近自然”的理念，全力推进“创森”工作，取得显著成效。中国林业科学研究院首席科学家彭镇华教授认为，扬州市在创建国家森林城市工作中，注重遵循“崇尚生态、师法自然”法则，因地制宜，走“林网化、水网化”的森林城市建设路子，形成了扬州特色，给平原水网型森林城市建设提供了经验。关注森林活动组委会则在颁奖词中对扬州有这样的评价：

素有“一丘三水六分地”之称的扬州，是中国东部典型的平原水网型城市。扬州市委、市政府在创建国家森林城市工作中，紧扣“创建为民、创建靠民、创建惠民”主题，注重遵循“崇尚生态、师法自然”法则，因地制宜、师法自然，走“林网化、水网化”的森林城市建设路子，形成了独具“林水之州”特色的森林生态系统，构建起了城市生态宜居、百姓幸福安康的幸福画卷。[9]

作为长江运河交汇点、南水北调东线源头城市，扬州自觉担当起区域生态环境保护的责任，扎实推进长江大保护，首倡建设江淮生态大走廊，致力打造纵贯江淮、守护全域的清水大走廊、安全大走廊、

□ 扬州市共造林45204.5公顷，建成国家级湿地公园1个、省级湿地公园3个、省级森林公园4个。图为西湖二十四桥景区

9 “创森”金牌是这样铸就的．扬州日报，2011-06-20. http://wm.jschina.com.cn/9662/201106/t858802.shtml

绿色大走廊，确保水质长清、净水北输，挺起扬州绿色发展的脊梁。

国家生态城市也是衡量现阶段我国城市绿色发展水平的重要标志，是许多城市竞相争创的“金字招牌”。近年来，扬州以“不欠新账、多还旧账”为原则，实现由“环境换取增长”向“环境优化增长”转变，做到经济建设与生态建设一起推进，产业竞争力与环境竞争力一起提升，经济效益与环境效益一起考核，物质文明与生态文明一起发展。

早在2003年11月，扬州就已通过《生态城市建设规划的决议》，成为全国第一批正式拥有生态规划的城市。

2005年，扬州通过全国生态示范区（地市级）的考核验收，下辖的宝应、高邮、江都、仪征及邗江全部建成全国生态示范区。

同年，围绕“打造绿杨城郭新扬州”的目标，扬州市委、市政府下发了《关于加快扬州林业发展的意见》。2009年，专门成立了由市长任组长，各相关职能部门负责人参加的城市森林建设工作领导小组，明确了“建设城市森林为民、靠民、惠民”的指导思想，“打造绿杨城郭、建设林水之州”成为建设宗旨。

扬州是典型的南方平原水网型城市，可栽树的陆地资源十分稀缺，森林进城的路是否能够走通？

自古以来，扬州依水而建、缘水而兴、因水而美。一部扬州的历史，就是一部因水而兴的发展史。宜林地少而河多、水多、路多、堤多，实则也是另一种资源优势。扬州市依据“林水之州”的特点，因地制宜、师法自然，充分挖掘“水文化、林文化”的优势，以建成“林城共生、林水一体、林文相融”城乡一体的城市森林生态系统网络为目标，制定了一条“水网化、路网化、林网化”城市森林建设之路。作为历史文化名城，在经济社会发展上，扬州最具优势的战略资源就是生态环境，通过“创森”之路，扬州的城市建设实现了精巧精致与大气自然相结合，形成了独具特色的城市森林生态系统。

2010年以来，扬州市决定把推进城市森林建设作为推动扬州科学发展的重要抓手，作为扬州建设国家森林城市、全国文明城市、国家生态城市和世界文化遗产城市这“四城同建”的开篇之作，在政府和市民的共同努力下，扬州市探索并走出了切合实际、凸显特色、彰显魅力的平原水网地区城市森林建设的新路。

在古运河解放桥南，有一块“中国森林生态网络体系工程示范区”

碑石，上面刻有“中国森林生态网络体系工程示范区”的字样。这是1999年科技部和国家林业局以扬州古运河两岸绿化美化为点，指导扬州探索城市森林建设的发祥地。如今，这里已成了外地游客来扬观光旅游首选景点之一。

2011年6月18日，在辽宁大连举行的第八届中国城市森林论坛上，中共中央政治局委员、全国政协副主席、关注森林活动组委会主任王刚为扬州颁发了一块沉甸甸的奖牌——国家森林城市。

在那之后，扬州市还加大用材林、绿化苗木和经济林茶果产业带建设，促进木材加工业、野生动植物及其制品经营加工业及以森林旅游为主的服务业有序发展，进一步创造“社会得环境、业主得效益、农民得实惠”的多赢局面。在农村，扬州将造林绿化与环境整治、垃圾集中处理和河塘清淤整体推进，有效改善农村村容村貌和农民的生产生活条件。

为了让扬州人民有更多的幸福感、更多的获得感，2013年7月，扬州市进一步完善“宜居、宜游、宜创”的城市功能，推动“就业、创业、置业”的有机融合。这个有2500年建城史的古城对市民的凝聚力、对创新创业者的吸引力不断提升，城市建设给百姓带来的红利和福利有新的增加，扬州人民正分享着城市发展的生态之美、文化之美、文明之美。

如今，扬州已初步建成了独具平原水乡特色的城市森林生态体系、高效优质的林业产业体系和繁荣文明的林业文化体系，一个“生产发展、生活小康、生态优良”的森林之城初步建成，“林水相依”新扬州新形象得到充分展现。

“绿杨城郭是扬州”，是古人对扬州的赞美；精致、秀美是扬州的城市特质。五湖四海的宾客一来到扬州，就能强烈感受到绿色扬州的精致、秀美。朱自清在《我是扬州人》一文中，曾用“生于斯、死于斯、歌哭于斯”来描述与扬州生死相依的关系。

在四方寺的西北角，一处僻静的小院落，这里曾是扬州八怪之一的金农寄居的地方。门口匾额上题有“金农寄居室”，一株合抱粗的银杏树，至今仍巍然屹立在庭院的中央，散发着幽然的馨香。

第五节 温州：瓯山越水的蓝图与记忆

坐拥江海河湖，温州自古便是一块福地：三大江自西向东贯穿全境，孕育了温州文明，创造了温州精神；东濒东海，海域面积接近于陆域面积，海洋资源非常丰富；乐虹柳、温瑞、瑞平、滨海等平原河网不仅织就了发达的水系，还衍生出源远流长的瓯越山水文化。因水而生、因水而美、因水而兴，创建水生态文明城市，温州有得天独厚的“家底”。

温州，一座拥有5000多年文明史的城市，在历经近1700年的城市建设后，正将山水“斗城”格局的空间形态，以及“江、屿、山、河、城”浑然一体的独特历史风貌遗存，与深厚的人文底蕴相融合，传承着历久弥新的瓯越文化风韵。

这里有谢灵运、叶适、王十朋、刘伯温、高则诚、孙怡让、朱自清、郑振铎等历代名家的文宝和遗迹。这里有诗之岛江心屿、东瓯国史陈馆、鼓楼街谯楼、南戏博物馆、玉海楼、数学名人馆等在历史遗存及古韵珍品。这里是中国山水诗的发祥地、重商经济学派的发源地、南戏的故乡、数学家的摇篮。

□温州市完成村庄绿化5000多公顷，创成省、市级森林村庄1460个。图为泰顺森林村庄

2016 年 5 月 4 日，国务院正式批复同意将温州列为国家历史文化名城。

翻阅历史长卷，穿越世纪烟云，温州这座东晋时建成的"山水斗城"，在历尽时光的洗礼和岁月的沉淀后，正焕发着尚文的魅力，崇商的活力、进取的动力、崛起的实力。

温州的影响巨大而独特。它位列中国首批沿海开放城市，是中国民营经济先发地区。从早期的温州市场、柳市八大王，到后来的温州模式、温州资本，再到温商、炒股、炒楼……温州人创业致富的足迹遍及全国和世界各地。

新常态下，温州正以"时尚之都、山水智城、民营高地、温商家园"作为城市定位，以绿色发展为基本途径，以构建现代基础设施网络为支撑，以超常的力度推进环境整治和林业建设，努力建设宜居宜商宜业宜游的美丽温州。

走近、站远，温州呈现截然不同的模样。她有滨海环山的自然禀赋，有瓯江和雁荡山的灵秀山水，有高达 60.03% 的森林覆盖率，有空前力度推进的城乡一体绿化。[10]

"十一五"期间，全市森林覆盖率从 59.6% 提高到 60.03%。这样的数字，放在三面环山一面临海、人均耕地只有 200 平方米的温州，无法不让人惊叹。

温州的碳汇造林、林业改革、生态旅游等产业发展，无不领先甚至叫响全省，碳汇造林更是走在全国前列。

温州已率先迈向现代化，城镇化率已高达 66%。这是物质基础和现实。当地的城市、经济、社会，都面临着转型升级的考量。

2010 年 6 月，浙江省委出台《关于推进生态文明建设的决定》，提出建设"森林浙江"。8 月 19 日，温州市委出台《关于推进生态文明建设的实施意见》，启动生态建设"八大行动"，"绿满温州"跻身其中。《意见》提出，"十二五"期间，全市森林覆盖率达到 62%，建成国家森林城市。

2010 年 10 月 9 日，温州市委、市政府召开千人动员大会，全面部

---

10 陈永生．滨海山水城市 诗意森林栖居．中国绿色时报，2014-06-11.http://www.forestry.gov.cn/main/1067/20140611/683075.html

署开展国家森林城市、国家园林城市、全国绿化模范城市等创建活动，在全域城镇化背景下，温州要建设滨海山水型森林城市。

温州辖3区2市6县，按传统的概念，已很难简单地区分城乡，全域城镇化是必然选择。国家森林城市建设倡导城乡一体绿化。两者不谋而合。

温州新型城镇化空间结构被描述为"1650"：以大都市核心区为1个主中心，以6个县城为副中心，以50个中心镇为重要节点。按照这一布局结构，结合自然环境特点，规划构建全市域"环山面海、三江九廊、一核六组团"的城市森林生态网络。

温州生态环境的最大优势和特色就是山水兼备。

"环山面海"：温州自北向西至南，由外围群山形成"环山"绿色生态圈；由东面海岸景观防护林带、滩涂湿地构成贯穿全市的南北向"面海"生态防护带，由此构成环市域生态屏障，保障国土生态安全。

"三江九廊"：包括瓯江、飞云江、鳌江三江六岸滨江景观林带和铁路、高速公路、国道线等9条交通干线通道绿化，以路网、水网、林地、农田林网为依托，构建连接各组团、山体和沿海地带的生态廊道。

"一核六组团"：在温州中心城市区域（"一核"）建设城市森林生态网络，打造都市生态绿核；在6个副中心（"六组团"）和50个中心镇建设城区、郊区森林。

温州市政府提出，抓绿化就是抓环境、抓生态、抓转型、抓发展、抓民生。绿化是城市有生命的基础设施，必须把绿化作为城市建设的重要工程、作为惠及子孙后代的民生工程来抓。

《温州市国家森林城市建设总体规划》被纳入城市建设总体规划。3年间，投入资金100多亿元，相当于同期GDP的近1%。每年投入的绿化资金，相当于过去30年的总和。

在城市绿化、城镇绿化、村庄绿化、公（铁）路绿化、江河海岸绿化、农田林网、平原片林、山地造林、碳汇造林等十大工程的带动下，全市3年植树造林46.8万亩，新增城市绿地6580公顷，新建改建城市公园绿地200多处；村庄绿化面积3186公顷，创成市级以上森林村庄1117个；新建各类廊道林带2000多公里、农田林网4000多公里，使1270公里交通干线、780公里海岸线和500多公里江河岸宜林地绿化率达到90%以上。

两组数字，可见“创森”给温州市民带来的好处。

全市人均耕地200平方米，3年“创森”新增造林面积，即相当于人均增加有林地40平方米；3年“创森”，全市人均公园绿地面积由4.51平方米增加到17.8平方米，从人均一张床增加到人均一间房。放眼望去，温州林水相依、林山相依、林城相依、林路相依、林村相依、林居相依。

以乐清为例。这是个温州下辖的县级市，东山公园500亩、中心公园400亩，全是拆违建起的，以前的城中村、废弃采石场迅速成为市民休闲娱乐的场所。入城口公园建设投资3000多万元，拆迁却花了1.5亿元。据说，市内大型公园几乎全是拆违建造的。

2011年以来，温州市共拆违4680.7万平方米，全部用于绿地建设。在拆违的同时，市区新建了三垟湿地公园、杨府山公园、白鹿洲公园、沿江滨水带状公园等343个城市公园、游园。除了城市“拆违造绿、拆围透绿”，还有村庄“见缝插绿”、通道“租地扩绿”、海岸“留地建绿”。森林在看似不可能的地方快速崛起。[11]

“创森”补齐了温州平原和城镇绿化的短板，又使一个个“城市之疤”变成了城市的花蕊。

近年来，温州还很注重自然资源和历史文化的保护和利用，实施生物多样性和常用园林植物的保护，在引进新品种的同时，大量种植本地树种。制订《温州市湿地保护与利用规划》，发挥三垟湿地公园的“绿肺”功能，打造休闲旅游俱佳的“城市绿色客厅”。

温州大力保护古树名木，对以温州市树——榕树，“樟抱榕”为代表的706株古树名木，全部建档立卡。目前，温州古树名木保护率达99.02%。积极开展乡土树种的研究、推广和绿化技能培训，根据生态环境条件和绿地规划特点，优先选择市树榕树、市花茶花等景观生态性突出的乡土植物，以及香樟、竹柏、桂花、喜树、海桐等成本低、适应性强、地方特色鲜明的乡土植物，在满足城市绿地性质和功能要求的同时，显示城市人文特色。

近年来，温州充分利用丰富的山水资源，大力推进城市公园、山

---

11 陈永生．滨海山水城市 诗意森林栖居．中国绿色时报，2014-06-11. http://www.forestry.gov.cn/main/1067/20140611/683075.html

地公园、滨水公园等建设，从增添绿量到提升品质，温州绿色“家底”不断殷实。

截至2014年，温州先后新建了杨府山公园、白鹿洲公园、墨池公园等30个城市公园；改造了景山公园、九山公园、中山公园等6个城市公园；新建了华侨中心小游园、张宅河小游园、滨海园区中心游园等241个街头绿地（小游园）。现建成区内的50余处大型公园绿地，全部免费开放，实现了“推窗见绿，出行500米即可见公园”的城市生活环境。

2014年9月，温州市被全国绿化委员会、国家林业局授予“国家森林城市”称号。

全市森林覆盖率达到60.03%，林地面积1167万亩，生物多样性丰富，拥有木本植物1016种，目前温州有国家级、省级、市级、县级森林公园，加上乌岩岭国家自然保护区，森林旅游规模面积达117659.94公顷，景区面积占市域土地面积的1/4，发展森林旅游的自然潜能巨大。

目前，温州有国家级风景名胜区2个、国家级森林公园5个、省级森林公园13个、市级森林公园36个，县级森林公园70个、国家级自然保护区2个、省级风景区9个，还有15个国有林场和100多个乡镇林场蕴藏着众多尚待开发的森林旅游资源。

目前，温州森林绿道建设走在浙江省前列，已完成编制全市森林人家建设规划，借助中国森林旅游节的宣传，温州国家级森林公园的知名度和人气度极大提升。2012年3月，出台了温州市绿道网建设实施意见，3年时间，新建和改造提升90个森林公园，建设交通绿道、城区绿道、森林绿道共3536公里，串联起主要的旅游景点和森林公园，形成以国家和省级森林公园为骨架，中心城镇“一镇一园”为点，以绿道为线的森林旅游休闲体系。

2015年10月10日，在中国森林旅游节暨生态休闲产业博览会上，温州市入选首批2个全国森林旅游示范市之一。

从城市到乡村，“创森”成就了温州的山水情怀。

如今的温州城市景观四季分明，春可观落樱似雪，夏可赏荷花碧浪，秋可品金桂飘香，冬可享梅竹双清。春花秋月依旧，精神不会衰老。日月轮回，沧海桑田，不变的是绵长文明的一脉承传。

第六节　“杭州绿”：中国绿色发展缩影

山连着山，山连着水，水盛着水，纵横交错，高低错落。西湖、钱塘江、北高峰、玉皇山、西溪湿地、运河、湘湖、富春江、千岛湖、丝路起点、九溪十八涧等符号化的地理样本保持着固有的生态，保持着天然纯粹的美。山是青山，水是清水，土是黑土，地是湿地。人们惯常印象中环境治理需要“烧钱”，杭州这样的生态条件，似乎都可以无为而为，天然而治。

历史文化名城杭州的形成，肯定也和这样独特的区位优势相关。这座城市三面环山，依江傍湖。北有贯穿京杭南北的大运河；南有沃野千里的杭绍平原；东有蜿蜒的钱塘江；西有河港交错、桃红柳绿的西溪景区。早在4700多年前，举世闻名的“良渚文化”便在这里诞生，唐宋以降，“吴越”和“南宋”曾两度建都杭州[12]，杭州便有了“人间天堂”的美誉。

在今天，在城市里，何处可望青山？何处可看绿水？如何让我们记得住乡愁？杭州用自己的模式凝固了答案。

一街一故事，一巷一传奇，穿行于杭州的大街小巷、山间林间，处处皆美景，步步含文化。形容杭州最贴切的两个字就是“精致”，精巧到了极致，每一地、每一处、每一点无不都是精心设计的，就像一壶刚沏好的清香醇厚、馥郁醉人的龙井茶，需要慢慢地品、细细地赏。

“品质之城”概念如何理解？说的是物质生活品质、文化生活品质、社会生活品质、环境生活品质。这几大品质互相支撑，合成先进的观念、丰富的内涵、健康的方式、优越的环境和健全的保障。

解读杭州的生态文明建设，也要从“品质”二字入手。

2007年以来，杭州市作为欧盟在中国开展的亚洲保护生态环境项目的唯一“森林进城”的样本城市，成功地探索出一条以提升“生活品质”为主导的“生态经济共赢、人文景观相融、城市乡村互动”的城市森林建设“杭州模式”，受到了各方的充分肯定，成为引领中国城市森林未来发展的典范之一。

创建国家森林城市，是杭州全力打造“生活品质之城”的一项基

---

12 陈友贵．杭州历史文化名城现代化城市的建设和发展探讨．杭州研究，2003（1）：46.

础工作，同时也是有效的推进载体。长期以来，绿色成了杭州城市最显著的标志色，绿色已成为杭州最响亮的“金名片”，绿化成了杭州人民最大的民心工程。

杭州“八山半水半分田”，林业资源丰富，是浙江省的第二大林区。全市拥有“西湖”和“富春江—新安江—千岛湖”2个国家级风景名胜区，天目山和清凉峰2个国家级自然保护区，各级森林公园50个，森林生态旅游景点70多处，经营面积270万亩。全市林业总产值达780亿元，居全省第1位，其中花卉苗木、毛竹和山核桃为杭州优势特色产业，萧山是“中国花木之乡”，临安、余杭是“中国竹子之乡”，临安、淳安是“中国山核桃之乡”。[13]

虽然有着雄厚的资本，但杭州一直在不断完善城市森林生态网络。

一直以来，杭州市政府都按照“开门见林”的要求，逐步完善各类公园、公共绿地为主的城市绿地系统，大力开发城市森林天然氧吧，积极拓展森林休闲游憩功能，实现多数市民出门平均500米有休闲绿地的目标。大力实施借地绿化、见缝插绿、合理播绿等一系列创新举措，把以城市森林建设为主要内容的“扩绿工程”列为政府为民办实事之一。如钱江新城平均地价达数千万元一亩，像这样寸土寸金的地

□ 创森期间，杭州市城区扩绿以年均600万平方米以上的速度增长，绿地总量达到129.7平方公里。图为东方休闲之都鸟瞰

13 张志国．森林城市行 最忆是杭州．绿色中国，2016（21）．http://www.greenchina.tv/news-22177.xhtml

区，钱江新城管委会还是下定决心，硬是挤出近千亩土地建设钱江新城森林公园和市民公园。

杭州着力于建设多树种、多层次、多色彩、生态经济型混交的景观林，让杭新景、杭徽高速公路沿线成为山清水秀的绿色走廊、环境优美的景观大道。当年杭州市的“创森计划”，把触角延伸到了高速公路，高速公路被打造成了名副其实的“绿色公路”。2008 年伊始，杭州市对杭新景高速公路沿线综合整治，强势推进了森林城市建设，新增森林景观绿地 800 万平方米以上，高速公路景观林面积 1.7 万余亩，扩绿数量再创历史新高。[14]

在建设森林城市的过程中，杭州充分利用杭州市域的自然山水整体格局，做足江、河、湖、溪、海“五水共导”的文章，让水网融入林网，依水建林，以林涵水。充分彰显“五水共导”特色的代表作——西溪国家湿地公园，成为全国首个国家湿地公园。

在创建森林城市过程中，杭州坚持城乡统筹发展，推进城乡绿化一体化。在城区，大力开展“绿荫工程”，积极推广建筑物、屋顶、墙体立面、立交桥等立体绿化，着力提高主城区的绿化覆盖率和城市的“三维绿量”。在城郊和乡村，结合新农村建设特别是百村园林绿化工

14 杭州：向国家森林城市敞开怀抱．杭州网，2008-12-22. http://www.hangzhou.com.cn/20081222/ca1623832.htm

程和杭新景（杭千）、杭微高速公路沿线景观林建设工程的实施，加大城郊、乡村绿化和高速公路沿线景观林建设力度，以点带面、以线促面，以城带乡、以乡促城，城乡联动、整体推进，建设城区园林化、郊区森林化、道路林荫化、庭院花园化的城市森林生态系统。

通过加大财政转移支付力度，市县联动，有力促进了市、县协调发展。近年来，杭州市本级每年安排上亿元财政专项资金用于新农村建设。先后制订出台了都市林业示范园区、园林绿化村、低产林改造、景观林建设等以奖代补办法。此外，强化部门推动，充分发挥部门调研、规划、参谋优势，紧紧围绕新农村建设，强化部门政策推动，形成强大工作合力。建立并完善"一级政府、三级管理、四级网络"的体制，强化属地管理，增强基层管理力量，充分依靠政府职能部门、绿委成员单位、社会团体和广大市民，整合条块资源，凝聚行业力量，争取各方支持。

如今，杭州已实现了从注重绿化率向注重林木覆盖率、从注重视觉效果向注重生态效果、从注重绿化用地面积向注重绿化空间、从注重建成区绿化向注重城乡统筹绿化的"四大提升"。

生态与产业、兴林与富民是相互依存、相辅相成、相互促进、对立统一的辩证关系。近年来，杭州市围绕"蓝天、碧水、绿色、清静"目标，以实施850万亩生态公益林等五大林业重点工程为抓手，着力构建融山、水、林、园、城为一体的城市森林生态系统，同时紧紧围绕"兴林富民"这一主线，大力实施毛竹、板栗、油茶等低产林改造，努力打造可持续发展的"东苗、西核、南榧、北竹"的绿色产业格局。通过生态促进产业、产业反哺生态，坚持在兴林中富民、在富民中兴林。[15]

□ 杭州不断加强自然保护区管护，已有1700多种森林动植物得到有效保护。图为西溪湿地

15 李红．"杭州模式"深度解读．中国绿色时报，2009-05. http://www.forestry.gov.cn/portal/main/s/72/content-201924.html

生态环境是杭州最具魅力、最富竞争力的独特优势和战略资源。杭州从 2013 年起就将“治水、治气、治废、治堵”作为政府最大的民生工程，着力修复因经济发展和城市建设破坏的环境，打造“人在景中走，如在画中游”的城市景致。

2008 年至今，杭州造了 75 万亩人工林，森林覆盖率已达 65.22%，市区建成区人均公共绿地面积 15.1 平方米，在全国同类城市中名列前茅。对生活在这座城市的人而言，最直观的是身边的河流变清了，天空变蓝了，家门口的绿地更多了。

杭州城市阳台、云栖小镇、山南基金小镇、半山森林公园、太阳公社等等，越来越多杭州人熟悉的地方，都见证着这几年杭州生态环境越来越好的过程。江洋畈生态公园，以前那里是西湖淤泥的堆积场，后来，淤泥里沉睡的水生、陆生植物种子，纷纷发芽，江洋畈变成了以垂柳、湿生植物为主的次生湿地。杭州就在这些淤泥的基础上建出了一个新的生态公园。建公园时，所有的原生态植物都完整地保留下来，再种上野趣的金鸡菊、狼尾草、波斯菊等山花，现在你可以在那里看到原汁原味的西湖本土植物，也能感受到没有经过雕琢的自然清新。

杭州市于 2009 年 4 月被全国绿化委员会、国家林业局授予“国家森林城市”称号，成为我国东部地区首个获此殊荣的省会城市。自成功创建以来，杭州市十分珍惜这一来之不易的荣誉，并以此作为新的起点，迎接新的挑战，继续依托生态型城市建设大工程、森林杭州行动大项目，深入推进国家森林城市建设，拓展城市绿化空间，美化城市森林景观，巩固发展创建成果，通过外化于形、内固于制，提高城市森林建设水平，为打造“美丽杭州”，争创美丽中国先行区奠定扎实基础。

作为“国家森林城市”的杭州，森林覆盖率已居全国省会城市、副省级城市首位。杭州市今后将按照增加森林资源总量，提升森林生态质量要求，以森林杭州行动为载体，大力实施“千万株适生乔木扩绿、千万亩森林氧吧康体、千万棵景观植物添彩、千万株珍贵树种藏富、千万方森林蓄积固碳”的“五千万”行动计划，努力实现“平原林业增绿、生态林业增氧、景观林业增彩、富民林业增收和碳汇林业增汇”“五林共增”目标，让森林走进城市，让城市拥抱森林，为“国家森林城市”这一“金字招牌”增添新的含金量。[16]

昔日杭州，曾有着良渚古城文明初耀的光芒，有着西子湖“淡妆浓抹总相宜”的传唱，有着千里大运河的蜿蜒流淌，有着“梁祝”“白蛇传”浪漫的不绝回响。今日杭州之美，更在于山水相依、湖城合璧，美在以人为本、文明和谐，美在便捷宜居、活力四射。通过杭州这扇窗口，人们看到了一个向着绿色、幸福、智慧迈进的大美中国。正是江南好风景，天蓝、地绿、水清。生态文明是杭州的软实力，是杭州经济、社会、文化又好又快发展的重要支撑。杭州坚持深化生态文明制度建设，增强城市综合承载能力，在建设“美丽杭州”上更进一步。这意味着，在新的起点上，杭州将坚定不移推进绿色发展，走向更美的未来。

16 张志国．森林城市行 最忆是杭州．绿色中国，2016（21）．http://www.greenchina.tv/news-22177.xhtml

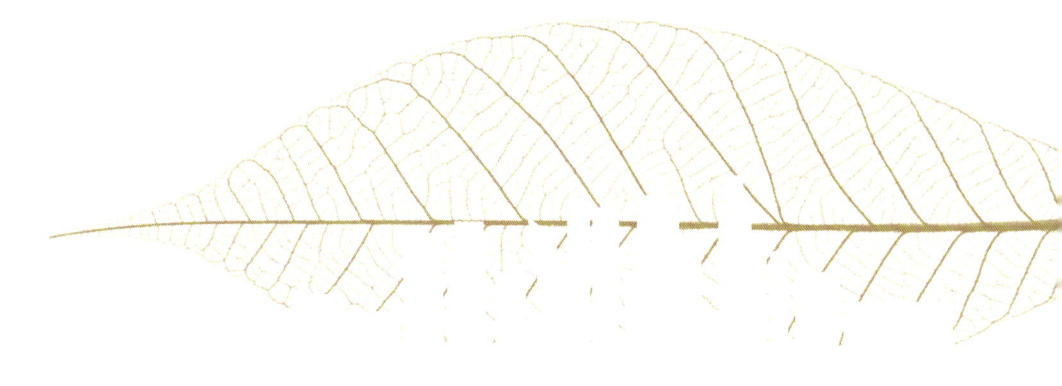

第三章 珠三角：大绿倾城

第一节 绿色转型发展：从广东说起

广东中部，东、西、北三江跨越千山合而为一，向南海奔流而去，孕育出河网密布、富饶肥沃的珠江三角洲。史载，早在18世纪中叶，这一区域已与国际市场产生联系。30多年来，珠三角勇当改革试验田，一跃而成全国市场化程度最高、市场体系最完备的地区。

考察珠三角的崛起之路，工业化与城镇化犹如鸟之双翼、车之两轮交替演进。伴随经济要素和人口的高度聚集，一个充满勃勃生机的城市群已然成型。

珠三角城市群，分布着20多个城市、300多个建制镇。中国社会科学院发布的《2013年中国城市竞争力蓝皮书》显示，珠三角有3个城市进入“城市综合经济竞争力”前10名。区域内城际轨道、高速路纵横交错，两小时生活圈初具雏形；深水良港密布、国际机场集聚，以至于《华盛顿邮报》惊呼：“珠三角的空域拥堵已位居全球前三位。”[1]

过去的30年间，广东经济以年均13.8%的高速增长，经济总量超过3万亿元，成为中国第一经济大省，实现了“世界走一步、广东跨四步”的历史性跨越。

也是在这场伟大的征程中，珠三角作为一个区域经济概念，走进

1 珠三角城市群，离世界级有多远．南方日报，2013-10-31.

了历史，为中国贡献了诸如“顺德模式”“南海模式”“中山模式”“东莞模式”等，创造了“深圳速度”“珠海现象”这些内涵丰富的实践内容。

但“先发优势”也暗藏“转身劣势”。近30年的经济狂飙之后，特区深圳同样面临着升级转身之艰难：经济发展面临资源和环境紧约束、生产力水平总体上还不高、自主创新能力还不强、社会管理模式与构建和谐社会的要求还不完全适应……凡此种种，改革开放的攻坚克难，任务还相当艰巨。书写了30年辉煌传奇的珠三角，正面临着一个可能是重要的抉择点。

生态形势与环境压力，更是不容乐观。广东以占全国1.87%的土地面积，承载了占全国9.8%和4.1%的工业废水和废气总量。广东省21个城市中61.9%受酸雨污染，95.2%出现过酸雨，珠三角9市中有8个是重酸雨区。广州灰霾天气严重，肺癌发生率伴随空气污染事件的显著增长而大幅增加。[2] 危机和困顿产生的思考，让广东走上了绿色发展之路。近年来，广东按照“加快转变经济发展方式”的要求，探索经济结构调整与经济发展方式转型的突围之路，积累了宝贵经验，再次成为中国“绿色转型”发展的排头兵。

绿色转型发展是一个长期过程，经过近几年的努力，广东的绿色转型发展取得了初步成效。第三产业比重不断上升，对信息、服务、技术知识等“软要素”的依赖程度不断加深，能源消耗强度也在不断降低。同时，生态环境也在不断改善。

在绿色发展方面，珠三角地区走在了全国前列。2015年，珠三角单位工业增长值能耗下降10.25%，广州、深圳成功创建国家绿色低碳城市，东莞也成功创建森林城市。发展绿色经济，已成为这一地区全新的生活方式甚至信仰。2016年一季度，珠三角经济增速“跑赢”全国和全省平均水平，但整个区域2015年的$PM_{2.5}$年均浓度仅为34微克／立方米，成为全国率先达标的重点地区。

坚持绿色发展，还必须有绿色资源来支撑。推进国家森林城市群建设既是提升广东综合竞争力的重要内容，也是不断满足人民群众生态需求的必然选择。

---

2 珠江三角洲地区改革发展规划纲要(2008—2020年).http://politics.people.com.cn/GB/1026/8644751.html

为了改变城市环境，广东省不惜花大手笔建设森林公园。2002—2006 年，深圳市完成森林公园规划和项目立项，规划总面积达 250 多平方公里。惠州、中山、东莞等地进行生态绿城规划，在寸金寸土的珠三角地带，种下了绿林满目，一扫“世界工厂”的灰霾记忆。在广州，按照 2010 年“绿色亚运”的要求，全市将新增绿地面积 47.57 平方公里，“森林围城”已经逐步实现。

“绿色”从城市延伸到了海岸边，一道“绿色长城”围绕广东沿海不断绵延。防护林，这道总长达 2797 公里的“绿色生态屏障”，固堤、防沙化、抵御台风，保护了无数村庄农舍。

向大海要森林，是广东生态的又一大手笔之作。全省现有红树林地面积达到了全国的近一半。在深圳，主干道不惜让路，换来的是红树林的郁郁苍苍，以及周边土地价值的提升。

从红树林到大森林，生态精华尽藏山区。从 20 世纪鼎湖山成为全国第一个保护区以来，广东就为国家生态建设一次又一次地贡献林业经典。早在 2005 年，全省就已建立了森林、野生动植物和湿地类型自然保护区 237 处，初步建成了以国家级自然保护区为核心，以省级自然保护区为网络，以市县级自然保护区和自然保护小区为通道的体系。

飞驰在各大高速公路的人们，近年来无不发现，路边景色已今非昔比。广东在京珠、汕梅、普惠、开阳等一批高速公路大种良木，还在重点推进京九铁路、京珠高速等绿色通道的造林。

“绿色”同样在广东大大小小的江河边悄然而生。东江、北江、西江、韩江等流域水源涵养林建设，不但有力防止了泥石流，还涵养了广东几千万人的生命之源。

封闭式林场变成开放式森林公园，可谓是广东林业改革的又一创举。目前广东已建立各类自然保护区 270 个、森林公园 1086 个，成为全国自然保护区和森林公园最多的省份；全省森林覆盖率高达 58.88%，全省森林面积达 1.629 亿亩，位居全国前列。未来，还将有更多林场变身森林公园向市民开放。

水源涵养林、沿海防护林及红树林、绿色通道、自然保护区、城市林业及森林公园……一个个生态概念与规划浓缩了多年的付出和成就。2005 年全省森林生态效益总量达 6377.83 亿元，涵盖了全省森林放氧效益、降尘净化大气效益、生态旅游效益等九大效益之总和。[3] 如今，每一项可圈可点的绿色含金量都在继续保持着增长，见证了广东生态的复兴。湾区时代，珠三角城市群已做好准备，扬帆远航。

第二节 “各美其美”，而又相融相通的绿色图景

“珠三角城市群”，通常是指广州、佛山、深圳、东莞、中山、珠海、江门7市和惠州（惠城、惠阳区和惠东、博罗县）、肇庆（端州、鼎湖区和高要、四会市），共7市和8个区、县（市），面积4.17万平方公里。“大珠三角城镇群”则再加上香港、澳门，面积4.28万平方公里。

珠三角是全国重要的经济中心，其经济地位显著，引擎作用突出，有数据显示：2011年，珠三角经济总量达43245.53亿元，在仅占我国国土面积0.43%的土地上，创造了占全国9.15%的经济总量；人均GDP达81842元，超过全国人均GDP（35181元）的2倍。包括香港、澳门在内的“大珠三角”国内生产总值为61341.93亿元，占全国的比重为12.97%。同时，珠三角还是全球公认的加工制造业基地，国际贸易和物流业地位突出。

不过在环境领域，珠三角的形势其实不容乐观：陆地地表水污染严重，跨区水污染日益突出，影响饮用水供应；近海海水污染问题突出，监测表明，珠江口每年通过八大口门携带上百万吨的污染物入海，这严重影响着海洋生态安全；同时，海水富营养化、底栖生物群落受损、渔业资源衰退、生物群落退化、多样性下降，整个珠江口生态系统安全受到严重的威胁。空气污染面临巨大压力，影响居民健康安全。据统计，珠三角每年出现灰霾污染的天数达100天以上。此外，农产品受污染问题突出，食品食用安全堪忧。

珠三角，更应该是一个生态文明的示范区。要确保珠三角地区的空间结构生态化，就要构建区域生态安全格局，全面推进区域基本生

3 迎接党代会辉煌看南粤：世界工厂大手笔写“绿色传奇”. 羊城日报，200-05-10. http://news.sohu.com/20070510/n249945403.shtml

态控制线的划定，加快绿色基础设施的建设，促进绿道网升级提质等。为确保城市空间结构生态化，建设"绿色珠三角"，全面处理好生态格局与城市群空间布局与形态的关系，按照广东省政府规划，深圳、佛山、中山和江门珠三角这4市，将力争到2018年前创建成国家森林城市，到2020年，珠三角地区基本建成国家级森林城市群。

如今，虽说广州、惠州、珠海等珠三角5市已成功创建国家森林城市。但是在肯定成绩的同时也要清醒看到，珠三角森林城市建设仍面临着发展不平衡、区域森林生态功能等级较低、沿海防护林体系建设不完善，以及森林绿地、水网联通性不足等问题。多城联创国家森林城市群，如何让城市之间更好地融为一体，彰显森林城市群整体效益和魅力？在珠三角森林城市群建设中，各市根据各自城市主体功能定位，结合城市建设风格、城市文化特色和生态建设布局，将自己的创建特色融入森林城市群建设当中。以下是对珠三角几个城市进行的择要分析举隅。

广州

作为一座千年不衰的港口城市、海上丝绸之路始发港之一，广州历来就是全国内外经济交流的生命线，给岭南带来世界海洋文化特色，并产生强烈的区域联动效应，使珠三角和岭南沿海自明清以来就成为世界市场体系的一部分。岭南文化的开放性，支持着广州保持和扩大对外开放格局，并进一步发展为世界性港口城市。岭南文化的包容性，又支持广州成为一座多元文化和而不同、相互调适、自由、协同发展的城市。

2016年12月1日，联合国开发计划署在京发布《2016年中国城市可持续发展报告：衡量生态投入与人类发展》（以下简称《报告》）。这份报告，是基于人类发展指数和城市生态投入指数，对35个中国大中城市进行了定量分析，以评估城市的可持续发展。

在人类发展指数这项，广州以0.869排中国城市第一，北京、南京、沈阳、深圳分别居2至5位。在此项指数上，广州是第二年位居首位。

人类发展指数可用于评估可持续发展中的人类福利水平，由人均预期寿命、人均受教育年限、人均GDP三个分项综合统计得出。从各指标来看，广州人预期寿命从 2015 年的不到 80 岁，跃升到 2016 年的 81.34 岁，提升幅度比较显著。人均 GDP 方面，广州排名第二，[4] 与深圳、大连、长沙、南京、天津和杭州等城市，同列人均 GDP 突破 10 万元行列。

而早在 2014 年中国省会城市及计划单列市民生发展指数（中国社科院评选的"民生发展指数"）排名中，广州以 0.638，排名第一，北京、上海、深圳位列二、三、四。《报告》列出的六项二级指标汇总，广州在民生基础、文化教育、安全健康三项排名中均居第一。2015 年民生发展百强城市（地级以上）排名中位列第一。空气质量，广州在全国主要大城市中一般仅次于深圳而处于领先地位，在全国五大国家中心城市中则排名第一。

正是由于在绿色发展理念指导下的大手笔投入，广州的民生发展指数才能够表现亮眼。近年来，广州把建设国家森林城市作为建设生态城市、首善之区、优化城市环境的有力举措，实施了投资上百亿、规模宏大的"青山绿地、碧水蓝天"工程、"迎亚运森林城市建设行动计划"和"绿城、花城、水城"等城乡生态绿化重点项目建设，并率先建成了广东首个国家森林城市。

广州突破"单兵作战"格局，"海、陆、空"全面出击，基本形成"森林围城、绿道穿城、绿意满城、四季花城"的城市景观。如 2010 年，广州在全国率先启动绿道网建设。目前，全市绿道总里程 3000 公里，沿线服务人口超过 800 万，覆盖面积 3600 平方公里，成为全省路线最长、串联景点最多、综合配套最齐的绿道网。[5]

绿色发展给了老百姓看得见、摸得着的福利，绿道网只是其中之一，城市公园、湿地公园、花城花景、立体绿化等，莫不如是。

广州原有 5 个市级国营林场，分别是帽峰山林场、流溪河林场、大岭山林场、梳脑林场、增城林场。其中，帽峰山林场、流溪河林场、大岭山林场是最早一批转型为森林公园的林场，帽峰山森林公园、流溪河国家森林公园、石门国家森林公园在 3 个林场中诞生。经过升级

4 向"超级城市"迈进的广州 支撑广州代表国家参与国际竞争发展的底气何在？南方都市报，2016-12-29（AA04）.

5 陈如桂调研督办市政协主席会议重点提案对绿道工作提出要求 .2012-09-10.http://www.gz.gov.cn/GZ00/3/201209/970944.shtml

改造，完善基础设施等，梳脑林场、增城林场也对外开放了。升级后的梳脑林场、增城林场名字也有变化。增城林场变身白水寨森林公园，梳脑林场则变身白江湖森林公园。按照市林业和园林局 2016 年计划，广州将新增 10 个森林公园、7 个湿地公园。新建设的森林公园位于天河、增城、白云、从化、番禺等区居多，主要建设内容是给居民提供爬山步道，就近“吸氧”。

广州的土地紧张，不可能开辟更多的地来种植绿化，所以只能见缝插针，充分利用空间。所以，绿色“上天入地”，天桥之上，立交桥下，随处可见的小块植被，无形中增强着城市绿化美化的立体感，提高了城区的“绿视率”“花视率”。路边不起眼的小公园，都是广州建设绿色家园的一部分，居民一下楼就能拥抱大自然，收尽绿意。这些场景，都是出自森林进城围城工程的“立体绿化”理念。早在 2010 年，广州的城市绿地面积不断增加，园林环境不断提升，建成区绿化覆盖率已达 40.15%，人均公共绿地面积 15.01 平方米，林木绿化率 44.8%。[6]

“明者因时而变，知者随事而制”。蓝图设计在顶层，执行力在基层，推进生态文明建设，努力拉升广州“颜值”，给世人呈现了一个干净整洁、平安有序的广州，是优化发展环境、提升城市竞争力之所需，亦是跃升城市文明程度、增进居民幸福指数之要求。经济转方式调结构、推动绿色低碳循环发展产业体系、开展全国水生态文明城市试点建设、推进空气污染整治、完善城市公园体系、加紧生态景观建设、全面推行垃圾分类处理、重视节能减排工作、节约集约利用土地……

一个合乎自然和人性的、给市民满满幸福感的城市发展，不仅要有经济增长，还要青山绿水、干净环境和清洁的空气，先后获得“国际花园城市”“联合国改善人居环境范例奖”“国家环保模范城市”等称号的广州，有信心也有能力做到这一点。

深圳

作为城市竞争力的重要参考标准之一的生态环境，深圳可以说列

---

6 森林进城围城，工业珠三角造一个绿色的梦 . 南方日报，2013-11-08.https://www.gdf.gov.cn/index.php?controller=front&action=view&id=10021611

四大一线城市之翘楚。深圳不仅生态环境优美，空气质量也远优于北京、上海和广州。

国家环境保护部发布的 2014 年 74 个城市空气质量状况，深圳表现抢眼：6 项空气质量指标全面达标，$PM_{2.5}$ 浓度下降到 34 微克／立方米，在全国城市中排名第四。

深圳在 2005 年便划定了基本生态控制线，全市一半的土地被划入控制线范围，线内禁止进行建设。而最近几年来，为了改善空气质量，深圳市政府先后出台了《深圳环境质量提升行动计划》和《深圳市 $PM_{2.5}$ 污染防治专项行动方案》，采取了一系列有效的污染物减排措施，使得“深圳蓝”成为常态。

深圳近 20 年来大量造林绿化，梧桐山、七娘山、羊台山是郁郁葱葱，大鹏半岛郊野森林一片新绿，市内小区有花园，村村户户搞立体绿化。再整治深圳河，净化东江水，保护西部的红树林，建立内伶仃岛上自然保护区及海上田园，这一系列举措都使地运不断变化，招引来全国各地人才，所以既是“人杰地灵”，也是“地灵人杰”。

在经济发展的过程中，深圳坚持以建设深圳国际低碳城市为重要抓手，把绿色低碳融入规划布局、环境营造、设施提升、产业集聚等各方面，精心打造绿色低碳转型发展的样板，以更少的资源能源消耗实现了更高质量的全面发展，为城市可持续发展做出了探索和示范。

与此同时，深圳始终坚持生态优先的发展理念，注重保护城市的自然生态，走绿色低碳的城市化道路。特别是近年来，通过实施生态风景林、森林和湿地公园、绿道网络、自然教育等建设，不断改善城市人居环境，增进广大市民生态福祉。[7]

绿色发展是挑战，也是机遇。迫于环境的压力，深圳很早就提出发展绿色经济、循环经济，鼓励支持低碳环保产业发展，倡导低碳生活方式，推广绿色建筑、绿色交通、绿色消费，提高新能源汽车应用普及化程度。通过大力提高科技创新在经济增长中所占比重，对原有经济系统进行绿色改造，从环境保护的活动中获取经济效益，将维系

---

7 深圳要建世界级森林城市 营造大尺度山林花海景观．深圳商报，2016-12-26 .https://city.shenchuang.com/szyw/20161226/414302.shtml

生态健康作为新的经济增长点，探寻环境与经济发展双赢的道路。

从深圳市区向东，穿过梧桐山隧道，就来到深圳最美的滨海城区盐田，世界单港集装箱吞吐量最高的码头盐田港坐落于此。这里还是深圳最具知名度的旅游休闲胜地之一。然而，建区之初，盐田区也曾饱受区内港口物流业、珠宝加工业带来的噪音、扬尘、污水和尾气等困扰，屡遭居民投诉。如何平衡经济发展与环境保护？

近年来，盐田区以创建"国家生态文明示范区"为工作主轴，坚持走"不求大而全、只求小而优"的发展与保护并重之路，在绿道建设、公共自行车系统、餐厨垃圾处理、市容环境考核等项目上，赢得了一个个奖杯。2015 年盐田区还创新推出了"城市 GEP"概念，首次尝试为城市生态系统"定价"。[8]

被誉为深圳最后"桃花源"的大鹏新区，是深圳唯一不考核 GDP 的城区。新区被划入基本生态控制线的土地占全区面积的 73.5%，自然海岸线保有率 70.6%，海洋生物4000余种……面对丰富的自然资源，2014 年大鹏新区编制完成我国第一个县区级自然资源资产负债表，并对领导干部自然资源履职情况进行审计。目前，大鹏新区已成功申报"全国生态文明建设试点"等 3 个国家级示范区，生态文明建设全面进入海陆统筹发展期。

在深圳，公园展示着城市的"颜值"，衡量出城市的宜居度，成为城市精神的公共空间。同时，捍卫并修复着城市的生态，在高强度经济发展的进程中支撑城市可持续发展的生态基石。

深圳从改革开放初期建设的首批 5 个公园，发展至今已"坐拥"911 个公园，数量和面积都居全国第一，更让市民开心的是，所有的公园都免费。一直以来，深圳市城管局着力布局三级体系，打造"公园之城"，在公园数量增长的同时，满足市民需求，贯彻"服务至上"的理念，提升公园的品质与功能：丰富公园文化、增设便民设施、突出主题特色、强化生态保护……诸多绿色福利，引市民点赞。

深圳的公园建设，将背景山林、自然山体和海岸建成森林（郊野）公园等自然公园，形成城市生态基底；以综合公园为基干，打造特色的

8 深圳盐田走出生态文明建设新路径．中国青年报，2016-03-11.http://society.people.com.cn/n1/2016/0311/c1008-28191847.html

城市综合公园彰显城市文化和品位；完善社区公园设施，改善舒适性和便利性，使其作为民生基础设施，形成了“自然公园—城市综合公园—社区公园”三级公园体系。[9]公园串起城市的海岸线，公园与公园之间通过绿廊、绿带和绿道的串联，形成深圳城市生态深沉的动脉。现在，全市已建成 2400 公里的绿道网络，绿道衔接公园、景点、公共交通，覆盖密度全省第一。

目前，全市市管森林（郊野）公园共 14 个，规划总面积约 21725 公顷，遍布全市的森林（郊野）公园已根据实际地理情况修建了登山道、绿道等登山设施，并逐步投入市民日常使用。城市综合公园已经成为深圳城市生活的一部分。深圳的城市公园建设遵循生态与生活统一协调的原则，规划建设尊重并尽量保留现有的地形地貌与自然植被，不断发掘公园亮点，以文化、景观和人性化的设计，逐步形成各公园独特的景观、植物和文化特色。[9]

深圳已正式启动创建国家森林城市工作，力争用 3 年时间，成功创建国家森林城市。目前，深圳市森林城市建设总体规划已通过专家评审和市政府批准，深圳市将按照规划确定的方向和路径，加大森林公园、湿地公园、特色公园的建设力度，实施森林生态修复工程，大力推进国土绿化，不断创新自然教育模式，向着世界级森林城市和世界著名花城的目标迈进。

惠州

惠州市位于广东省东南部，地处亚热带季风气候区，境内江河湖库湿地密布，水生态资源丰富，自古便有“半城山色半城湖”之美誉。作为珠江三角洲九市之一，惠州现辖 5 个县区和大亚湾经济技术开发区、仲恺高新技术产业开发区两个国家级开发区。

惠州是广东省历史文化名城，自古有“粤东门户”“岭南名郡”之称，自隋代以来就是东江流域的政治、经济、文化和交通中心。

惠州有着得天独厚的自然禀赋。相对于广州的中心枢纽地位、深圳的创新中心、佛莞的制造优势，惠州有着“山、江、湖、海、泉、

---

9 “深圳绿”成为深圳人的新骄傲 . 深圳特区报，2018-10-15.http://www.sz.gov.cn/szum/zjcg/zh/201810/t20181015_14281955.htm

瀑、林、涧、岛于一体的丰富山水形态”，[10] 明显区别于其他城市。山水城市正是惠州在珠三角的最独特优势。

恰是依山伴湖与拥江抱海浑然天成、都市繁华与田园风光交相辉映、“绿水青山”与“金山银山”互融共赢，点亮了惠州的城市之美。

近年来，惠州坚持走“五位一体”绿色跨越发展道路，大力开展生态文明示范创建，全市生态建设和环境保护工作呈现出规划与法治并立、城市与农村并重、山水与陆海并举、发展与保护并进等特点，生态优势不断转化为发展优势，实现了经济发展与生态保护、改善民生协同共赢。

值得一提的是，惠州施行了首部地方性法规：《西枝江水源水质保护条例》。为一条江立一部法，这背后是惠州对绿色生态发展理念的坚守。惠州把绿色生态发展理念贯穿于经济社会发展全过程，坚持走一条经济发展与生态保护协同并进的绿色发展新路子。

为了保住绿水青山，惠州不以牺牲生态环境为代价换取一时的发展。2013 年，一家美国企业准备投 2 亿美元在惠州设厂，其化学需氧量排放虽符合国家环保标准要求，但达不到东江流域更严格的标准，最终被惠州坚决拒绝。“十二五”期间全市环保部门否决不符合环保要求的项目超 800 多宗，每年项目环保否决率超 10%。[11] 这些项目本可

□ 惠州西湖丰渚园

10 周欢，王彪，卢慧，曲广宁．惠州为何独树“山水城市”．南方日报，2017-01-20. http://hz.southcn.com/content/2017-01/20/content_164074785.htm

11 黄海林．“惠州蓝”已成惠州生态金字招牌．南方都市报，2016-06-24.

以带来数百亿元的工业产值与数十亿元的税收，而惠州政府并没有动心。

惠州不是不要经济发展，更不是让老百姓守着绿水青山过穷日子，而是要将自然禀赋与后天发展结合，以创新驱动在保持山水生态的同时实现产业高端化、绿色化。

在国家5A级景区、“天然氧吧”罗浮山之上，来自珠三角的游客络绎不绝，享受“洗肺之旅”的同时，还可穿越古今感受为屠呦呦获诺贝尔奖带来启发的“青蒿治疟”中医药文化。

站在高傍山上眺望惠州市区，城市掩映在青山绿水之中。向南边的红花湖望去，放眼全是密织的森林。北边的西湖，则是绿水青山与城市景观相映……“森林围绕城市，城市在森林中”，惠州为珠三角森林进城围城呈现了一幅梦想的草图。据广东省早在2012年发布的《广东群众幸福感测评调查报告》就显示：惠州得分居珠三角9市之首，其中“绿化建设”得分高居全省前列。

翻开《惠州市森林城市建设总体规划》，这幅草图被描绘得更加丰满和美丽——生态景观林带建设工程规划，让绿色成为惠州每一个区县的分割线；城市绿道网格建设工程规划，让城区藏身于大块大块的绿色中；森林家园创建工程规划，让小森林散落在居民生活的邻门邻户。

惠州拥有建设森林城市的先天禀赋，比如在惠州市的中心区，两江交汇，这在城市空间形态里非常好。此外，惠州有海，还有3座名山，这更有利于惠州从空间上打造优美的森林格局。创建国家森林城市的目标提出来后，惠州便迅速作出了整体和重点规划，现在惠州市的森林蓄积量达2888万立方米，覆盖率60.87%，人均公园绿地面积15.8平方米，建成了26个自然保护区和43个森林公园。国家森林城市评价的40个指标中，惠州已基本达到标准。[12]

现在，惠州正继续打造“一道、二区、三园、四带、多点”的城乡森林绿地格局。“一道”即绿道，“二区”即保护区和风景名胜区，“三园”即森林公园、城市郊野公园和湿地公园，“四带”即生态景观林带、沿海基干林带、村庄绿化带和生态廊道绿化带，而所谓“多点”即滨

12 森林进城围城，工业珠三角造一个绿色的梦.2013-11-08.https://www.gdf.gov.cn/index.php?controller=front&action=view&id=10021642

江绿地、城墙绿地、中心绿地、广场绿地、社区绿地和生态休闲村镇绿地的绿化系统。全力推进全市35个森林公园和26个自然保护区建设，“构建山、林、水、城相依，点、线、面相结合的城乡森林生态体系”。[13]

惠州力争2017年基本实现全社会健康意识显著增强、居民健康水平明显提高、城市环境更加优美的健康城市目标。还将力争2018年成功创建国家生态园林城市、成功申报中国人居环境奖，2020年成功申报联合国人居环境奖。到2017年基本建成智慧惠州，迈入全国智慧城市先进行列。

惠州市通过理清绿色发展思路，使绿色理念引导绿色实践，以绿色规划规范绿色实践，以惠民富民为目标，按照“民共建、民共富、民共享、民做主”的要求，努力把惠州建设成为国际级石化名城、国家级电子信息产业强市、全省实践科学发展观的模范市和“人人安居乐业、家家富裕安康、处处和谐秀美”的“惠民之州”。

肇庆

肇庆文化底蕴丰厚，是远古岭南土著文化的发祥地之一。从汉代到清代，肇庆多次成为岭南政治、经济、文化中心，是中原文化与岭南文化，中国传统文明与西方文明交汇地区之一。

肇庆在传承历史文化的基础上继续创新文化，如今在生态文明建设上发力，打造又一名片——建成国家森林城市。近几年来，肇庆以“让森林走进城市，让城市拥抱森林”为生态建设理念，朝着“宜居、宜游、宜业”的城市发展方向迈进。

肇庆市地处广东省中西部，西江的中游地带。创建国家森林城市，肇庆有着良好的生态保护和建设基础，肇庆市委、市政府高度重视绿色生态建设和城市森林建设，近年来，通过实施珠江防护林、生态景观林、水源涵养林、林分改造和森林碳汇等工程，改善和优化了肇庆市生态环境，已初步形成支撑区域经济社会持续发展的森林生态安全体系，并于2012年被广东省政府授予“林业生态市”称号。据统计，

---

13 森林进城围城，工业珠三角造一个绿色的梦 .2013-11-08.https://www.gdf.gov.cn/index.php?controller=front&action=view&id=10021642

5 年来肇庆累计造林 9.72 万公顷，全市森林覆盖率达 69.8%。[14]

肇庆创建国家森林城市，是城市自身升级发展的需要。肇庆区位优势显著，是西部地区接受东部地区经济辐射的前沿地带，珠三角连接大西南的枢纽门户。由于地处两广及东西部交界的重要连接地带，肇庆成为“三圈一带”交汇节点，是区域经济辐射的“交集区”和“叠加区”。如此的区位意味着城市有着更大的发展张力，城市更需要品位和绿化优美的环境支撑。

2013 年 11 月，肇庆市政府向广东省林业厅、国家林业局提出创建国家森林城市申请，并于同年 12 月获得国家林业局的批复。为让城市建设高起点、高标准，肇庆市规划先行。他们对照《国家森林城市评价指标》，结合现实情况，委托国家林业局林产工业规划设计院科学编制了《广东省肇庆市国家森林城市建设总体规划（2013—2022）》，总投资 72.93 亿元，分 3 期实施，从而确立了森林城市建设的模式和布局。[15]

14，15 陈荣雄，李佩恩．宜居宜业，圆肇庆一个绿色梦想——广东省肇庆市创建国家森林城市纪实．中国绿色时报，2015-12-08（A1 版）．

“漫山红透，满江流丹”。据文献记载，依山临江而修的肇庆羚羊峡古道险要惊心，而古道边的木棉花却漫山遍野如期盛放，随风凋零落入滚滚江水中。古词美景引发无限遐想，为了让此景再现眼前，2015年年底，依托千年西江古栈道修建的羚羊峡古栈道森林公园正式动工兴建，同时对羚羊峡古迹文物进行修葺。被市民称为“游一园能穿越500年”的羚羊峡公园融合江、山、峡自然景观和古道历史人文景观，并于不久后建成开放。

肇庆强化公园体系建设，为市民提供亲近自然好去处。近年来，肇庆市把城市及周边森林（湿地）公园建设作为“创森”的重要抓手，重点建设城区周边的北岭山森林公园、羚羊峡古栈道森林公园、鼎湖碧莲湖湿地公园、德庆香山森林公园等，延伸和扩大城区休闲绿地。其中北岭山森林公园建设列入市政府2014年10件惠民实事，财政投入4443万元，建设面积7650亩，建成3条总长近10公里的登山步道，精心打造成为具有肇庆特色，集森林休闲、科普教育和文化宣传为一

星湖国家湿地公园位于广东省肇庆市区境内，是广东省最大的内陆淡水湖泊湿地之一（星湖湿地公园中的仙女湖）

体的综合性森林公园，并于 2015 年 1 月向市民免费开放，为广大市民提供了一个亲近自然、融入自然的休闲健身好去处，得到了广大市民、社会各界的好评。目前，全市累计建有森林公园 104 个、湿地公园 6 个，城区人均公园绿地面积 15.99 平方米。

与此同时，肇庆市推进路网绿化，打造城市绿色风景线。结合“森林进城围城、乡村绿化美化”等林业重点生态工程建设，致力构建一道道遍布肇庆城乡的绿色屏障，加大道路绿化建设和改造升级力度，形成春夏赏花、四季常青、一路一景的生态景观格局。

以建设广梧高速、二广高速，以及改善江河、交通干线重点地区生态状况为抓手，肇庆对铁路、高速公路和江河沿线分布的村镇、景点等景观节点进行人工造林和景观修饰，坚持生物多样性、以乡土树种为主的原则，将高速公路、铁路两侧 20 ~ 50 米林带作为主线，建成独具地方特色的生态景观长廊。

绿道网成为肇庆增绿的主战场。从 2010 年开始，肇庆市积极建设绿道网并取得丰硕成果，目前，全市建成绿道总长 1290.8 公里，其中省立绿道 392 公里。在建设过程中，始终坚持“与自然生态相结合、与历史文化相结合、与旅游景观相结合、与城乡建设相结合、与设施配套相结合”的理念。[16] 肇庆环星湖绿道后被中国城市竞争力研究会评为“中国最美的绿道”。

从零星的荒山绿化，到企业的连片种植、林场的苗木基地，再到重点发展珍贵树种，肇庆交出了“绿富同兴”最亮丽的成绩单。企业、林场、农民对珍贵树种的投资热情空前高涨，将珍贵树种视为绿化战场的新主角和产业腾飞的新热点。目前，全市珍贵树种人工林面积已从原来的不足 100 亩跃升至 30 万亩，发展速度和规模全省第一。按照规划，未来几年肇庆将形成以檀香、降香黄檀、紫檀、沉香、楠木、格木为核心的六大品牌基地，使其成为林业产业新的经济增长点。

与珍贵树种同步发展，并已成为肇庆林业主导产业的还有油茶、竹产业、特色水果、林下经济、林产化工、人造板加工和森林生态旅游等。近年来，肇庆把油茶作为推进山区综合开发、促进农民增收、

16 吴兆喆，张羽茜．肇庆创森：“组合拳”破解“综合题”．中国绿色时报，2016-08-03. http://www.zqlinye.gov.cn/index.php?m=content&c=index&a=show&catid=28&id=2339

改善生态环境、推进社会主义新农村建设的重要抓手，通过科学规划、技术培训，实行基地化、集约化经营，全市建成油茶良种繁育基地500亩，种植优质油茶14.13万亩。

肇庆在大力发展林上经济的同时，林下经济也蓬勃兴起。目前，各地农民充分利用林地资源和林荫空间，建立了以林为主，林下种植、养殖相结合的立体经营模式，实现了近期得利、长期得林的良性循环。2015年，全市林下经济总产值约31.78亿元。

作为城市森林的有益补充，乡村绿化美化工程建设也出彩亮眼。近年来，肇庆市结合乡村实际，将美丽乡村建设与地形地势、农家生活、历史文化和经济效益相结合，鼓励村民在村边、房前屋后、路旁栽植珍贵树种，既绿化美化家园，又培育庭院经济。实现"村在林中、路在绿中、房在园中、人在景中"的农村绿化新格局，促进农民增收致富，为子孙后代留下一片绿荫和一笔财富。通过突出重点部位、合理选择树种、提升绿化质量等多种措施，全市累计绿化美化546条乡村，省示范村109条，[17]乡村生态环境整体面目一新。

"山·湖·城·江"，满目青翠，生态优美，已成为肇庆最具吸引力的靓丽"名片"。自然景观与人文景观交相辉映、绿色发展与现代潮流并驾齐驱，宜居、宜游、宜业的"森林之都·美丽肇庆"，正在肇庆人民绿色发展的生动实践中变为现实。

江门

江门，因地处西江与其支流——蓬江的会合处，江南的烟墩山和江北的蓬莱山对峙如门，故名江门。江门下辖的新会、台山、恩平、开平、鹤山俗称"五邑"，是为中国著名之侨乡。中西文化在江门的不断交融，形成了厚重多彩的侨乡文化特质。

江门历史悠久，人杰地灵。早在2007年，开平碉楼与村落便已成为广东省首个世界文化遗产；2013年，侨批档案成为广东省首项世界记忆遗产；此外，开平碉楼和梁启超故居为全国重点文物保护单位，白沙茅龙笔制作技艺、荷塘纱龙等七项民间艺术和民俗艺术被列入国家

17 美丽乡村处处染绿．肇庆都市报，2016-08-19.http://www.xjrb.com/2016/0819/312056.shtml

建成森林小镇6个。图为广东省首批森林小镇示范镇——恩平市那吉森林小镇

非物质文化遗产名录，近年来，江门侨乡嘉年华、侨乡旅游节等节庆活动的影响力也日益提高。

此外，江门的海洋文化资源特色鲜明，崖门曾是宋元海战的发生地，至今仍保留有赵公祠、杨太后墓等；台山上川岛上也拥有中西宗教文化交流代表人物西班牙传教士方济阁墓园、"海上丝绸之路"驿站"花碗坪"等珍贵遗迹。

2004年，江门市被国家环保总局认定为国家环境保护模范城市。

创建国家森林城市，是江门的一件大事，是民心工程和德政工程。2015年7月，江门市正式启动"创森"；各市（区）纷纷结合自身实际，开展各具特色的宣传和建设项目，如新会小鸟天堂、开平孔雀湖、鹤山古劳水乡、台山恩平镇海湾等，建设进度加快。

江门"创森"任务有两个，一是力争2018年前成功创建国家森林城市；二是要在珠三角森林城市群中担当重要角色，凸显江门特色。要把"创森"与公园城市、旅游强市、农业强市、文化强市及黑臭水体整治等工作紧密结合，协调推进。

立足本地的自然资源条件和人文历史积淀，江门提出了以城区为核、以山河为屏、以路河为脉、以农网为面，按照"森林江门，美丽侨都"的建设理念，通过建设森林生态保护体系、合理布局森林产业体系、构建森林生态文化体系和完善森林支撑体系等"四大体系"，提升城市森林生态功能，优化城市绿色空间，改善城乡人居环境，促进特色林业发展，繁荣森林生态文化，使江门成为环境优美、生态稳定、林产发达、文化繁荣、人与自然和谐相处的国家级森林城市。

依据《总体规划》，江门将在市域层面打造“一核三心、一轴两带、三网多点”。

“一核三心”：“一核”是指江门市东部板块的蓬江区、江海区、新会区及鹤山市的城区集聚区，称为城市“生态绿核”，凸显其重要位置。“三心”分别是指西部板块的台山市、开平市及恩平市等三市的城区，以三市城区为各自中心的三个次级生态绿心，与江门市东部板块的生态绿核相互辉映。

“一轴两带”：“一轴”是指依托古兜山脉丰富的森林资源为基础的东西走向绿轴。“两带”主要是指北部山地绿色屏障林带及南部沿海防护林带等两带共同构成生态绿环，环绕江门全市陆地区域。

“三网多点”：“三网”主要是指绿色生态水网、绿色生态路网和农田防护林网等自然成网，全面覆盖江门市。“多点”是指以江门市域内的森林公园、湿地公园、风景旅游度假区、重点生态村镇、重点古树名木、海岛等绿点为衬托，呈星状分布的众多生态绿色节点，实现市域城市绿色梯级化的森林结构布局。

在主城区，打造“一环、六廊、八心”。

“一环”：指环绕主城区的江河、山体和农田等生态防护林网组成的环城生态廊道，包括大雁山森林公园、龙舟山森林公园、席帽山森林公园、圭峰山国家森林公园、南坦岛葵林生态保护区、小鸟天堂风景旅游区、南部城郊农田、白水带森林公园和西江沿岸景观绿化带。

“六廊”：指6条南北向新鲜空气通道（微风通道）。包括天沙河、江门河、礼乐河、西江河等四条河流的南北向河段，以及江门大道和启超大道两条道路绿廊。

“八心”：是8个面积在20公顷以上，缓减中心城区热岛效应的绿心。包括东湖公园、元宝山公园、丰乐公园、江海绿化广场、龙溪湖公园、会城中心园林区、思成湖公园和葵湖公园。

结合创森工作，江门重点加强生态景观林带、碳汇示范林、森林进城围城、乡村绿化美化四大重点林业生态工程建设。江门建设碳汇示范林5.34万亩、生态景观林带53.1公里、乡村绿化美化示范点372个；完成营造林34.04万亩，中幼林抚育77.59万亩，义务植树

623.32 万株。同时，开展生态公益林扩面工作，两年来共调整 7.83 万亩商品林为生态公益林。加快城市廊道绿色网络建设，共建设各类绿道 1347 公里，实施道路绿化 202 公里、水岸绿化 17 公里，形成覆盖广泛的森林景观廊道网络。

近 2 年，江门全市建成公园数量是过去数十年的总额。至 2016 年年底，全市共建成各级各类公园 916 个，构建起市、县、镇、村四级公园体系，其中包括龙头公园 7 个，特色田园风光公园 7 个，综合性公园 7 个，湿地公园 8 个，森林公园 62 个，村居公园 773 个，镇街公园 52 个。

此外，江门“创森”还注意将文化建设、城市个性结合，注重保护自然资源、田园风光、古树名木和历史文化遗产结合，力争做到一村一韵、一镇一特、一城一品。如新会圭峰山将打造成“冈州第一峰”岭南心学名山品牌；台山将打造全国规模最大的具有岭南、华侨、水稻等文化特色的中国农业公园；镇海湾红树林湿地公园规划建设成珠三角最大的红树林公园；鹤山将以“全球咏春文化故里·中国最美功夫水乡”为主题打造古劳水乡湿地公园；还有恩平冯如故居航天育种文化公园、开平碉楼与村落世遗生态区等。

目前，全市共建有森林公园 20 多个，初步建成了紧密联系、相互补充的森林旅游网络体系。总体规划提出，要利用丰富的森林资源，根据分类经营、分区突破、协调发展的原则，进一步建设好森林公园，保护全市珍贵的自然和文化遗产，为社会提供更丰富、更高品位的旅游产品，同时大力构建集休闲、娱乐、旅游观光为一体的类型齐全、分布合理、管理科学的森林公园体系。

“创森”期间，江门规划新建森林公园多达 51 个，其中省级森林公园 1 个、市级森林公园 3 个、县级森林公园 2 个、镇级森林公园 45 个。江门市城区人均公园绿地 17.75 平方米，城区绿化覆盖率 43.71%，城市绿地系统日趋完善，城市绿量显著增加。[18]

伴随着创建国家森林城市的节拍，江门也弹奏出一曲精彩的绿色旋律。

18 江门打造城市森林生态体系 让城市拥抱森林．江门日报，2016-06-28.http://www.jiangmen.gov.cn/zwgk/ztbd/txl/201606/t20160628_216595.html

第三节 森林城市群：珠三角的跨越式梦想

据世界银行发布《变化中的东亚城市区：十年空间增长测量》的报告，珠三角（广州、深圳、佛山、东莞）已在2010年，就超越了著名的东京都市群，成为规模最大、人口最多的世界第一大城市群。

早在2008年12月17日，国务院常务会议通过了《珠江三角洲地区改革发展规划纲要》。这被舆论普遍视为呼吁多年的珠三角区域发展规划上升为国家战略。

2013年年初，为推进珠三角"九年大跨越"，率先建成珠三角国家森林城市群，由广东省林业厅牵头各相关部门启动编制《珠江三角洲地区生态安全体系一体化规划（2013—2020）》工作。这一规划将以珠三角的山、水、林、田、城、海为空间元素，以自然山水脉络和自然地形地貌为框架，以满足区域可持续发展的生态需求及引导城镇进入良性有序开发为目的，着力构建"一屏、一带、两廊、多核"的区域生态安全格局。

"一屏"，指环珠三角外围生态屏障；"一带"，指南部沿海生态防护带；"两廊"，指珠江水系蓝网生态廊道和道路绿网生态廊道；"多核"，是指五大区域性生态绿核。[19]

历史的新起点之上，一体化进程不断加速，珠三角的发展已不是一城一域的发展，而是需要配合包括香港、澳门在内的国家整体发展战略综合考虑。

无论是广东省的发展规划，还是珠三角与香港、澳门之间的协调，都需要一个全局性战略加以指导与支持，这也就是这一纲要作为国家战略的意义所在。

2016年6月17日，在第四届国际低碳城论坛平行论坛——第二届珠三角城市群绿色低碳发展论坛上，广州、深圳、珠海、东莞等珠三角城市领导与专家齐聚一堂，就珠三角城市群绿色低碳发展展开热烈的讨论，交流发展路径。论坛同期还签订了深莞惠三市坪新清（坪山、清溪、新圩）绿色低碳发展规划研究合作备忘录，并发布珠三角城市

---

19 程景伟，林萌．广东珠三角生态安全体系一体化规划编制完成．中新网，2014-06-04. http://www.chinanews.com/df/2014/06-04/6244816.shtml

优地指数，助力新型城镇化转型发展。

从这次发布的珠三角城市群生态宜居发展指数来看，根据对全国19个城市群的评估结果，珠三角城市群在生态宜居建设成效方面排名第一，行为强度排名第二，其中75%城市已步入行为强度高、建设成效好的提升型城市，城市间差异较小。这充分表明，珠三角城市群的整体发展进程靠前。[20]

在全国五大城市群的对比当中，珠三角城市群也在生态城市竞争力与知识城市竞争力方面具有发展优势，未来发展潜力较大。此外，珠三角各市低碳生态建设成效较好，领先于建设力度，尤其在环境质量、生活水平、能源利用方面表现较优，居民幸福感评价高，在控制污染排放、制定低碳发展规划、发展低碳产业及提高能源效率方面表现突出。

珠三角更是被寄予了跻身世界级城市群的厚望。从世界各国城市群发展的空间格局来看，沿海湾区城市群是发展条件最好、最具有竞争力的城市群。珠三角城市群最具有这样的国际化特征。展望未来，珠三角今后会是世界上最发达的城市群地区，也是创新能力最强和最开放的城市群地区。

当然，相比发达国家的城市圈如东京都市圈、纽约都市圈等，珠三角城市带的城市发展质量还有很长的路要走。围绕“加快转型升级，必须强化绿色发展”，需要来一次更大的思想解放，需要有一场绿色变革。

由此，建首个国家森林城市群的构想，已是呼之欲出。

继广州、东莞、惠州之后，珠海和肇庆正式获得国家林业局授予的“国家森林城市”称号，使广东省的国家森林城市增至5个，这也意味着珠三角国家森林城市群建设开始提速。目前，深圳、佛山、中山、江门创建国家森林城市工作正稳步推进，力争到2018年，珠三角9市全部达到国家森林城市建设标准，到2020年，珠三角地区建成全国首个国家森林城市群。

目前，珠三角国家森林城市群建设已上升为广东省委、省政府的重大战略部署，列为广东“十三五”规划的重点工程。

事实上，珠海和肇庆获评“国家森林城市”仅是新一轮绿化广东

---

20 邹媛．珠三角城市群生态宜居发展指数发布．深圳特区报，2016-06-18（A03）．

大行动诸多成果之一。截至2016年，广东已建成各类自然保护区270个、森林公园1086个。

其中，森林公园建设是重要抓手，如广州今年计划新增10个森林公园、7个湿地公园，广州市级管辖的增城林场、梳脑林场有望2016年年底转型森林公园向市民开放。至2017年，全省森林公园将达1493个，增加约四成。

推进国家森林城市群建设是提升珠三角城市群综合竞争力的重要内容，是不断满足人民群众生态需求的必然选择。广东省从2012年在全国率先提出建设全国首个国家城市群以来，珠三角地区坚持全域规划，突出森林生态体系和绿色生态水网建设，全力推进森林小镇和科技兴林，加快国家森林城市创建工作。2016年8月，国家林业局正式批复珠三角地区为"国家森林城市群建设示范区"。这标志着广东建设全国首个国家森林城市群"换挡提速"，进入加快发展阶段。

目前，珠三角国家森林城市群建设已上升为广东的重大战略部署，列为广东"十三五"规划的重点工程和珠三角"九年大跨越"的重点项目，也成为部省共建全国绿色生态省的重要任务。在建设过程中，广东省重点加快珠三角森林生态安全一体化步伐，主要依托山脉、林地、水系等要素，组合、串联和扩大各类绿色生态空间，构建大型森林组团、城市绿地系统与绿色生态廊道相结合的珠三角城市群森林绿地体系。

根据规划，未来5年，珠三角将新增建设71万亩高质量的碳汇林，深圳、中山、珠海、东莞逐步实现生态林全覆盖，其他5市生态林覆盖率达到50%以上。同时，大力推进湿地公园建设，加强湿地保护，重建和恢复湿地生态系统，每个市建设1个国家级湿地公园、2个省级湿地公园和一批示范性湿地公园。今年广东省将正式启动森林小镇建设，重点推进休闲宜居型、生态旅游型、岭南水乡型等三类森林小镇建设，力争到2020年，认定的森林小镇数量达到区域内所有建制镇总数的50%。[21]

目前《珠三角国家森林城市群建设规划（2016—2020年）》已完成，将上报省政府批复后实施。按照规划，基于区域内山、林、江、田、海等生态要素，珠三角将构建"两屏、三网、九核、多点"的区域生

21 森林小镇成广东森林城市建设新名片．中国网，2016-12-30. http://www.china.com.cn/newphoto/news/2016-12/30/content_40014319.htm

态保护体系。"两屏"是指北部连绵山体森林生态屏障和南部沿海绿色生态防护屏障。"三网"是指交通主干道绿色廊道网、绿道网、珠江水系绿色廊道网。"九核"是指珠三角地区9个市分别创建国家森林城市，形成以国家森林城市为主体的"九核"。"多点"是指散布在区域内的城郊森林、城区绿地、城市湿地斑块。

广东率先建设全国绿色生态省的行动得到了国家林业局的大力支持。2016年9月12日，国家林业局与广东省政府签署《率先建设全国绿色生态省合作框架协议》（以下简称《协议》），双方将在国家级森林城市群建设、国土绿化、森林质量提升、林业产业发展、林业科技创新、林业基础设施建设等领域进行全方位合作。

《协议》提出的发展目标为：通过实施"十三五"林业发展规划，广东林业生态建设取得显著成效，森林生态功能明显增强，林业发展方式率先转变，生态文明理念深入人心，率先在全国建成森林生态体系完善、林业产业发达、林业生态文化繁荣、人与自然和谐相处的绿色生态省。至2020年，广东省森林面积达到1.631亿亩，森林覆盖率达到60%以上，森林蓄积量达到6.43亿立方米，湿地面积不低于2630万亩，林业产业总值超过9500亿元，人均森林碳汇增长率达到7%以上，林业科技进步贡献率达到60%以上。[22]

同日，广东省政府举行的珠三角国家森林城市群建设工作会议提出，广东要在国家级森林城市群建设上实现率先突破，努力把珠三角地区打造成林城一体、林水相依、生态优美、绿色宜居、人与自然和谐相处的森林城市群建设样板，为全国其他地区提供可借鉴、可复制、可推广的好经验。

森林城市群建设虽然没有现成范例可循，但作为首个"国家级森林城市群"建设示范区，各方都在不断积极探索。在《珠三角国家森林城市群建设规划》中，广东创新提出了绿色生态水网建设等10项重点工程，通过工程建设，不断推进城市群绿化，逐步将城市之间散落的绿化区域和生态系统串联，充分发挥森林城市群的规模效应和带动作用，实现区域自然生态系统的互融互通。

22 国家林业局、广东省政府共建全国绿色生态省.2016年9月13日.https://www.gdf.gov.cn/index.php?controller=front&action=view&id=10032081

国家森林城市群建设，不是森林城市的简单叠加、单个创建，而是一个整体森林城市群的创建。新一轮绿化广东大行动，作为广东生态文明建设的长期重要举措，为珠三角森林城市群建设奠定了绿色基础。珠三角各市抓住这一机遇，把建设森林城市工作纳入经济社会发展全局当中，以更大的热情，积极推进森林进城、森林围城。

在创建国家森林城市群中，广东积极探索创新举措。仅举一例，广东实践森林小镇建设，打造一批生态宜居、独具特色的森林小镇，这就是令人耳目一新的创举。从森林小镇的创建中就能够看出，在森林城市群建设过程中，广东已更加务实，更注重提质提量。

到 2020 年，广东将建成 160 个森林小镇，占区域内所有建制镇总数的 50% 以上。通过森林小镇建设，珠三角森林城市群建设逐步向城镇和乡村延伸。森林城市群的层次变得越来越丰富，实现以森林、绿地、湿地为主体的城乡立体绿化。 结合珠三角地区新型城镇化建设，根据城镇发展定位，统筹城镇和乡村生态建设，珠三角将日益形成生态宜居、空间均衡、特色鲜明、绿色惠民的城镇森林生态系统。

作为我国三大城市群之一，珠三角虽然其经济总量约占全省八成，但大部分城市森林覆盖率和人均森林碳汇量较低，与以纽约、巴黎、东京、伦敦等为中心的世界级城市群在生态方面的差距更大。区域生态安全体系一体化建设，是珠三角一体化的重要组成部分，珠三角地区要加大生态保护和环境治理力度，守住生态红线，努力构筑珠三角森林生态安全屏障。重点是加快推进森林生态安全体系建设，强化国土生态空间管控，严格控制耕地保护与利用，加强退化土地综合治理，加强城乡生态环境治理，强化主要饮用水源地保护，加强近海岸受损生态系统修复。

作为面积和人口两方面都已成为世界最大都市区的珠三角，近年来，认真贯彻落实中央和广东省关于推动绿色发展的决策部署，扎实推进新一轮“绿化广东大行动”等工作。建设珠三角森林城市群，便是新一轮绿化广东、推动绿色发展和社会转型的重要目标之一。[23] 过去

23 邓圣耀，张悦．工业珠三角造一个绿色的梦．南方日报，2013-11-08.http://news.dichan.sina.com.cn/2013/11/08/937982.html

30年引领中国经济先河的珠三角，上下求索多年，如今珠三角的森林进城之路已经有了实践，而领路者必须历经的勇气、毅力、希望、困惑和彷徨，也正成为珠三角城市此刻和未来很长一段时间的生动叙事。

很多人没有想到，东莞这个“世界工厂”原来如此绿意盎然。这幅如画美景，与几年前电镀厂、造纸厂、化工厂等高污染、高能耗、高排放企业“遍地开花”，臭味难闻、污水横流的旧印象，形成了强烈的反差。很多初到者都会感叹：原来这个城市充满了湖光山色，和外界印象中工厂林立、钢铁森林的形象不一样。

2015年，东莞经济总量一举突破千亿美元，8%的增速高于全国平均水平。东莞以设立水乡经济区为突破口，一手抓产业结构调整，用新兴产业、科技产业、高端产业置换“三高一低”产业；一手抓污染整治和绿色生态建设工程，初步实现了经济增长与环境保护、城市发展与人民福祉、宜居与宜业“三个双赢”，城乡面貌焕然一新。[24]

在践行新发展理念上，东莞先行一步，为全国其他地区提供了有益借鉴。与此同时，东莞森林覆盖率达37.4%，拥有14个森林公园、14个湿地公园、6个自然保护区；空气质量达标率84.6%，达到

□东莞市集中居住型村庄林木绿化率达30%，分散居住型村庄达15%以上。图为东莞市塘厦镇

24 绿色发展　不负春光（稳增长调结构转方式·东莞调研行）．人民日报，2016-03-25.

“十二五”期间最佳水平，在全国 74 个重点城市中稳居上游水平。

生态环境是未来城市的核心竞争力。东莞的山水资源非常丰富，在珠三角东岸地区具有明显的生态优势。东莞水乡是珠三角东岸唯一的水乡，也是珠三角水域面积最大、河网密度最高，水生态环境最独特的地区，河网总密度约 1.9 公里／平方公里。在山区片已建成大岭山、大屏嶂、银瓶山等十大森林公园，总面积 340.25 平方公里，完成绿道建设 118.1 公里，年迎客量逾 1500 万余人次，已具有区域服务职能。全市共建成 13 个总面积达 11 平方公里的湿地公园，预计至 2017 年新增湿地公园 10 个，东莞生态园成为珠三角地区首个国家城市湿地公园。[25]

“现代生态都市”东莞已初具轮廓。2013 年 5 月，东莞市政府正式递交申请创建国家森林城市，力图通过大规模、跨越式国土绿化建设，做好山、水、城、林四篇文章，逐步实现城市与生态的均衡发展。

东莞的森林公园，保留了全市最好的生态资源，是这个岭南城市生态文明建设最大的资本和底气，也是其创建国家森林城市的龙头。

创森伊始，东莞市就提出，以建设森林公园为龙头，带动村镇小公园、小广场建设，大大改善市民的居住环境，实现市民出行 500 米见休闲绿地。

广东省东莞市大岭山森林公园，藤蔓缠绕，山杜鹃花开，穿山甲、野猪、鹭鸟、蟒蛇偶露真容。丰富的物种资源、复杂的生物多样性，大岭山两万亩原始次生阔叶林处处透着原生态之美。这与“世界制造业之都”的繁忙、拥挤与嘈杂形成了异常强烈的反差，成为人们工作之余向往的理想休闲放松场所。[26]

放眼全市，东部的银瓶山森林公园占地 123.5 平方公里，南部大岭山森林公园占地 74 平方公里，城市中心的黄旗山城市公园占地 16 平方公里。作为东莞的城市“绿肺”，森林公园在降低东莞污染、净化东莞空气等方面发挥了显著作用。东莞的灰霾天数由 2003 年的 121 天下降为 2013 年的 64 天。东莞人均公园绿地面积已经达到 17.33 平方米。

---

25 2017 年前再建 10 个湿地公园 . 广东省林业局网 .https://www.gdf.gov.cn/index.php?controller=front&action=view&id=10024680

26 焦玉海，黎明，王旭东 . 建设森林公园 改革惠林 生态惠民——东莞创建国家森林城市系列报道之森林公园建设篇 . 中国绿色时报，2015-05-11.

2015 年，东莞全市森林覆盖率达 37.5%，森林蓄积量达 340 万立方米，森林碳储量达 889 万吨，森林生态效益总值达 75 亿元，基本达到国家森林城市标准。

作出创建国家森林城市决策后，湿地恢复与保护被当成重要环节倾力推进。目前，东莞初步实现了湿地保护和利用的良性循环，"一水护田将绿绕，两山排闼送青来"的水乡宜居梦正在成为现实。

东莞南城水濂山，是珠三角生态修复的最好诠释之一。水濂山在明代曾有"城外小蓬莱，天然图画开"之誉。20 世纪八九十年代，水濂山出现了 7 个采石场，采石的大坑就像山体的块块伤疤。自 2003 年起，南城街道开展复绿工程，7 个采石场大坑被分别改造成瀑布区、庭园区、泉水区等。从 2006 年开始，水濂山以崭新面貌免费对外开放，每年游客达 100 多万人次。[27]

位于东莞市西北部的麻涌镇通过改造河滩湿地，清淤疏浚河道，新造农地 500 多亩，种上了水草和花卉，建成 22 公里独具岭南水乡特色的水上绿道；恢复农地 300 多亩，引进中国科学院中药百草园等 10 多个现代农林项目。

按照规划，华阳湖湿地公园融休闲旅游、科普文化、城市生态功能于一体。华阳湖湿地公园旁的马滘全河段，以"马滘风韵、田连阡陌、鱼翔浅底、芰荷飘香、蒹葭苍苍、天人融洽"为设计主题，共分为："涟漪泛彩气相随""鱼翔浅底荷飘香""田连阡陌花溢彩""百花映水画中游""小桥流水新人家"5 个小分区建设。变成了"花海漂游"的水上景点。

公园雏形才现，周边土地租金已成倍提升。之前每平方米 1 元的厂房租价，现在涨到了每平方米 10 元。湿地旅游区吸引了融易集团、华联国际等一批"三旧"改造项目落户。中山大学新华学院东莞校区也于几年前正式投入使用。

城市湿地要增效、景观湿地要提质。一手要打造兼容湿地环保、景观绿化、水利建设、市政设施等项目于一身的城市湿地空间，实现湿地经济生态附加值双提升；一手还要依托现有资源，利用湿地植物群

---

27 段思午，杨兴乐，晏磊，等. 广东联防联治环境污染 打造七千公里绿道. 南方日报，2013-11-07. http://news.eastday.com/eastday/13news/node2/n4/n6/u7ai101292_K4.html

落打造优美景观，将条件适宜的湿地打造成为人们体验湿地生态功能、享受湿地休闲娱乐的重要场所。目前，东莞市、镇两级共投入12.6亿元建成了麻涌华阳、石排燕窝、大朗荔香、桥头莲湖、万江龙湾等13个湿地公园。东莞生态园通过生态修复，由昔日污水汇集、垃圾堆积的发展边缘区转变为以城市湿地为特色的广东省首批省级循环经济工业园区。2013年，东莞生态园成功申报“国字号”湿地公园，成为珠三角地区首个国家城市湿地公园。

2015年11月24日，东莞成为该年度广东省唯一一个荣膺“国家森林城市”称号的创建城市。这无疑是东莞近年来重视生态发展、逐梦生态都市的又一历史见证。

东莞，一座被誉为“世界工厂”的城市，正在努力寻找自身经济转型城市协调发展的新答案。而在“国家森林城市”荣誉的背后，是东莞交出的一份几乎完美的绿色答卷。这里仍是“制造业之都”，却并非高楼遍地、厂房林立；是典型的工业城市，却能够远离雾霾。这里的空气好、山水美，林水相依、人居和谐，是个森林环抱、绿意满满的生态之城、美丽之城。昔日的“世界工厂”，已经羽化成蝶。

第四节 珠海：幸福来自身边的那一抹抹绿

改革开放30多年来，珠海人坚持走出一条经济发展与环境保护双赢的发展道路，率先践行了“创新、协调、绿色、开放、共享”的发展理念。这座城市始终坚持“生态优先”，坚持走绿色发展道路，让天更蓝、水更清、地更绿，家园更美丽，成为珠三角地区环境质量最好、土地开发强度最小、人口密度最合适、低端产业布局最少及社会最和谐、最平安的城市之一。

2010年正式启动创建国家森林城市以来，珠海大力实施森林碳汇、生态景观林带、森林进城围城、乡村绿化美化等林业生态工程建设，取得了明显成效。

珠海“创森”之魅力，可以从一条路说起。

珠海“浪漫之城”美名，源于浪漫之路——情侣路。

情侣路全长28公里，由花岗石修建而成。为了打造这条浪漫之路，道路绿化采用的是高大翠绿的棕榈树和珠海市花簕杜鹃。从空中鸟瞰情侣路，它像一条飘逸的巨幅绿色绸带，把珠海市的香洲区与澳门接壤处的拱北口岸有机串联起来。夕阳西下，华灯初上，凭栏听涛，倚树相拥，美丽的珠海凭空增添了一道亮丽的风景线。[28]

情侣路景美，源于创新。珠海“创森”亮点频现，同样源于创新。

珠海依托山海相拥、山城相融、林城相依的良好自然格局，变革求新，大力推进森林进城、公园下乡、绿廊串联，实现绿色进家入户，构建起城乡一体大格局的森林生态网络。

珠海有岛屿 217 个，海岸线长达 691 公里，是珠三角地区岛屿最多、海岸线最长的城市，素有“百岛之市”的美誉。结合这一特点，珠海的“城市客厅”应运而生。

沙滩、情侣路、广场，绿色植被环绕其间，这就是珠海的“城市客厅”，珠海狭长海岸线上的一道独特风景：情侣路沿海岸线修建，两边被枝叶环绕，一侧是繁华的城市，一侧是无边的大海，走上松软的沙滩，或漫步到海边广场，面朝大海，就能够静静地感受这座城市。累了，可以坐进海边的咖啡馆，喝上一杯咖啡，享受闲暇时光。

□ 在珠海，在林荫小路的“绿道”上骑行最受欢迎。图为自行车爱好者在绿道上骑行

珠海建“城市客厅”，就是要把最好的生态位置留给市民。2012 年，珠海决定对相关区域进行彻底整治，将原有大树全部保留，并对沙滩进行了修复，修建了“情侣路”木

28 森林珠海，把大美之绿绘在海天间．中国林业网，2016-09-01. http://www.forestry.gov.cn/

□ 珠海打造“滨海都市”“田园郊野”“历史人文”等六型特色绿道，享有“广东绿道看珠海”的美誉。图为珠海香洲区情侣路俯视

栈道，栽植了上千棵树木。

珠海的城市之美，不止于漫步海边。走进市区，你同样可以享受到绿树环绕、鸟语花香的惬意，因为这是一座被森林环抱的城市。珠海正想方设法地为城乡居民提供更多的生态福利。

2012 年，珠海又提出社区公园建设思路。珠海社区公园建设的理念，是将公园建在市民家门口，从小处挖掘公园建设空间，根据社区不同特点和居民建议进行规划，将散布社区的边角闲置地利用起来建公园。目前，全市共建成社区公园 284 个，总面积达 212 万平方米，基本上每个社区都有一个公园。

为了“创森”这抹亮丽的绿色，珠海市可谓下足了功夫：

——构筑绿色屏障。持续实施碳汇造林工程，在城市山体和重要水源地带开展碳汇造林建设。通过人工造林、更新改造、套种补植等措施，对现有疏残林（残次林）、低效纯松林、低效桉树林进行改造，提升森林碳储汇功能，促进绿色发展。大力抓好裸露山体生态修复，对全市 77 处废弃石场、取土点进行整治复绿，全面恢复山体绿化，发挥生态及景观环境效益。坚持强化封山育林，按照 5000 亩一块封育牌、3000 亩一个护林员的标准，对已实施碳汇造林的山体周边开展封山育林工作，更加高效地促进森林植被的恢复。5 年来，珠海共建设碳汇林 5.76 万亩，封山育林 4.79 万亩，平均每年新增造林率超过 1.2%，连续 3 年在全省森林目标责任制考核中均名列前茅。其中 2014 年荣获全省第一名，为森林城市铸造绿色本底基础，构筑绿色生态屏障。

——打造公园之城。着力构建“森林郊野”“都市特色”“水网湿地”“社区村居”四大公园体系，让公园“近山、亲水、入村、融城”。2010 年以来，共筹资 20 多亿元，建设了尖峰山、凤凰山、板樟山等一批运动健身的近郊森林公园和养生休闲的远郊森林公园，形成“绿色健康、森林休闲”的森林公园体系。建成了前山滨河公园、石溪公园、白沙岭公园等一批景观优美、配套齐全的滨海都市型公园。打造淇澳红树林、横琴红树林和斗门水松林等珠海湿地生态名片，逐步建设功能涵盖生态修复、科普宣传、休闲旅游的湿地公园体系。建成了梅华城市花园、大镜山文体公园、九洲社区公园等一批各具特色的社区公园，实现城镇社区公园 500 米服务半径全覆盖。5 年来，珠海共建设森林公园 28 个、湿地公园 7 个、社区公园 284 个，淇澳红树林入选“广东十大最美湿地”，社区公园项目获“中国人居环境范例奖”。

——贯通绿色廊道。大力推进绿色廊道建设，相继实施了道路绿化美化提升、城市出入口绿化景观提升、绿道网络建设、生态水网等工程。打造了以京珠高速、西部沿海高速珠海段等北部高速公路生态景观林带，情侣路、横琴环岛路等南部沿海防护林生态景观林带，珠海大道、黄杨大道等“六纵五横”的三级道路绿化廊道，以及黄杨河、鸡啼门水道等生态水网绿廊。同时，结合城市空间格局，规划建设了“二横、四纵、二环、六岛”的城乡绿道网，打造了“滨海都市”“田园郊野”“历史人文”等六型特色绿道，不仅荣获中国人居环境范例奖，更享有广东绿道看珠海的美誉，成为市民游客体验自然、休闲锻炼的良好去处。5 年来，珠海共建设生态景观林 323.1 公里，完成绿道 896 公里，不但有效改善了路网、水网沿线的自然景观，更将星散在城市各个角落的森林斑块、公园绿地等有效串联起来，形成覆盖广泛的森林景观廊道网络。

——建设美丽乡村。实施乡村绿化美化工程，结合新型城镇化建设和新农村建设，大力完善村庄绿地系统建设，实现“全年常绿、四季有花、村路一体、花木配置、红绿点缀”的村庄绿化新格局。5 年来，共建设 108 个乡村绿化美化点，打造 30 个亮点示范村，其中南门村荣获“中国十大最美乡村”称号。[29] 依托“创森”，一个海天相连、城乡同绿的新珠海矗立在美丽的珠海之滨。

“创森”的目的是什么？是让广大城乡居民共享“绿色福利”和“生态红利”。珠海市在“创森”过程中，坚持把“发展为了人民，发展依靠人民，发展惠及人民”作为根本出发点和落脚点。

截止到 2016 年，全市新建公园绿地 1487 公顷，城区绿地面积达到 6631 公顷；全市公园数量从创建初期的 42 个增加到 329 个，城市公园总面积由 2107 公顷增加到 3594 公顷。特别是 2012 年开始的社区公园建设，坚持以“人的尺度”来审视建设过程，建什么样的公园市民说了算，按照“自下而上”的思路，把决策权交给社区居民。把公园建在市民家门口，从小处挖掘公园建设空间，把散布市区的边角闲置地利用起来实现公园社区化。用不一样的办法建不一样的公园，实行用地、规划、建设、市政和城管等部门“一站式”审查，提高了建设效率。3 年投入 3 亿元建成 284 个社区公园，总面积达 212 万平方米，基本实现每个社区都有一个公园，实实在在提升了市民的幸福感。

珠海打造了鹤洲生态农业园、莲江村农家乐、三灶生态农业观光园、下栅荔枝节、斗门樱花、油菜花观赏等众多休闲农林产业品牌。斗门莲江村与企业合作共同打造出集生态农业观光、农耕体验、休闲度假和养生居住等于一体的“十里莲江”大型综合性项目，已带动村民年收入增长翻两番。

再有就是大力发展森林生态旅游。依托丰富的森林、湿地、海岛资源，打造长隆海洋度假区、珠海渔女、海滨公园、唐家古镇等海滨生态景观旅游景点，建成淇澳岛自然保护区、红树林湿地公园、担杆岛自然保护区、东澳岛地中海俱乐部等一批海岛生态旅游精品基地。2015 年全市接待旅游总人数 3592 万人次，旅游总收入达 277.32 亿元。[30]

珠海的绿色，已经从葱葱郁郁的山上延伸到城市、乡村、海岛，走进了社区，让市民开窗可见绿，出门可进园，充分享受生态环境建

29 宋一诺，应立枫．“森林惠民”，珠海全力创建国家森林城市．珠江晚报，2016-07-20. http://news.yuanlin.com/detail/2016720/238898.htm

30 珠海市人民政府办公室关于印发珠海市旅游发展总体规划修编（2016—2030）.http://zwgk.zhuhai.gov.cn/ZH00/201801/t20180117_25622913.html

设带来的绿色福利。珠海能“耐得住寂寞”“抗得住诱惑”，不以牺牲环境为代价谋求经济发展，多年来“守住青山绿水”，始终坚守生态文明底线，体现了一座城市的胸襟、远见和眼光。

第五节 佛山：绿城飞花

佛山地处珠江三角洲腹地，距广州20余公里，土地肥沃，气候温暖，雨量充沛，物产丰富，人口稠密，水网纵横，是著名的鱼米之乡。

在历史上，佛山“肇迹于晋，得名于唐”，原名为季华乡，东晋时有梵僧在本乡塔坡建寺，《佛山忠义志》载，“至唐贞观二年，居人见塔坡冈夜辄有光，因掘地得铜佛三，奉于冈上，曰塔坡寺，遂以佛山名乡”。明代中叶佛山商业手工业开始蓬勃发展，明景泰三年《祖庙灵应祠碑记》载：“佛山民庐栉昆，屋瓦鳞次。几万余家，习俗淳厚，士修学业，农勤耕稼。工善炉冶之巧，四远商贩，恒辐辏焉”，可见当时繁华。

至清代中期，佛山已然成为岭南巨镇，与汉口、景德、朱仙并称中国“四大名镇”，同时与北京、苏州、武汉同为商业繁盛的天下“四聚”。“历史名镇、岭南水乡、工商大埠”，是佛山自明清以来展现世人的城市形象。

面积不太、人口不多的佛山，历经千年时光淘沥，不但经济繁盛，制陶、冶铁、纺织等制造业发达，“佛山之冶遍天下”“石湾之陶旁及海外”“广纱甲于天下”等等；都是佛山经济繁荣的历史见证，且佛山的传统民间文化也尤为丰富多彩，在广东独树一帜，秋色、剪纸、年画，广纱、三雕（木雕、石雕、砖雕）、三塑（陶塑、灰塑、泥塑），婉转莺啼的粤曲、源远流长的武术，都为海内外推崇赞许。

近30年来，佛山经济发展迅猛，GDP年均增速16%，是全球著名的制造业基地。然而由于当地传统企业工艺低端，设备落后，这里曾经污染严重。以占全市工业总产值7%的陶瓷产业为例，税收贡献率仅3%，能耗却占20%，粉尘的排放竟然占到九成。陶瓷企业每年排放的粉尘可堆成一座小山。[31]

---

31 佛山污染大市迈向生态新城．人民日报，2016-08-14.http://www.sohu.com/a/110425771_355821

□ 持续推进森林下乡、公园进村，以绿化美化引领百村升级、美丽乡村等农村人居环境建设。图为绿色水乡

对此，佛山痛定思痛，誓言“拒绝污染的GDP”，以环境治理“倒逼”经济转型，推动生态文明建设。2016年1月，佛山市委全会提出，将以绿色发展理念统领经济社会发展全局，在发展经济的同时，加大污染防治和生态建设力度。

2007—2013年，佛山绿化总投资55.8亿元，新建和改造提升绿地面积4757公顷，建设生态景观林带222公里。2013年，“全国绿化模范城市”这一绿化工作的国家级荣誉花落佛山。城乡共融，绿网交织，绿意掩映，这符合人们对一座历史文化名城的想象，也刷新了人们对一座传统工业大市的认知。

伴随着城市、产业进入不同发展阶段，佛山的“增绿、促绿”工作不断深化，进而把绿化工作纳入城市建设大局考量，实现绿化建设与完善城市公共产品质量、城市内涵、宜居功能的有机统一，共同服务于城市竞争力的升级，[32]并在“十二五”期间写下浓墨重彩的一笔。

城市升级打开生态绿城建设的画卷，佛山这座城市的人居环境与面貌焕发出崭新的面貌：无论是一江一河的绿色景观带、园林建筑和配套设施及小品设置，还是主要道路衔接口的景观绿地和多层次树木，

32 佛山：制造业大市逐梦国家森林城市．南方日报，2016-02-15（A05）．

高标准打造带状森林，建设生态景观林带 758.82 公里，构建立体、复合的生态廊道。图为佛山一环小塘立交

哪怕是部分节点、地段的视觉景观，都朝着挖掘公共空间资源和特色文化底蕴的目标迈进，并且多了几分趣味性和人文性。“绿”的升华与城市品位的成长，开始变得不可分离，进而成为城市价值整体提升的有力支撑。

多年的绿化建设累积，坚定了佛山建设国家森林城市的决心。2013 年年底，佛山市政府在绿色生态构建的顶层设计与引导方面下大力气，明确提出创建国家森林城市的目标，并与新一轮绿化佛山大行动同步推进、同步落实。

2015 年是一个重要的时间节点。这一年，佛山的生态环境建设取得了长足的进步，空气质量、河涌水质等各项环保指数也得到优化。2015 年佛山空气质量指数优良天数首次超过 300 天，达到 307 天，二氧化硫、二氧化氮等污染物纷纷减少。[33]

这背后固然有佛山重拳治污，关停和整治污染企业的成效，但植

33 广东佛山创建国家森林城市之蝶变篇．中国绿色时报，2016-03-21.http://yy.yuanlin.com/yhdetail/232437.html

树造林、道路绿化带等对环境生态的提升，同样不容忽视。大面积森林可有效减少二氧化硫排放量和可吸入颗粒物浓度，道路两旁的绿色植被也可过滤和吸收汽车尾气中的有害气体。“创森”工作启动以来，佛山营造了大面积的城市森林，森林碳储量达 850 万吨。

也正是 2015 年，在城市升级三年行动收官之后，佛山开启城市升级两年延伸行动，把佛山建成“绿色宜居创新宜业的幸福城市和现代化特大城市”被纳入城市升级两年延伸行动计划目标。佛山专门成立了由技术骨干组建而成的市创森办，并推动各区、各镇（街）筹备成立“创森”领导小组，力求市、区、镇三级安排专人专职负责“创森”工作。

借助专业力量，佛山的绿化建设多了一层技术保障，并开始了更多尝试。2015 年开启的“绿城飞花”主题绿化景观建设工程就是广受各方点赞的探索。在“增绿、增花、增彩”的目标下，佛山引入专家组监督指导，在城市主要道路、滨水绿地和乡村加大开花、色叶植物在城乡绿化建设的应用量和引种力度，促进城乡绿化层次和色彩更加丰富，增加的森林景观点和赏花点，把佛山打造成“绿城无处不飞花”的城市。目前，“绿城飞花”主题绿化景观亮点工程已完工 11 项。2015 年佛山新增或改造绿地面积 486.25 公顷，完成乡村绿化美化示范村建设 100 个。截至 2015 年年底，佛山建有西樵山国家森林公园、广东云勇森林公园等国家、省、县级森林公园 34 个、绿岛湖等湿地公园 6 个、县级自然保护区 1 个。[34]

2015 年年底，中国工程院院士、北京林业大学教授孟兆祯接受南方日报记者专访时给佛山绿化打 93 分；认为“佛山道路绿化的绿量大，绿层丰富，令人印象深刻。”

据统计，“十二五”期间，佛山市建设沿高速、铁路、江河长达 380 公里的生态景观林带，城市对外出入口形成多层次、多色彩的绿色长廊。2013 年以来，全市新建各类森林绿地面积 4983.47 公顷，累计新增种植绿化乔木超 400 万株。佛山市现状市域森林覆盖率为 34.16%；现状城区绿化覆盖率为 39.79%，城区人均公园绿地面积为

---

34 吴欣宁，赵越．佛山：以生态绿城建设升级推动城市升值．南方日报，2016-02-15. http://news.yuanlin.com/detail/2016215/230778.htm

13.74 平方米。创建国家森林城市项目实施后，佛山市新增森林面积 4983.47 公顷，力争到 2022 年，全市森林总面积将达到 104903 公顷以上。

“创森”不是城市的“面子”工程，而是具有文化内涵的生态文明建设。除了 62 项“绿城飞花”主题绿化景观亮点工程细化项目，佛山还将在全市范围内增建生态科普教育示范基地，为弘扬生态文明、展现林业生态建设发展优秀成果、宣传和普及森林、湿地等生态文化知识打好基础。[35]

佛山是岭南水乡，佛山“创森”结合自身历史文化和山水资源，走出具有岭南特色的“创森”之路。除了继续开展里水百合花文化节、顺德水乡民俗文化节、国际花卉旅游文化节等原有生态文化节庆活动，两年内佛山还将新增西樵山茶花节、南国桃园桃花节和三水南山镇十里水果长廊采摘节等生态文化活动，营造全民共享绿化文化的氛围。

值得一提的是，在 1997 年被确定为佛山市树、市花的白兰花树、白兰花也将会重新出现在市民眼前。曾经连片种植的祖庙路一度被称为“香花路”，令很多佛山人至今难以忘怀。不过未来佛山人不用再怀念白兰花飘香这一光景了，因为佛山各区都将种植白兰树，并将打造白兰路，让白兰花香重回市民的生活。

立足水网密集、河涌交错的实际情况，佛山将城市绿化景观与水环境整治紧密结合，已经建成了一批高品质的滨水景观。例如潭州水道、顺德水道、汾江河、德胜河、秀丽河、大棉涌等，现在都是环境优美、配套完善的滨河景观带，建设沿江生态景观带达 154 公里。

同时，佛山还结合实施“公园化”战略，推进绿岛湖、千灯湖、博爱湖、听音湖、孝德湖、桂畔湖、明湖、云东海湖等重要湖泊周边绿化景观建设，打造了总面积达 1150 公顷的城乡湖泊湿地群，湿地景观建设效应不断增强。

拆旧增绿和见缝插绿、森林公园和湿地公园等大型生态休闲公园建设，以及“出门见绿”的社区公园、村居公园建设，并全部免费开放各类公园绿地，真正把森林城市建设成果转化为最惠普的民生福祉，

35 佛山发布创建国家森林城市两年攻坚行动计划 . http://news.officese.com/2016-3-31/91012.html

让市民在快节奏城市生活中选择走绿道、逛公园成为一种常态。启动“创森”工作以来，佛山全市已完成乡村绿化美化示范村建设 288 个。在全市的民意调查中，绿化建设已连续多年成为群众满意度最高的项目，市内公园逐步成为市民假期首选休闲去处。[36]

近年来，佛山对西樵镇鱼塘进行改造提升，首期以西樵山南麓约 500 亩鱼塘片区为中心，通过鱼塘标准化整治，塘基种植桑树，恢复了桑基鱼塘的风貌，挖掘桑基鱼塘生态养殖文化，建设成为集游玩、娱乐、休闲为一体的体验式文化旅游园，打造成具有深厚岭南农耕文化内涵的观光旅游区。“千顷鱼塘万亩田”的自然生态景观完整呈现，被联合国教科文组织誉为“世间少有美景、良性循环典范”。

作为建陶名镇，南庄这一带陶瓷出口量占佛山市的 75%、广东省的 60%，过去是污染的“重灾区”，常年烟尘弥漫。然而经过十多年的整治，如今的南庄“腾笼换鸟”，重见碧水蓝天。绿岛湖一带更是成了“城市绿肺、生态新城”。

南庄环境的改善，正是佛山建设生态新城的缩影。经过不懈的环境整治、绿化提升，绿岛湖片区发展成为鹭鸟成群、天蓝水绿的产业新城。

走进佛山新城，可以体验到产业升级以及城市绿化给佛山带来的变化。沿河景观带、景观公园、绿岛生态园等，景色秀美，环境怡人。几只白鹭掠过，轻落在湖岸边茂密的榕树上。因环境恶化一度绝迹的鹭鸟，已悄然重返佛山南庄镇绿岛湖，见证了佛山在生态建设上历史性的成功实践。

---

36 产城融合 美丽佛山畅享“绿色福利”. 佛山日报，2016-06-02.http://www.foshannews.net/kjzt2016/djyy/02016/201606/t20160603_18909.html

第四章
湘鄂赣：绿色长江入画来

第一节　眺望长江中游城市群

沿着万古奔腾的长江凌空俯瞰，湘鄂赣三省亲密相连，山水相依。

登上绵延起伏的幕阜山脉主峰，三省风光尽收眼底；顺着汉长昌高速环路、纵横交汇的铁路线，三省城镇带沿线串成圈。

湖北、湖南、江西三省区古为楚地，属于同一文化区，为东、西、南、北之中枢。此处有三个国家发改委批复的区域发展战略示范区，包括鄱阳湖生态经济区、武汉城市圈、长株潭城市群资源节约型和环境友好型社会示范区，各有自己的经济腹地；以长江水道为轴带，襟带洞庭湖、鄱阳湖两大淡水湖，组成巨大的城市群连绵带，生态资源丰富；京广铁路、京九铁路、京武广高铁贯穿南北。

比较2000—2010年中国城市空间的辐射强度，明显发现：长江中游的武汉、长株潭、环鄱阳湖城市群快速成长为一个中间是生态绿心的三角形结构，发展态势是向南连接珠三角，向东通过逐步成型的皖江城市带连接长三角，向北指向中原城市群，与东部的长三角城市群、南部的珠三角城市群、北部的京津冀城市群、西部的成渝城市群形成互动态势。长江中游城市群承东启西、连南接北，正成为未来中国区域经济发展格局的重要新兴增长极。

当前，武汉城市圈、长株潭城市群已同时获批国家“两型社会”综合配套改革试验区，环鄱阳湖地区获批国家“生态经济区”，三省共同站在我国新一轮改革开放前沿，共同面临国家实施中部崛起战略的机遇。

长江中游城市群地处亚热带季风气候，山水田园相依，水资源、生物质资源、耕地资源丰富，生态屏障、环境容量、人居环境优势十分明显。同时，武汉城市圈、环长株潭城市群、环鄱阳湖城市群都是三省的人口密集区域，分别承载了各省经济总量的60%以上，面临着经济增长与人口、环境的多重压力。加快经济社会发展与加强生态环境保护的共同诉求，要求赣鄂湘三省在“生态共同体”共建共享的理念下，将区域经济社会发展、生态环境保护从过去的局部问题提升为“生态共同体”的全局问题，实现长江中游城市群建设和发展的可持续性。

虽然具有较丰富的水资源、农业资源和旅游资源，但是长江中游城市群区域资源整合利用和保护不够，一方面无法形成区域资源开发利用综合优势，资源开发利用效率较低，另一方面造成区域内湖泊、河流、湿地、森林、草地等出现不同程度的萎缩和生态退化，城市群的生态空间被挤占，区域环境容量在下降。

武汉、长株潭城市群资源节约型、环境友好型“两型社会”建设尚在中途，水生态、水环境问题的突出是重要原因。由于开发利用不当和保护不够，加上缺乏有效的协调与合作，导致重要湖泊和湿地出现不同程度的萎缩和生态退化，其中洞庭湖、鄱阳湖等重点湖泊水域面积缩小、容量减少、水质变差、防洪调蓄能力下降。同时，由于该地区重化工业密集分布，“三废”排放量大，处理率较低，局部支流河段、大部分中小湖泊污染比较严重，导致水生态系统受到破坏，影响农作物生产。

建设长江中游的“生态共同体”，也事关长江生态安全。长江中游地区水资源丰富，拥有鄱阳湖、洞庭湖、汉江、清江等江河湖泊。保护好长江中游城市群内的水生态环境，将直接影响整个长江流域的水生态安全。

2014年，江西省全境，湖南省湘江源头区域、武陵山片区，湖北省十堰市、宜昌市，之所以被列入国家生态文明先行示范区建设名单，主要得益于相关城市和地区的优良生态。以水资源保护为核心，统筹赣鄂湘三省江河湖泊丰富多样的生态要素，构建以幕阜山和罗霄山为主体，以长江干流和支流为经脉，以山、水、林、田、湖为有机整体的生态共建，对整个长江“水清、地绿、天蓝”的生态廊道建设具有重要意义。

生态环境是科学发展的核心命题，也是三地共同的利益诉求。加强合作，将为国家正在开展的绿色发展方式探索建言献策，共同探索森林城市群建设的崭新路径。长江中游城市群共同筑就中部对外开放、承东启西、联南通北的平台，有助于提升中部整体实力和竞争力，是促进中部地区绿色发展的重要载体，同步进行森林城市群的建设，顺应中部人民加快发展的强烈愿望。

近年来，随着工业化和城镇化的快速推进，鄱阳湖、洞庭湖、洪湖等重点湖泊富营养化加剧、水环境容量降低，长江中游城市群内一些地方出现雾霾天气增多的现象，少数地方的土壤重金属污染形势严峻……这些问题的解决，需要赣鄂湘三省携手推进生态文明建设，探索建立生态合作机制，通过协同创新、先行先试，破解生态文明建设的瓶颈制约，治理环境污染，实现经济社会发展与生态环境保护的共赢。

三省还应共同制定长江中游城市群内区域性生态修复法规以及生态修复保证金制度，加强对开发建设项目的监管和审批。以环保优先和自然修复为主，维护赣江、湘江、汉江和鄱阳湖、洞庭湖、洪湖、东湖等的健康生态；加强对天然林的保护，积极实施退耕还林，在长江中游城市群内生态比较脆弱、水土流失比较严重的区域进行封山育林；对长江中游城市群内的湿地生态实施恢复工程，恢复其湿地功能；以国家级和省级自然保护区为重点，加强对珍稀濒危野生动植物的保护，共同保护城市群的生物多样性。[1]

近年来，赣鄂湘三省已分别制定了一系列生态文明考核办法，生态文明制度框架体系已初步建立。与此同时，自2012年年初签订长江中游城市群战略合作框架协议以来，赣鄂湘三省就积极展开了区域环境治理领域的各项合作，签署了一系列协议，确定了加强江湖综合治理与保护，共同推进以长江及其主要支流、鄱阳湖、洞庭湖为重点的大江大湖综合治理等环境重点合作领域。可以预计，未来长江中游城

1 李志萌，张宜红．共建长江中游城市群生态文明．江西日报，2015-06-15（B3版）．

市群将进一步突破现有的行政分割体制，在生态环保领域开展更深层次的合作，为我国跨区域的环境治理提供有益经验。中游畅则长江畅，中部活则全国活。武汉城市圈、环长株潭城市群、环鄱阳湖城市群，得“中”独厚，通江达海，凝聚共识，同谋大业。

第二节 湘鄂赣：绿色“增长极”的省域探索

奔腾的长江在湖北接纳汉水后，折向东南进入江西。在这里，长江迎来了我国第一大淡水湖——鄱阳湖，每年经鄱阳湖流入长江的水量超过了黄河、淮河、海河水量的总和。江西的生态保护对维系长江中下游区域甚至国家生态安全意义重大。

在长江横贯东西的绿色生态廊道上，江西作为长江流域承东启西的关键节点，在生态优先、绿色发展之路上的探索，已经具有了相当程度的“样板”意义。2014 年 6 月，江西全境纳入国家第一批生态文明先行示范区，是 55 个先行示范区中为数不多的 4 个全境纳入的省份之一，也是长江中下游地区唯一全境纳入的省份。

走进江西青山绿水的历史深处，我们深切体会到，江西的生态优势，不是“经济欠发达”所造成的生态未开发的自然伴生物，不是“老区”留下的幸运产物，而是自觉选择“生态先行”数十年的成果积淀。

20 世纪 80 年代初，由于山区毁林种粮、湖区盲目围垦和酷渔滥捕等短期行为，鄱阳湖流域生态恶化。1983 年，江西省创造性启动了“山江湖综合开发治理工程”，在全国最早提出了“治湖必须治江、治江必须治山、治山必须治穷”的思路，力求走出治山、治水和治贫综合整治，生态效益、经济效益和社会效益统一的良性发展之路。

经过 30 多年的“绿色接力”，曾经裸露的山脊、沙化的土地、浑浊的河流湖泊，早已旧貌换新颜。如今，莽莽森林覆盖江西，空气环境质量优良率达 90.1%。

走绿色发展之路，江西醒得早，抓得早。自山江湖工程启动之始，江西上下便逐步形成共识。为实现生态保护从“治标”到“治本”的升级，江西省全面提升自然生态系统稳定性和生态服务功能，筑牢生态安全屏障，着力在保护绿色生态上打造样板。持续的生态文明建设，让江西各项环境指标均位居全国前列。

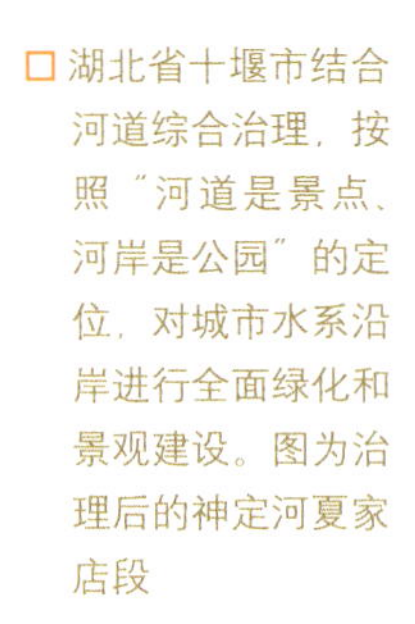

□湖北省十堰市结合河道综合治理，按照“河道是景点、河岸是公园”的定位，对城市水系沿岸进行全面绿化和景观建设。图为治理后的神定河夏家店段

随着鄱阳湖生态经济区建设扎实推进，“一湖清水好风光”渐行渐近。截至 2014 年年末，鄱阳湖生态经济区内湿地公园由 3 个增加到 24 个、湿地面积由 46937.5 公顷增加到 74309.8 公顷；区内 38 个县、市城镇生活污水处理设施实现全覆盖，城市生活垃圾无害化处理率达 90%；设区城市环境空气质量全部达到国家二级标准。在经济发展方面，2014 年，鄱阳湖生态经济区实现生产总值超过 9000 亿元，人均 GDP 达到全国平均水平，较 2009 年增加 18700 元，增幅达 117%。[2]

借助鄱阳湖生态经济区国家战略，先后有 60 多个国家部委、央企、金融机构和科研院所与江西签署战略合作协议，仅 2013 年和 2014 年两年，央企入赣项目已达 120 个，总投资达 2700 亿元。沿着鄱阳湖生态经济区发展轨迹不难发现，把握好生态与经济协调发展这一主线，以体制改革和科技进步为动力，坚持生态优先、科学布局、改革开放、以人为本成为了江西绿色崛起模式。

漫步星子县，欣赏山清水秀、空气清新、环境优美的旖旎风光，赏心悦目，令人赞叹。头顶“全国旅游标准化示范县”“中国最美城镇”“中国最佳文化旅游观光名县”等光环的星子县，视生态环境为科学发展的生命线，凡不符合环保要求的项目，一律不引进；高排放的项目坚决不搞，高耗能、低产出的项目坚决不搞，拒绝了 40 多家不符合

2 刘媛．鄱阳湖生态经济区建设 5 年成果显著．江南都市报，2014-12-17.http://www.jxdpc.gov.cn/zdgzdd/phlake/zxdt/201412/t20141217_114534.ht

产业要求或有污染的企业落户，交上了净空、净水、净土的喜人答卷。

这只是擦亮江西生态名片的一个小小样本。循着生态建设是根基、环境保护是支撑的清晰思路，江西发挥体制创新的牵引作用，建立完善生态文明建设考核评价体系，把生态文明建设纳入领导干部年度述职重要内容，将资源消耗、环境损害、生态效益等纳入领导干部政绩考核体系，逐步提高生态考核权重，引导形成节约资源和保护环境的绿色政绩观。

上下联动，让制度不仅落了地，而且扎得深。江西一直执行着“史上最严”的生态环境问责机制，各地以开展净空、净水、净土行动为抓手，加大空气、水和土壤污染防治力度，减少污染物排放，加大对“五河一湖”及东江源头保护区生态保护力度。生态文明理念已成为全省上下的共识，推进生态文明建设正成为各级政府发展经济、保障民生的自觉行动。

新常态下，江西大力推动经济与生态协调发展。放眼赣鄱大地，绿色正成为江西鲜明的“底色”、宝贵的“财富”。

隆冬的铜鼓县，独辟“绿”径的绿色发展场景频获点赞。该县新引进了 4 家税收超千万元的医药企业，10 亿元以上的旅游招商在建项目有 2 个，江钨、国泰、腾达有机硅等大项目争相进驻。

唯有大格局，才能破困局。转变发展方式，如何发力？江西人几经探索，几经反思，找到了突破口：大力发展循环经济，全面推行绿色循环低碳生产方式。生态文明理念全面融入经济社会发展的全过程。江西加快发展特色生态农业、战略性新兴产业、现代服务业，腾“笼”换“鸟”，改造提升优势传统产业，加快产业结构调整步伐。

立足生态本位，绿色崛起，顺势谋事。江西发挥江西作为全国生态最好省份之一的优势，有效凸显生态的经济社会价值，以强烈的历史责任感和开放坦荡的胸襟推进城市群良性发展。随着江西生态文明先行示范区国家战略深入推进，山清水秀、空气清新、环境优美的江西，生态文明建设将开启一个全新的境界。

湖广熟，天下足。千湖之省的湖北，长江汉水浩浩汤汤，江汉平原沃野千里，武当神农钟灵毓秀，山水禀赋得天独厚。湖北是国家“两型”社会建设改革试验区，也是三峡工程坝区所在地和南水北调中线工程水源区，生态地位举足轻重，是中华人民共和国版图上最具绿色发展条件的区域之一。

作为促进长江经济带“上中下游协同发展、东中西部互动合作”的重要区域，湖北省生态优先、绿色发展的路径探索也一直备受关注。中央提出生态优先绿色发展的战略，表明长江保护与发展在经历由开发优先向开发与保护并重之后，又进入保护优先、生态优先的新阶段，湖北境内长江干线长达 1061 公里，为全国之最，应当率先适应这个转变，积极引领这个转变。

2013 年，湖北全面启动生态省建设，先后通过了《关于大力推进绿色发展的决定》《湖北生态省建设规划纲要》等文件，正式提出“把湖北建设成为促进中部地区崛起的绿色支点”。而此前中央对湖北的定位是，“努力把湖北建设成为中部地区崛起的重要战略支点，争取在转变经济发展方式上走在全国前列。”[3] 由“绿色支点”到“战略支点”，对湖北来说同样影响深远。

在研究者看来，主政者不断强调绿色发展有着一定的现实迫切。湖北省作为拥有长江干线最长的省份、三峡工程库坝区和南水北调中线工程核心水源区，承担长江生态保护与修复的责任重大，任务艰巨。此外，湖北省东、西、北三面环山，山地和丘陵占到 80%，有着“千湖万林之省”的称号，这些客观实际决定了湖北省要“不走寻常路”。

在湖北，长江最长的支流汉水是楚文化的发源地。为了布局长江经济带的绿色纵深，2015 年 6 月，湖北省出台了《湖北汉江生态经济带开放开发总体规划》，这一规划范围涵盖湖北汉江流域 39 个县（市、区），面积 6.3 万平方公里，覆盖常住人口 2200 多万人。

湖北坐拥长江黄金水道的“腰身”，还有最长支流汉江，两江沿线不仅有江汉粮仓、南水北调水源地，还有中纬度物种王国神农架。除了汉江生态经济带外，湖北还出台了《清江流域绿色生态经济带发展规划》《江汉运河生态文化旅游带发展规划》，围绕长江经济带，已形成了覆盖全流域的绿色发展体系。

坚持生态优先，并不是不发展经济，而是要在生态环境容量上过紧日子的前提下，依托长江水道，统筹岸上水上，正确处理防洪、通

3 努力把湖北建设成为中部地区崛起重要战略支点．湖北日报，2013-08-05.http://finance.people.com.cn/n/2013/0805/c364101-22447368.html

航、发电的矛盾，自觉推动绿色循环低碳发展。比如最早提出汉江生态经济带概念的十堰市，在省内较早提出生态立市，作为中线调水源头的十堰市丹江口库区，先后关停曾经作为支柱的黄姜产业和70多家污染企业，拒签上百个有污染的招商项目。但是由于环境更好了，农夫山泉、润京水业等纷纷落户，丹江口的经济发展水平不降反升，在全省经济排名不断跃升。一位十堰市政府官员称，有绿水青山良好生态同样能换来真金白银。现在的湖北尤其是武汉城市圈，"绿色"消费理念深入人心，"绿色"生产方式崭露头角，正在成中国"绿色现代化"的又一发展样本。

在"十二五"期间，湖北就着力调整优化经济结构，大力发展绿色产业。在林业工作方面，也取得了长足的进步。2013年以来，全省累计完成国土绿化1063.2万亩，封山育林445.5万亩，中幼林抚育2455万亩，义务植树5.06亿株，成功创建国家森林城市7个，获批国家公园建设试点 1个。

"北有红旗渠，南有引丹渠。"1974年建成的引丹渠，总干渠长68公里，过境襄阳的老河口市、襄州区、襄城区、高新区及襄北农场。2016年年初，襄阳启动建设"百里生态丹渠"。老河口市用125天时间，投资1.17亿元在丹渠沿线栽植100余万株树木，绿化渠道74公里，折合绿化面积4800多亩。[4]

樱花、海棠、红叶碧桃、银杏、桂花、楠竹、马褂木、无患子、乌桕……30多种树木，将引丹渠装点得绿意盎然。

丹渠绿化，只是全省"绿满荆楚"行动的一个缩影。

2014年11月28日，湖北出台《加快推进绿满荆楚行动的决定》，计划用3年时间实现全省绿色全覆盖。让青山常驻、清水长流，湖北勾画出一幅壮美的绿色发展蓝图。到2017年年底，全省实现宜林地、无立木林地、通道绿化地、村庄绿化地应绿尽绿，森林覆盖率达到40.5%，森林蓄积量达到3.2亿立方米，林地保有量达到860.67万公顷；全省生态承载能力和生态产品供给能力将得到重大提升。

林业生态建设的源头被激活。工商企业、合作组织和自然人等各

4 荆州实施绿满古城工程 城市森林生态体系初步建成 .http://dongwu.eco.gov.cn/art.do?catid=5&aid=138740

类市场主体参与植树造林。规模化、基地化造林成为“绿满荆楚”行动的显著特征。

树栽了，地绿了，管好树护好绿，全面提高森林质量成为林业重要工作。2000 年 3 月 9 日，神农架林区率先启动天然林保护工程，停止天然林采伐。林区 2600 多名伐木工放下斧头，组成 56 支护林队伍。

2000 年 10 月 1 日，湖北三峡库区的 20 个县（市、区）纳入天然林保护范围。

2010 年 12 月 9 日，国务院常务会议决定实施天然林资源保护二期工程，湖北天保一期 21 个县（市、区）和丹江口库区 7 个县（市、区）纳入天保二期实施范围，工程建设期为 2011—2020 年。

湖北天保二期工程覆盖 4985 万亩森林。5 年来，护林员发展到 11560 人，178 万亩中幼林得到抚育，建成 241.9 万亩公益林。全面停止天然林采伐、加强森林管护、实施中幼林抚育、加强公益林建设，是提高森林质量有效举措。

目前，湖北天然林保护范围进一步扩大到幕阜山和大别山林区。至此，全省 60 多个县市区纳入天保工程。

武当叠翠，林拥水都，绿满车城。十堰市 2013 年 1 月正式提出创建国家森林城市。2016 年 9 月 19 日，“中国森林城市建设座谈会”在延安召开，全国 22 个城市获批为“国家森林城市”，十堰市成功入列。

至此，湖北已有武汉、襄阳、宜昌、十堰等 7 个城市被授予“国家级森林城市”，13 个城市被授予“省级森林城市”，森林城市创建位居全国前列。目前，还有一批城市正向国家森林城市发起冲刺。

创建森林城市，荆楚各地百花齐放。“城市园林化、城郊森林化、道路河渠林荫化、居住小区花园化”，荆州市呈现江汉平原特色，重点实施绿满古城、林拥水乡、绿带连珠和绿色家园四大主体工程，城市森林生态体系初步建成。该市前不久荣获“省森林城市”称号。

黄石市开山塘口和工矿废弃地复绿，建成亚洲最大的硬岩绿化复垦基地，其生态修复经验吸引美国、德国、法国、荷兰等外国专家参观学习。该市目前也已获得“省森林城市”称号。

“十二五”期间，湖北直接投入森林城市建设资金超过 1000 亿元，完成人工造林 1075 万亩，封山育林 490 万亩。除森林城市外，还建成 42 个省级森林城镇、1800 多个绿色示范乡村，极大绿化美化了城乡人居环境，推进了生态文明和美丽湖北建设。[5]

“吾道南来原本濂溪一脉，大江东去无非湘水余波”。诞生在八百里洞庭湖之南这片沃土上的湖湘文化，以其鲜明个性和独特魅力声名远播，成为中华文化和华夏文明的瑰宝。尤其是近几百年来，湖南人以“敢为人先”“敢为天下先”的精神，引领时代风云，湖湘文化大放异彩。

湖南还有悠久多样的人文景观资源。要通过挖掘体现湖南地域特色的湖湘文化、伟人文化、红色文化、佛教文化和休闲文化等人文元素，将生态建设与绿色文化展现相结合，形成独具特色的湖南绿色文化。

大诗人陶渊明曾在“芳草鲜美，落英缤纷”的桃花源里，为世人勾画了一幅“阡陌交通，鸡犬相闻”“黄发垂髫，怡然自乐”的避秦绝境之和谐美景，这个“世外桃源”用最朴素的“天人合一”观表达了一名知识分子匡道治世的理想追求。时至今日，继“法治湖南”“创新型湖南”“数字湖南”建设纲要制订并实施以后，《绿色湖南建设纲要》已颁布数年，这标志着一个完整“两型湖南”建设体系已经形成，“四个湖南”已经成为科学发展观在湖南的生动实践和响亮名片。

“湖光秋月两相宜，遥看洞庭山水翠。”从古至今，绿色，就是湖南最生动的颜色。青山绿水是湖南的最大优势。

湖南为大陆性中亚热带季风湿润气候，光、热、水资源丰富，有着丰富优美的自然资源，植物种类多样，群种丰富，是中国植物资源丰富的省份之一，有银杏、水杉、珙桐、黄杉、杜仲、伯乐树等60多种珍稀树种，有华南虎、金钱豹、穿山甲、羚羊、白鳍豚、花面狸等珍贵野生动物。

在湖南，“四个湖南”建设统筹推进，绿色发展的理念，催生一连串“绿色新政”——大力植树造林，全省森林覆盖率达到57.13%，森林蓄积量达到4.16亿立方米；铁腕治污，收获江湖巨变，“东方莱茵河”轮廓初显，洞庭一湖清水流向长江；两型社会建设纵深推进，全国第一家碳排放权交易市场落户湖南……“绿色湖南”这张名片，成为湖南

5 湖北梯次创森拥抱森林时代．中国绿色时报，2018-10-29.http://www.forestry.gov.cn/xdly/5188/20181030/152717227200936.html

最有特色的标志、最有影响力的品牌、最有竞争力的资源。

湖南生态环境质量处于全国领先水平，但生态的优势还未有效转化为发展的优势。如何把湖南特有的绿色资源变成得天独厚的经济资本，是一个重大的课题。粗放型增长方式仍然存在，资源环境压力尚未消除，只有推进“绿色湖南”建设，才能适应“转方式”的需要，适应纵深推进两型社会建设的需要，抢占新一轮竞争制高点。

当前，湖南的绿色发展就是要围绕“水更清”“天更蓝”“地更净”，打好水污染治理战、大气污染防治战、土壤污染整治战。湘江流域的保护治理和洞庭湖生态经济圈建设更是重中之重。

时光荏苒，以铁路、公路、飞机为代表的现代交通体系，彻底改变了湖湘大地的经济纹理。然而，从晋宋时期大诗人陶渊明到今天，纵使历经时代变迁，但湖南人民生活美景的共同追求，对人与自然的和谐共生，其愿景长系，理想长存。今天“桃花源”不再只是一个梦，发扬“湘江北去、求新图强”精神的三湘儿女正在不懈努力追逐、实现这个千年之梦，打造桃花源福地。

如今，丰富的森林资源和良好的生态，已成为湖南最大的优势、最大的财富和最大的潜力，并且成为一些地方展示地区形象的绿色名片，吸引社会投资的重要筹码，赢得新一轮竞争的制胜法宝。

“我欲因之梦寥廓，芙蓉国里尽朝晖”。一个个国家森林城市、生态文明教育基地、生态文化村频频亮相三湘大地，生动描绘出了湖南生态文化建设的画卷，深刻演绎出了湖南生态文化的丰富内涵。

第三节　案例举隅：长江中游森林城市的发展新引擎

赣州

“山为翠浪涌，水作玉虹流。”宋代大文豪苏东坡曾这样感叹赣州的美。赣州自然之美天生丽质，“生态王国”“绿色宝库”是赣州人的骄傲。灵山秀水，流金淌银。赣州依托生态优势，大力发展生态产业，做到绿色与经济齐飞，生态共发展一色。

青山掩映、垂柳拂堤，昔日的“江南沙漠”呈现着江南水乡的婀娜柔美。在保护中发展，在发展中保护，赣州市一跃成为“生态环境竞争力前20强城市”“中国最具生态竞争力城市”“全国首批创建生态文明典范城市”。“生态王国”已成为美丽赣州最响亮的名片之一。

山、水、田、林、路交错呼应，看似随意，却经过科学的统筹规划；坡面雨水集蓄工程看似简单，却在拦蓄径流、减少泥沙下泄、改善丘陵山区农林生产条件等方面起着不可忽视的作用；小流域的综合治理让碧水如玉带，村庄似明珠。绿是赣南的主色，这一方水土一方生态，是城市经济社会发展的基石。赣南小流域综合治理，引领着生态农业统筹结合、共同发展。

行走在赣县区城北湿地公园，塘湾水韵、桃源踏青、七彩童趣、上垅探梅、清风荷月等 11 个生态湿地景观自南向北依次呈现。

“基于污染治理的生态园林示范工程”，一方面采用物理截污沉淀、过滤、增氧及绿化植物、水生植物、微生物、水生动物生态链吸收、净化，达到污染治理的效果；另一方面又以水体污染源为源头，通过水体生态修复、生态功能强化等措施，使水体与土壤达标。今天，通过污染治理与生态景观打造相结合的湿地公园，已成为市民休闲娱乐的后花园。

罗霄山脉东南深山区，赣州崇义县君子谷犹如一个野生水果世界。利用这深山中的野生刺葡萄酿出的红酒，为君子谷带来了可观的经济效益。2015 年，继江西省优秀科普示范基地、农业科技园区之后，它又被评为全国科普惠农兴村先进单位。[6] 这个深山间的绿色生态梦，生动地阐释了赣州生态开发意识的觉醒和与时俱进。“靠山吃山，靠水吃水”追求的不是“竭泽而渔”式利用，而是用发展的眼光，把生态作为重要的运营资本，让手中的“金碗”更加闪亮，更能聚财。

2015 年，赣南脐橙以 657.84 亿元的品牌价值蝉联全国初级农产品类地理标志产品价值榜榜首，并荣获“2015 最受消费者喜爱的中国农产品区域公用品牌”。而这只是赣州市生态农业迅速壮大的一个代表。仅 2015 年，赣州市就新增“三品一标”农产品 53 个，全市建设粗具规模的农业示范核心园 20 个，累计完成投入 34.7 亿元，吸纳就业人员 15.37 万人；新增休闲农业企业 778 家，总数达到 1580 家，同比增长 97%。

---

6 刘润发，刘效江，彭雪英．生态文明建设的赣州实践．人民日报海外版，2015-07-20（第05版）．

油茶产业，是赣州做足生态文章，坚持绿色发展、绿色崛起的生动一笔。如今，赣州有油茶林面积 184 万亩，种植面积居全国首位，产油量超万吨。一个个油茶果，就是赣州农民的黄金果、致富果。

山水美景促进生态旅游。赣州整合丰富的生态旅游资源，在保护中开发，在开发中保护，因地制宜，做大做强生态旅游产业，带动农家乐、生态农庄等快速发展生态旅游产业，如同一家家“绿色银行”，帮助许多群众“借景生财”。

与此相呼应的是生态工业的积极转型升级。“十二五”以来全市累计拒绝不符合环保条件的项目 3150 个，而能耗低、污染少和无污染的战略性新兴产业则迅速发展，已形成金属新材料、非金属新材料、光电机一体化、绿色照明、新能源汽车动力电池等五大较明显的产业集群。

龙南，曾是赣州境内的一个矿产宝地，重稀土储量占世界 70%。然而，从 20 世纪 70 年代开始的粗放式开采，造成大量的植被破坏。而今天，这些被关停的废弃矿山，已长满黑麦草、棕叶草、苏丹草、野豌豆，经过固沙、保土、培肥的整治措施，这些土地已经开始在市场进行流转。

这种复垦方式亩均投入达 1 万元，而一亩地的流转费一年不过几百元。这笔巨额投资，花的是钱袋子并不宽裕的县里的钱。传统矿山企业关停后，龙南县取而代之的是稀土新材料、电子信息、生物医药等战略性新兴产业等绿色低碳工业，以及生态农业和现代服务业。2015 年，仅旅游总收入就达到了 14.48 亿元。[7]

2012 年以来，赣州共争取中央和省级林业项目资金 19.32 亿元，实施了 10 个国家科技推广项目和一系列攸关林业安全的重大项目，进行油茶低改新造 56.5 万亩，建设花卉苗木基地 20.4 万亩，完成工业原料林建设 64.8 万亩，生态农业持续增效，“山顶树林戴帽，山腰果茶缠绕，山脚瓜菜飘香，山间畜禽嬉闹”成为今日赣南农村最具风情的美景。

走进寻乌县九曲湾库区，近 1000 亩湿地松、木荷、枫香等树种长

7 刘润发，刘效江，彭雪英．生态文明建设的赣州实践．人民日报海外版，2015-07-20（第 05 版）．

势喜人。寻乌是东江源头县，脐橙种植是当地农业支柱产业。为保护东江源头青山绿水，该县采取封山、造林、退果、移民等系列措施，投入资金 1730 多万元在九曲湾库区实施退果还林，并引导果农在退果还林后的土地上发展花卉苗木等绿色生态产业，目前产值达 6000 万元。[8]

再以东江源头安远县三百山为例，这里景区林木茂盛，碧水潺潺。为让东江下游的粤港居民喝上干净水、卫生水，赣州加大对东江的环境综合治理，婉拒了 270 多个对生态有污染的投资项目，对源区全面禁伐。

苍山不墨千秋画，江河无弦万古琴。今天的赣州，"大生态"的理念已经融入经济社会发展的各个领域，绿色产业的发展，实现了景美、民富的美好愿景。

吉安

吉安，是革命摇篮井冈山所在地，这里走出去的中华人民共和国将军有 147 名。吉安，更是一座得天独厚的绿色宝库，良好的生态系统，丰富的森林资源，为吉安实施生态文明建设提供了优越条件。

近年来，吉安市以绿色发展观为指导，以生态保护与建设为重点，打造"文化庐陵，山水吉安"，大力推进庐陵独特风格的美丽乡村建设，注重森林资源的保护与开发，发展生态旅游、生态农业、新型工业，大力实施小城镇绿化、美化，造林绿化工程等，实现了区域经济和生态建设的共赢。

如今，全市森林覆盖率达 67.6%，居江西省前列。创建国家级生态乡镇 46 个、国家级生态村 3 个；省级生态乡镇 112 个、省级生态村 74 个，各项生态创建工作均位居全省前列。

掬水映白云，开窗花扑面。山水造化与生态理念的交融碰撞，喷涌出这满城的绿。在中心城区和各县城，坚持"道路林荫化、城市园林化、园区生态化、乡村林果化"，大力推进高品质主题公园＋生态绿廊＋郊野公园的绿化布局，形成城市生态三级梯度格局，以此为纽带将散落全城的绿地接续起来，使绿色绵延覆盖。

---

8 彭雪英，张惠婷．江西：生态宜居彰显赣州城市魅力．赣南日报，2014-10-08.http://jx.yuanlin.com/news/197077.html

将森林引入城市，让城市拥抱森林。在城市建设上，吉安做好“减量、透绿、留白、传承、坚守”5篇文章，先后建成滨江内湖公园等18个城市大型公园，推进了20多公里的后河“金腰带”和螺湖湾湿地公园等生态工程建设。

坚持见缝插绿、块状植绿、斑点绿化，在老城区街头巷尾插花式建设了80余个小游园，中心城区基本实现了1000米有大公园、500米有休闲小游园，市中心城区绿地率达45.2%，市民可四季见绿、常年赏花。一座座园林、一块块绿地绣于城市的锦缎之上，晕染出城市的五彩斑斓，好似一片片绿肺，为城市荡涤尘埃，送来清新。

在广袤乡村，吉安大力实施乡村建设，不推山、不填塘、多依山就势、多因地制宜等“八不八多”的理念，留住了自然风貌和生态系统，让“青砖黛瓦马头墙、飞檐翘角坡屋顶”的庐陵风韵遍布沃野。

吉安市素有“樟树之乡”“毛竹之乡”“油茶之乡”“楠木之乡”等美誉，其中拥有樟树300余万株，古樟数量居全国之首。随着一个个重点项目的开工建设，樟树的保护成为全市上下关注的焦点。峡江水利枢纽工程涉及樟树2307株、泰和县石虎塘航电枢纽工程涉及樟树723株、吉莲高速涉及樟树85株。为保护珍贵树种、名木古树，该市先后出台了《古树名木管理保护管理办法》《重点工程建设区大树收储办法》等保护措施，对全市1.4万株名木古树登记造册、建档立卡、悬挂保护牌；对重点工程建设区的大树实行统一收储、集中管护。

庐陵文化生态园“镇园之宝”，胸径318厘米的古樟引人注目。这棵原本屹立于峡江库区吉水县水田乡的千年古樟，经过半个月的抢救性移植成活。

与生态环境同步推进的是生态产业。吉安大力发展楠木、高产油茶、花卉苗木、井冈蜜柚、有机蔬菜等特色产业，让60万亩楠木上山、500万株樟树护村、100万亩油茶富民、30万亩花卉苗木建基地。吉安县横江公塘村、吉州区钓源古村等一批古村通过乡村绿化与古树群落保护、历史文化传承、新农村建设相结合，成为乡村旅游的优质资源，带动了经济发展。[9]

人、城、自然和谐的生态之城，山水秀美、人文尽现的诗意之乡，

---

9 吉安市大力推进生态文明建设纪实．江西日报，2013-05-08（A1版）．

宜居、宜游、宜业的理想之地吉安，正以发展升级、小康提速、绿色崛起之势，迈步前行。

抚州

抚州自然禀赋优越，生态环境优美，森林覆盖率、水资源、空气质量位居全省前列，具备绿色崛起、跨越发展的生态环境基础。同时，抚州是传统的农业大市，工业所占比重不高，污染治理难度相对较小，治理成本较低，并且新能源汽车动力电池、生物医药、现代农业和服务业等低碳环保绿色产业具有强劲的后发优势。在国家转变经济发展方式、推动绿色发展的重大战略中，抚州迎来了千载难逢的机遇。

偏居抚河源头的广昌县驿前镇，有千年历史，现存的53幢古建筑尽显客家风情。不久前，一场抚河流域生态保护与综合治理之战在抚州市打响。从近期、中期到远期提出五个方面15项大的工程，总投资370亿元。以驿前古镇为代表的沿岸6县（区）36个生态镇村示范点，因为有"看得见山、望得见水、记得住乡愁"的特色，被抚州当作镶嵌在抚河生态文明示范带上的明珠进行重点打造。传统的农耕文化与现代休闲观光旅游水乳交融，古村古镇的产业从单一的农业，到农产品加工、民宿旅游等，实现了一产的"接二连三"，百姓的致富之路越走越宽广。

——抓重点、带全面。政府因势利导，把良好的生态环境作为最重要的公共产品、最普惠的民生福祉加以保护，严格管理。

——在全省率先实施了全市域封山育林工程，全市森林覆盖率达到65.6%。全面完成了黄标车淘汰任务；启动$PM_{2.5}$监测并与国家联网，空气质量在"全国50强氧吧城市"中名列第一。

——全面建立了"河长制"，明确了抚河流域10大水系"河长"责任分工。开展"抚河环保零点行动"，深入企业查处环境违法突出问题，对存在环境违法行为的企业予以曝光，保护了抚河"一河清水"，为鄱阳湖"一湖清水"和下游南昌市居民用水安全做贡献。全市12个地表水监测断面和集中式饮用水源地水质达标率继续保持100%，其中地表水质达到二类标准的比率为95%。

——开展农业面源污染整治，全市共减少不合理化肥投入（折纯）近1万吨，化学农药用量减少15.0%；加强耕地重金属污染防控和检

□ 森林村庄——广昌驿前姚西村

测，建立土壤污染检测标准体系，完善土壤污染防控责任制度体系。

——春风更绿抚河岸。抚河是抚州的母亲河，为确保抚河一江碧水长流，抚州市重点实施抚河流域生态保护与综合治理工程，与省水利投资集团签署了共同推进抚州生态文明建设战略合作协议，聘请中国电建集团成都勘测设计研究院开展了抚河流域生态保护与综合治理可行性研究。目前，已确定一期工程第一批 PPP 项目建设计划并开展前期工作，涉及 5 大类工程共计 36 个项目，总投资约 50 亿元。[10]

抚州生态越来越好，处处山青河绿，连空气都醉人。良好的环境，带动着文化创意、信息产业方兴未艾。绿色工业异军突起，传统产业发展升级和新兴战略产业实现齐头并进。现代物流、中医药产业、健康养老产业等，都进入了蓬勃发展的阶段。

咸宁

绿色是生命的原色，绿色是地球上最美的颜色。在长江之南，在中部腹地，一颗强劲搏动的“绿心”，正积聚和传输不竭的能量和生机。

---

10 美丽中国“江西样板”的抚州实践 .http://www.shidi.org/sf_82818FC692CE4FC584A390D31ADA3719_151_cnplph.html

"绿心"理念的提出，是咸宁发展观和方法论的新飞跃，是求是思维的火花，很接咸宁发展特色、发展优势、发展实际的"地气"。

制定发展战略，既要登高望远的胆气，又要脚踏实地的底力；既要赶超竞进的锐气，又要度势审时的定力。把绿色坚定而鲜明地写在发展的旗帜上，是咸宁最新的认识飞跃，最真的实事求是，最大的历史担当。

咸宁是中部一方难得的绿色宝地，是上天对咸宁的垂青，是祖宗留下的绿色存折。千发展，万发展，绿色发展的理念不能变；这崛起，那崛起，绿色崛起的路子不可移。曾几何时，咸宁以"一方独清"引为自豪。"天蓝、水清、气爽"，让凡来咸宁的外籍人士羡慕不已。就是雾霾一度肆虐的时候，咸宁人都在享受着这金不换的"天然氧吧"。

可随着时间的推移，咸宁这个"绿色王国"也无法"独善其身"了。

然而，生态线就是生命线。对咸宁而言，尤其如此。

任何地方的发展和崛起都有路径选择，这是决策层和顶层设计者必须面临和解决的问题。"绿心"的构想，与时代发展的形势相应；与地方的禀赋条件相切，与人民群众的需求相符，与实现永续发展相关，与子孙后代利益相通，是真正意义上的"国际视野、战略高度、中国定位、湖北品牌"。

咸宁国土面积 1968 平方公里，森林覆盖率高达 49.74%，重点水域和集中式饮用水源地水质达标率 100%；咸宁是水资源大市，境内湖库密布，水质优良；咸宁曾经有过 360 天优良空气率的骄人记录。"全国最适宜人居城市""中国人居环境范例奖""国家森林城市"等荣誉

□ 湖北省咸宁市赤壁市羊楼洞万亩茶园

加身。

地处中国中部，咸宁作为“心脏地带”的绿地，价值无比，不可置换。

“绿心”目标的确立，破解了咸宁当前发展不足与发展不优这一最大矛盾，为适应发展新常态这个大逻辑找到了新平台、新策动、新动力，是咸宁发展路径校航对标的智慧把脉和现实选择。

咸宁是中国“桂花之乡”“楠竹之乡”“茶叶之乡”“苎麻之乡”“温泉之乡”。“五乡”美誉都是“生态之光”“绿色力量”……作为后发城市，出路就在找自己的优势、做自己的强项。既不能舍本逐末发展无核心竞争力的项目和产业，更不要得不偿失发展小税收大污染的项目和产业，绝不能饮鸩止渴发展损害咸宁生态的项目和产业。不走“发展—污染—治理—发展”的老路，这是降低发展成本，赢得发展时空。

这些年来，做桂花文章，咸宁得以成为享誉四方的“香城”；做温泉文章，咸宁得以成为名闻遐迩的“泉都”；做茶叶文章，做了“咸宁范儿”、咸宁影响。对山清水秀的咸宁来说，做大经济总量，必须把创新驱动作为发展的第一引擎，走新型工业化路子，培养发展新动力，拓展发展新空间，构建产业新体系。

“绿心”目标的确定，对咸宁而言，破解当前发展不足与发展不优这一最大矛盾，提出了新导向、新路径；对适应发展新常态这个发展大逻辑，找到了新平台、着力点，不啻为咸宁发展的“定心丸”。

近年来，咸宁以创建国家森林城市为契机，大力实施中心城区绿化、环城生态屏障、新农村绿色家园、绿色通道生态景观、农田林网、湿地保护与恢复、生态公益林保护等十大工程，形成了“林水相依、林城相融、林居相倚、林路相伴”的城市环境和生态格局。[11]

“绿满咸宁”工程，每年以 30 万亩的发展速度推进造林，全市播绿增绿面积 100 万亩，森林总面积增加到 665 万亩。

通过创建省级宜居示范村庄，打造农民幸福生活的美好家园。目前咸宁拥有“省级宜居村庄”61 个，正申报美丽宜居村庄创建项目 48 个，省级“宜居村庄”将达到 109 个。

---

11 咸宁打造中国中部“绿心”国际生态城市战略解读.http://www.sohu.com/a/110044806_362018

中心城区重点抓好“五化七治”，各乡镇重点抓“达标示范”建设，真正让咸宁成为“远者来、近者亲”的秀美之城、魅力之城。

荆门

荆门，这座1983年沐浴着改革开放的春风应时而生的地级市，从诞生之日起，就被涂上了浓厚的重化工底色。

这里有500万吨原油加工能力的荆门石化，有磷矿石储量居全国第二的“中原磷都”，有年生产600万吨高浓度磷复肥的新洋丰肥业，有年产9.7万吨工业炸药的全国民爆行业龙头企业凯龙集团，有湖北第二个化工专业园区荆门化工循环产业园，有“三峡大坝粮仓”之称的葛洲坝水泥厂……

化工、建材等产业集中了荆门市三分之二的企业和资产，这些企业在为荆门经济社会发展做出巨大贡献的同时，也使得荆门的生态负荷日趋加重。全市规模以上工业单位增加值能耗为0.84吨标准煤/万元，高于全省平均水平4个百分点；各类新老污染、点源、面源污染呈交织叠加之势，特别是大气复合污染形势严峻；人均生态赤字3.18公顷，与北京、上海、天津等特大城市基本持平。

困境中的荆门，也看到了自身难得的生态优势和发展机遇。

这里地形地貌多样，山水纵横交错，植被覆盖茂盛，气候温度适宜，生态资源丰富，具备打造绿色城市的天然本底；这里地处中部之“中”，位于人类最佳居住纬度——北纬30°，是“天下粮仓”江汉平原的腹地；这里拥有优良的山水资源，4个国家森林公园、1个国家湿地公园、4个国家湿地公园试点，大洪山是国家级风景名胜区，漳河水库被纳入国家良好湖泊生态环境保护试点。

环境高压，优势凸显，机遇并存。荆门，开始了独具特色的探索——走生态立市、绿色发展之路，抢筑后工业时代先发优势。荆门立志在全省率先建成国家生态文明试验区，着力将生态资源转化为生态资本，将生态优势转化为发展优势，创新生态供应链，促进绿色大发展。

理念是行动的先导。“绿色农谷，森林荆门”，2011年，荆门走上了创建国家森林城市的征程。

与别的城市不同，荆门西北及北部为低山区，中部为丘陵岗地，东南部为平原湖区，特殊的地理环境使“创森”蓝图呈现出多样性。结合地理特点，荆门在北部建设低山与重要水源生态保护区、中部建设丘陵岗地林业产业发展区、南部建设汉水流域及平原湖区林业发展与防护区。

除了横向结合，荆门还在点、线、面上着墨——以城市森林系统为主线，打造城市森林景观。

点上增量。李宁公园、东宝山公园、凤凰湖湿地公园一个个公园及街头绿地、大型绿化广场建了起来，目前市区公园绿地总面积达1858.08公顷，基本实现中心城区市民出门500米有公园绿地的目标。

线上延伸。市区139条道路绿化率100%，构建起91公里的绿色长廊，165种乡土树种得到充分利用，绿化景观彰显荆门特色。

面上保护。关闭中心城区29家采石场，推进采石场立面和地表复绿。搬迁城区水泥厂，严控毁林违建，加快推进城区宜林地绿色全覆盖。[12]

昔日的臭水坑，如今是美丽的天鹅湖公园；曾经的烂泥地，如今变成人们休闲的生态运动公园；原来挖山取石的裸露伤疤，如今绿草如茵……4年来，荆门共投入资金80多亿元，新造林5.13万公顷，森林覆盖率达42.42%，人均公园绿地面积达18.5平方米。[13]

为了一湾清水绕荆城，荆门市几十年来先后三次对竹皮河进行改造。

地处大洪山南麓的钟祥市客店镇明灯村，探索推行家庭污水处理、垃圾分类减量、因地制宜布景等模式，将过去污水靠蒸发、垃圾靠风刮、地面靠雨刷、到处烂泥巴的落后小山村，迅速发展为碧水长流、鸟语花香、乡愁浓郁的“四美”新村。

开窗见绿、出门入林。注重协调发展的荆门，把创建国家卫生城市、国家环保模范城市、国家生态市、全国文明城市提名资格城市与创建国家森林城市捆绑在一起，计划积10年之功，“五城同创”。

2015年11月，荆门与石家庄、青岛、南昌等21个城市被中国绿

12 运筹帷幄山水间——我市创建国家森林城市纪实之一．荆门日报，2015-08-25.http://zt.jmnews.cn/2015/gjslcs/html/202123.shtml

13 生态立市的荆门探索．人民日报，2016-05-05.http://hbj.jingmen.gov.cn/read.asp?id=5021

化委员会和国家林业局授予“国家森林城市”称号。不到两个月，京山县率先通过国家生态县验收。

今天的荆门，正在按照生态立市线路图、时间表，继续深化着一场全方位、系统性、根本性的绿色变革，为湖北“建成支点、走在前列”，为建设美丽中国，探索“荆门样本”——绿水青山森林城，宜居宜业新荆门。

第四节　山水文化城，绿色新九江

“浔阳江头夜送客，枫叶荻花秋瑟瑟”。1200 多年前的一个秋日，江州司马白居易送客湓浦口，闻舟中有夜弹琵琶者，听其音、感其事，遂写下传唱千秋的《琵琶行》。一句“座中泣下谁最多，江州司马青衫湿”，千载之后依旧令人动容。随后，《琵琶行》风行天下，令洛阳纸贵。唐宣宗在《吊白居易》中写道：“童子解吟长恨曲，胡儿能唱琵琶篇。”御笔推荐，足见文章流布之广。

其实，这浔阳江口就在江西九江。江口有亭，名为琵琶亭。亭子建于唐代元年，面临滚滚东逝的长江，背倚烟波浩渺的琵琶湖，飞檐流阁，回廊旋绕，境极幽旷。如今，曲终人不见，惟余亭畔枫荻萧然，守着一江明月，半湖清风。

九江之称，最早见于《尚书·禹贡》中“九江孔殷”“过九江至东陵”等记载。后据《晋太康地记》记载，九江源于“刘歆以为湖汉九水（即赣江水、鄱水、余水、修水、淦水、盱水、蜀水、南水、彭水）入彭蠡泽也”。长江流经九江水域境内，与鄱阳湖和赣、鄂、皖 3 省毗连的河流汇集，百川归海，水势浩淼，江面壮阔。

江环湖绕的九江，“士高气清、富有佳境”；自古就是高僧名士和文人墨客选胜登临的所在。魏晋南北朝时，高僧慧永、慧远、名道士陆修静等曾先后来到九江，寻觅净土，筑舍修行。从东晋至清末，到九江和庐山做官、访友、游览、隐居的著名文人雅士多至 500 余人。由此，九江人文景观胜迹如林。九江是东晋田园诗人陶渊明的故土家园，又是北宋“苏门四学士”之一黄庭坚的故里。宋代我国四大书院的白鹿洞书院就在九江。这所有纲领、有校规、有秩序的高等学府，培养了一代又一代的靖节之士，有用之才，流风余绪，泽及后世。

九江之胜，胜在人文。自古以来，九江"读书成风、科举成名、作家成派、学者成林、仕宦成群、著书成山、志士成仁、佛道成宗、青铜成王"，蕴藏着蔚为大观的山水文化、清新隽永的田园文化、源远流长的隐逸文化、神秘深奥的宗教文化、声名远播的书院文化、异彩纷呈的民俗文化、厚重深远的商业文化、催人奋进的红色文化。九江是中国田园诗的诞生地、山水诗的策源地、山水画的发祥地，历代1500多位名人在九江赋诗4000多首；《三国演义》和《水浒传》中很多传奇故事都在九江演绎；中国古曲《春江花月夜》根据原创于九江的《浔阳曲》改编而成。中国最早的书院义门书院在九江市德安县，白鹿洞书院居中国古代四大书院之首。

九江"据三江之口、当四达之衢"，七省连通，商贾云集。自晋代起，九江就是"米商纳贾"的都会。鸦片战争后，九江被辟为通商口岸，成为进出口贸易的重要商埠，五方杂处，货物汇集，一度成为全国"四大米市""三大茶市"之一。当时由于铁路、公路不发达，基本上是靠水路运输。九江处于长江中下游腹地，靠江临湖，水运便捷，促进了茶叶的流通。安徽、湖北、湖南等地的茶叶，基本上是通过九江中转销到南京、上海乃至国外，从而形成了茶市。沿江的便利交通、富饶的鱼米之乡、发达的商贸流通，还使九江成为历史上著名的的"四大米市"之一。九江的庐山云雾茶也享誉世界，明清时期，九江与福州、汉口并称中国"三大茶市"。

作为江西的老工业基地，九江有较好的工业基础。历史上九江工业非常辉煌，江西第一根火柴、第一颗钉子、第一块肥皂、第一艘轮船等多项工业第一都诞生于九江，九江制造一度成为江西工业的代名词。改革开放以来，九江经济社会发展迅速。鄱阳湖生态经济区建设新引擎、中部地区先进制造业基地、长江中游航运枢纽和国际化门户、区域性综合交通枢纽、江西省区域合作创新示范区……新的定位，让九江生机勃发。

九江还是江西省省域副中心城市、昌九一体化双核城市、环鄱阳湖城市群、长江中游城市群城市之一，是中国首批5个沿江对外开放城市之一，也是东部沿海开发向中西部推进的过渡地带。"三江之口、七省通衢""天下眉目之地"，九江的区位优势无与伦比，素有"江西北大门"之称。位于长江、京九铁路两大经济开发带交叉点，九江的开放意识与城市活力十足。

东襟鄱湖，西屏幕阜，南倚匡庐，北枕长江。九江得尽山水之宠，独享造化之功，既有厚重的历史，又有良好的生态。一部九江史，半部山水画，半部生态诗。早在2005年，坐落在九江市的庐山风景区就被联合国大会授予“联合国优秀生态旅游景区”。这既是对庐山在生态保护方面所取得成绩的肯定，同时也是对九江大力实施可持续发展战略的高度评价。境内拥有长江、庐山、鄱阳湖三大美景的九江，坚持保护开发并举，投入利用并重，积极推进绿色发展，走出了一条“人与自然和谐发展”的新路。

倚靠大自然的馈赠，九江确定了“十三五”时期的发展目标和发展战略：以“推进‘T’形崛起，打造山水名城，率先全面小康，建设五大九江”为发展战略，聚焦“一心两翼三板块”，实施“新工业十年行动”，协同推进“五化”，把九江打造成全省绿色崛起的双核之一、长江经济带重要中心城市、世界知名的山水文化名城和旅游度假胜地。[14]

如何把九江打造成全省生态文明的典范、长江经济带重要中心城市、世界知名的山水文化名城和旅游度假胜地，“绿色发展”是绕不开的话题。建设山水名城，打造生态文明先行示范区，既是守护绿水青山和碧水蓝天，更是在为“九江崛起”探索出一条生产、生活、生态共赢的绿色发展新路。

为厚植大山大水大九江优势，着力建设宜居宜游的大美九江，就要做好“揽山入城、拥江抱湖”的文章，做好“依规塑型、以文铸魂”的文章，做好“改旧拓新、精建细管”的文章，做好“兴产旺城、产城融合”的文章，保护好、利用好、展示好山休、水体、湿地，依托长江黄金岸线，把庐山作为后花园，并进一步加大投入，实施城市显山、活水、增绿、畅通、宜居、乐业、保障、文明八大工程，完善城市功能，把九江建设成为本地人热爱认同、外地人流连忘返的绿色城市。

在城市建设中，九江高度重视绿色低碳、节能科技、生态环保，广泛采用新技术、新方法、新材料，逐步推广建筑节能，加快城镇污

14 山水九江致力绿色崛起．九江市人民政府门户网站 .http://www.jiujiang.gov.cn/zwzx/jrjj/201602/t20160214_1561560.htm

水处理设施建设，积极申报和创建海绵城市、智慧城市、生态城市，保护好八里湖、甘棠湖、南门湖，保护好绿水青山，努力使建筑与自然生态相互融合，打造宜居宜游的优美环境。

在大力推进绿色化城市建设的同时，创建国家森林城市的思路也早已成型。2012 年年底，九江市正式把创建森林城市写入政府工作报告，把“创森”作为建设美丽九江、提高市民幸福指数和建设生态文明的重要抓手，坚持以大生态定位、大规划布局、大工程带动、大手笔投入，按照达到或超过国家森林城市评价体系要求，加速推进森林城市建设。2016 年，九江进一步加大创建力度，明确提出要把九江建设成为江西绿色崛起的双核之一，全力打造美丽中国江西样板“九江诗篇”。

有了明确目标，行动也渐次深入。

“创森”工作启动数年来，如今的九江星罗棋布着 400 多个景点景观，有世界地质公园 1 处、国家 5A 级旅游景区 1 处、国家 4A 级旅游景区 13 处、国家级重点风景名胜区 2 处、国家级森林公园 8 处、国家

级自然保护区3处、国家级湿地公园3处。良好的生态环境，使得九江犹如一幅千崖竞秀、胜迹如林的山水画卷。

通过实施一批示范性、针对性较强的项目，九江的城市绿化水平迅速提升，达到了做精品、补短板的效果，特别是大量栽植乔木，迅速提升了城市的森林感觉，城市知名度、美誉度和满意度也不断提升。

"行走在长虹大道、庐山大道、濂溪大道等路段，只要抬眼一望，就如身处大自然中，处处可见樟树、杜英、榉树、枫香、桂花、紫薇、银杏等，它们依路而栽，并列而行，随风含笑，"[15]尽显城市繁花似锦，一派春看花、夏看绿、秋看叶、冬看枝的美景。

九江坚持将"创森"与改善民生结合起来，坚持绿色与产业并举，先后出台加快发展花木产业、油茶产业、林下经济的意见和规划。近年来，全市营造了65万亩以速生杨为主的速生丰产林，新建和改造40余万亩油茶林，新建和改造50余万亩竹林，新建和巩固6万亩花卉苗木，发展省级林业龙头企业22家，利用"林菜""林果""林药""林菌"等模式发展林下经济10万余亩。依托丰富的森林资源，2014年，九江

□ 鄱阳湖国际重要湿地每年吸引了全世界98%的白鹤、80%的东方白鹳和70%以上的白枕鹤在此越冬。图为东方白鹳欢聚鄱阳湖

15 生态九江，一座可以深呼吸的城市.九江论坛.http://bbs.jjxw.cn/thread-501103-1-1.html

市林业生态旅游产值达141亿元。"市场牵龙头、龙头带基地、基地连农户"的林工贸一体化产业经营模式初步形成。农民从林业产业发展得到更多实惠，林业成为山区农民增收的主渠道之一。[16]

2014年，中国城市绿色肺活量排行榜50强中，江西独占9个，九江就是其中之一。"增绿、增氧、增净，降温、降尘、降噪音"，这是"创森"带给市民的最直接福利。九江，已经是一座可以深呼吸的城市。它实现了"春有花，夏有荫，秋有果，冬有绿"的美好梦想，让市民享受到了"推窗见绿、出门游园、移步赏景"的品质生活。

依傍着庐山的八里湖新区，是曾经的荒涂之地，如今摇身一变，成为风景如画的城市园林，早已分不清是在城市里看风景，还是在风景里看城市。绝佳的生态环境，彰显了九江森林建设的魅力与风韵。目前，新区建设了40公里的绿道、公共自行车系统、地下综合管廊，还将打造成集行政、金融、商贸、社区、园林、湿地为一体的现代化生态新区。

从八里湖到庐山西海再到鄱阳湖，九江绿色发展名片比比皆是。作为"山、江、湖"自然资源叠加的城市，九江做好生态文章，确保绿色发展，在守护绿水青山和碧水蓝天的同时，探索出一条生产、生活、生态共赢的崛起新路。

九江市把文化作为城市的灵魂，将庐山文化、山水文化与浔阳文化元素融入绿化的规划和建设中，打造了庐山植物园、鄱阳湖植物园、长江水生态文化园、八里湖诗词文化长廊、文博园，建起了九江市森林博物馆、珍稀植物园、鄱阳湖湿地生态文化园。这些彰显九江文化底蕴的项目工程，将深深留在这座千年古城的历史文脉和人文记忆中。

九江正在以开放、包容、绿色的形象呈现世人。绿色发展和森林城市建设，为九江城市发展提供了难得的发展机遇，同时也为九江的经济发展提供了更为广阔的平台。凭借九江深厚的文化底蕴和秀美的湖光山色，绝无仅有的地理优势和交通便利，九江成为国内外游客旅游的首选目的地之一，而且吸引着越来越多的中外客商纷至沓来，投资创业，成为江西崛起的主要支撑力量之一。

---

16 徐红波，欧阳卫军，苑铁军．生态九江，一座山水文化城的绿色筹谋．中国绿色时报，2015-12-01. http://www.forestry.gov.cn/main/83/content-825197.html

“匡庐奇秀甲天下，亭台楼榭烟雨中”。如今的浔阳江口，早已听不到幽怨的琵琶声。这座城市怀峦抱嶂，将襟江带湖之势、悬泉云瀑之胜、登临旅居之便、中西合璧之风情集于一身，不断扩展的绿色也让它更加迷人。唯愿这片灵山秀水，大江大湖，能够穿越岁月风尘，成为永恒的风景。

第五节　山水有幸数永州

“从小丘西行百二十步，隔篁竹，闻水声，如鸣佩环，心乐之。伐竹取道，下见小潭，水尤清冽。”

“青树翠蔓，蒙络摇缀，参差披拂。潭中鱼可百许头，皆若空游无所依。日光下彻，影布石上，佁然不动；俶尔远逝，往来翕忽。似与游者相乐。潭西南而望，斗折蛇行，明灭可见。其岸势犬牙差互，不可知其源。坐潭上，四面竹树环合，寂寥无人，凄神寒骨，悄怆幽邃……”

《永州八记之：小石潭记》中这清邃奇丽的文句，会让我们瞬时忆起中学时代的朗朗书声。唐代文学家柳宗元谪居永州达 10 年之久，写下了《永州八记》《捕蛇者说》《江雪》等千古名篇，成为中国文学史上的一座高峰，也是永州文化的重要名片。自柳宗元与永州结缘后，

□永州建成 3 个国家湿地公园，40 个自然保护区，城市森林健康持续改善。图为阳明山国家森林公园

千百年来，柳宗元作品成为中华民族优秀的文化遗产之一，永州山水也成为人们仰慕和向往之地。

元和五年（810 年），柳宗元在愚溪东南畔构筑家园，过起了随遇而安的生活。背依苍翠葱郁的山峦，前有愚溪的潺潺流水，溪上有小丘、小石潭诸景，溪旁就是湘桂古驿道。其地花草缤纷，溪水清莹。《永州八记》写的都是当时永州附近的一些山水风景，文章短小轻灵，刻画山水景色十分精致，柳宗元以此寄寓自己的遭遇和怨愤，融情山水、寄情山水，成为柳宗元在永州十年的精神慰藉。

文化是一个地域、一个城市的身份证。对于一座城市来讲，文化是其流淌着的精神、精髓，也是区别于其他城市的重要标志。永州，是中国历史上最早见诸史书的 34 个古地名之一，先秦以来，永州一直是人文荟萃之地。经长期发展，这里形成了以元结、柳宗元为代表的古代文学，以怀素、何绍基为代表的古代书法，以周敦颐为代表的古代哲学，以祁阳浯溪、江华阳华岩为代表的古代碑刻，以祁剧为代表的古代戏曲，等等。

鸦片战争以前，湖南载入中国历代名人词典的共 23 人，其中永州有 5 人，在湖南有名可考的 15 个状元中，永州有 4 人，湖南的第一个状元也出自永州。历史上，永州是文人墨客的神往之地，"挥毫当得江山助，不到潇湘岂有诗"（宋·陆游），历代文豪、先哲如司马迁、蔡邕、李白、杜甫、李商隐、元结、颜真卿、欧阳修、苏东坡、寇准、朱熹、徐霞客、毛泽东等仰慕永州，咏诗称颂。名人文化异彩纷呈，为永州的文化创新提供了不竭的灵感源泉。

永州古称零陵，缘名于舜帝，"舜南狩，崩于苍梧之野。葬于江南九嶷，是为零陵"（司马迁《史记》）。这里位于五岭北麓、潇水与湘江发源交汇之地，山川秀美，森林茂密，水碧天蓝，素有"锦绣潇湘、生态乐园"的美誉，境内有 3 座大山，即九嶷山、阳明山、舜皇山。永州有 2 条大河，即潇水、湘江。三山二水构成永州风景的主体与骨干，秀色宜人，美不胜收。九疑山朝舜，阳明山拜佛，舜皇山观瀑，山的性格十分鲜明。潇水与湘江交汇于永州零陵城区，并孕育出一个十分雅致的名称"潇湘"。潇湘与江南、巴蜀、吴越、荆楚、塞北等相提并论，比肩而立，成为中国自然地理与人文地理的重要概念。

永州自古便是华中、华东地区通往广东、广西、海南及西南地区的交通要塞，也是湖南对外开放的重要门户，素有“南山通衢”之称。“距水陆之冲，当楚粤之要，遥控百蛮，横连五岭，梅庚绵亘于其前，衡岳镇临于其后”，镇东北可入中原腹地，控制西南扼广西边陲之咽喉，据东南握广东海滨之通道，故为历代兵家必争之地。境内有 6 个县距广州仅 400 多公里，是“沿海的内地，内地的前沿”。[17]

论区位，永州是华南经济圈、泛珠合作的有机组成部分。广东、广西属改革开放的前沿省区，从地缘经济角度看，永州自然是近水楼台先得月。早在 20 世纪 80 年代，永州便被国家确定为改革开放过渡试验区。永州向来被认为是沿海的内地，内地的前沿，对承接沿海产业转移，具有得天独厚的区位优势。

今日永州，又面临着发展的良好机遇。依托生态优势，永州统筹推进“上山下乡、进城入园、水天一色”的生态建设，使永州的生态品质更加突出、生态魅力更加迷人，生态“红利”进一步释放。

上山下乡，着力绘就“秀美山村”新画卷。“上山”，就是大力实施“青山工程”，在有效保护森林资源的同时加快发展生态林业。“下乡”，就是把生态示范村创建、美丽乡村建设和乡村旅游开发有机结合。

进城入园，着力构建“生态宜居型”新家园。“进城”，就是用生态理念指导城市建设。以创建国家园林城市和历史文化名城为抓手，以山、水、城为主体，打造“潇湘绿城生态城市带”。“入园”，就是建设“两型”生态工业园区。以生态工业理论和循环经济为指导，以创建国家生态工业示范园为依托，着力建设经济高效的“资源节约型、环境友好型”示范园区。

水天一色，着力增添“湘江源头品牌”新亮色。以湘江源头区域国家生态文明先行示范区建设为示范，通过实施“蓝天工程”“碧水工程”“净土工程”和“宁静工程”，集中力量解决突出环境问题，努力建设天更蓝、地更绿、水更清的美丽城市。

2011 年年初，永州市郑重地做出建设绿色永州、创建国家森林城市的决定。良好的生态环境优势不仅是永州的一张亮丽名片，也是这个城市与世界接轨的“绿色通行证”。创建国家森林城市，是永州对接

17 永州市——中文百科在线 .http://www.zwbk.org/MyLemmaShow.aspx?lid=104769

绿色发展、实现后发赶超的强大优势，将进一步增强永州在生态环境方面的比较优势，聚集更多的人才、技术、资金和投资者，进而赢得发展的主动权，赢得区域竞争优势。正因如此，永州市政府坚持把创建国家森林城市作为增强城市竞争力的“基础工程”、提升人民幸福指数的“民生工程”来奋力推进。

就此，永州以强烈的历史担当，扬起向国家森林城市目标奋进的风帆。

在创建国家森林城市过程中，永州秉承生态优先发展战略，5 年来先后实施了以“建设绿色生态、构筑绿色环境、发展绿色产业、倡导绿色消费、弘扬绿色文化”为主要内容的“绿色永州建设行动”，启动了森林城市“四大体系”建设工程，全市净增造林绿化面积 120 万亩，主要经济指标增速高于湖南全省平均水平。[18]

创建国家森林城市，不仅要建设良好的生态环境、打造宜居的人居环境，更要走出一条经济、社会与生态环境相协调，人与自然和谐发展的科学发展之路。在这样的理念之下，《永州市森林城市建设总体规划》提出了“一城带动，多点跟进，城乡一体，分区施策”的工作战略。

一城带动，即通过对永州市中心城区的森林围城与城区绿化，带动全市的城市森林建设。在城区，组织实施了“城区扩量、街道增绿、公园提质、社区植景、庭院添美”行动。

在城郊及乡村，也组织开展了“三边”造林绿化、“裸露山地”歼灭战、部门联村建绿等工程，城市森林快速扩张，乡村绿化大幅增加。永州城乡一体，即构建统筹城乡一体化的绿化美化体系和绿色生态屏障。永州多点跟进，即下辖各县区在中心城区绿化建设的带动下，形成多点跟进的局面。

永州是湖南省四大重点林区之一，也是湖南乃至全国的重要生态屏障。全市森林覆盖率 61.89%，常年空气质量优良率 97% 以上，主要水域 95% 以上的断面达到国家地表水一、二类标准，整体环境质量位居全国地级市前列。

---

18 胡永．湖南永州坚持生态优先发展战略不动摇．人民日报，2015-11-2.http://env.people.com.cn/n/2015/1123/c1010-27843831.html

永州的山多、林多、野生动植物资源多。据考证，早在2000多年前，永州油茶闻名遐迩。然而，由于长期以来产业发展规模小，粗放经营，科技含量不高，致使永州这座绿色宝库没有发挥出应有的价值。

现实倒逼永州产业创新裂变，而“生产发展、生活富裕、生态良好”，是森林城市的题中之义。开展创建国家森林城市以来，永州坚持产业发展服从和服务于生态建设，以“规模经营、节约增效”推动林业产业转型升级，促进产业建设与生态建设的深度融合。

在“一产”上，致力规模集约建基地，让产业生绿。5年全市新建油茶、毛竹、速丰林、木本药材、花卉苗木、珍稀树种和生物质能源林等高标准基地203万亩，相应增加绿地面积200余万亩。

在“二产”上，致力节约资源提效益，让绿生产业。全市已形成林油、林化、林药、林板、林果、林纸六大支柱产业和油茶、毛竹、家具三大新兴“百亿产业”，拥有国家级林产龙头企业2家、省级龙头企业41家，中国驰名商标4个、湖南名牌产品和著名商标17个。2013年，永州市被国家林业局列为“全国油茶产业发展示范市”。

在“三产”上，致力巧借山水做文章，让绿色生金。依托国家森林公园、湿地公园和自然保护区等生态基地，借力九嶷山祭舜、阳明山杜鹃花节、蓝山梨花节等节庆活动，永州积极发展森林生态休闲旅游，新建国家生态旅游示范区1个，省特色旅游名镇（乡）2个、名村8个、五星级乡村旅游区（点）7个。绿色产业已成为全市新的经济增长点。

“生态、绿色、环保、资源节约型”产业发展大幕由此拉开。如果说“创森”是一次生态理念的升华，在经历了“金山银山重于绿水青山”到“既要金山银山又要绿水青山”后，永州实现了今日“绿水青山就是金山银山”的新跨越。

在2013—2014年度中国“幸福城市”颁奖典礼上，中央电视台联合国家统计局权威调查发布：湖南省四大历史文化名城之一、素有“吴楚故地，汉唐名郡”之称的永州市，入选“全国二十强最具幸福感城市”。

创建森林城市，不仅改变了永州的城乡面貌、人居环境，更改变了永州市的发展观、生态观、价值观，为永州应对经济新常态、打造发展升级版，探索了有效路径，提供了强劲动力。永州构筑了一个“总量适宜、分布合理、景观优美、多样性丰富、人与自然和谐相处”的森林城市面貌，打造了山青、水秀、地碧、天蓝的人民生活幸福绿洲，让千年古城更加彰显美丽、生态、活力、品质之魅力，永州的决策者把准了时代脉搏，赢得了民心。

潇湘的源头在永州，柳宗元心中的山水在永州。柳文化也在不自觉间，深刻地影响着永州的生态价值观和绿色发展观，柳宗元赞美永州的溢美华章，千载之下，犹在人世流传：西山之奇伟怪特，溪水之曲折激荡，顽石之异态奇状，潭水之清冽明净，山风之纷红骇绿，石渠之诡石怪木，石涧之响若操琴，石城山之慷慨不平之气，归纳起来一句话，天下山水"永（州）最善"。今人和古人，在时光的循环中，一次次踏遍永州的山山水水，遍寻佳境，思接千载，令人感怀。

第六节　宜昌：山清水秀大城浮

滨江两岸，十里画廊。登高望远，磨基山公园百花竞放、绿草苍苍、水光山色，别有一番风味；整治一新的运河，宛如一条绿带蜿蜒盘旋在城市中间，两岸苗木错落有致，生机盎然……

这里是宜昌，处于长江上中游分界的重要节点上，是一座富饶而又独具魅力的城市。

宜昌区位独特，资源富集，生态良好，环境宜人，享有"世界水电之都""中国旅游胜地""长江交通枢纽"和"三峡绿色家园"的美誉。

□ 宜昌形成一大批各具特色的绿色乡镇和生态村庄，建成 28 个绿化示范集镇和 60 多个生态宜居示范村庄。图为宜昌市的村庄绿化

宜昌地处长江中上游接合部、中西部接合点、鄂渝湘三省交汇处，自古以来，就以“上控巴蜀、下引荆襄”著称。

但是宜昌曾经的窘境，当地人都记忆犹新：三面环山的特殊地形和以重化工为特征的工业格局，使宜昌酸雨频繁，城区全年空气质量优良天数只有240多天，所有生活污水直排长江……

同时，宜昌既有百万人口的城区，又有库区、坝区、山区、民族自治地区等不同地域特点、不同资源禀赋的县市，发展很不平衡。伴随着三峡蓄水和库区搬迁，库区生态的脆弱和产业“空心化”日益凸显。

但宜昌又是幸运的。这座因三峡大坝和葛洲坝两大工程而蓬勃兴起的鄂西小城，抓住种种机遇，迅速完成了向后现代大城市的跨越。

从区域战略定位和承担的功能分析，宜昌目前最大的机遇，是国家依托长江黄金水道，打造中国经济新支撑带，这样的“黄金机遇”，必将在宜昌产生出“黄金效应”。

“宜”是宜昌最好的一张名片。“宜”，即适宜、相宜，体现的是程度之美、协调之美，最本质的内涵是和谐之美。“欲把西湖比西子，浓妆淡抹总相宜”，描绘的就是这种意境。多一分则臃肿累赘，差一分则意犹未尽。宜昌历来就是“宜于昌盛”之地，不仅是指商业的繁荣，也包含人自身的圆融。既宜居，又宜业；既滋养人，又成就人。

“绿色决定生死、市场决定取舍、民生决定目的”，湖北科学发展的“三维纲要”中，绿色发展位居首要。宜昌人用绿色发展理念武装头脑，入脑入心，融入血液中，体现在行动中。如果在绿色发展上不能步步踩实，必将成为历史的罪人。宜昌人深知，绿水青山就是金山银山，绿色是宜昌的竞争力所在，关系市民福祉、关乎城市未来。

自2012年起，就现代化特大城市建设这一主题，宜昌每年召开一次全市领导干部座谈会和市委全会，相继出台20多项规范性文件，引领城市绿色发展。2009年以来，宜昌城市总体规划数易其稿，唯独没变过的就是“山环水绕多组团、天然图画新宜昌”的理念。

“大宜昌是又大又绿的宜昌，是显山露水、起起伏伏、弯弯曲曲、高高低低、连绵不断、若隐若现的宜昌。”宜昌城市规划决策者的这一理念，让人记忆犹新。[19]

---

19 宜昌：第三次飞跃．湖北日报，2013-09-16.http://www.cnhubei.com/

宜昌新区的建设，就没有放弃老城区另起炉灶，而是与老城区的提档升级融为一体，将新区打造成规划面积220平方公里、相对独立的13个组团，让它真正实现了“显山露水、起起伏伏、弯弯曲曲、高高低低、连绵不断、若隐若现”。[20]

再比如，受汉宜高铁拉动，宜昌东站与老城区之间的城东新区成为开发热土。面对大片植被繁茂、果树飘香的山冈丘陵，决策者面临选择：挖山腾地，可以获得数亿元的土地收益；保留山体，不仅减少开发用地，修路打隧道还要增加大笔投资。最终，保有原生态环境成为大多数人的共识。如今，10多平方公里的城东新区，众多开发地块依山就势，高低错落，焕发出原生态景观城市的动人魅力。

倒逼之下见“绿色”。着眼于最近3～5年内的城区生态建设及成效，我们看到宜昌提出的十大生态工程，其中就包括：

生态红线区域保护及生态修复工程——依托宜昌特有丘陵山体、水系、林地、湿地、河湖，划定土地、森林、水资源等生态保护红线。实施重大生态修复工程，加强自然生态系统保护，保护和建设好“三

20 宜昌：副中心的大追求. 荆门日报，2014-05-29（第15版）.

楔四廊”的生态网架，构建环城森林屏障和长江两岸绿色走廊。

城市添绿增景工程——完成东山公园、磨基山森林公园改造和城东公园、求雨台公园的新建任务，城区在现有基础上新增公园、小游园等各类绿地500万平方米以上，对城区两岸山体进行绿化升级、杂灌改造，对江南新区和城东新区范围内的自然山体实施保护与绿化，增添山体绿化面积200万平方米，实现林在城中，城在林中。

点军绿色生态城区建设工程——遵循“山水交融、依山就势、后现代”的绿色生态理念，编制完成点军新区规划、控制性详细规划以及绿色生态专项规划，构建“山—水—城”耦合一体的41.7平方公里点军绿色生态城区格局。

规划控绿，建设造绿，全民植绿，管理护绿，绿色决定生死。城市发展的每一步，都渗透绿色理念。如今宜昌全市森林覆盖率达到了65%以上，居全省市（州）第一；城区人均绿地面积超过14平方米，[21] 市民出门见绿、5分钟进园。城在林中，人在景中的城市景观初步显现。

这座中外游客眼中秀色可人的城市，继2011年获得“全国文明城

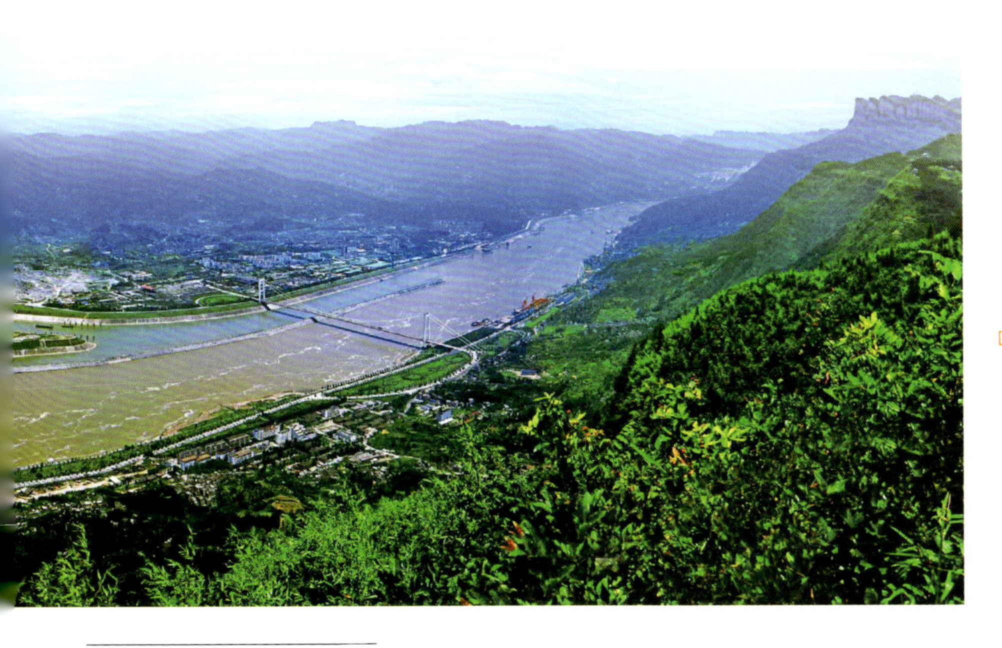

□ 宜昌加强主要江、河沿岸生态保护和近自然水岸绿化，水岸平均绿化率达92%，水源地森林覆盖率达到82.6%。图为林水相依的宜昌市

21 宜昌：以“后现代”理念打造绿色生态新城.http://www.hbcic.gov.cn/Web/Article/2015/12/10/1110164466.aspx?ArticleID=d1b2cb98-39cc-4598-b745-413648a20264

市”后，又于 2012 年 7 月再获“国家森林城市”称号。

得天独厚的自然山水，是宜昌绿色发展的前提。近年来，城东生态新区、江南生态新区等“四大生态新区”建设日新月异，最大限度地保留了自然山体和原生树木。

在宜昌城区街道，更是全部绿化，条条绿相似，路路树不同。全城 65 座公园、游园和 37 块公共绿地全部免费开放，让人们自由地呼吸清新空气。

“世界水电绿都、峡江森林名城。”近年来，宜昌按照这一定位，实施“一城带八极、一环连三网、三区加多点”的森林建设布局，中心城区绿化、新农村绿色家园建设、绿色通道生态景观打造等 9 大主体工程并举，广建“春有花、夏有荫、秋有果、冬有绿”的惠民绿化项目，形成了“乔、灌、花、草”自然搭配的城市绿化景观格局。[22]

结合旧城改造，160 个城市公园绿地扩容提质，新建了一批生态小区和园林式单位。如今，宜昌全市森林覆盖率超过 65%，居湖北省市（州）第一。宜昌着力打造望得见山、看得到水、记得住乡愁的绿色生态城市的努力初见成效。

中心城区结合旧城改造，扩建、新建了夷陵广场、桥头公园、运河公园等 93 处城市公园绿地，绿化覆盖率达到 44.48%，人均公园绿地面积达到 13.92 平方米，90% 的市民实现户外 500 米必有绿地。

全市乡镇所在地绿化覆盖率已达 54.61%，村庄林木覆盖率平均达到 61%，市域国道、省道、县道、乡道绿化率达到 87% ~ 100%。

三峡生态环境世界瞩目。三峡大坝库区的生态屏障建设尤为重要。

近几年，宜昌以长江沿岸为重点，全面推进江河岸边生态防护林工程建设。生态治理停、封、退、造、改、迁“六管齐下”，有效管护天然林和天保工程公益林 1500 多万亩，退耕还林、改造低产林 190 多万亩。

同时，宜昌投入数亿元，建立国家、省、市级野生动物保护区 52 个，重点实施三峡大坝库区湿地保护与恢复工程，打造“三峡鸟类天堂”。最新野外观察结果显示，该市国家级重点保护鸟类达到 51 种，

---

22 宜昌创建国家森林城市侧记 .http://news.cnhubei.com/hbrb/hbrbsglk/hbrb08/201207/t2140674.shtml

全市鸟类增加到429种，占全省已知鸟类的95%。

城市的发展离不开产业支撑。宜昌以绿色为底色，以城聚产，以产兴城。宜昌城乡已建成500亩以上林业产业基地550个，一批林业特色产业基地迅速崛起，带动林农增收10亿元。生态建设与产业发展并举，人人共享绿色发展成果，更激发了宜昌人的绿化积极性。在创森的过程中，宜昌人享受到了实实在在的生态福祉。这再次印证了"绿色是美，也是生产力"这一深刻的自然之道。

河湖澄澈如玉，青山碧绿如画，城市绿翳温馨，乡村充满生机。全民创森的宜昌，不仅成为了区域林业经济的一个样本，更树起了一个开放、包容、充满活力的森林城市新标杆。

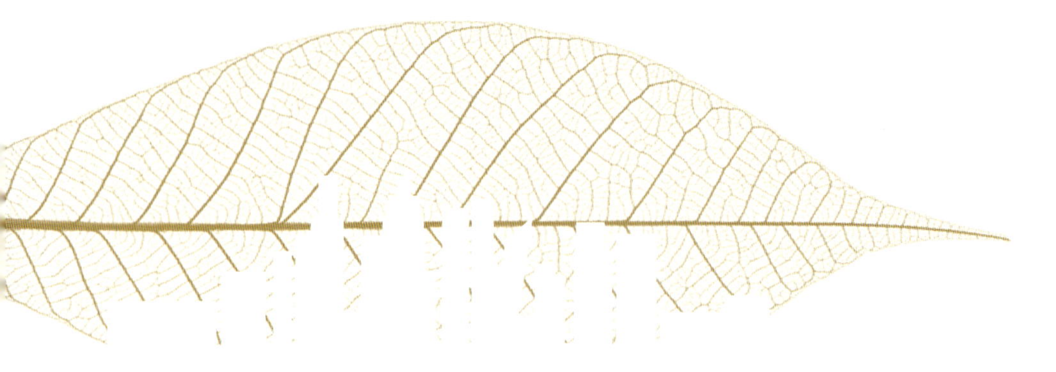

第五章

中原：绿色连城诀

第一节　揽人文之秀，建山水之胜

在时下，城市群正以强大的集聚效应和辐射作用，成为区域经济发展的主要动力。

环顾全国，珠三角城市群、长三角城市群、京津冀城市群是支撑中国经济高速增长的三大核心增长极，以占全国 5.09% 的土地面积、全国 23.65% 的常住人口，创造了全国 39.87% 的地区生产总值，完成了全国 73% 的利用外资和出口总值。

与此同时，我国中西部地区发展相对滞后，一个重要原因就是城镇化发展很不平衡，中西部城市发育明显不足。

不少经济学家认为，在中西部资源环境承载能力较强地区，加快城镇化进程，培育形成新的增长极，有利于促进经济增长和市场空间由东向西、由南向北梯次拓展，推动人口经济布局更加合理、区域发展更加协调。[1]

2016 年 12 月 18 日，国务院正式批复《中原城市群发展规划》，明确提出中原城市群要打造全国经济发展新增长极。这是继长三角、长

1 国家新型城镇化规划（2014—2020 年）. 百度百科 .https://baike.baidu.com/item/%E5%9B%BD%E5%AE%B6%E6%96%B0%E5%9E%8B%E5%9F%8E%E9%95%87%E5%8C%96%E8%A7%84%E5%88%92/12637504?fr=aladdin

江中游、成渝、哈长等城市群发展规划之后，国务院批复的第五个跨省级行政区域城市群发展规划。

中原城市群发展上升到战略层面，犹如拨云见日，搭建起了一个5.87万平方公里的经济大舞台。

这是一个让人怦然心动的宏图大略。

中原城市群曾经有一个小概念，即只包括河南郑州、洛阳、开封、新乡、平顶山、焦作、许昌、漯河、济源9个城市的小群，也是这几年河南省发展最快、成就最丰、口碑最好、贡献最多的城市群。此次批复的中原城市群，则是个不折不扣的大群。这是基于新国家战略的需要，也是基于中原五省三十城市经济社会文化之实际需要提出的，是基于对城市功能和效应的高度期待和充分信赖而提出的，具有高度的统合性、引领性，是中原城市群发展史上的新高度、新标杆、新境界。

中部崛起离不开河南的崛起，河南的崛起必须依靠中原城市群整体崛起。用一个充满活力的城市群体，连城发力，共襄盛举，弥补河南省会城市不大、中心城市不足的缺憾。显然，这是一条富有特色而又充满希望的发展道路。

跳出一隅看全局，中原城市群作为我国经济发展的重要战略，将与长江中游城市群形成南北呼应、共同支撑中部崛起的核心增长地带，推动中部地区综合实力和竞争力再上新台阶，开创全面崛起新局面。下一步，在中部和西部可能会出现若干个相当于珠三角、长三角、京津冀城市群规模，人口达到上亿级的城市群，这对于区域协调发展是一个巨大推动。[2]

据权威机构研究，在全国15个城市群中，中原城市群竞争力位居第七，已经同长三角洲地区、环渤海经济圈、泛珠三角地区以及成渝经济圈这样的跨省（市）区的"大块头"一样，正式进入了国家宏观发展战略的视野。战略地位的升格，是中央对河南战略决策的认可、对中原城市群发展成果的肯定。

2006年，河南省大力推进郑汴一体化建设，这是推进中原城市群发展的重要举措。随后，郑新一体化、郑许一体化的建设，也进一步加快。

2《中原城市群发展规划》解读：全国经济发展新增长极．环球网，2017-01-05.

2 年后，政府工作报告中对“中原城市群”的表述，有了进一步的发展和完善，也首次明确提出“一极两圈三层”的总体布局。中原城市群的概念从 9 个城市，再度扩大到 18 个省辖市。

如今，距离中原城市群概念首次提出，已经过去 10 多年。2016 年年年底，国务院正式批复《中原城市群发展规划》，这是继长江中游、长三角、成渝、哈长等城市群之后，国家批复的又一跨省级行政区域城市群规划。在该规划中，中原城市群的范围进一步扩大，不仅涵盖河南的 18 个省辖市，还包括周边 4 个省份的 12 个城市。

中原城市群的构想，犹如一颗钻石，在历久经年不断的打磨和雕刻后，在全国大的发展战略布局中，越来越璀璨夺目。从生根发芽到枝繁叶茂，这个城市群的诞生历经 10 余年时间。从 9 个城市到 30 个城市，一步步发展壮大，集体抱团，升级为“国家队”，这是中原城市群发展史上的新高度、新标杆、新境界，必将主导未来中原地区的发展。

可以预见，随着《中原城市群发展规划》的实施，不仅将打造出全国经济发展新增长极，更对促进生态环境同治共保、构建生态保障新格局起到巨大的推进作用，山清水秀、绿色宜居的美丽中原画卷将徐徐铺展。

另外，中原地处中国的心脏腹地、黄河中下游，是中华民族和华夏文明的重要发源地之一。在这片古老的土地上，流淌过世界仰慕的盛唐气韵，上演过繁盛的东京梦华。中原大地的都市文明，创造、积淀了不朽的灿烂中华文明。

当下，北京、西安、洛阳、开封、南京、杭州、安阳和郑州因为符合建都历史悠久、都城规模宏伟、文化代表性强、城市沿革连续未断等条件又被合称为“八大古都”。八大古都中有 4 个位于河南，位于中原城市群内。

随着朝代更替，不同时代文化事项在古都城市的层层垒叠，已经使这些古都文化的现实面貌相比千百年前的最繁盛期发生极大变化。然而，古都文化遗产富集、重大历史事件多发、文化活动（文化生产、文化消费、文化交融、文化冲突）集中的特点却并未消亡——甚至更加受到社会的关注，赞颂古都繁荣、描绘古都演进的名篇、名著、名画、名曲在海内外依然广泛流传，从古都厚重的历史文化资源积累中也还在不断衍生出名目繁多的文化产业项目和文化旅游产品。这都是不折不扣、极为珍贵的绿色资源。

城市文化建设直接关系着城市的竞争力。现代城市之间的竞争，是不同地域范围内城市综合实力的角逐。城市文化建设无疑是城市最核心的竞争力之一。芒福德在《城市发展史》中就强调，城市是文化的容器，城市创造和容纳了几乎人类文明的全部。城市之间的竞争发展，既是其资源、能源、项目、资本、技术的竞争，更是文化、生态、科技、形象等“软实力”的竞争。有没有这种“软实力”，将直接决定着城市的发展水平。

显而易见，要提高中原城市群的绿色发展水平及相关的综合竞争能力，结合古都文脉的历史演进和文化消费的发展趋势，对古都文化的各种要素、文化符号进行整理筛选，并利用多元开放、包容共享的文化特质合理规划城市文化地标、举办多种主题性文化活动等，都应当是题中之意。新型城镇化规划在中原城市群的贯彻实施，华夏历史文明传承创新区的规划建设，都应紧紧围绕这一主题。

2016 年 3 月，《河南省国民经济和社会发展第十三个五年规划纲要》正式公布，在强调把中原城市群作为彰显区域优势、参与全球竞争的战略支撑，全面融入国家“一带一路”战略，努力形成中西部地区最具活力的发展区域的同时，也提出要以建设和谐宜居、富有活力、各具特色的现代化城市为目标，“加强文化和自然遗产保护，延续历史文脉，建设人文城市”。[3]

为提高中原城市群在“一带一路”全方位、多层次、复合型互联互通网络中的综合竞争能力，使中原古都能够在提高共商、共建、共享理念的传播力、影响力和促进沿线国家和地区“民心相通”方面扮演好典型、范例的新角色，不仅必须结合古都人文形象的现状、人文城市的定位选择、文化消费的发展趋势，对古都文化的各种要素、文化符号进行爬梳整理、排列筛选，利用影视出版、报纸期刊、互联网等大众传播媒介推广传播古都人文形象。

郑州、洛阳、开封、安阳等城市既是人文资源厚重、历史文脉延续的古都，也是中原城市群的中心、副中心和重要节点。中原地区经济和社会发展的实践表明，以聚合方式存在的著名古都，不但构成了

---

3 刘涛．古都人文形象重塑与中原城市群的文化吸引力．中国名城，2016（10）：12.

中原城市群文化吸引力的主要载体，形成中原城市群与国内其他城市群（特别是邻近的长江中游城市群、京津冀城市群、山东半岛城市群和关中平原城市群）进行差异化竞争的重要优势。积极推动建设节约型城市、生态宜居城市、人文城市智慧城市建设，就要坚持把中原城市群作为河南城镇化的主体形态，坚持保持和创新城镇文化特色，按照有效保护、合理利用、科学管理的原则，挖掘历史文化内涵，弘扬传统文化和地方特色，保护历史文化遗产，提升城市品位。

树有根，水有源。关于中华文明的起源问题，长期以来多有论争，但无论是"一元论"还是"多元论"，中原作为中华文明重要发源地的地位在学术界历来是不争的事实。河南在中华民族发展史和中华文明史中具有发端和母体的地位。中原城市群中的不少城市，文化积淀深厚，有的甚至可以称作是中华文明的主要发祥地之一，特色鲜明，资源丰富，发展文化产业的优势明显，潜力和空间巨大。必须从绿色发展的战略高度，充分认识发展中原城市群文化产业的重要性和紧迫性，精心谋划，强力推进，努力把河南省文化资源优势，转化为产业优势，实现文化产业的绿色发展。

两院院士吴良镛以所著《中国人居史》研究实践表示，当今中国城市发展需要重新审视优秀的中华文化传统，并以现实问题为导向，不断汲取各方智慧，才能走向新的创造。如果一座城市的骨骼是看得见的建筑，那么其灵魂就是文化。将中外优秀文化因子注入城市，播撒到城市的角落，对提升城市文化的品位与内涵极为重要。[4]

建设生态环境优良的中原宜居城市群，就要传承弘扬中原优秀传统文化，推动历史文化、自然景观与现代城镇发展相融合，打造历史文脉和时尚创意、地域风貌和人文魅力相得益彰的美丽城市群。

第二节　案例举隅：文化古都的现代转型

城市是文化的产物，又是文明的生成地。一般来说，城市和文化二者是一对不可分割的统一体。城市在形成发展的过程中孕育出城市

4 城市可持续发展文化何以重要．中国建设报，2016-11-17.http://www.ykjwjdz.gov.cn/newsinfo-4042.html

文化，城市文化则反过来影响城市的发展和演变。“中原城市群”的崛起，要靠“硬件”的增长，但还要有以文化为核心、以科技为基础、以生态为关键的“软件”的全面提升。

每个城市都有自己的文脉发展过程，要想促进绿色发展，构建宜居的城市文化，就要对这个城市的文脉进行梳理，甚至对城市文化进行批判。中原城市的历史很悠久，每个城市都可以找到属于自己的优秀文化符号、精神和理念，都具有自己独有的文化形态、文化记忆，包括物化的东西，其中闪烁着祖先的生活场景和创造智慧，传递着历史文化的信息。这些文化传统广泛存在于城市的每一个层面，使得这些城市在形成自己的文化特色、塑造自己的城市个性中具有得天独厚的优势。

开封

开封，4000 年沧海桑田，八朝古都。168 年辉煌大宋，造极于世。曾是《清明上河图》描绘过的城市，北宋时期丝绸之路的东起点。今日之开封，身为中原经济区核心城市、郑汴一体化发展的重要一翼，在建设河南省副中心城市的进程中，面临“丝绸之路经济带”等众多新机遇，正扬帆起航，风生水起，以建设经济文化强市的铿锵步伐，以“外在古典，内在时尚”的美好形象，牵手新丝路，出彩大中原，让这座享誉世界的历史文化名城，为新丝路注入文化力量和澎湃动力。

时空穿越，作为古代“丝绸之路”的重要交通枢纽，开封在促进中国与欧亚各国的物质文化交流中发挥过积极作用。汉唐时，“丝绸之路”的东端起点是长安、洛阳。唐朝后期，长安、洛阳屡次遭到战乱破坏，水陆便利的开封迅速崛起。后梁、后晋、后汉、后周相继在开封建都。尤其是北宋以后，开封成为人口超过百万的国际大都市，南船北马云集，客商络绎不绝，宋代的开封成了继长安、洛阳之后“丝绸之路”东端的重要商品集散地与政治经济文化中心，也就自然成为“丝绸之路”东端的起点。[5]

“八荒争凑，万国咸通，集四海之奇珍。”孟元老的《东京梦华录》这样记载大宋都城的繁华。当时，从开封出发，曾经有 3 条国际贸易

5 岳蔚敏．“丝绸之路”从历史中走来．开封日报，2014-07-10.

通道，向西，经函谷关出边塞到中亚；向东，由朝鲜渡海到日本；向南，经大运河出海抵达非洲、欧洲。

开封因“丝绸之路”而昌盛，“丝绸之路”因开封而绵长。国家提出的共建“丝绸之路经济带”和21世纪“海上丝绸之路”，开封作为中原经济区建设的核心城市，郑汴一体化建设的重要一翼，还是郑州航空港综合实验区的核心区域，河南省又提出把开封建设成为河南省副中心城市。[6]众多利好青睐开封，开封面临更多发展新机遇。

作为中国历史上的八朝古都、国务院首批公布的24座历史文化名城，开封在文化资源的丰富性上是毋庸置疑的，东京作为北宋时期最繁华的大都会，体现了完整的北宋文化，闻名世界的《清明上河图》就是当时繁荣景象的历史见证。开封具有“城市格局典雅，古城风貌浓郁，文物遗存丰富，文化积淀深厚”的显著特点，文化资源不仅丰富，而且一脉相承、没有断代。

这一批批由开封人主导策划，各界精英精心打造的文化产业项目呈“井喷”态势，使开封文化频添宋都古城风貌。开封人欣喜地用“一河两街三秀”概括这批生机勃勃的文化产业项目，古都开封荡漾着新宋风。以文化为魂，旅游为体，商业为力，开封形成了宋城特色、优势互补的“文商旅”体验式产品链。

让人惊喜的是，开封市文化产业的带动力，在开封市服务业乃至经济社会的发展中开始逐步显现：2013年，全市服务业增加值同比增长12%，增幅居河南省第二位，公共财政预算收入、固定资产投资增幅则居河南省第一位。从这些数字不难看出，文化产业作为开封发展的支柱产业，让开封在激烈的文化竞争中风景独好。文化作为开封的独有禀赋，再一次显示出了它的独特魅力和扎实的竞争力。

如今，开封的文化软实力正在转化成经济硬实力。在2013年上半年的《中原经济区竞争力报告》《中原经济区发展指数》发布会上，开封的文化竞争力位居河南省第一。[7]一座文化要素集聚、文化生态良好的国际文化旅游名城正在中原大地上崛起。

开封这座千年帝都，在打造国际文化旅游名城的进程中，正以无比厚重的文化积淀和澎湃迸发的文化活力，照亮新丝路。

6，7 龚金星，任胜利．开封：用文化照亮新丝路．人民日报，2014-10-16.

鹤壁

鹤壁地处中原，自古以来文化鼎盛。素有"中华第一诗河"之美称的淇河，发源于山西陵川，峰峦竞秀，峡谷幽深，"淇水悠悠，桧楫松舟，驾言出游，以写我忧"；先民们在这里创造了多姿多彩的古文化。

这里既是殷商古都朝歌所在地，又是卫国都城；既有以鬼谷子为代表的古代军事文化，又有以浚县正月古庙会为代表的民俗文化，还有以《诗经》为代表的诗文化。中国最早的诗歌总集——《诗经》，收集了淇河流域的古诗 56 篇。世界第一位女诗人——许穆夫人，以及著名诗人李白、杜甫、白居易、王维、岑参、高适等都曾生活或游历于此，并留下了不朽的名诗佳作。据不完全统计，历代诗人留诗数万首，仅中国通俗诗鼻祖、"梵志体"开创者、唐代诗人王梵志（今河南浚县人）至今传世诗作近 400 首。淇河两岸文化景点密布，文献记载众多，被史学家认定为中华文明重要的发源地之一。[8]

淇河岸边，一座以诗经为主题，融淇河诗文化、淇河风情、鹤壁人文于一体的大型文化生态景区——淇水诗苑悄然面世。流连于古朴典雅的殷商园，吟诵起《麦秀歌》《箕子操》等千古经典，仿佛置身于满城歌诗、盛况空前的古朝歌；流连于"瞻彼淇奥，绿竹猗猗"的诗经园，沉浸于"期我乎桑中，要我乎上宫，送我乎淇之上矣"的温情，感受着中国第一位女诗人——许穆夫人《载驰》的满腔爱国热血，2700 多年前的场景顿时浮现在眼前；徜徉于诗情画意的瞻淇台，瞻望淇水，怀古思今，旖旎的淇河风光，诗情画意，尽收眼底……

淇水诗苑是诗与河的交相辉映，二者珠联璧合，构成了一个风景优美、诗情画意的生态史诗文化长廊，是诗城鹤壁的亮丽名片和有效载体，是延续鹤壁诗文化传统的纽带，是诗城鹤壁走向未来的桥梁。同时也是国内第一个以《诗经》为主题的文化生态旅游景区，是诗经精髓的再现；它融汇休闲、娱乐、文化活动等多种功能于一体，是鹤壁这座古老而年轻城市诗文化的一个重要元素，是诗城鹤壁的重要文化地标。自开始建设以来不到两年时间，淇水诗苑已得到社会各界的广泛认可。

---

8 胡新生，徐祖明．淇水诗苑——诗城鹤壁厚重的文化地标．中国艺术报，2011-09-19.

洛阳

中原地区长期处于历史舞台的中心，战乱时期是必争之地，和平时期是首善之区，许多史实在中华文明发展进程中具有标志性和引领性作用，司马光说“若问古今兴废事，请君只看洛阳城”就是生动的写照。

洛阳被称为十三朝古都，自古就有“河洛帝王家”的说法，从夏至五代先后有一百多位帝王在洛阳建都。东汉班固、张衡撰写的《两都赋》《二京赋》对洛阳的险要关山、壮丽宫苑、繁华市貌、丰富物产进行了精彩的描绘，首开中国城市文学的先河。之后，南北朝时期的《洛阳伽蓝记》以洛阳曾经盛极一时的佛教寺院为主题，笔触涉及当时的社会经济、风俗民情、音乐艺术、中西文化交流等方面，至今在宗教佛学、中古文学、语言学、中外文化交流史等研究领域仍然占据重要地位。2010 年，音乐人方文山、周杰伦以南北朝时期的洛阳为背景，借助《洛阳伽蓝记》的典故，创作了流行一时的歌曲《烟花易冷》，更加扩大了该书的影响力。2010 年和 2013 年，徐克导演的电影《狄仁杰之通天帝国》《狄仁杰之神都龙王》相继公映，虽然其拍摄地是在浙江，但故事以盛唐时期的神都洛阳为背景，通过炫目的特技、精心的布景和人物形象设计仍然可以使观众体验到当时洛阳城的宏伟壮丽，并使洛阳的“神都”称谓越来越广为人知。

“这座拥有 5000 年文明史、4000 年建城史、1500 年建都史的历史名城，山厚重，水灵秀，吸引着无数先民居住劳作，繁衍生息，孕育

□ 洛阳牡丹

出博大精深的河洛文化。”[9]现在，这座古城面临着传承历史文化、继写千年辉煌的重任。

经过深入思考，洛阳决策者选择了建设城市森林的战略构想，选择了让绿色辉映历史文化的新的发展路径。于是，一个山水宜居、兴业创业、生机盎然的和谐之城、文明之城、绿色之城展现在世人面前。

群山环抱，树林葱茂，河流穿城，水系环绕……近年来，洛阳以建设生态良好的宜居山水城市为目标，开展了一系列卓有成效的工作，一个“文化为魂，水系为韵”的特色山水城市雏形初具。

洛阳城四周有邙山、周山、龙门山、万安山四山环抱，城内有伊河、洛河、瀍河、涧河四水穿城，良好的自然山水环境，成为山水城市建设的先天优势。

近年来，洛阳树立了富有内涵和特色的“文化为魂，水系为韵”城市建设新理念，围绕城市及周边的山山水水做好文章。洛浦公园不断延伸达 20 公里，生态更加丰富、水景园林辉映；伊河两岸建设了以自然生态为特色的伊滨公园。两大河滨公园共同构成洛阳城市的生态骨架。

通过对涧河、瀍河、中州渠的治理与美化，城市水系的不断建设与延伸，湖面和水景公园的精心打造，洛阳逐渐形成了蜿蜒曲折、点线结合、遍布全市的水系网络。水绕城转，城因水活。[10]

“水在城中流，城在山水间，人在水边行，楼在水中映”的水系景观基本形成。沿水系有游园、广场、路径、花草、树木、亭阁、藤架、石桌、石凳，形成一幅以水为心、以绿为底，水系绿地体系蓝绿交融、生态环境良好的美丽画卷。

水在城中流，城在水边建。新区水系多环绕居住区和行政办公区，为体现亲水性，水道中设有许多壅水坝。水面近岸，人们伸手即可触水。水深一般为 1.2 米左右，既美观，又有较强的安全性。

一城山色半城水的北国水乡景色为洛阳城增添了一分诗意和一股灵气，三大片区的城市格局因水而融为一体，这是很多城市都无法比拟的优势。

在中原故地，历史文化的气脉一以贯之、传承不止。中原地区作

9 洛阳市城市森林建设纪实 . 人民日报（23 版），2011-06-15.

10 文化为魂 水系为韵：洛阳特色山水城市雏形初显 . 洛阳旅游网，2013-12-11.

为支撑中国历史文化的核心地带，也将一定会使中国历史的气脉生生不息、代代相续。黄河文化若陈年老酒，历久弥香，孕育滋养了民族摇篮；黄帝文化如理想大纛，旌旗招展，守望开拓着精神家园。

意义和观念给予一个地区以深沉的文化底蕴，这个地区的土地成为人群活动的长河，历史性的遗迹和文物是地区人类走过的足印。它赋予地区的，首先是文化形象的见证，这个属性印证着地区建筑的文化属性。"中原城市群"今后的建设，要在尊重当地的历史和文化的基础上固本求新。事实上，一个越现代化的城市，也是一个越注重历史文化的城市；一个越国际化的城市，也是一个越具有地方特色的城市。

第三节　郑州：山水人文总关情

"北枕黄河千秋入梦，南依嵩岳万里凭高，东邻古汴菊香醉客，西望牡丹国色呈娇"——这四句说的就是郑州，"自古繁华于中州也"。

郑州这个名称，是从春秋战国时代的郑国沿袭而来。郑国和后来的韩国相继在今郑州辖下的新郑境内建都500余年，不仅使新郑成为当时著名的大都会，也留下了规模宏大的宫殿、作坊、墓葬和宗庙遗址。

郑州位居铁道交通之枢纽，扼控高速往来之咽喉，可建空航网运之中心，独占中部崛起之龙头，今日更是风景无限。《诗经》有云："嵩高维岳，峻极于天"，道尽了郑州发展的无限可能。

在河南，以郑州为中心，经济和人口向省会集聚和集中的趋势越来越明显。从2000年的666万人到2015年的956万人，郑州市15年间常住总人口增长了43%，不仅已接近超大城市的规模，而且是中国人口增长最快的城市之一。

伴随着"米"字形高速铁路网的建设，人流、物流、资金流、信息流在郑州快速集散，洛阳、开封、新乡、焦作、许昌等城市之间通过分工深化合作，形成了城市群形态的集聚空间。

2016年年末，国家发改委印发《促进中部地区崛起"十三五"规划》，其中明确提出，支持武汉、郑州建设国家中心城市。国家把中心城市的指标给了郑州，就是看中了郑州对整个河南省的提升与辐射作用。

郑州市与周边城市之间，比以往任何时候都表现出更强烈的共同发展意愿。尤其是《中原城市群发展规划》明确提出，支持郑州建设国家中心城市，无论是集聚高端产业，还是完善综合服务，都明白无误地指向一个核心：郑州与周边城市必须携手共进。

郑州乃至河南省获得了新一轮发展机遇。新赋予的"国家中心城市"定位，会给郑州带来什么呢？

国家中心城市对国内的战略资源、高端生产要素配置，如国企（央企）总部、民企总部及地区分布、研发部门等战略选址具有重要参考意义。当下，政局稳定的中国越来越成为国际优质资本的避风港。真正的优质资源，比如高级人才到世界500强企业，科技创新项目到优质资本，都会更青睐类似郑州这样的城市。

从国际中心城市建设的要求看，郑州建设国家中心城市面临的主要任务应当包括：一是综合竞争力持续增强，进入全国经济总量万亿城市行列，综合竞争力迈入全国城市第一方阵。二是都市区形态更加完善，城镇化率达到75%以上。三是生态环境明显改善，使天蓝、地绿、水清成为常态。四是治理体系更加完善，基本公共服务质量和均等化水平持续提升。

中原城市群、郑州建设国家中心城市，并没有现成的经验可借鉴，必须有创新意识，因此，创新文化氛围的形成要比制度创新更重要。对待新业态不能用旧眼光去看待，政府在制定和执行相关政策时应该以更加包容和开放的心态来对待创新，来对待创新和经济发展的新业态。对于郑州而言，也要不断从绿色发展中汲取创新力量，助推河南乃至中原抓住难得的历史机遇，建设好国家中心城市。

九曲黄河万里沙，浪淘风簸自天涯。郑州市北临黄河，尽得黄河之利，也尽得黄河之害。特有的地理环境，决定了其少雨、干旱、多风沙。干旱缺水、缺林少树，成为影响郑州生态环境的主要因素。绵绵的黄河沙丘和光秃秃的邙山成了两大风沙源。每到冬春干旱季节，大风裹着黄沙，给人们生产生活造成了严重影响。

如今，郑州森林覆盖率达33.36%，城区绿化覆盖率达40.5%，人均公共绿地达11.25平方米，[11]先后获得"国家园林城市""全国绿化模范城市""中国十佳绿色城市""中国优秀旅游城市""国家卫生城

11 张雪、黄俊毅．郑州：绿城今更绿．经济日报，2014-09-24.

市”“全国文明城市”等称号，“绿城”郑州焕发出新的光彩。

乘着中心城市获批的契机，郑州发挥龙头、引领和支撑三大作用，继续做大经济规模，加快结构转型升级，拓展发展空间，提升经济辐射力，落实鼓励支持民间投资政策措施，营造政策优良的环境，增强民间资本投资意愿，同时要继续调结构、补短板、惠民生，合理调整城市空间布局和功能，加快宜居城市组团建设，以交通优势为带动，尽早将郑州打造成绿色、智慧、宜居之城。

2011 年，国务院出台《关于支持河南省加快建设中原经济区的指导意见》，明确提出林业要为中原经济区建设提供生态支撑。2011 年年底，郑州及时做出决定，选择一个更高的目标，举全市之力，再用 2 ～ 3 年时间，创建国家森林城市。

森林城市建设规划的总体布局为："一核、二轴、三环、四带、五园、六城、十组团、多点、多线"。"一核"即以森林生态城为核心。"二轴"指东西向、南北向两条城市森林发展轴。"三环"指依托四环快速路、绕城高速公路和规划中的大外环绿化建设的生态廊道体系。"四带"即四条大尺度生态景观防护林带。"五园"指分别位于南、北、东、西、中的特色森林生态文化园。"六城"即六个融合发展的市级森林城市。"十组团"指十大宜居城市的核心森林及绿色生态空间建设。"多点、多线"指多类多个片状、块状和线状森林生态建设。

建设森林城市，打造宜居环境，发展林业产业，繁荣生态文化，坚持为民、富民、福民，让市民尽享森林城市建设成果。蓝图已经绘就，行动只争朝夕。

为阻挡外围风沙入侵市区，按照规划，在城区西南、西北、南部、东南、东北部建设了 5 个 10 万亩以上的核心森林组团，沿黄河大堤建设了一道 74 公里长 1100 米宽的生态屏障，在城市近郊新增森林面积 103 万亩。

在城市近郊，郑州构建了点、线、面有机结合的生态防护网络，新增造林面积 150 万亩。在西部广袤山区，通过飞播造林、人工造林、封山育林等措施，持续推进山区绿化，昔日荒山披上绿装。

沿铁路、公路、水系两侧，建设高标准的生态廊道，成为沟通境外、连接城乡的重要通道和窗口。按照"公交进港湾，辅道在两边，骑行走中间，休闲在林间"的生态建设理念，2 年来，新建、改造提升生态廊道1200多公里，绿化面积7000多万平方米，形成了林路相随、林水相依、一路一景、一河一色的生态功能区和景观连绵带。

为了给群众提供走进森林、认识生态、探索自然的场所和条件，全市共建立各级森林公园21个，黄河湿地自然保护区1处，总面积500余平方公里，占全市总面积的7%。在建设过程中，郑州市秉着生态优先、整合资源、城林一体、统筹城乡、人性规划、因地制宜的原则，把城市外部的森林公园、自然保护区、风景名胜区等区域绿地与城市内部的公园、绿地等开敞空间连接起来，在全市形成集生态保护与生活休闲于一体的绿色开敞空间网络，进而提升人居环境品质，形成城乡一体化的生活休闲格局，实现人与自然和谐共生。

建设森林城市的终极目标是改善人居环境，维护人的健康生活，让城市升值、市民受益。从创建一开始，郑州就提出了"让森林拥抱城市、让市民走进森林、让绿色融入生活、让健康伴随你我"的理念，把全民共建共享生态建设成果作为工作的出发点和落脚点。

以生态文化为主线、以历史遗存为基础，依托各类森林公园和现有的森林资源，郑州发展起来的森林旅游产业，吸引游客就超过800万人次。

在植树造林的同时，重点发展苗木花卉、特色经济林、森林旅游、林下经济和林产品加工五大产业，经济效益显著。目前，全市苗木花卉种植总面积2801.26公顷，年产各种苗木花卉8183.78万株，苗木自给率达95%。名特优新经济林面积达4万公顷。新郑的大枣，荥阳、河阴的石榴，二七区的葡萄，巩义的南河渡石榴，新密的蜜香杏，登封的嵩山核桃，管城区的鲜桃，都已成为全省乃至全国的知名特产。

2003年，党中央、国务院做出了《关于加快林业发展的决定》，从那时起，郑州就积极响应，提出了用10年时间把郑州建成森林生态城市的宏伟目标。10年来，郑州投入了大量的人力、物力、财力，大力开展植树造林，着力改善城市生态环境，取得了明显成效。[12]

2014年9月26日，郑州继获得"国家园林城市""全国绿化模范城市""中国十佳绿色城市""中国优秀旅游城市""国家卫生城市""全

12 绿色片片，掩映郑州．郑州晚报，2014-05-29.http://money.163.com/14/0529/02/9TCMDQ6O00253B0H.html

国文明城市”之后，又荣膺“国家森林城市”。

从 2003 年提出建设森林生态城市的宏伟目标，到 2014 年创森梦圆，10 年拼搏，凝聚着郑州林业人的辛勤付出。

从 2003 年开始，森林生态市建设、绿化模范城建设、第二届中国绿博会承办，再到 2014 年创建国家森林城市，郑州 11 年间重彩涂抹了 130 万亩绿色，使城市生态和人居环境显著改善，经济和社会发展的环境承载力不断增强。

面对生态向好、财富剧增的现状，郑州进一步巩固森林城市建设成果，提升生态建设水平，使城乡生态环境更加优美，人与自然、经济与社会发展更加和谐，呈现出自然之美、社会公正、城乡一体新格局。

创森成功只是一个起点。从 2016 年郑州的成绩单来看，郑州的生态文明建设永远不会停步：

2016 年郑州生态绿化的主要任务是“一环、一渠、三网、十园”，加上机场至城区的三条干线两侧绿化以及各县（市）区自定的生态建设任务，预计累计新增绿化面积 10 万亩以上。

建设登封玄天庙、惠济润圃、新密雪花山、中牟沙窝等 6 个森林体验园和新郑具茨山、新密云蒙山、荥阳浮戏山、二七台郭等 5 个森林健康养生示范园。

基本完成了第十一届园博会园博园建设，建设中原区市民公园、管城区西吴河公园、金水区市民文化公园、惠济区中央公园、郑东新区体育公园、航空港区梅河公园 6 个区级综合性公园及 20 个游园。

统筹运用结构优化、污染治理、总量减排、达标排放、生态保护等多种手段，紧紧抓住改善生态环境质量这个核心，打好补齐短板攻坚战。

绕城高速和沿黄快速路围合区域、城市主导风向上风向禁止新建涉气工业企业。制定 2016—2018 年绕城高速和沿黄快速路围合区域工业企业外迁计划，加快实施不符合条件工业企业外迁工作。

进一步健全了环保行政执法监督机制，对严重违法企业实施挂牌督办和“黑名单”制度，对履责不力、环境问题突出的单位挂牌督办和“一票否决”。

生态水系建设方面，突出水源地建设、水污染治理、防洪除涝、重点水景观建设四个重点，实现了“河湖通、水质优、两岸美”，围绕规划的7大类30项水系项目，倒排日程，落实进度。

为保障人民群众饮水安全，确保集中式饮用水水源地水质达标，2016年起，每季度向社会公开饮用水水质状况。每年开展市、县集中式饮用水水源地环境状况评估；各县（市）区对不达标的饮用水水源地要编制饮用水水源地达标工作方案。

以城市精细化管理推动城市转型发展，提升城市发展品质，打造畅通整洁有序的市容环境、天蓝地绿水碧的生态环境、“15分钟便民生活圈”的生活环境。

重点对“四个区域”（火车站地区和二七商圈、紫荆山公园周边、CBD区域、机场周边地区）及“一环十五路”开展了“四乱”综合治理。

对嵩山路、电厂西路等9条市管道路进行大修改造，对38条道路进行中修；全年新增15万个公共停车泊位。

依托数字城管平台，全力打造城市管理“应急指挥、协同调度、考评监督、信息服务”平台，推进智慧城管全域覆盖、多业融合、全民参与。[13]

可以看出，绿色郑州的绿色理念也在同步升华——从追求造林速度“短跑”到追求造林质量“长跑”之后，今天的郑州已然行进到了重点提升生态功能的“跨栏”进程中。

当前，推进生态廊道、美丽乡村、森林围城等一系列重点工程，正成为郑州绿色崛起的新“引擎”。

还有厚重的历史文化，也与浓郁的绿色气息在郑州和谐地交汇。穿过蜿蜒绵长的条条生态廊道，我们知道轩辕黄帝在这里创业，我们听到禅宗少林响起的钟声，我们读着杜甫、李商隐、白居易，我们在嵩阳书院探寻程朱理学的思想。繁荣的都市通过一条条生态廊道与宜居的田园相融，构建出城乡一体大都市的新风貌。

在全市生态廊道建设中，凡是涉及具有文化、历史、艺术、体育等渊源的景观节点，都会将历史典故、风土人情等元素融入廊道建设，通过缩微影像，提炼出用植物来表达内涵的语言和符号，建立观光休

13 郑州市布局生态环境建设 四大关键词引关注．郑州日报，2016-02-15. http://www.xinhuanet.com//local/2016-02/15/c_1118037803.htm

闲型绿化示范模式。[14]

中原地区规模最大的生态廊道，正在串起古老的城市记忆，凝结浓郁的人文情怀，汇聚和谐的社会合力。

创建国家森林城市，正为打造自然之美、社会公正、城乡一体的现代化郑州都市区夯实生态基础，绽放夺目光芒，迎接世界目光。在打造新一轮城市竞争力的过程中，郑州以创建国家森林城市为载体，倾力生态文明建设、引领绿色发展潮流。

水韵林城，风姿绰约，片片绿色正擦亮华夏古都郑州，一个森林环抱、林道相通、林网相连、林水相依的美丽家园正在形成。

第四节　商丘：历史文化名城的生态担当

商丘的历史文化光辉灿烂、源远流长。这里平原一派，沃野千里，四季分明，是中华民族的发源地之一。它以显赫的地理位置、优越的自然条件、灿烂的人文成果，长久以来都在中华文明史上占据着重要地位。

走在古城商丘布满青苔的小径上，脚下踩着的可能就是秦砖汉瓦。商丘，地处豫东平原，是中华文明的发祥地之一，素有“三商之源、华商之都”的美誉，是国家历史文化名城。

中国五千年历史迈出的每一步，都在商丘这个地方留下了深深的脚印。燧人钻木第一火，仓颉造字第一笔，杜康酿酒第一坛，葛天歌舞第一曲，王亥贸易第一商，中国旅游第一步，皇家园林第一景，木兰忠孝第一人，夏商开国第一都，大汉开基第一剑，天文记载第一页，古今授时第一台，风水八卦第一城，天下石室第一宫，汉画彩绘第一壁，中国豫剧第一声，淮海战役第一枪，中国画虎第一村……

商丘一度见证了中国儒、道两大思想文明的起源与碰撞，后来又成为中华“儒、释、道”三大传统文化传播和弘扬的厚土与圣地。春秋战国时期是中国社会的一次大动乱，然而恰恰正是这个动乱的社会，成就了中国文化中一个“百家争鸣”的“文化轴心时代”。而这个“文化轴心时代”的集中发源地，老子、庄子、墨子故里和孔子祖籍，均

14 吴兆喆．大城之魅 千里廊道韵溯古今．中国绿色时报，2013-10-08.

在商丘或商丘南北不到100公里的范围内。独特的历史地位和丰厚的文化积淀，使这片土地孕育出了众多在中国历史上彪炳史册的思想家。

20世纪90年代，美国哈佛大学考古学家张光直教授发现，商丘古城之下同时叠压着宋代应天府城、隋唐时代宋州城、汉代睢阳城和西周宋国都城等6座都城、古城。商丘古城是当今世界上现存的唯一一座集八卦城、水中城、城摞城三位一体的大型古城遗址，俨然一座立体的时空博物馆。

商丘古城是历代先民们智慧累积的创造，更是“象天法地、顺天应地、取法自然”思想的应用，其目的就在于创造一个“天人协调、天人合一”的至善境界，以祈求城池万年永固。古城外为土筑的护城大堤，即城郭，呈圆形，象征天；内为砖砌的城墙呈方形，象征地。外阳而内阴，阴阳结合便是天地相生，如此整个城池便成为阴阳合一的大宇宙的象征，商丘古城也便有了与日月同在的道理。

这座保存完整的古城里，分布在93条街巷的各式民居星罗棋布，看似散乱其实井然有序，散发着古风古韵，传递着人文风情。林立的店铺、熙熙攘攘的人群，向人们诉说着这座城市昔日的繁荣和昌盛，而众多的名胜古迹遗址则展示着商文化、火文化的深厚底蕴。[15]

肥沃的土壤必然生长出参天大树，就目前商丘拥有的孔祖文化、庄周文化和以清凉寺为基地的佛学文化，完全可以依托这些精神财富，东连孔孟，西接老子，联手建设一个中华民族传统文化中心城市，这会成为中原经济区崛起的精神动力。

如今，围绕科学发展、绿色发展目标，商丘大力实施生态工程，包括不断完善森林生态体系、森林产业体系，积极推进平原绿化晋档升级，加快发展生态富民产业，走出了一条林茂粮丰、生态良好、富民强市的绿色崛起之路。

近年来，商丘大力实施生态建设，始终把生态建设作为一项长期而艰巨的战略任务紧紧抓在手上，坚持以生态文明引领发展，加快生态文明城市建设，着力打造城市“生态”名片，走出一条绿色发展之路。

绿色版图上，商丘形成了“两横一纵”格局，两横是黄河故道生

15 商丘旅游：最具文化底蕴历史文化名城．河南省人民政府门户网站．http:// www.henan.gov.cn

态风景带和运河城市观光风景带；一纵是隋唐大运河古码头水街及农业生态风景带。

黄河故道生态旅游带，要按照黄河故道生态规划要求，打造"一个大堤、一大林带、两大湿地、四大园林、七大连湖"。通过林内公路和水路将林带串通，形成骑马观花、驾舟摘果、徒步穿越、乘车赏景的景观带。[16]

商丘古城的安静犹如一种与生俱来的气质，令人仿佛置身于世外桃源，内心彻底放松。商丘市近年被认定为"长寿之乡"。这里是养生长寿的福地，是江北的第一个长寿乡，历史上就是著名的长寿区，出现过许多长寿老人。特别是宋代不少京官告老不还乡，退休不回家，来商丘安度晚年。现存于美国图书馆的《五老图》，就生动地描绘了北宋时期商丘长寿老人的故事。这不禁让人想起，孔子一直把山东曲阜称为自己的"父母之邦"，而把商丘夏邑称为自己的"祖先之国"。而且倾其一生，无时无刻不在寻求一条通往"故国"的归途。即便在他人生的最后时刻，仍不忘"叶落归根"。

今后商丘以完善景区基础设施、创新宣传促销手段、丰富旅文化

□ 商丘市通过实施公园绿地、街道、水系绿化提升工程，城区绿化覆盖率达到41.84%，人均公园绿地面积12.66平方米。图为柘城县城区千树园绿化景观

16 商丘：中国旅游发源地有看头．人民日报（海外版），2011-07-29.

内涵为目标，全力培育商丘古城旅游产业龙头和打造黄河故道生态旅游绿道经济带两个产业重点，努力促进绿色产业快速发展。

黄河故道湖泊湿地、七大连湖，一碧万顷、烟波浩渺、红鲤跃波、百鸟翔集。百里花海果园，春花夏绿、秋实冬雪、四季佳景、美不胜收。世界最大的平原人造森林郁郁葱葱，枝繁叶茂，成为世界第一人造绿色长城。为了加快推进生态文明建设、促进绿色发展，2013 年 2 月，商丘做出了创建国家森林城市的工作部署，明确提出了建设“林茂粮丰”森林城，打造生态美丽商丘的目标。

在国家林业局、河南省林业厅的大力支持下，2013 年 5 月，商丘正式提出创建国家森林城市申请，2013 年 7 月获得国家林业局批复，同意商丘创建国家森林城市。

回顾创森历程，商丘每一项规划，都有了扎实的成绩。

推进城区园林化。实施城区园林绿化工程，重点推进包河景观带、汉梁文化园、华夏游乐园、金世纪广场、宋城公园、民馨公园、应天公园、日月湖公园、南湖公园、城市森林公园十大公园绿地项目，开展见缝插绿、拆墙露绿、立体绿化、楼顶绿化和绿地认养活动，新建完善了 6 条河、13 处片林、15 个公园、35 块街头绿地、68 条道路、50 个加油站的绿化任务，城区公园绿地达到了 82 处，中心城区居民出行 500 米，就可以进到绿地、看到绿色、闻到花香、享受到森林型公园的生态服务。

推进郊区森林化。沿城市三环路、环城高速公路、310 国道、105 国道，实施环城防护林、城郊森林工程，建成了 110 公里长、30 ~ 50 米宽的环城防护林带。新建完善黄河故道国家森林公园、高速公路商丘站绿地、三陵台公园等郊野公园 6 处。在远郊农村实施“四旁”绿化，对沟、河、路、渠进行绿化提升，建设点、片、带、网相结合的郊区森林体系。

推进高标准农田林网化。按照“面上扩张、线上完善、点上提升”的要求，完善提升农田林网 828 万亩，全市形成了以道路、河流为骨架，以 300 亩以下网格为单元，“田成方、林成网、沟相通、路相连”的高标准农田防护林体系。农田林网控制率达到 96.88%。

推进廊道生态化。完成连霍、商周、济广、商周高速公路商丘段两侧防护林升级改造 301 公里；完成 310、105 国道商丘段两侧防护林升级改造154公里，道路两侧各建成了50米宽的生态廊道。实施生态廊道网络工程，全市完善道路绿化82条、河道绿化103条，道路林木绿化率达到96.08%、水岸林木绿化率达到95.77%。

加快森林公园、湿地保护恢复。规划建设黄河故道国家级森林公园1处、国家级生态公园1处，开展了民权黄河故道国家湿地公园、柘城容湖国家湿地公园、睢县中原水城国家湿地公园、虞城周商永运河国家湿地公园试点建设。依托郑阁水库、林七水库、吴屯水库、任庄水库、民商引黄干渠和天沐湖，向周边辐射2公里，集中连片，新建防护林、生态林、水土保持林等多林种水源涵养林，重要水源地保护区森林覆盖率达到了72.62%。[17]

通过创建国家森林城市，商丘扎实推进"生态林、景观林、产业林"三林共建，促进了生态林业、民生林业稳步发展。进一步完善森

□ 商丘发展泡桐、刺槐乡土树种，保留近自然村庄绿化格局。图为虞城县利民镇老庄村近自然村庄绿化原貌

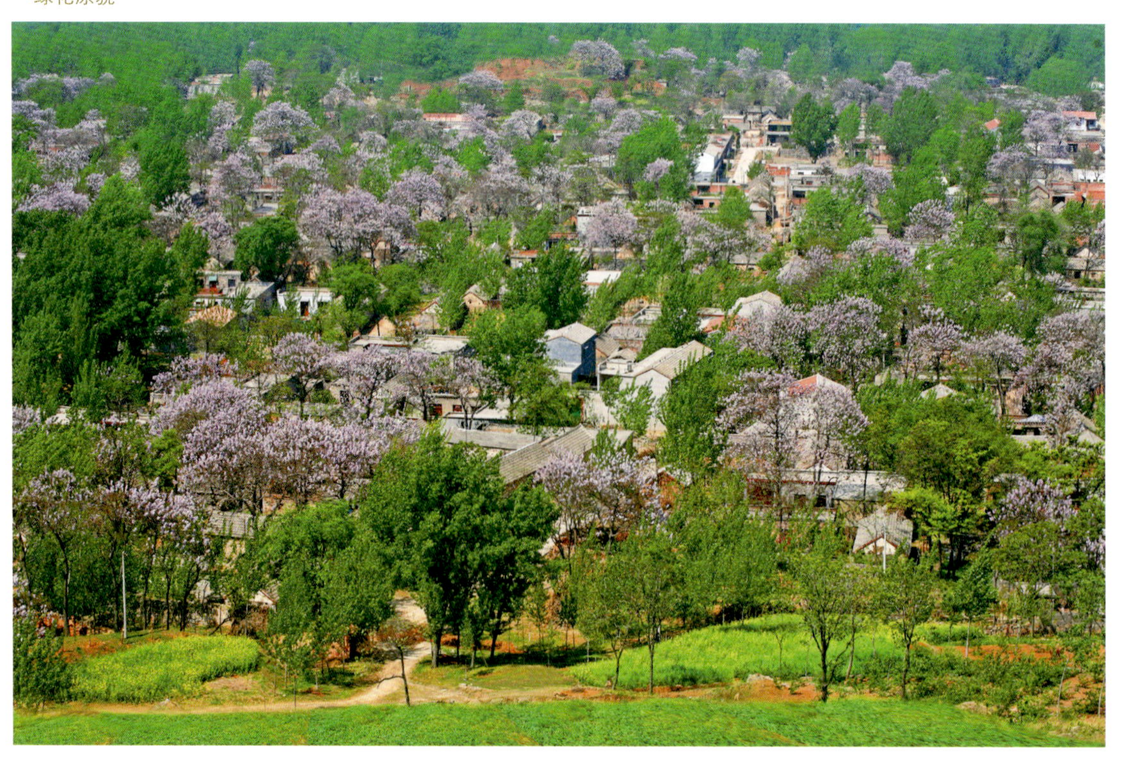

17 祁博，聂慧民．河南：商丘市创建国家森林城市综述．商丘日报，2016-06-29.http://www.chinacity.org.cn/csfz/cshj/306603.html

林生态体系，形成了“城在林中、林在城中、林城相宜、城乡一体”的森林城市建设格局。生态文明建设已经融入商丘发展的主旋律，绿色正在逐步成为商丘城市建设最鲜明的底色和主元素。

国家森林城市的创建，对商丘而言，受益最大的是生态条件明显改善，生态承载力显著提升，森林效益明显增加。特别是高标准农田林网和森林生态体系，有效改善了农田小气候，减少了干热风、强飑线等自然灾害，促进了粮食增产、农民增收。据调查，高标准农田防护林体系每年促进粮食增产 10.5 亿斤，实现了林茂粮丰、农业林业互促共赢发展。

2016 年 9 月 19 日，由国家林业局、全国政协人口资源环境委员会主办的“2016 森林城市建设座谈会”在陕西省延安市举行，商丘等 22 个城市被授予“国家森林城市”称号。

在历史长河中，商丘长期处于领先的地位，一条雄浑的黄河，万里奔腾，冲积出一方肥沃的原野；一渠清澈的睢水，千古流淌，浸润起一尊巍峨的高台。如今，商丘用自己的方式搭建了一座崭新的城堡，让我们深切地感受到代代传承的文化脉络，以及面向绿色未来的无限可能。

第五节　焦作：从黑色印象到绿色主题

太行之南，黄河之北，济水、沁水、丹水纵横其间。古黄河从潼关奔涌而出，流经武陟县又折向东北。山河交汇，怀抱出一个山石灵秀、水草丰美的封闭型盆地。

这块太行山南、黄河大湾内面的区域，古称“河内”，又称“怀川”“覃怀”。

这里的草药叫怀药，书院叫覃怀书院，地方剧种叫怀梆，商人叫怀商。“怀”字号的商帮，就是来自河南焦作地区的怀庆商帮，又称怀商。

“怀郡钟灵毓秀，不乏伟人。自子夏子设教西河，而后若唐之韩昌黎，元之许鲁斋，昌明理学，尤为烜赫。”（清《怀庆府志·人物志》）怀川大地，是中国儒学血脉接续的重镇。子夏、韩愈、许衡，这三位怀川大地的儒生，在孔庙的晨钟暮鼓中，见证着中华大地的文脉流转和历史沧桑。

在这里，神农祭天处、尝百草处、药王孙思邈活动遗迹等，显示着古代农业和医药的起源；出土众多的陶瓷文物及当阳峪陶瓷遗址，显示着怀川是发达的陶瓷文化之根；由大禹首次颁发的《夏小正》是中国的历法之根；是以阴阳八卦为灵魂的太极文化的产生地；是“正始玄风”的策源地。这里是商汤革命的起始地；是武王伐纣的前沿根据地；是后汉光武中兴的大本营。发源于陈家沟的太极拳、月山寺的八级拳和净影寺的猿拳，证明焦作是中华武术之根。这里还是道教中心和佛教圣地。

焦作，这座仅360多万人的城市，拥有华北地区最大的竹林、河南省最早供自来水的城市、河南省最早使用电灯的城市、河南省最早发现并开采煤炭的地区、河南省最早的发电厂所在地、河南省率先由地市筹资金修建的高速公路；并以“中国北方第一个吨粮市”“中国优秀旅游城市”“中国最佳休闲旅游城市”“国家园林城市”等多个桂冠而备受瞩目，更因其被业界称为“焦作现象”的产业转型经验，被编入高中地理教科书。

30多年前，河南焦作将名为“腾飞”的雕塑竖立于焦南，这座当时全国最大的锻铜雕塑成为寄托焦作人腾飞梦的象征。如今，焦作北部山区矗立的巨大的“缝山针”雕塑，已成为焦作持之以恒地改善生态环境的新地标。

从举目黑灰到满城皆绿，“百年煤城”在10多年的转型过程中，在向人们展示“一个泛舟河上、人水相依的生态宜居之城，一个碧波荡漾、河清水秀的山水林相依的森林之城”的同时，也勾勒着焦作未来经济社会的发展路径。[18]

资源型城市，因资源丰富而兴，因资源枯竭而衰，这几乎是经济界的一条铁律；资源枯竭型城市的转型是一道世界性难题。

焦作，打破了这条铁律，破解了这道难题。

在焦作，有两个百分比让人震惊：一是因煤而兴的城市，去年煤炭工业在工业总产值中的占比仅为3.6%；另一个是过去名不见经传的旅

18 苑铁军，齐炳华，岳静．山水焦作　执著描绘城市绿色新画卷．中国绿色时报，2016-09-06.

游业，综合收入占全市 GDP 超过了 10%。因煤而兴的焦作曾走过了"寒冷的冬天"。

焦作这个名称，就透着一股煤烟味。"焦作"何来？它因焦姓作坊而得名；而作坊的主业就是挖煤烧炭。

煤，曾经是这座城市的命根子。早在春秋战国时期，这里丰富的地下煤炭储藏已为世人所知，唐、宋时已有开采。中华人民共和国成立前，焦作所产的"香炭"为英国王室专用。

到 20 世纪 90 年代，焦作拥有煤炭发掘及配套企业 1200 多家，煤炭工业增加值占全市工业增加值的 90% 以上。全市 20 多万人吃着"煤炭饭"。

像很多资源型城市共同的命运一样，发展的脚步被绑在资源行业的车轮上，一荣俱荣，一损俱损。90 年代中后期，焦作煤炭资源逐渐枯竭。几家国有大矿，先后宣告无煤可采而封井报废；原煤产量由鼎盛时期的 1000 多万吨锐减至 400 多万吨；与煤矿配套的企业多数开工不足，亏损严重；下岗职工占全市职工总数的 1/6。

这座一直被煤的热能温暖着的城市，一下子陷入了"寒冷的冬天"。

从冒烟工业转向无烟工业，焦作选择了人与自然和谐相处的绿色发展道路，抓住了旅游向山水游转变的机遇。

太行山层峦叠嶂；母亲河源远流长。焦作的自然风光秀美壮丽，大山大河造化了焦作山水之大气。旅游资源如此丰富，拥有如此优美的自然山水，岂可捧着金碗要饭。1999 年，焦作市做出大力发展旅游业的决策；2000 年，确立焦作山水旅游定位；2001 年，完成焦作山水旅游新格局的构建；2002 年，掀起全市创优高潮；2003 年，"焦作山水""云台山"被评为中国旅游知名品牌，年底通过国家旅游局创优验收；2004 年，联合国教科文组织正式命名云台山为"世界首批地质公园"，"焦作现象"国际研讨会在北京召开；2005 年，焦作城市转型经验入编普通高中地理教科书；2006 年，焦作旅游服务被评为"世界杰出旅游服务品牌"。2014 年，《云台山服务标准》成为国家景区标准。

短短十几年间，从"养在深闺少人识"到"云台山水天下闻"，焦作的云台山已成为河南旅游一张亮丽的名片，拥有世界地质公园这一世界级品牌和国家 5A 级景区等 8 个国字号品牌。

焦作打造了四大旅游带，以项目建设为支撑，努力打造集生态观光、休闲度假、健康养生于一体的南太行生态旅游集聚带；整合沿黄河诸县自然生态文化资源，打造集历史文化游、民俗民情游于一体的黄河文化旅游产业带；依托南水北调生态涵养与历史人文资源，规划建设自行车环线“绿道”，打造生态休闲带；推进大沙河生态湿地建设，打造湿地景观带。

焦作转型，要义在“转”。不转，没出路；不转，难发展。“转”，就是把原来的基础打得更牢，把固有的特色转得更突出，把发展的优势转得更明显，进而闪转腾挪，实现华丽转身。立足本地产业优势，构筑产业集聚区载体，实现产业集聚和集群发展，构建现代产业体系、现代城镇体系和自主创新体系，加快经济社会转型发展，就成为焦作转型发展过程中的基点。

焦作精心谋划的“十大建设”，就是转方式、调结构、强基础、促发展。以基础设施建设和产业发展，带动就业，改善民生。概而言之，正是绿色发展。十几年的坚定不移，十几年的奋发图强，焦作，正是抓住了城市转型的突破口，实现了由“黑色印象”到“绿色主题”的嬗变。

焦作“十大建设”之生态建设，造福眼前、利及长远。在这其中，创建国家森林城市是抓手、是关键，创建过程既是着眼当前求突破的精益求精，也是立足长远打基础的鸿篇巨制。136 家市直机关单位组织人员用汗水浇灌出一片片新绿，一年完成 2400 亩栽植任务；30 家重点企业实施标准化作业，实行挂牌责任制。[19]

走进龙源湖公园，焦作市民穿过翠色浓郁的长廊，站在亲水平台环顾，但见林水相依，云影拂动，倒映水中的雕塑被涟漪缓缓荡开，如诗如画的景色背后是片片绿树掩映中的幢幢高楼。[20]

生态环境的显著改善，与焦作“创森”一步一个脚印推进密切相关。

依托自然保护区、森林公园、湿地公园等，焦作建设青少年生态文化科普教育基地 43 处，建成主题园和文化场馆 12 处，基本形成底蕴深厚、焦作特色凸显、内涵丰富的生态文化体系。此外，焦作通过

---

19 杨家卿．积极探索新常态下经济转型新路经——河南省焦作市推进“十大建设”的调查与思考．求是网，2014-12-09.https://wenku.baidu.com/view/3ef74ba99ec3d5bbfc0a7467.html

20 苑铁军，齐炳华，岳静．山水焦作　执著描绘城市绿色新画卷，中国绿色时报，2016-09-06.

□ 焦作市太行山区经过30余年的飞、封、造，初步实现了黄龙变绿龙的目标，森林生态系统正在逐步恢复

每年开展林业科技周、爱鸟周、生态科普日等活动，全面展现焦作森林生态文化；结合举办"中国云台山国际旅游节""焦作市红叶节"等，焦作将森林文化融入市民日常生活。此外，全市森林公园、湿地公园、城市公园及绿地免费向公众开放，进一步增强群众对城市森林、现代林业的认识和了解。

2015 年以来，焦作又以承办河南省第十二届运动会为契机，投资 13 亿元建成 885 亩的太极体育中心，其中仅用于绿化景观的投资就达 1.8 亿元，绿化面积 450 亩，绿化景观全部向市民免费开放。围绕体育中心投资 6000 万元，焦作对周边道路实施了高标准绿化，形成"一路一特色，路路是景观"。投资 2200 万元的白鹭湿地公园、投资 1500 万元的黎明脚步山地公园也建成开放。焦作正在进行大沙河生态景观带和新河商务区的景观建设，已初步形成滨河景观。

2016 年起，焦作将在市区启动北山绿化二期工程，力争用 5 年的时间使现有的北山绿化区域面积增至 2 万余亩，最终形成一道长 22 公里、宽 200 ~ 1500 余米，功能完备的大型绿色生态屏障和天然超级"氧吧"，并在市区东部，沿东海路、罗解路两侧，采矿塌陷区的义庄、罗庄等地，建设东部环城林带。此外，还将以焦作森林公园和生态植物园为依托，利用煤矿塌陷区空隙地建成集多种功能于一体的万亩森林生态园区。

焦作市委、市政府以项目建设作引领，通过“治山、治水、绿城”，在全市掀起打造”半城青山半城水“的建设森林焦作的高潮。2012—2014 年，焦作组织实施恢复武陟、温县、孟州黄河滩区生态敏感区防沙治沙工程，主要交通干线、水系防护林为骨架的生态廊道网络工程，城市森林、森林公园、湿地公园、自然保护区、村庄集镇为节点的城市林业生态建设和村镇绿化工程，农田防护林为连线的农田防护林体系改扩建工程等。

现在，焦作满目青翠，城北浅山绿色屏障、红砂岭生态长廊、林邓线生态景观带、森林公园生态“氧吧”为城市披上的绿装；黎明脚步、缝山、龙翔等生态森林公园，自东向西排开，形成了一条生态绿色南太行景观带。此外，焦作用 2015 年节约的“三公”经费在北山建设清风植物园。

在焦作引黄入焦城区段，共栽植了各类乔、灌木 2.75 万株，种植各类植物 11.67 万平方米；在大沙河带状湿地公园，种植各类乔、灌木 17 万余株，河堤护坡栽植紫穗槐 8 万余株；市太极体育中心周边 4 条路段进行了高标准绿化，完成瓮涧河西游园、四海春游园、山阳路游园绿化建设；建设了滨河水景观带、道路绿化带环抱城区的景观；各类公园、游园、生态广场、街角绿地点，有效提高了焦作建成区的城市绿量，城区绿化覆盖率达 40.2%。

在森林城市建设中，焦作市坚持“政府主导、社会参与、市场运作”的原则，创新投资机制，制定优惠政策，实行以政府投入为主，社会资金广泛参与，金融资金合理利用的多元化投资模式，为森林城市建设提供了强有力的资金支持。此外，焦作还建立了长期稳定的公共财政投资渠道，确保了造林、育林、护林、生态公益林建设和林业科技教育的资金投入，全市各级财政的城市森林建设资金呈逐年增加趋势。随着一系列优惠政策的出台，带动了大量的社会资金涌入林业建设中来，形成了城市得发展、生态得保护、资金能筹集的良性循环。

经过多年的努力，河南省焦作市坚持以“大生态定位、大规划布局、大工程推进、大手笔投入”，统筹发展城乡绿化一体化，大力推动《创建国家森林城市总体规划》的实施，全市的森林网络建设基本健全，森林健康水平大幅提高，林业经济发展势头强劲，生态文化内涵丰富，森林管理能力显著提升，构建了“林城相依、林水交融、林路一体、人居依林”的大森林格局。[21]

如今的焦作，已鲜见煤炭之城的影子；新城区绿树成荫，花木盛开。天更蓝、地更绿、水更清——焦作人从未如此接近“宜业、宜居、宜游”的绿色之梦。

山水养眼，文化养心；山水为表，文化为根。黄河之滨，太行之阳，焦作这颗中原明珠，正在熠熠生辉。

第六节 水韵连城，绿色许昌

站在京港澳高速公路许昌北出站口，展现在人眼前的是高大雄伟的许昌市旅游服务中心主体建筑，它一门四阙、外方内圆，展现出风格独具的“古韵新风”，综合体现着许昌历史元素和现代发展元素，像一本打开的书，从中可以读出它波澜壮阔的历史。

作为中华民族和华夏文明的重要发源地之一，许昌的历史文化脉络清晰，框架完整，从史前文明的旧石器时代发端，历经夏商周数千年的演进，到汉魏时期的显著地域文化特征，许昌文明进程从未间断，影响深远。而在许昌的发展进程中，文化更是早已成为城市规划与绿色发展的一部分，为城市建设注入了生生不息的力量。

“闻听三国事，每欲到许昌。”这句诗凸显许昌深厚的三国历史文化沉淀。“抓一把就是三国故事，踢一脚就是汉砖魏瓦。”建安大道、屯田路、灞陵路、魏文路、魏武路、华佗路、桃园大酒店、铜雀台大酒店、许都广场……许昌的一条条道路、一处处建筑，将三国历史文化浸润其中，引领人们穿越时空隧道，回望那群雄逐鹿的年代。[22]

许昌的优良环境和厚重的人文底色，让尚不了解这座城市的人都会感到意外。通过曹魏文化品牌的再造，许昌极大地提升了城市文化的集成度和显示度、影响力和竞争力，以文化产业来推动经济发展。

---

21 苑铁军，齐炳华，岳静．生态焦作 倾力打造绿色魅力新城，中国绿色时报，2016-09-13.

22 曹魏古城：让许昌梦回“三国”．河南日报，2016-09-14（18版）．

位于许昌老城中心的曹魏古城，整合春秋楼、灞陵桥、曹丞相府、藏兵洞、汉魏许都故城遗址、许扶运河文化公园等景区，总投资70亿元，依据《考工记》宫城建制及城市设计，重在挖掘曹魏文化资源，擦亮三国文化品牌，致力于“汉魏风格、简约厚重、挺拔大气”的古韵古貌，是传承三国文化的重要载体和“三国游”龙头项目。“楼榭重重再现帝都繁华，古巷深深重谙三国风采”正在变为现实。

以文化对接产业，把资源变成资产，让遗迹成为胜景；许昌一步步复原汉魏风貌、彰显三国韵味，日益成为充满魅力的宜居、宜业、宜游之城；活力与魅力兼具、古韵与新风并存。

围绕建设美丽许昌、实现永续发展这一目标，许昌将林业生态建设也提到一个新的高度。依据修编的城市规划和城市绿地系统规划，许昌市坚持“规划建绿、见缝插绿、协力植绿、保护开发”和“增乔木、添色彩、植地被、建精品”的原则，严格执行绿线管理制度和绿建指标规定，强化园林绿化行政管理的机构设置，不断完善制度建设和队伍建设，城市整体绿化水平和品位得到全面提升。[23]

按照“城区生态宜居，东部生态提升，西部生态修复”的思路，许昌同步推进林业生态、水生态建设，加强水源地保护、水污染治理，实行大气污染联防联控和静音工程，加强环境应急管理，确保环境安全，实现绿色发展、循环发展、低碳发展，使经济发展与生态环境相协调。

许昌一直都非常重视林业生态建设。2007年荣获“国家森林城市”称号，也是全省乃至黄淮平原第一个获得该称号的城市，许昌市的“创森”经验值得推广。

许昌市构建了三大林业生产体系，取得了良好的生态、经济效益，带动了群众致富、就业。以鄢陵名优花木科技园区建设为核心，许昌市规划建设了鄢陵花木产业集群，形成了全国最大的花木生产销售基地。花木产业集群核心区内已入驻省内外各类花木企业183家，实现就业20余万人。

在林产品加工产业方面，许昌市以长葛市木材加工业为重点，建立了板材加工体系，产品涉及纤维板、高密度刨花板等五大系列40多个品种。目前，全市已形成木材加工聚集区近20个，企业有500多家，

23 杨红卫，武芳．河南：建设生态许昌 美丽许昌．许昌网，2013-01-14.

全市林产加工业年产值在25亿元以上。

再以新元大道生态廊道建设为例，这条路全长24.7公里，廊道于2013年开始建设，以栽植巨紫荆、法国梧桐等乔木为主，共2万余株。他们科学规划，采取市场化运作，强化管护，使生态廊道建设取得了成效。政府租地，无偿提供给企业；企业对廊道进行绿化，一方面减轻了政府财政对绿化投入的压力；另一方面有效提升了绿化档次，实现了双赢。

张古路两侧的杨树遮天蔽日，平原农区防护林形成道道生态屏障；在西北林海，一眼望不到边际的绿植，一株经过人工造型的丝绵木起步价1万元；在鄢陵县姚家花园，几乎家家户户都通过种植花卉买了小轿车。

在许昌西北林海，目前除了中峰园林外，市里还引进了阿东园林、恒达园林、鑫茂园林。在项目招商上，政府采取了多种扶持政策，投资数额大的企业还配套相关附属设施。

另外，以一年一度的花博会为载体，以鄢陵国家花木博览园、禹州森林植物园等为主题，建设了一批森林旅游景区，实现了花木、生态、旅游、文化的互利多赢。目前，全市森林生态旅游产业收入增幅连续多年保持在30%以上，每年接待游客330万人，经济效益达10亿元。

放眼全市，目前花木种植面积90多万亩，其中规模化种植面积已经达到70万亩，拥有各类花木企业1600多家，年产值70多亿元。[24]

“十二五”以来，许昌市按照“东部生态提升、中部生态宜居、西部生态修复”的总体布局，不断加大林业生态建设投入力度，积极探索造林机制，全市生态环境得到显著改善。目前，全市现有林业用地168.45万亩，已造林绿化163.25万亩，绿化率为96.91%。全市森林覆盖率为14.76%，林木覆盖率为32.51%，基本形成了以90多万亩花卉苗木为基础，以2000公里主干道路绿化为骨架，以452万亩农田林网为脉络，以沟、河、路、渠和宜林荒山绿化为重点的林业生态防护体系，呈现出“城区绿岛、城郊林带、城外林网、城乡一体”的森林生态景观。

森林走进城市，城市拥抱森林。通过森林城市创建，许昌人被绿色

---

24 牛志勇．森林城市建设，让市民栖居天然氧吧．许昌报业传媒，2016-09-06.

包围，栖居在天然氧吧，生活得更幸福。目前与“创森”之初相比，林业用地增加了 48.45 万亩，绿化面积增加了 68.25 平方米，绿化率由原来的 79.2% 提升到 96.91%，林木覆盖率由 24.4% 提升到 32.51%。[25]

许昌是一座缺水的城市。历史上的许昌，依水而建，因水而兴。时光推移，城市发展，水作为资源被越截越少。许昌人均水资源量是全国的 1/10，不足河南省人均资源量的一半。

许昌人行动起来，贯通水系，修复生态，高效调配。2013 年以来，许昌实施水系连通工程，把长江、黄河、淮河水汇引一地，已建成 82 公里长的环通生态水系，5000 多亩的湖泊湿地，形成了“五湖四海畔三川、两环一水润莲城”的生态水系景观。

以水系连通为基础，许昌水安全、水生态、水景观、水文化等规划同步实施，水生态文明城市建设大步向前。原有的市水利局整合供水、排水、污水处理、城市防汛等功能，在全省率先成立市水务局。许昌从九个方面把最严格水资源管理制度落实为细致的实施意见和考核办法，在“三条红线”控制指标和监督考核下，许昌万元 GDP 用水量比 10 年前下降了 83%，万元工业增加值用水量下降了 85%。

新的治水理念随处可见。许昌几乎不再保留硬化的河道堤岸，代之以卵石整齐砌起的“格宾石笼”，护岸、步道由建筑垃圾再生制成的透水砖铺就，卵石里面还内衬一种土工布，只透气透水，不流失水土……在精心修复的河道里，水草蓬勃，动物栖息，河流可以呼吸，水可以净化。[26]

沿河而上，在许昌县境内，一片 70 亩的人工湿地刚投入使用。污水处理厂的中水分四级经过湿地，最后变成清清之水汇入河道。种下的芦苇、水葱、千屈菜还没长大，一群白鹭已在水面翻飞。

在相传关羽灞桥挑袍的河畔，三国文化产业园在动工修建。在碧水萦绕的护城河、运粮河，游船畅行，群众门前的小桥、步道、亲水平台仍在不断增添，河岸花廊，一桥一景，十步一园。如今的许昌绿水点染，蓄势勃发。

---

25 陈晨．一座浸染绿意的城 一个流淌幸福的家．许昌报业传媒，2017-03-21.http://www.21xc.com/ content/201703/21/c367412.html

26 龚金星，王汉超．许昌“治水记”．人民日报，2015-10-12.

许昌市还在清潩河、石梁河、颍汝干渠流入和流出市中心城区地域建设了4处大型生态林地（"四海"），新增绿化面积30761亩，形成了"河畅、湖清、水净、岸绿、景美"的林水一体化生态景观体系。[27]

一环碧水绕莲城，千年古韵满魏都。许昌市在城市建设与绿色发展之路上，积极探索文化铸城、文化兴业、文化惠民，将文化资源优势转化为文化的竞争力和软实力，魅力独具，引人入胜。站在文化强国的时光节点，一个居者心怡、来者心悦的文明之城，一个"林水相依、水文共荣、城水互动、人水和谐"的新许昌，绽放在这片古老的土地上。

---

27 牛志勇．森林城市建设，让市民栖居天然氧吧．许昌报业传媒，2016-09-06 .http://www.21xc.com/content/201609/06/c335375.html

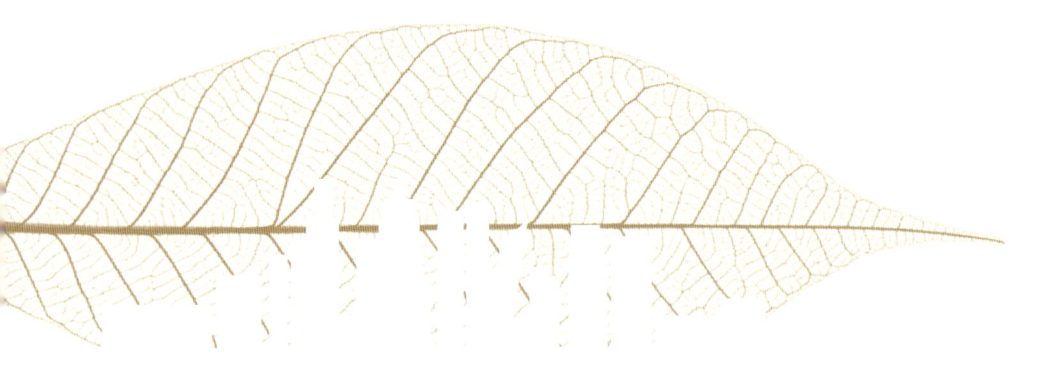

第六章

山东半岛：择绿而生

第一节　寻回天然的“绿色福利”

展开中国地图，齐鲁大地就如一只雄健的大鹏，背依广阔腹地，面向苍茫大海，展翅欲飞。在这片土地上，山东半岛城市群构成了山东乃至黄河流域的经济中心和龙头带动区域，与京津冀、辽中南地区共同构筑引领中国经济发展的重要增长极。

山东半岛城市群自然资源条件优越，经济发展水平较高，产业基础雄厚，城镇体系较为完善，综合交通网络发达，从规模、经济实力以及影响力来说，都已步入大型城市群行列。但是，山东半岛城市群也存在着核心城市实力不足、腹地相对狭小、港口竞争激烈和资源环境压力大等问题。

山东半岛城市群的发展不仅仅是带动山东省整体发展，更重要的是，对于东北亚区域合作具有重要作用。因此，应当加快促进山东半岛城市群的发展，着力打造我国北方重要增长极。

上海交通大学城市科学研究院城市群发展研究课题组，自 2013 年以来，每年发布关于中国城市群发展的年度报告。《中国城市群发展报告 2016》对各城市群的发展态势、未来潜力等进行综合考量和客观评价，在社会上引起广泛关注。报告指出，山东半岛城市群的确拥有巨大的赶超优势。

在综合指数方面，山东半岛城市群位居长三角、珠三角、京津冀之后的第四位，在 5 个一级指数方面，山东半岛城市群在人口、经济、生活方面均位列第三，这表明其优质人口发展水平较高、经济发展综合水平较强以及居民生活水平较高，在这三个方面积累了较为突出的优势，也表明其城市群内部的各城市发展较为均衡。

凭借这些优势，山东半岛城市群超过了体量比自身大得多的中原经济区和成渝经济区，成为我国城市群方阵中的重要一极。而由于优越的地理位置和发展基础，山东半岛城市群在未来同样具备十分明显的发展潜力和赶超优势。

山东半岛城市群大多本身具有宜居的优势，海滩、阳光、园林景观等比比皆是，是天然的“绿色福利”。而且独特的地理结构，造就了山东半岛城市自然形成组团式的城市形态，这是非常好的发展基础，有创造我国一流宜居环境和生态环境的条件。山东省委、山东省人民政府于 2016 年印发《关于加快推进生态文明建设的实施方案》，总的目标是：到 2020 年，发展方式实现重大转变，资源节约型和环境友好型社会建设取得重大进展，主体功能区建设顺利推进，转型升级提质增效成效显著，创新驱动生态文明建设的能力大幅提高，生态文明主流价值观更加深入人心，生态文明建设与全面建成小康社会同步走在全国前列。[1]

如何促进区域绿色发展，的确是关系山东经济社会发展全局的重大战略问题。总的来说，就是把节约优先、保护优先、自然恢复为主作为基本方针，把绿色发展、循环发展、低碳发展作为基本途径，把深化改革和创新驱动作为基本动力，把培育生态文化作为重要支撑，把重点突破和整体推进作为工作方式，协同推进新型工业化、信息化、城镇化、农业现代化和绿色化，推动生态文明建设深度融入经济建设、政治建设、文化建设、社会建设各方面和全过程，加快实现生产消费流通各环节绿色化循环化低碳化，加快建设优良生态生活环境，加快构筑人口经济资源环境相协调的空间开发格局，加快完善生态文明制度体系，使蓝天常在、青山常在、绿水常在，走人民富裕、齐鲁富强、山东美丽的文明发展道路。

---

1 中共山东省委 山东省人民政府．关于加快推进生态文明建设的实施方案 .http://www.sdwht.gov.cn/html/2016/whfx_0517/33217.html

第二节　齐鲁大地上的绿色实践

行走在山东半岛，领略这片土地的历史脉络和湖山景色，感慨于一个个城市生态面貌的巨变。青岛、威海、烟台……争相绽放出滨海城市的独特魅力，虽然这些城市规模、经济水平有异，但多以绿色主题来引领城市发展，在竞争激烈的中国沿海城市中相继靓丽出列。

如果不是亲眼目睹，很难想象这些北方城市，竟然如此生态灵动：鱼嬉清流，鹭飞晴空，两岸花树掩映……在熙熙攘攘的城市里，一条条河流、一丛丛绿林、一块块湿地，铺展开一幅幅绿意盎然的生态画面。

坚持高起点规划、高水平建设、高效能管理，半岛城市群全面提高城市规划建设管理水平。突出海洋、港口、旅游特色，把自然景观、人文景观、城市风貌有机结合，着力打造最佳人居、创业和发展环境，建设"山、海、城"浑然一体、地方特色浓郁、自然和谐的生态型城市，"绿树、碧海、蓝天"现代海滨城市形象已日益明晰。尤其难能可贵的是，经济发展与环境保护绝非是一对冤家，绿色大潮中蕴藏着无尽的经济机遇。山东半岛上的诸多城市因地制宜推进绿色发展，走出了不一样的绿色经济之路。

青岛

青岛是山海城为一体的风景城市，是国家历史文化名城。青岛以民生为本，把生态文明建设提升到新高度，极其需要实现三个突出：

一是让市民望得见山。青岛市域拥有以崂山山群、大泽山山群、大小珠山与铁橛山山群为主体的三大山群，现已形成了10余个具有不同水平影响力的山川风光游景区或景点。崂山景区风光旖旎，是国家公布的首批国家风景名胜区之一；大泽山山群拥有不可多得的天柱山魏碑，成为重要的人文旅游向往地；大珠山景区近年来越来越多的吸引游客的关注，成为区域和城市近郊游重要的选择目标地。让市民望得见山，可以感受大自然鬼斧神工造就的山川风景独好、带给人类美好的享受。让市民享受自然、拥抱自然，已经成为现代化城市建设不可替代的大趋势。

二是让市民看得见水。青岛是中国第一座完全靠海而发展起来的特大海滨城市，是中国城市市区拥有海岸线最长的城市，整座城市依山临海、风景优美，在长长的海岸线上形成了若干自然景观，陶冶着青岛人爱祖国、爱城市的情感和胸怀。青岛市第十一次党代会明确提出“全域统筹、三城联动、轴带展开、生态间隔、组团发展，拉开城市空间发展大框架，加快建设组团式、生态化的海湾型大城市”的发展战略方向与目标，实现城市空间的科学布局与发展。按照这一发展战略方向与目标所确立的实践操作指向是，以被称为青岛“母亲河”的大沽河为主体空间对象，通过“大空间、大水面、大绿地”连接组团空间，建设大沽河生态旅游景观带，以形成城市生态中轴，打造城市绿色脊梁，展现全域立体生态空间整体开发的态势，使全域海岸线、河岸线成为生态岸线、经济岸线、生活岸线。

三是让市民记得住乡愁。就是要突出打造文化生态环境，从中华民族优秀的传统文化中汲取丰富的文化精神营养。让市民记得住乡愁，必须保护城市特色、历史文脉和积淀起来的丰富人文信息，坚决杜绝过度追求经济利益的做法。以简单的推倒重建，使一些标志性的传统建筑被毁灭，一些代表性的历史文化街村被淹没，出现的结果必定是城市文化生态被湮灭和城市历史与特色被掩埋。城市规划建筑要尊重广大人民的意愿，政绩和经济利益必须要让位于城市的传统、文化、特色，突出特色，不能随意抄袭、模仿和简单复制，也不能千篇一律，缺乏文化意识、缺乏民族特色、缺乏人文特色、缺乏美学观念。[2]

将建设生态文明置于重要位置，构筑青岛城市发展的新空间，不仅有力驱动着当下的发展，聚集形成的绵延推动力更是让城市后劲十足。

2016 年 1 月，《青岛市城市总体规划（2011—2020 年）》获得国务院批复。在这个青岛城市发展的蓝图中，建设资源节约型和环境友好型城市被放到了重要位置。不但森林公园、河湖湿地、基本农田等生态保护要素被明确标明，城市规划区也被划分为 13 个功能区，结合各自特点，制定相应管控要求，进行严格控制和管理。

经济社会发展，最终要落脚于民生，让社会大众共享进步的红利，绿色发展更是如此。在建设生态文明的实践中，青岛始终以保障民生为导向，坚持让绿色发展惠及于民，用“绿色”改善提升市民的生活

---

2 郭先登．把青岛生态文明建设提升到新高度．青岛日报，2014-02-15（05 版）．

体验，绿色产业的发展规划也越做越实。以林业为例，"十三五"时期，青岛将着力提高林业产业富民效益。发展特色产品，壮大产业集群，打造产业品牌，打造林产品供销电子商务平台，力争使林业产业总产值达到400亿元，森林休闲体验人数突破1500万人次。

青岛，是一座生来便与绿色结缘的城市，"红瓦绿树、碧海蓝天"是青岛闻名于世的标签；同时，这也是一座不停追寻绿色脚步的城市，围绕"宜居城市"的目标持续发力，以保障和改善民生为导向，在绿色发展的路上不断迈进。[3]

威海

作为第一个国家卫生城、全国文明城市、优秀旅游城市群和全省第一个国家森林城市，威海的绿色发展基调已全然奠定。这张城市名片的打造，离不开威海始终坚持生态立市的政策指引。

在2015年公布的"中国大陆城市'氧吧'50强"榜单中，威海排名第二。这是根据城市森林覆盖率、空气质量等"肺活量"指标排出的榜单。数据显示，2013年建成区绿化覆盖率和人均公园绿地面积两项指标数据，威海分别为47.95%和25.18平方米，后者更是排在了全国首位。

城因林秀，威海"氧吧"之称得益于生态立市的政策引导，得益于威海造林绿化工作的成果。威海有着上千公里的海岸线，沿海一带的黑松防护林立起了一道防风固沙的屏障。5年来，这个城市不断完善沿海防护林体系，新建完善100多公里基干林带，对防护林基干林带进行合拢、补植，加固沿海生态屏障，整体提升了海岸线的生态景观效果。

此外，威海还开展了绿色通道工程，将公路、景点、荒山、村镇等绿化融为一体，加大道路两侧的绿化力度。过去5年里，对全市827条、总长1300多公里的乡村道路进行了绿化改造，绿化达标的村庄达1150个。[4]

---

3 铺陈生态宜居的美丽画卷 青岛全面推进"绿色发展". 青岛政务网 .http://www.qingdao.gov.cn/n172/n1530/n32936/160427070539006670.html

4 威海市人民政府网"有问有答"栏目 .http://ywyd.weihai.gov.cn/detail.html?number=WD20160709100053

在荒山绿化方面，威海创新混交造林模式，增加刺槐、连翘等彩叶树种，实现了常绿树种、落叶树种和花灌木的错落搭配。水系绿化围绕五渚河、香水河、米山水库等营造水源涵养林、水土保持林、护岸林等，打造沿河、环库的绿化景观带，改善水源地生态环境。

按照"林业产业生态化、林业生态产业化"的要求，威海近年来不断调整林业产业结构，有效提高了林业经济效益。卧龙村核桃园的成功探索，就是威海林业产业发展趟出新路子的生动缩影。

产业突破，政策先行。5年来，威海结合林业发展实际，在优惠政策的引导下，威海积极发展适合当地地域、气候特色的经济林，无花果、板栗、核桃、樱桃、蓝莓等干杂果业渐成规模，荣成市被中国林业经济协会命名为"中国无花果之乡"。

以森林、湿地、观光果园、花圃及其他森林类型景区为载体，集休闲度假、健康养生、旅游购物等为一体多业态融合模式，是适应全域旅游特征的新林业产业形态，具有"搭建平台、构建渠道、促进共享、提升价值、提升效率"等综合功能。南海新区深刻认识林业的生态功能，依靠优势林业资源，把旅游业作为经济发展新的增长点进行重点培育，厚植生态、旅游、健康等发展优势，不断推陈出新，全景式打造"开放式、体验式、融入式"全域旅游品牌，打造"一个来了就会爱上的全景新区"。[5]

春夏时节，走进大乳山滨海旅游度假区，大乳山风景名胜区总能让人心旷神怡，在这里，自然资源得以在保护中开发，为威海人保留了难得的原生态。

作为省级环境教育基地，大乳山风景名胜区始终坚持走以旅游开发促进环境保护的路子，秉持"天人合一、和谐共生"的生态理念，累计投资10多亿元，绿化荒山近万亩，种植各类乔灌木，把一片荒山秃岭烂泥滩，打造成了拥有山、海、滩、湾、岛、湖独特景观的旅游胜地。[6]

共享共荣，绿色福利惠及每一位市民。在威海，生态文明正成为

5 威海林业助推全域旅游发展系列报道之生态篇．威海晚报，2016-09-06.

6 威海坚持生态立市 打造绿色宜居美丽中国示范区．http://www.wenming.cn/syjj/dfcz/sd/201702/t20170206_4039734.shtml

全民共识和自觉行动。

烟台

作为一座山、海、岛、泉、河一应俱全的城市，绿色是烟台城市最美的底色。从中心城区到边远乡村，从崇山峻岭到平原沃野，烟台处处树木葱茏、花果飘香，汇聚成绿色海洋，让人心旷神怡。"烟台林水相依、山水相映，这座城市越来越有品位。"这是当下烟台市民的一致感受。

烟台市地处山东半岛东部，濒临黄海、渤海，是中国首批14个沿海开放城市之一，也是亚洲唯一的国际葡萄酒城。烟台连续获得四届"全国文明城市"和六届"全国社会治安综合治理优秀城市"，并获得"联合国人居奖""全国绿化模范城市""国家园林城市"等众多荣誉。

烟台市把自然保护区和森林公园建设作为森林资源保护的重中之重，加强规范化管理和配套建设，不断提升森林资源的规模和质量。截至目前，全市建立自然保护区20处，其中国家级2处、省级14处，总面积228.2万亩；建立森林公园25处，其中国家级7处、省级4处，总面积60.4万亩。

近年来，烟台市走出了一条生态与民生协调推进、绿色与经济互促共赢的现代林业发展路子。截至2015年年底，全市林业用地面积820万亩，森林覆盖率达到40%，均位居山东省首位；实现林业产值948亿元。

按照城乡绿化一体化的思路，烟台市把城乡绿化纳入全市经济社会发展总体规划，先后制定了"十三五"林业发展规划、森林城市美丽烟台建设规划和国家森林城市建设总体规划。在规划布局上，立足烟台"山海相拥、山在城中、城围山转"的地貌特征，以山、林、城、海、河为基本要素，确定了"一核引领、两带围合、两网罗织、三区支撑、五廊纵横、多点增彩"的总体布局。

如果乘直升机在高空俯瞰烟台的绿色"图案"，大致可领略到这"一核、两带、两网、三区、五廊、多点"之匠心所在。一核为烟台市中心的城市道路两侧和水系两岸建设景观林。两带为市域北部沿海防护林基干林带和南部沿海防护林基干林带。两网为水系林网、道路林网。三区为总部山地生态屏障区、西部山地生态屏障区和南部山地

□滨海路

生态屏障区。五廊为沿德龙烟铁路、荣乌高速、沈海高速、蓝烟铁路、烟台一海阳高速绿色生态通道。多点为各区市县建成的郊区森林公园、风景区以及镇村绿地等。这是根据烟台的自然生态环境条件特征和资源利用分异性，以及森林城市建设与绿色空间拓展性而规划的，很是有顺势而建、不着痕迹的感觉。

同时，将国家森林城市总体规划与城市总体规划、土地利用总体规划、产业发展规划、水源地保护规划等各类规划统筹衔接，实行“多规合一”，提高了规划的整体性、协调性和实用性，为城乡绿化协调推进提供了科学遵循。

2014 年以来，烟台市按照国家森林城市创建标准，累计完成造林 60 万亩。全市累计栽植景观树 35 万株、花灌木 40 万株、垂直绿化植物 150 余万株，中心城区人均公共绿地面积达到 20.22 平方米。目前，全市道路林木绿化率达到 98%，其中 2500 多公里国道、省道和高速路基本实现高标准绿化。

烟台市始终把创建国家森林城市作为一项重要工作来抓，加强领导、加大投入，保障各项工作扎实有序推进。每年适龄公民参与义务植树 350 万人次，全市义务植树尽责率达到 95%。

针对市域森林覆盖率、城区绿化覆盖率、城区人均公共绿地面积、水源地绿化率等指标与国家标准有差距，烟台本着缺啥补啥的原则，有针对性地实施“四大工程”。

城市绿化提升工程，实施了市区滨海路、通世路、山海路等山体改造工程，毓璜顶、南山、西炮台、东炮台等公园改造工程，并深入开展了城市绿荫行动，共栽植大规格景观树 35 万株、花灌木 40 万株、垂直绿化植物 150 余万株。

景观通道建设工程，重点对全市的道路进行景观提升，建设树种多样、色彩丰富、三季有花、四季常青的千里生态景观通道，完成景观通道造林 13 万亩，道路林木绿化率达到 98%。

城郊森林建设工程，依托城市周边山体，先后完成烟台植物园、北方植物园、大南山森林公园、夹河森林公园等一批生态环境优美、旅游休闲功能完备的城郊森林公园，面积达 8 万亩，确保市民出门 400 米内就有休闲公园绿地。

水源地绿化工程，规划建设了逛荡河、鱼鸟河、沁水河等一批水系绿化精品工程，共完成水源地绿化工程 16.8 万亩，水岸林木绿化率分别达到 85.7%。

截至目前，烟台城市建成区公园绿地面积已达 6200 多公顷，中心城区人均公园绿地面积达 20.22 平方米，建成省级绿化模范村 192 个，市级绿化模范村 520 个，实现了集中居住型村庄林木绿化率达 30% 的标准；形成了点上成景、线上成荫、片上成林的最佳生态和景观效果，市民推窗见绿、开门看景、置身其中，直接享受到了层峦叠嶂、绿意盎然、青翠欲滴的绿色之美。烟台着力打造的"城在林中，路在绿中，房在园中，人在景中"这一城市画卷，正在徐徐展开，一座充满活力的生态、宜居之城正在崛起。

淄博

驱车走在淄博的县镇公路上，满眼都是绿色。自 2012 年创建国家森林城市以来，淄博市已完成水系造林 11 万亩，城市重要水源地森林覆盖率达到 85% 以上。

截至目前，淄博市林地面积已达 320 万亩，森林覆盖率达 37%，建成区绿地率、绿化覆盖率分别达到 36.9% 和 43.4%。林地以每年 10 万亩的速度、农田林网以每年 8 万亩的速度，仍在持续推进。

淄博市位于山东中部，是一个具有百年工业发展历史的城市。淄博煤炭、铁矿石、铝矾土储量丰富。经过长期开采，如今矿产资源日益枯竭。2011年11月，淄博主要矿区淄川区被国家发改委、国土资源部、财政部认定为第三批国家资源枯竭城市。大力植树造林，建设绿色淄博、生态淄博、美丽淄博，从根本上扭转淄博生态形势，就成了林业部门责无旁贷的使命。

□ 黄河湿地

自2012年起，淄博市做出一系列关于绿色发展的决策部署，提出了创建森林城市、强化生态文明、加快内涵建设的总体目标。绿色发展由此成为淄博市加快转方式调结构的强力引擎。着眼老工业城市新的转型升级，大力发展生态经济和新兴战略产业，才能突破资源瓶颈制约，从根本上增强综合竞争力和可持续发展能力。

淄博是组群式老工业城市，结构性污染突出，必须根据组群式城市的结构特点，同步绿化城镇与乡村、山区和平原，才能从根本上改善当地生态环境。在城市骨干河道、城市出入口、重要十字路口等节点，淄博都进行了以拆迁、建绿、造景为主的综合整治，包括拆迁、建绿、造景等手段；对猪龙河、孝妇河、淄河、沂河、太公湖等，则实施了管网改造、河道清淤以及园林景观建设，昔日的污水河、污水湖如今都建成了功能现代、优美宜居的景观河。

近年来，淄博新建了桓台红莲湖、高青千乘湖、市体育中心等7处各具特色的大型公园以及59处便民游园。对街道、公园游园、休闲游憩绿地、单位庭院、居住区、城乡结合部、城市出入口和城郊大型绿地，淄博住建和林业部门都做了重点提升。这个城市已建成城市公园41个、街头绿地游园176处，还有绿化广场235个。每500米服务半径内，淄博配套了公园、广场和街头游园绿地，通过“见缝插绿、拆墙透绿、屋顶植绿、垂直挂绿、拆硬铺绿”，有效提高城市绿量。

在乡村绿化上，淄博以矿坑、荒山、道路等生态脆弱区域为重点，组织实施生态修复工程，着力提升大环境绿化水平。

按照“城市森林化、乡村园林化”的建设理念，林业部门坚持“适地适树、因地植景、因景植绿”的原则，以大工程带动大发展，着力做好绿色延伸文章，逐步构筑起城区、近郊、远山相呼应的城市森林系统，实施森林围城、荒山绿化、骨干道路绿化等八大工程。[7]

目前，淄博市以全新视野、绿色铺陈，完成了老工业城市的绿色升级和转型，有效解决了“天育物有时，地生财有限，而人之欲无极”的矛盾，极大地提升了城市的软实力和影响力，增进了市民的民生福祉。

淄博也试图在全国资源型城市中，探索走出一条建设生态文明的独特路径，努力建设全市人民的美好家园，这是淄博各级政府共同的责任，也是全市人民迫切的愿望。以“要再造秀美山川、彰显人杰地灵”为目标，淄博希望通过生态的优势，促进人才、资金、技术等关键要素集聚，增强淄博市的美誉度和竞争力，为全市经济社会发展注入新的动力和活力。

临沂

放眼八百里沂蒙，红色热土披上绿色盛装，山区层林尽染、果林缠腰，平原岸固滩绿、碧水长流，千万人民尽享绿色生态成果。2013年9月24日，在江苏省南京市举办的2013中国城市森林建设座谈会上传来喜讯——临沂市获得“国家森林城市”称号，是山东省继威海市之后第二个获此殊荣的城市。

近年来，临沂市坚持把创建国家森林城市作为加快科学发展的大事、造福于民的好事和提升综合实力的要事，努力推动城市与绿色森林相依相伴、人与碧水蓝天相亲相融，走出了一条革命老区生态文明建设的新路子。

临沂市近年来不断完善城市绿地系统，集中开展环境综合整治，

---

7 淄博：从老工业城市向森林城市嬗变．经济日报，2014-09-25. http://www.forestry.gov.cn/main/72/content-706191.html

努力让市民开门就能见绿。拥有森林公园18处、湿地公园16处，步行500米有公园绿地。"蓝天白云下、青山绿水旁"的梦想走进百姓生活，广大人民群众对环境质量的满意率，连续3年保持在99%以上。据中央电视台《2012—2013经济生活大调查》，临沂跻身居民幸福感最强的十大地级城市。

全市以"人在绿中、城在林中，人水亲和、城水相依"为目标，从"露水、绿城、惠民"三个方面入手，通盘考虑规划、高端布局产业、创新造林机制、打造生态文化，实施了高水平、全方位、立体式的创建，沂蒙大地尽显了《沂蒙山小调》中"青山绿水好风光，风吹草低见牛羊"生态美景。

临沂市水资源丰富，境内大小河流1800余条，近千座水库像颗颗明珠镶嵌在沂蒙大地。创建过程中，突出以沂河、沭河等10公里以上300余条河流和大中小型水库为重点，对沿河绿化带增加乔木数量、纵横拓展绿带，组团式构建沿河森林景观点，建成特色鲜明的水系生态景观绿化带和林业生态经济功能区，打造了"一河清水、两岸秀色、三季花香、四季常青"的优美景观长廊。在"八河穿过、六河贯通"的中心城区，围绕57平方公里水面，突出"林茂"和"水秀"两大主题，实施休闲公园建设、河道沟渠治理、休闲街打造、生态片林和经济林营造"五个一"工程，彰显了"水绕城、林环水、水养林、林润水"的独特景观。沂河环境综合治理工程荣获"中国人居环境范例奖"，沂河湿地成为国内最大的城市湿地公园。

全市按照绿化结构向多元化、层次向森林化、效果向艺术化、模式向社会化转变的要求，坚持把城区、山区、水系、村镇、干线作为

□绿染沂城

主战场，绿化建设实现质效双赢，森林已成为环绕沂蒙城乡的“绿色飘带”。

森林城市创建工作只有起点、没有终点，只有更好、没有最好。下一步，临沂将以森林城市建设为载体和平台，坚持生态林业和民生林业发展理念，大力开展“三年大造林活动”，突出荒山、水系、干线公路、城镇绿化四大重点，在3年内完成新造林78万亩，全市有林地面积达到776万亩，森林覆盖率达到35%以上，林业产业总产值达到1500亿元，努力在更高层次上健全长效机制，在更广领域内延伸创建成果。[8]可以预见，这些举措，将在更高水平上提升城市形象，把临沂建设成为森林环抱、产业发达、环境优美、生态宜居的森林城市，让绿色铺满整个沂蒙大地，永驻于民心之中。

第三节　人文济南，林水相依

每当提起济南，总会让人想起老舍先生的《济南的冬天》：“请闭上眼睛想：一个老城，有山有水，全在天底下晒着阳光，暖和安适地睡着，只等春风来把它们唤醒，这是不是个理想的境界？”

每次想到《济南的冬天》，都会对济南的天地多一分亲近和向往。

汉筑城，晋定邦，宋设府，清开埠；在中国历史上，济南似乎从来没有作为任何朝代的都城，但是其历史地位却不容小觑，厚重的历史积淀不输任何大郡名城。

千百年的风风雨雨，济南人始终乐山乐水，在泉水叮咚中，在绿杨垂柳中诗意栖居，传承孔孟之道，延续中华文脉，对山与水、对绿与树的热爱根植在济南人的血脉中。

2010年，济南提出争创国家森林城市，努力建成南北呼应、东西贯通、点面融合、城乡一体的森林生态体系，以此破题经济发展与生态容量不相适应的困局，重塑泉城的绿色、美丽与文明。

因为创森，济南的绿色不断延展，生态质量显著提高。林子多、绿化好成为济南给人的第一印象，良好生态已成为泉城济南的美丽屏障。

---

8 山东省林业厅．山东省临沂市三年造林绿化工程启动.http://www.forestry.gov.cn/portal/main/s/102/content-615282.html

从 2010 年提出创建国家森林城市开始，济南以每年造林超过 20 万亩的速度向前推进，5 年共新增造林面积 108 万亩。创森这 5 年，是泉城历史上造林速度最快、生态建设成效最明显的 5 年。

5 年来，济南重点实施了城镇绿化提升、南部山区营造林、北部平原风沙治理、水系生态绿化、湿地恢复与保护、破损山体治理、绿色通道、森林公园与自然保护区建设、现代林业产业园区示范及林业产业化推进等十大工程，努力建设山、泉、湖、河、城与森林相融合的国家森林城市，为经济社会长远发展奠定坚实的生态基础，也让济南人有了值得骄傲与自豪的生态资本。

创建国家森林城市，济南立足“山”字做文章。

进行山体绿化，可以充分利用区域空间、大幅增加绿地面积，可以改善生态环境、市民居住环境，可以改变城市面貌，进一步凸显泉城特色。一方面，对破损山体进行生态修复，完成荒山绿化 39.2 万亩，中幼林抚育 127.2 万亩，让荒山披上绿装；另一方面，从 2014 年开始，对全市绕城高速以内的 126 座山头分年度、分步骤进行绿化提升，增加森林覆盖率，建设山体公园，让市民可以亲近绿色。

济南市历下区积极开展“为泉城增一抹绿色”绿化专项行动，以大气环境治理和区域内裸露山体治理为重点，重点对旅游路、经十路和解放东路两侧可视范围内的五顶茂陵山、燕翅山、鳌角山、牧牛山、转山 5 座山体进行绿化提升，通过建绿、补绿、还绿、护绿，增加城市绿量，努力打造绿色生态城区。

沿着盘山步道爬上牧牛山山顶，可以一览无余地俯瞰济南东部新城商务区。2011 年济南实施破损山体治理工程，牧牛山是历下区治理的重点之一。当年，在不破坏原有生态植被的前提下，历下对破损山体进行修复，并依山势建设方便市民攀登的步道，在步道两侧种植了相当数量的紫薇、女贞、白蜡、银杏等观赏树种提升景致。开门见山、抬头见绿，如今这里已成为附近居民休闲锻炼的第一选择。

章丘市胡山造林就是济南创森中涌现的荒山绿化典型。胡山是鲁中地区常见的青石山，片片裸露的石灰岩远远望去就像是山坡上的牛皮癣。为创建国家森林城市，章丘胡山通过运水上山、垒建石方格、客土造林栽植了 4000 多亩侧柏、黄栌。胡山造林采用的基本是一年生的小苗，节约水肥，保证成活率。

山区绿化以侧柏、黄栌、五角枫、连翘等乡土树种为主，营造针阔混交林；水系、干线公路绿化以高大乔木树种、乡土树种为主，实行常绿树与落叶树、针叶树与阔叶树多树种配置；城区绿化立体化合理配置乔木、灌木、藤本植物、地被植被、草坪，增加乔木数量和片状森林。

在创建国家森林城市的过程中，济南市把城区、山区、水系、村镇、干线公路作为城市森林建设的主战场，实施重点造林工程，开展城乡大环境绿化，广泛造林增加绿化总量。全市高标准开展道路绿化建设提升，建成经十西路、济齐路、西客站片区道路绿化百余条，进一步优化了区域投资环境，城区道路景观明显提升。

另外，还积极推进街头游园和社区公园建设，建成经四纬十二、济安街等游园50余处。济南充分利用城区闲置建设用地、山体、河道、公共区域、单位及庭院等处裸露土地进行绿化，绿化面积达692公顷，建成山体公园17处，进一步缓解城市扬尘污染。

秉承“保泉必先保山，保山必先保林”的思路，济南开展了泉水直接补给区、泉水重点渗漏带、城市河道水系、城市山体4条保泉生

态控制红线的划定工作，构建“点—线—带—区”的保护格局，依托法律法规实行最严格的林地保护、山体保护和水库周边、河道两岸的生态保护，努力维护完整的泉水生态系统。

围绕着泉水、湖水、河水，济南持续不断推进着水系生态绿化工程，突出南部山区水源地生态保护区、南水北调干线、黄河生态保护带、小清河、徒骇河、德惠新河等水岸绿化建设，加大河流和库区的林木绿化力度，在水系宜林地造林 26.6 万亩，水岸林木绿化率达到 88.4%，形成布局合理、结构稳定、景观优美的水系生态体系，实现了林水相依、人与自然和谐共处。

在章丘，奔涌的墨泉、盛开的梅花泉以及珍珠一样散落的百脉泉构成了该地著名的旅游景点。他们以墨泉、梅花泉、百脉泉泉群为中心，在上游植树造林、涵养水源、保护泉脉，兴建了章丘国家森林公园；在下游改造号称“江北最大废弃塑料处理场”的白云湖，关停周边污染企业，实施退渔还湖，建设了白云湖国家湿地公园，以此构建了森林、泉水、湿地互为依托、共荣共生的生态体系。[9]

“保泉先保山，保山先保树。”泉水与森林依偎，森林与城市相伴。

□ 创森总投入资金 140 亿元，全市森林覆盖率达到 35.2%，城区绿化覆盖率达到 40.2%，人均公园绿地面积 11.3 平方米。图为济南市绿化全貌

9 焦玉海，张兴国，赵坤，李云亮．林城相融 装扮泉城的绿色靓装．中国绿色时报，2015-07-27.http://www.forestry.gov.cn/main/83/20150727/786666.html

对济南来说，创建国家森林城市，不仅仅是改善人居环境的重要民生工程，更是保持和涵养济南地理特色和人文价值的唯一选择。

湿地恢复与保护工程，也是济南创森的另一大亮点。全市共拥有湿地公园 17 处，其中国家级湿地公园 3 处，省级湿地公园 10 处，湿地公园建设已成规模。位于济南西部的济西国家湿地公园，是济南大手笔投入的城市建设工程重点项目。湿地公园西邻黄河，园内风景宜人，吸引各路游人来此驻足赏景，还有各种鸟类也前来栖息停留。

济南创建国家森林城市，不仅仅局限在完成各项指标上，而是更加注重让百姓得实惠。2014 年，济南市林业产业总产值突破 160 亿元，创森不仅染绿了泉城，还富裕了农民。

按照做优干鲜果品业、做强花卉苗木业、做大林产品加工和生态旅游业的工作思路，济南立足资源优势，培植林业产业，增加林农收入，培育出平阴玫瑰、高尔核桃、济南脆酸枣、仲秋红大枣等具有自主知识产权的名优品牌。

济南市积极培育花卉苗木市场，济南现代林业示范园的建设，就是济南市创建国家森林城市十大工程之一，也是林业响应国家“大众创新、万众创业”号召，为花卉苗木产业发展搭建的平台。

通过 5 年的创森工作，济南市共完成退耕还林 2.4 万公顷，经济林总面积已达到 6.46 万公顷，全市林下种植面积已达到 1.63 万公顷，为农户开拓了一条增收致富的新路子。

截至 2015 年，济南共投入创建资金 140 亿元，新造林 108 万亩，新建城市绿地 2226 万平方米，建设绿色通道 2855 公里，建设河道景观带 328 公里，新建和晋升市级以上森林公园 23 处，湿地公园 17 处，全市森林覆盖率达到 35.2%，城市绿化覆盖率达到 40.2%，人均公园绿地 11.3 平方米，各项指标均达到或超过国家森林城市标准。

2015 年 11 月 24 日，济南森林城市创建成功的消息传来。

创建国家森林城市，是济南在经济社会发展进入转型升级、跨越提升、全面突破的关键时期做出的一项重大决策，是建设美丽泉城、推进绿色发展的重要内容，全市上下风雨兼程，使命必达，只有起点，没有终点。

回顾济南“国家森林城市”创建之路，这是一个保障机制逐步完善的 5 年——统筹整合创建国家森林城市、水生态文明城市、生态园林城市，市级投入资金 50 多亿元、县区级投入 10 亿元以上，全市群众义务植树累计达 7500 余万棵。

这是一个森林网络特色鲜明的 5 年——济南森林公园、小清河生态绿廊、西客站片区和旧城改造片区绿化工程全面铺开，山体绿化、荒山造林、道路提升的绿色行动迅速见效。

这是一个生态经济共赢的 5 年——花卉苗木、林产品加工产业渐入佳境，全市发展林下经济面积 24 万亩，以森林资源为依托的森林旅游开发进账颇丰，全市森林旅游年总收入达到 12 亿元，带动其他产业年增加产值 10 亿元。[10]

风物长宜放眼量。良好的生态环境是社会持续发展的基础，是功在当代、利在千秋的事业。生态文明建设不只是种草种树、末端治理，而是发展方式的根本转变。"像保护眼睛一样保护生态环境，像对待生命一样对待生态环境"，让空气常新、青山常在、绿水长流，必须经历一次次深刻的思想洗礼，必须掀起一场场轰轰烈烈的绿色革命。

如今漫步在大明湖公园，湖水澄澈宁静，岸边垂柳依依，片片茂密、幽深的树林为游人营造出城市森林的宁静与安详。树依河而生，河因树而美，千百年来，汩汩清澈的济南之水，缓缓流过千年浩瀚历史，承载着这座城市的思想与情感，人水相伴，绵延生息。

第四节 枣庄实践：涅磐的古城

枣庄市位于山东省的最南端，坐落于连绵苍翠的沂蒙山脉和碧波荡漾的微山湖之间，是历史文明浸润的文化之城。

驱车行驶在山东省枣庄市环城绿道，满眼的绿色扑面而来。枣庄是一座山水之城，生态资源丰富，自然禀赋好，背靠着沂蒙山，面对着微山湖，大运河穿境而过。山多，树多，植被好，空气质量好。

因为长期的产业结构问题，枣庄险些保不住这青山绿水。这个城市的产业结构，历史上就是一黑一灰，"一黑"是煤炭，"一灰"是水泥，这样的产业结构导致对自然资源透支较大，对生态环境的透支也

---

10 "十二五"济南新跨越 全民行动生态共识深入人心 .http://news.163.com/15/1208/07/BAA1A9I400014AEE.html

□ 枣庄市农田林网化

相当严重。2009 年，枣庄被国务院划入第二批资源枯竭城市。在煤炭资源日渐枯竭的情况之下，城市如何可持续发展、经济如何转型的命题，摆在枣庄面前。

钱从哪里来？人往哪里去？民生怎么办？枣庄面临着关乎命运的现实难题，城市转型迫在眉睫。

2009 年，枣庄被国务院确定为我国东部地区唯一的转型试点城市。

怎样转型，枣庄的决策者没有犹豫与彷徨：创建国家森林城市，通过创建带动城乡融合发展，加快城市转型，倾力打造转型升级和经济文化融合发展高地，建设“鲁南绿城、山水枣庄”。

生态立市成为枣庄的战略目标，创建国家森林城市成为撬动枣庄整个经济社会发展的重要载体。枣庄要用创建国家森林城市这个鸿篇巨制的作为，去倒逼生态文明建设水平提升，去书写枣庄的未来和人民的福祉。

通过创建国家森林城市，3 年来，枣庄市先后投入资金近 40 亿元，新增造林绿化面积 62 万亩，市域森林覆盖率达到 36.2%，城区绿化覆盖率达到 41.1%，城区人均公园绿地面积达到 14.07 平方米，道路林木绿化率达到 99.4%。

目前，枣庄已初步形成了城区、近郊、镇村绿化有机统一，水网、路网、林网绿化纵横交错，生态林、产业林、景观林统筹共建的造林绿化新格局，实现了城乡绿化和生态建设的历史性突破。

位于枣庄市中心城区的环城森林公园，根据枣庄“哑铃式”组团城区、两侧皆山的特点规划建设，涉及枣庄市下辖的滕州市、薛城区、山亭区、市中区、峄城区和枣庄高新区的22个乡镇（街道）、87个行政村，总面积约3万余公顷，形成了总长约200公里的环形绿道。而环形绿道也将沿线星罗棋布的景区、公园、湿地、古迹、古村落串联成链。长达200公里的森林绿道，串起枣庄五区一市，不必远足，从中心城区骑行十余分钟即可轻松抵达，或湖边小休憩、驿站暂歇，或丛林深呼吸、山腰赏美景。

微山湖湿地景区总面积90平方公里，湖域面积60平方公里，拥有55公里的湖岸线，3万亩的湖上杨树林，12万亩的野生红荷。这里森林覆盖率高达70%，空气质量优良率常年保持在100%，负氧离子浓度最高，是一般城市的几倍、十几倍，素有“中国荷都、水上森林、醉美天堂”之称。

傍晚时分，在滕州市荆河岸边，很多钓鱼爱好者在垂钓，游人在岸边游玩。荆河是枣庄滕州市的母亲河，一波碧水汇入微山湖，贯通京杭大运河。曾经，这里是著名的排污河，淤泥堆积，污染严重，人人避而远之。为了治理荆河，滕州市关闭、搬迁造纸厂等100多家企业，建起了污水处理厂，投入30亿元重点实施了秀美荆河生态休闲长

□ 枣庄市建成区绿化覆盖率41.1%，城区人均公园绿地面积达到12.91平方米。图为枣庄高新区城区绿化

廊建设工程，植树造林，清淤除污，让荆河重现了“十里画廊、桃红柳绿、生态宜居、人水和谐”的画面。

2014年年底，枣庄与淄博市一起成功创建国家森林城市，完成了从“煤城”到“绿城”的华丽转身。这也是山东省内继威海、临沂之后第三批国家森林城市，作为经济欠发达、资源趋枯竭的双困典型，枣庄市创建国家森林城市之路走得殊为不易，其探索和付出值得研究和借鉴。

在枣庄的青檀寺，生长着一株株千年古檀，生性倔强，扎根石缝，咬住青山，攀岩而生。如今的枣庄正如那青檀树一般，以敢为天下人不敢为之为，甘吃天下人不愿吃之苦的魄力，以绿色发展的创新精神，在转方式调结构、推动资源枯竭型城市转型的崭新境界里傲然挺立。

第五节　追求绿色发展的“潍坊动力”

“襟连海岱，道承齐鲁”，潍坊的文化底蕴十分丰厚。

这个城市南依泰沂山脉，北濒莱州湾，东与青岛、烟台相连，西与东营和淄博为邻，是我国历史上最大的风筝和木版年画的产地与交易集散地。潍坊历史上曾以“二百只红炉、三百砸铜匠、九千绣花女、十万织布机”闻名，清朝乾隆年间便有“南苏州、北潍县”之称。

河山依旧，内涵迥异。新时期的城市发展大潮冲击着潍坊的千年沧桑，如今，一个以“低碳、生态、绿色”为核心理念的新“鸢都”正蓄势而出。

潍坊是山东半岛的区域性中心城市，是环渤海经济圈重要节点城市，山东半岛蓝色经济区和黄河三角洲高效生态经济区两个国家主体功能区在这里交汇叠加。潍坊始终把绿色发展挺在各项重大决策的最前面。“突破滨海、提升市区、开发两河、南部山区生态保育”，这是潍坊举全市之力推进实施的核心战略，生态建设是城市发展的优先原则和重要内容。尤其2013年以来，潍坊积极践行绿色发展理念，确定了人本和谐并行、生态建设优先的战略部署，以创建国家森林城市为重要切入点，全力建设生态富裕文明新潍坊。

潍坊统筹规划，确立了“一核、两屏、三廊、三网、多点”的创森总体布局，坚持与绿色发展的时代脉搏同频共振，决心用绿色在鸢

□潍坊市域森林覆盖率达到33.95%，中心城区绿化覆盖率41.17%，人均公园绿地面积17.71平方米。图为潍坊市人民广场

飞大地上描绘最美的画卷。在具体创建中，全市以城为核，提升市区，大力实施中心城市圈三年绿色行动计划，全面构筑圈、点、带、面有机结合的大绿地系统。

在突破滨海战略中，实施滨海绿化全覆盖工程，重点抓好“三边四区”和村庄四旁植树，绿化覆盖面积75平方公里，昔日的盐碱滩上现绿洲。在潍河、弥河两河开发中，全流域建设生态、经济、湿地廊道，绿化水系20万亩，特别是结合实施“三八六”环保行动，在全市17条河流所有污水处理厂排水入河口建设人工湿地54处，开创全国先例。

在南部山区实施生态保育，结合退耕还林、景观营造和产业扶贫，优先栽植乡土、彩色、经济树种，完成荒山造林23万亩。到2015年年底，市域森林覆盖率达到33.95%，中心城区绿化覆盖率41.17%，人均公园绿地面积17.71平方米。[11]

潍坊是传统的产业大市，“南苏州、北潍县”之称就是由此而来。林业经济在全市产业格局中一直占有重要一席。近年来，潍坊市积极应对经济下行压力，在林业产业转型升级中大胆探索生态文化与林业产业融合发展，使传统产业附加文化元素，促进产品增值，为林业产

11 潍坊创建国家森林城市工作综述．齐鲁网．http://weifang.iqilu.com/wfyaowen/ 2016/0812/2962480.shtml

□ 潍坊市建成自然保护区 2 处、森林公园 21 处、湿地公园 21 处。图为潍坊市民在市区人民公园晨练

业的逆风腾飞插上文化的翅膀。2015 年，全市林业总产值达 877 亿元，年均增长 10 个百分点。

瞄准国家森林城市创建目标，潍坊坚持生态优先、城乡一体，有序推进、注重实效，咬定青山不放松，推进森林"进城、上路、入村"，全面实施森林资源增量、森林资源保育、林业产业增效、生态湿地修复、古树名木保护等八大工程，推进全市绿化再提速。

洒下心血千万点，换得新绿万千重。目前，城市森林网络体系脉络清晰，以一主五副城市圈为主线，以山、河、滩、边为建设重点，构筑"圈、点、带、面"有机结合的大绿地系统，3 年累计造林 20 万亩。

以潍河、弥河为依托，打造彰显潍坊特色的景观、生态和经济廊道。创建以来，全市完成水系绿化 20 多万亩，提升完善湿地公园 21 处，形成了百花嫣然、绿意婆娑的景象，既为广大市民营造了一批良好的身边休闲活动场所，同时也为森林城市的创建注入了一股绿色的力量。

城拥森林，田野阡陌，绿意葱茏。抬头是醉人的"潍坊蓝"，远望是满眼的"鸢都绿"……这是潍坊人共享的福祉。截至 2015 年年底，全市森林面积达到 822 万亩，林木蓄积量 1479 万立方米，市域森林覆盖率 33.95%，中心城区绿化覆盖率 41.17%、人均公园绿地面积 17.71 平方米。

实现绿色发展，林业产业是龙头、是基础、是脊梁。潍坊以创建国家森林城市为契机，加快推进林业产业结构调整，充分发挥好林业的生态、经济、社会效益，做强林业产业支撑，打造特色明显、效益较高、可持续发展的生态产业体系。在创森工程的强力拉动下，全市林业产业呈现齐头并进、快速发展的格局，城市林业经济活力四射。

2015 年，潍坊市林业总产值达到 877 亿元，比上年增长 1.9%，农民人均林业收入超过 1100 元，在山东省名列前茅；昌邑绿博会、青州花博会成为响当当的城市名片；山阳梨花节、安丘桃花节、高密南山梨花节、青州仰天山槐花节……一项项节庆活动不断丰富着生态文化的内涵。

立足于资源特性和行业优势，潍坊重点发展花卉、苗木、特色经济林、果品加工、木材加工、森林旅游、林下经济等主导产业。突出抓好花卉、苗木两张“王牌”产业，加快供给侧改革，借力“互联网+林业”，推动花卉苗木产业转型升级。以寿光木材加工产业集群和诸城外向型木材加工园区为载体，着力打造全省乃至全国重要的高端木制品生产加工基地。高密市果品加工、临朐县特色经济林、青州市森林旅游、昌乐县林下经济等都成为农民就业增收的重要渠道。

依托丰富的自然资源优势，借助绿博会、花博会的推动，潍坊市着力打造独具风采的生态旅游品牌。潍坊市白浪绿洲生态旅游带建起百里花廊，从白浪河水库至滨海入海口，花团锦簇、串联城市与海洋，美不胜收，形成了“森林·水溪·花海，房车·木屋·露营，阳光·慢道·驿站”的观光旅游度假胜地。通过整合绿化苗木、潍河、渤海湾和地方特色文化，昌邑市构建生态型、主题式“潍河 70 公里生态文化旅游长廊”，上百处苗木园区和花木场“开门纳客”，形成了一园一品、一区一景的“生态大观园”。人在潍坊走，如同画中游。全市生态旅游年接待能力超过 1000 万人次，年收入达 10 亿元。[12]

潍坊的“绿色乐章”，不是简单的植树造林，而是让绿色走进人们心中，提升全市生态建设理念和生态文明素养。为此，潍坊构建生态保护长效机制，着力营造宜居宜业环境，在经济发展中加快绿色转型，

12 杨国胜，郑颖雪，刘以龙，申燕翔．潍坊创建国家森林城市实现生态惠民．大众日报，2017-01-06.http://paper.dzwww.com/dzrb/content/20170106/Articel09005MT.htm

让绿色福利尽情释放。

深化改革，激发活力。潍坊坚持“生态化、产业化、经济化”相融合，建立政府主导、社会参与的多渠道筹资机制，积极引导社会力量参与绿化事业，形成绿化造林的多元投入机制拓宽投融资渠道。改革春风又一次吹绿深山老林，3 年来，全市累计投入各类资金 77 亿元用于森林城市建设。

创新服务，涵养实力。积极争取国家林业贴息贷款项目，扶持林业龙头企业和合作社发展。加强与金融部门沟通协调，逐步完善林权抵押贷款模式。进一步扩大森林保险规模和范围倾斜政策，引导社会资本、工商资本参与，引导生态建设向园区化、多元化、产业化方向发展。昌乐鼓励企业、大户投资，五虎山生态观光园、古城创意林业产业园、方山南麓荒山绿化基地建设已见成效。

爱树护绿，已成为潍坊的城市基因。近年来，为宣传弘扬生态文化，全市开展植树节、爱鸟周、森林文化巡礼等活动，让生态文明意识深入人心。从主要领导到社区干部群众，从社会种绿到个人认养，投入保障“一分不能少”，推进机制“拧成一股绳”……全市人民以实际行动，凝聚着创森共识、追求着生态文明。

融合世界风筝都的区域特色文化元素，突出做好绿、水文章，推动城市绿化向社区和庭院延伸、城市水系整治不断拓展提升，潍坊进一步彰显着“绿染四季、花满全城、水润潍州”的城市风貌。

白浪河、虞河、张面河三条河流是潍坊的母亲河。从 20 世纪七八十年代起，这里污水横流，污染严重。为彻底整治“三河”，潍坊市提出了“一年明显改观，二年根本改观，三年完善提高”的治理目标，打造具有江北特色的“小苏州”。

搬迁沿岸污染企业、截污管道下地、绿化沿河环境、栽种水生植物……改造后的白浪河、虞河、张面河自成一景，而且跃动的河水串联成了一个贯穿潍坊城区的城市生态水系。

“三河”整治最大的特点是原生态、水景相融。“三河”治理坚持依河引水、水景相融的建设理念，实行“去人工化”，避免大拆大建，原有的树林、果园、池塘，都最大限度地保留，绿地植被只做“加法”，不做“减法”。即使是必不可少的人造景观，也力求做到“虽由人作，宛自天开”。

□ 绿色食品

矗立了几十年的烟囱，记录了一座城市的工业梦想。潍坊人在“三河”改造时，没有把烟囱当做生态负担拆除，而是就地保留下来，并与周边环境巧妙组合，不但节省了人工拆除成本，还减少了一大堆建筑垃圾。河边，不冒烟的烟囱，留住了这座城市最为鲜活的“城市记忆”。

在“三河”工程的重头戏——白浪绿洲湿地，一座座龟纹石叠成的山峰格外惹眼。形态各异的山峰与松树、翠竹等土生土长的植物搭配在一起，构成了一幅生动鲜活的山水画卷。沿河岸而行，清澈的碧水、温润的河岸、美丽的湿地森林、繁茂的水生植物，还有特色人文景观，共同成就了潍坊独特的城市气质。

自潍坊市创建国家森林城市以来，地处南部山区生态屏障要冲的诸城市倾全市之力、集全民之智，在全球化绿色发展的当今走出了一条经济发展与生态建设良性互动、人与自然和谐相处的科学发展之路。

诸城实施了城区绿化、荒山绿化、通道绿化、社区村庄绿化和农田林网建设等一系列重大工程建设，短短 3 年间，全市完成造林绿化面积 20 万亩，四旁植树超过 5000 万株。同时，开展了以潍河、渠河和三里庄水库、青墩水库、石门水库、吴家楼水库和郭家村水库为主的水系生态保护带建设工程，累计完成水源地造林 5 万多亩，打造了一系列沿河、围库、滨河水系生态保护带。

近年来，诸城市每年还投入近亿元，按照高、大、绿、厚、多、彩的绿化要求，大力提升高速公路、铁路、国省道和县乡道路等通道绿化水平，打造了目不暇接的城乡道路绿化景观带。截至目前，全市道路绿化投资累计超过6亿元，绿化道路超过2000公里，构筑了城乡道路绿化一体化格局。

按照"种花增色、绿化提档"的总要求，诸城市以创建国家森林城市为总抓手，以增加绿量、提升城市品位、改善人居环境、构建绿色和谐社会、进一步提升城市整体竞争力为总目标，按照"绿色、生态、宜居、精致"的城市森林建设理念，打造了"城在绿中、绿在水中、人在园中"的森林城市格局。[13]

在城市公园，休闲的人们闲庭信步——诸城市政府以及密州、舜王、龙都3个街道先后投资近亿元，改建了恐龙公园，建成了潍河公园等精品园林工程5个，绿色景观大道11条，建成了潍河一期和二期绿化工程等大型绿地。

在河道两岸，树木与花草交相映衬——诸城市连续多年对流经该市的潍河、扶淇河等流域，进行园林式开发建设与整治，建成了国家4A级景区，并对沿岸进行了高标准绿化，使城区主要河道变为风景秀丽的滨水城市景观带。

在城乡道路，密集的车流随绿而动——诸城市对繁荣路、龙都街等16条新建扩建道路延伸绿化，对原有绿地进行了提升，共改造城区街头游园26处、林荫停车场14处、城区空地及林荫道路17处。

放眼鸢都大地，一座座荒山渐渐披上了绿装，一条条碧波荡漾的河流恢复了原有的生机。2016年9月19日，在陕西延安召开的2016森林城市建设座谈会上，潍坊市被授予"国家森林城市"称号。

"十三五"开局之年，潍坊统筹城乡生态协调发展，为百姓谋求最公平的生态福利。创建国家森林城市的绿色行动让"鸢都绿"更坚实，这份生态红利也让潍坊更绚丽。

"春未老，风细柳斜斜。试上超然台上望，半壕春水一城花，烟雨暗千家"；"长安自不远，蜀客苦思归，莫叫名障日，唤做小峨眉。"站在障日山上远眺，只见云海苍茫，山色空蒙，令人心生感怀。三年来，

13 山东诸城：城市园林绿化景色亮丽．潍坊新闻网 .http://www.wfnews.com.cn/area/2009-11/13/content_545903.htm

始终秉持生态文明理念，实施“五大重点工程”，做大绿色产业文章，弘扬森林生态文化，潍坊不断创新工作机制，国家森林城市创建工作取得巨大成果。

现在，潍坊已逐渐显现“森林城市”的风采与韵味。一片绿，一重景，创森工程带给市民的幸福感，更是举目可触。宛如城市公园的各大广场，已经成为了市民休闲、锻炼的最佳去处。每逢周末假期，或华灯初上之时，峡山区水中央公园便热闹起来，成群结队的市民在公园内散步、聊天、赏风景，享受难得的安逸。昔日矿坑变身公园，碧湖绿树，令人神往，原矿区的发展变化令居民倍感欣喜。天蓝水秀、鸟翔鱼跃，这是今日鸢都的真实写照，是潍坊大力度、快速度、高强度推进林业生态建设产生的结果，也是一座城市对绿色的最迫切的梦想。

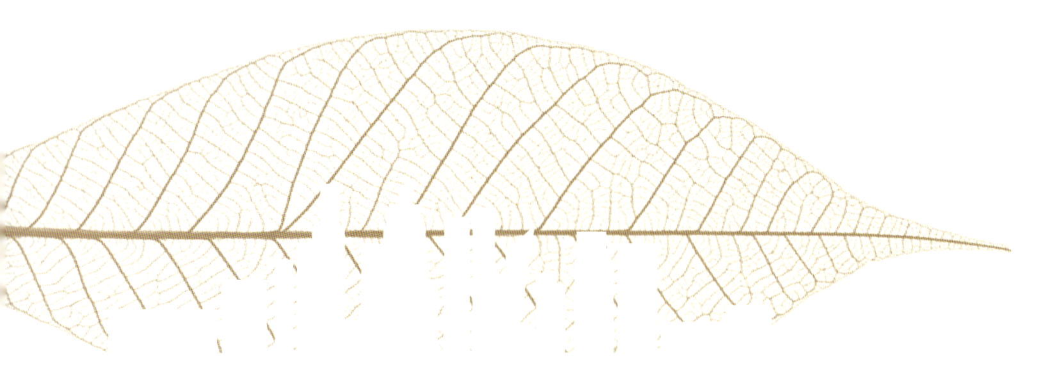

第七章
东北：黑土地的“绿色含金量”

第一节 点绿成金，胜在转型

出山海关向北，眼前就是广袤的东北大地。中华人民共和国成立之初，百废待兴；“一五”时期，全国156项重点工程，东北地区独占58项；从这里，流出石油，调出粮食，输出钢铁……

白山黑水，沃野千里。中华人民共和国成立近70年来，东北地区有过初创期的辉煌，也遭遇过爬坡过坎、艰难筑底的挫折。这片幅员辽阔、资源富集的土地，在支撑着国家阔步向前的同时，给自己留下了空气变差、河流污染、湿地减少、黑土流失的后遗症。

2016年，《中共中央 国务院关于全面振兴东北地区等老工业基地的若干意见》正式公布。“打造北方生态屏障和山清水秀的宜居家园”，成为对东北发展好经济之外的又一硬性要求。这也预示着东北再起航，将开辟一条全新的绿色振兴路。

东北全面振兴，这就意味着不仅是简单的工业发展、经济振兴，更是要人文、生态等的全方面振兴，东北要按照中央部署，在新形势下奋力走出全面振兴新路子。事实上，经济振兴与环境保护并不矛盾。东北的一些城市已经实践了这个道理。还有更多的城市，也正在一步步走向广阔的绿色发展之路。

第二节　各擅胜场：东三省城市绿色战略简要举隅

哈尔滨

哈尔滨，区位条件独特，是“东北亚中心”；地缘优势显著，一直有“欧亚大陆桥”之称，是中国现代史上享誉世界的东北亚地区国际贸易城市。海纳百川、开放兼容。千百年来，女真、朝鲜、赫哲、鄂伦春等能歌善舞的民族，活跃在这片风光秀美、水土丰腴的土地上。

中华人民共和国成立后，哈尔滨进行了大规模的工业建设，并逐渐发展成为国家著名的工业基地城市。近些年又提出“东北亚经贸中心”“对俄合作中心”以及历史文化名城和国际冰雪文化名城的定位，在不断的历史发展中凝聚了独特的自然和人文底蕴。

绿色发展与生态文明，同样是哈尔滨城市林业产业可持续发展的动力。目前，哈尔滨市林业部门正在推广种植以野生蓝莓、树莓等为主的北方寒地小浆果和大果榛子等生态经济林，推进惠民项目美丽乡村绿化工程，采取多树种、多林种，针阔、乔灌相结合的绿化格局；推广城乡结合部生态景观林工程，结合林业产业结构调整。

针对全市范围内被蚕食、侵占和不能发挥防护作用的农田防护林残次林带进行更新改造。哈尔滨林业部门借鉴“近自然育林”等国际先进经营理念，进行了大量高寒地区森林培育理论探讨和实践探索，自主创新了多种森林培育实用技术，使哈尔滨的森林景观得到根本改善，森林生态功能修复明显，森林整体生长稳定，部分地域向地带性顶级群落的恢复和向原始植被的演进趋势明显。

为保护湿地，哈尔滨开展了一系列湿地清理、退耕还湿等执法行动，在呼兰河口、拉林河口自然保护区内和白鱼泡国家湿地公园等地退耕还湿达 200 余公顷。大顶子山航电枢纽工程建成后，加大执法保护力度，在哈尔滨江段形成一处长约 60 公里、水面面积达 240 平方公里的人工湖，退耕还湿面积达 8000 公顷。

哈尔滨松花江湿地是国内最大的原生态多样性城市湿地，依托这一得天独厚的气候优势，哈尔滨推出了“万顷松江湿地，百里生态长廊”湿地旅游品牌，全力建设中国避暑旅游胜地，同时做好“冰雪旅游”和“松江湿地”这两道旅游大餐，逐步完成由“冰城”向“冰城夏都”的转变，努力实现哈尔滨旅游“双轮驱动、两季繁荣、四季发展”。

这些林业生态建设举措，促进哈尔滨林业生态功能跃升，退化天然林生态恢复、湿地生态系统调控恢复、森林资源天空地面一体化监测等难点一一突破。目前，松江湿地旅游体系已形成相当的规模，"冬观冰雪、夏赏湿地"已成为哈尔滨独具特色的旅游标配。

坐落于凤凰山脚下的山河屯林业局凤凰山森林经营所，原是一个木材主伐林场。近年来，他们依托资源地域优势，开发凤凰山生态旅游，组织职工群众或参加旅游管理或经营各式店铺，"伐木人摇身一变成为旅游人"。

中秋小长假，生态威虎山游客如织，仙境小九寨、诗画莲花湖风景如诗如画。当地充分发挥"旅游＋"的拉动力和融合力，为林区绿色产业发展提供旅游平台，推动转型发展。现在，威虎山景区已形成"一湖一路一园两线三区"四季旅游线路，"景区所有项目全部由当地林业局转型单位、转岗人员经营，仅威虎山九寨景区就直接转岗近600人，旅游年产值突破1亿元"。[1]

生态造就旅游发展，旅游活化生态建设。多年来休整一新的绿色生态，吸引全国各地的游人慕名而来，以生态游为产业的本地林业产业异军突起。

原生态大江、原生态大湿地、国际化的历史和风情，与现代化大都市和谐共生、充分融合，是哈尔滨这座城市的最大魅力。立足于哈尔滨独特的历史文化，大气包容的城市人文精神，从当前城市的基本情况及优势出发，从政府到市民，都在从保护、展示和创造城市特色、推动绿色发展理念方面进行着思考和探索。文化和自然，构成了这座城市的灵魂和核心，经过历史的过滤和集体的筛选，哈尔滨形成了独特的记忆链和增长极，这个记忆链依托城市中的遗存而存在，这个增长极依托城市的发展而延续，无疑，这正是一个城市最可宝贵的财富。

齐齐哈尔

建于金太宗天会三年（1125年）的齐齐哈尔，古称庞葛城，迄今已有800多年历史。早在1万多年前，已有先民生息繁衍在这块土地

1 绿色发展，孕育林间经济新生机．哈尔滨档案局.http://www.hrb-dangan.gov.cn/zhxw/hbkx/2016/09/14755.html

上。自清康熙三十八年（1699 年）起为黑龙江省省城，以“扼四达之要冲，为诸城之都会”的紧要之地而闻名遐迩，曾作为黑龙江省省城长达 255 年之久。

置身昂昂溪古文化遗址，聆听黑龙江将军府那历史的风声，遥望金长城、克东蒲裕路、塔子城远古时代的烽火狼烟，无一不让人感受到一座古城深远的历史。齐齐哈尔至今仍有清代的黑龙江将军府、民国黑龙江督军署、沙俄领事馆、中东铁路俄式住宅区、流人吕留良后裔祠堂等丰富的史料和比较完好的遗存。塞北的黑土文化与草原的游牧文化汇聚交融，荟萃了风格独特、古朴自然的人文景观和历史文化遗址，鹤文化、湿地文化、冰雪文化、流人文化、北疆文化和少数民族文化荟萃交融，积淀了厚重的文化根基。

齐齐哈尔素有“鹤城”之美誉。扎龙湿地是国际重要湿地，面积 21 万公顷，是亚洲最大的芦苇沼泽湿地，自然保护区现存世界已知 15 种鹤的 6 种，全世界 2000 多只野生丹顶鹤在齐齐哈尔有近 400 只，当地政府也在全力打造“世界大湿地，中国鹤家乡”的旅游品牌。

松鳌珍禽，丹顶羽仙。唳惊九皋，祥飘大千。鹤是一种吉祥鸟、文化鸟。鹤文化源远流长，千百年来深深影响着中华民族的文化心理建构。鹤文化的许多核心理念，以及优雅的体态身姿、瑰丽的诗词歌赋、神奇的轶闻趣事，深邃的天人哲思，无不具有突出的个性魅力，可以彰显一个城市的特色，成为城市发展的无价之宝。齐齐哈尔正是鹤文化最积极的传承地和建设者。作为鹤的故乡，这片土地创造了人与自然和谐相处的友好环境，成为人鸟共乐的幸福家园。

除了多年来形成了爱鹤、护鹤、宠鹤、赏鹤的人文传统，低碳、环保、绿色、有机、零排放、生态文明，这些词汇近年来也成为齐齐哈尔市民生活中的高频词。鹤城人积极探索环境保护与经济社会良性互动、协调发展的有效途径，把绿色发展理念贯穿到日常生活和发展建设的每一个环节，逐步建立起节约环保的空间格局、产业结构、生产方式和生活方式，坚定不移地走生产发展、生活富裕、生态良好、环境优美、空气清新的文明发展之路，以其独特的、优美的生态环境向世人展现了不一样的“美丽鹤城”。

从实施黑土地治理、扎龙湿地保护、三北防护林体系建设等一系列生态工程到节能减排计划，从单位国内生产总值能耗下降到城市化、城镇化、城乡一体化的稳步推进，齐齐哈尔正逐步告别“褐色发展”“黑色发展”，走上“前人种树、后人乘凉”的绿色之旅。

水是城市的灵性所在。城市因水而美、因水而秀、因水而洁、因水而净，有了水，一个城市才会有生机、有灵气。劳动湖水系是鹤城的宝贵自然资源。劳动湖原是嫩江古河道，嫩江改道后成为城市的内河。劳动湖南扩工程的主题定位便是：“蓝天碧水、绿树庭荫、船桥相映、曲径通幽”，打造自然、生态的滨水景观带。为确保建设一条水清岸绿的生态河，景色宜人的风光河，改善人居的民心河，自然生态理念、多元文化理念、共享人本理念、经营城市理念贯彻于设计的每一个细节。一道璀璨生辉的滨水景观带将为具有悠久历史的魅力鹤城更增灵秀，成为滨水宜居城市定位的美丽注解。

具有百年历史的龙沙公园是东北地区最大的综合性园林。镶嵌于嫩江中的明月岛，疏林芳草，鸟语花香。

齐齐哈尔市境内的扎龙湿地，是我国建立时间最早、湿地面积最大、生态环境最优、栖息鹤类最多、社会影响最广的国家级鹤类自然保护区。此为独特的自然优势。鹤文化与这个城市已取得的“中国优秀旅游城市”“中国魅力城市”品牌有千丝万缕的联系，而且鹤文化的核心理念能够有效整合“生态旅游胜地”“绿色食品之都”“生态市、园林城”等城市发展定位，能够牵动凝聚城市其他资源在鹤文化的旗帜下为齐齐哈尔发展服务。此为绝对的主导优势。

扎龙沿线的温泉小镇、具有浓厚的北欧文化和北国风情特色的东北最大的动植物园开门迎客，为鹤城旅游再添魅力。生态游、工业游、农业游、红色游、休闲度假游、文化古迹游、宗教特色游、都市观光游和民俗风情游，构筑了完整的旅游体系。特别是齐齐哈尔与大庆、黑河、大兴安岭、呼伦贝尔结为城际旅游联盟，大湿地、大油田、大火山、大森林、大草原、大界江风光无限，夏季适宜避暑，冬季可赏冰雪。厚重的历史文化积淀与独特的生态旅游景观交相辉映，让齐齐哈尔独具魅力，使人心旷神怡、流连忘返。

在新城范围内，宁肯取消商业开发项目，最大限度保留已有的林地、水面、山丘等，辟建山体公园，森林公园。在新城建设上，坚持循环发展、绿色发展、低碳发展。一江、一湖、一山生态绿色景观，形成一环、三纵、三横路网格局。

在城市森林与绿化建设方面，齐齐哈尔强调“三优先原则”（生态优先、就业优先、交通优先）“绝不砍树建楼，要躲树建楼，要绿进楼退，见缝插绿，绝不见缝插楼。宁肯财政少收入，也要多留一片绿”“开发商必须跟着政府的规划走，政府的规划不能跟着开发商走”。[2]

以道路口、公园广场、街路转角为重点，切实加大城区绿化建设力度，使城区绿化面貌发生了较大变化。通过拆楼建绿建设，为城区街路增添了一大批景观，丰富了市区园林景观植物配置，使城区面貌焕然一新。

以人为本，民生优先；敬畏山水，生态优先；尊重历史，文化优先；城乡一体，绿色发展。清新的绿、蓬勃的绿、诗意的绿，正努力将鹤城人的生活绘成幸福的原色。

珲春

珲春以水得名，满语可译为江岔、河岔子，因珲春是渚水流入江海的地方，正所谓“九河下梢”之地。又有“边地、边陲、边陬（角落）、近边”之意，意为“边远之城”。

珲春东部、东南部濒临大海，颇有天涯海角之感，的确可视为边陲。而在民间，则有“珲春”是“浑（混）春”的转语之说。其根据是：因珲春近海，晨雾较多，尤其在春夏之交季节，晨雾濛濛缭绕近午方消，故曰“珲春”。

珲春历史悠久，唐属渤海国就曾建都此城。当时，渤海国对外开辟了珲春经日本海到日本的“海上丝绸之路”，以药材、林产品、皮革制品、纺织品等换回国人所需的米、粟、布、帛等；对内则大力发展冶铁、陶瓷、纺织、制盐等产业。这一时期历史上被誉为“亚洲第二大国际商埠——海东盛国”。

“雁鸣闻三国，虎啸惊三疆；花开香四邻，笑语传三邦”是珲春独特区位的真实写照。而生态优势更是珲春最独特的财富。珲春山川秀美，风景怡人，东、南、北三面环山，山地面积占全市80%以上，是中国大陆第一缕曙光首照地。这里拥有吉林八景之一的防川国家级风

2 用生态文明谱写美丽鹤城新乐章——齐齐哈尔市走生态可持续发展之路纪实．黑龙江政府网．http://www.hlj.gov.cn/zwfb/system/2014/02/21/010632893.shtml

景名胜区，郁郁葱葱的地下原始森林、放牧着牛羊的无边草场、红莲盛开的大小湖泊、鸟儿嬉戏的原生态湿地、江水环绕的连绵沙丘，以及一眼望三国、渤海国遗址等诸多独特景观，并设有东北虎国家级自然保护区，是中国野生东北虎之乡；森林植被覆盖率高，空气质量在全国居于前列。先后获得"国家卫生城市""国家森林城市"等荣誉称号，被俄罗斯远东居民称之为"后花园"和"疗养院"，是名副其实的生态养生乐园和避暑度假天堂。

如今，珲春走出了一条经济发展与生态环保"双赢"的生态强市之路，大力推广绿色发展理念，向生态要效益，向绿色要发展，不断加大生态项目建设的投入，加快建设生态屏障。

加快城市公共绿地建设既是推进生态城市的需要，也是丰富城市景观、满足市民休憩、娱乐需求的重要途径。近年来，珲春市着力加快公共绿地建设步伐，截至 2014 年，全市 5000 平方米以上游园广场有 16 处，面积达 40 万平方米。全市公园、游园、广场等共 26 个。市区公共绿地布局日趋合理，形成了点、线、片、面有机结合的绿地网络，已基本形成了 500 米范围内就有 1 处游园绿地的生态格局。

珲春市大力实施城市道路综合整治工程，通过破墙透绿、拆违建绿、沿街植绿等手段和方式，想方设法拓展城市绿化生态空间，仅 2014 年上半年，珲春共栽植乔木 3008 株、灌木 20.3 万丛、铺设草坪

□鸟儿嬉戏

1.31 万平方米、栽花 6.8 万株。全市森林覆盖率达 85%，建成区绿化覆盖率达 38.3%，城市建成绿地率达 34.1%，人均公园绿地面积达 9.6 平方米，大体形成了城市园林化、山区森林化、道路林荫化、农田林网化、乡村林果化的城乡一体化生态格局。和谐的生态人居环境成全了珲春人的幸福生活，山好、水好、空气好，吃得安全、住得温馨，绿水青山也孕育了一个长寿之乡。

“三区”生态环境综合治理工程也全面启动，全面提升森林、河湖、湿地、草原、滩涂等自然生态系统稳定性和生态服务功能，确保海雕、鹤、雁鸭等珍稀水鸟的栖息迁徙安全，实现候鸟数量与种类的双增长；全面禁止在溯河性鱼群洄游繁殖期捕捞作业，促进图们江水域内大马哈等洄游鱼种群恢复；禁止保护区内的砍伐、放牧、狩猎、采药、开垦、开矿活动，全面保护野生东北虎、远东豹等濒危物种；加强国家级东北虎自然保护区、防川国家风景名胜区、图们江国家森林公园、珲春河（密江河）大马哈鱼国家级水产种质资源保护区和珲春松茸自然保护区的保护力度，推动重点生态保护区的保护性开发；实施山水林田湖生态保护和修复工程，完善天然林保护制度，全面停止天然林商业性采伐，扩大退耕还林还草，加强草原湿地保护；同时，加强与国际生态环境保护机构的技术交流与合作，积极推进跨国自然保护区建设，加快生态系统监测网络等生态基础设施建设。[3]

如今，“三月看雁舞莺飞，十月赏三疆美景”和“冬住三亚，夏居珲春”，成为了生态珲春的真实写照。优良的生态环境、丰富的生态资源，是珲春最大的特色、最宝贵的财富、最突出的优势、最重要的品牌。绿色发展融入了城市经济社会的各个领域。未来，一个生态更优、环境更美、社会更和谐、市民更宜居的生态之城更值和期待。

大连

自古以来，大连就是中国南北文化交流的重要通道，是游牧文化与农耕文化、内陆文化与海洋文化的融汇辐辏之处。

战国时期，燕国开拓东北，就正式在大连地区设县进行行政管理，

---

3 孙伟，王法权，田婕．一方清水映蓝天——珲春市深入推进生态环境保护行动纪实．吉林日报，2016-07-02（6 版）．

开始了大连地区的封建时代。千百年来，大连地域文化发展特征表现出中原文化与白山黑水文化互相融合的文化。鸦片战争以后，殖民统治而引发的异域文化不断的进入大连地区，并对大连地区的近代文化产生影响。经历过 7 年沙皇俄国租借史、40 年日本殖民史和 10 年前苏联驻军史，俄罗斯文化、东洋文化、西方文化与齐鲁文化和大连本土文化在这里碰撞、融合，表现出一种兼容并包的面貌。

中华人民共和国成立后，大连不断扩大国际国内交流与合作，使得自身的国际知名度及美誉度日益提升。大连人引碧入连滋润了城市，在昔日的垃圾场上建设星海广场，开山劈岭建起了森林动物园，荒僻的渔村、渔港变成闻名遐迩的"金石滩""海之韵"，昔日的荒地盐滩变成了经济建设的黄金海岸，曾经的偏僻农村转型为如今新城区、工业园。

早在 2004 年，在首届中国城市森林论坛上，大连就表达了发展城市森林的强烈愿望，2007、2008 年，大连市连续两年将造林工作写入《市政府工作报告》之中，作为全市重点工作予以推进。2010 年，大连又明确提出投入 100 个亿，基本建成"八纵六横一脊一环十二组团"的绿化主体框架，用 3 ~ 5 年的时间，把大连市的植被绿化水平提升到一个国际城市的水平，使大连真正成为经济发达、环境优美的生态型宜居城市，实现大连"山清水秀、绿树成荫、生态优良、蓝天白云"的目标，并让绿色经济成为新一轮经济发展的增长点。

与其他城市基础建设不同，绿色生态建设是一项可持续的、可发展的、有序的并唯一具有生命力的基础设施建设。"让森林伴随城市成长，让城市因森林而健康"，这是大连一直坚持的理念。20 世纪 90 年代，大连市完成了"大干苦干三年，基本绿化大连"和"继续大干三年，绿化美化大连"等阶段性目标后，从 2000 年开始，启动了"蓝天碧海"工程，初步形成了以沿海防护林、城区广场、公园、小区、绿地为主体，以农村绿色通道、生态河、生态村、森林公园、保护区、苗圃花卉基地为依托的森林生态网络。2009 年，在"全球国际花园城市"竞赛中，大连获得人口规模最大、城市级别最高的 E 类（100 万人口以上）城市第一名。[4]

4 刘倩玮. 林水相融筑大城滨海大连绿色梦——大连市创建国家森林城市纪实. 绿色中国，2016（21）：46.

在城市森林建设过程中，大连一直坚持自然与人文相结合，历史文化与城市现代化建设相交融，要求城市森林布局合理、功能健全、景观优美，力求达到“绿尽其美，林尽其用，城尽其能，民享其成”的目标。

2009年，大连市陆续启动了“建设城市森林十大工程”，内容包括城区造林绿化、森林公园建设、道路绿化工程、海防林建设工程、生态河绿化工程、荒山造林补植工程、防沙治沙林工程、水源涵养林工程、矿山（坑）植被修复工程等十个方面，最终实现“城在林中、村在树下、路树融和、四季常青、万壑鸟鸣”的人与自然和谐相处的美丽画卷。

针对本地土层和气候特点，大连在选用日本黑松、杨柳槐等乡土树种，突出近自然绿化效果的基础上，积极引进雪松、龙柏、法桐、红枫等常绿和彩色高档乔木，搭配各种木本和宿根花卉，通过乔、灌、藤、草等植物合理配置，实现了“四季常青”，提升了城市森林的景观效果。

在森林功能方面，特别针对森林具有御灾、抗灾、减灾和免灾的作用，大力营造沿海防护林、积极推行生态河治理、始终坚持荒山造林工程，让森林生态防护效应凸显。2006年3月4日，大连遭受百年不遇的风暴潮袭击，而在全市204万亩海防林保护下，全市农业设施安然无恙。大连水资源人均占有量不到全国平均标准的1/4，但正是全市300多万亩水源涵养林，保证了大连市民的用水安全。森林，已经真真切切成为这座城市的“天然屏障”和“保护神”。

在城市，大连突出服务城市发展、改善人居环境，以立体绿化为主，实行“拆墙透绿、见缝插绿、立体披绿、屋顶铺绿”，进一步提高城市总体绿量。作为一个多丘陵的城市，大连市十余年间掀起一场场“绿色风暴”：在荒山大石上凿坑栽树，建起了森林动物园；搬迁数百家工厂，拆掉数十万居民楼，腾出地方栽树种草。各类公园、绿地、小区、广场星罗棋布，似颗颗翡翠镶嵌于山海之间。居民出了家门就进了花园。

在农村，大连坚持森林化和园林化相结合，逐步提升工程标准。不仅努力绿化山川，而且开始在有条件的地区大力推广景观式造林绿化，不断提高景观观赏和旅游服务功能。如今的大连金石滩国家旅游度假区 20 多年前还是一片村庄，除了扬名全国的金色的“龟裂石”，还有大片大片黑黝黝、光秃秃的石头，该区域常年受海风侵袭、庄稼久种不收。通过 20 年来不断推进的大连绿色生态建设，金色的石头依然扬名全国，但黑黝黝、光秃秃的石头却不见了，取而代之的是万亩海防林，“金石滩”同时成了“绿树滩”。

在造林机制方面，大连市的造林工程，设计、施工、管理等各环节全部实行招投标，选择有实力的专业队伍承包造林，按照造林成活率兑付资金，保证了造林质量。近年来，大连市的造林成活率和保有率都达到了 93% 以上。在管护机制方面，大连切实加强了森林管护地方法规建设和应急指挥、专业队伍建设，森林资源管护法制化、科学化、专业化水平不断提高。

作为一个沿海城市，大连十分注重湿地保护，制定了相应的湿地保护规划，绝不用生态环境做交易。良好的湿地环境吸引了众多国家级珍稀保护动物在此栖息——国际濒危物种黑脸琵鹭，国家珍贵鸟种黄嘴白鹭、杂色山雀等珍稀动物分别把自己北方的家安在大连，自然的使者选择了它们最适合生存的地方，也把对于大连生态最高的评价留在了这里。

多年来，大连市花卉、林木种苗业得到了大发展，目前已跨入全

□ 湿地风光

国十大花卉城市行列，花卉产业年产值达到 13 亿元，5 万农户从中受益，花卉业已成为全市农业的五大支柱产业之一。[5]

大连市生态观光农业和生态旅游度假村、镇建设，也取得了显著成效。目前，越来越多的农户加入了发展精品菜园、果园，开发“农家乐”“采摘游”的行列。

通过建设城市森林，全面提升了大连城市的知名度、美誉度和竞争力。城乡生态环境的改善，也拉动了绿色经济的快速发展。全市的会展旅游业实现了超常规发展，高新技术产业更是依托优美的城市环境步入了快速发展轨道。

在城市发展过程中，大连坚持绿色生态建设的理念，以建设城市森林作为一个突破口，借被纳入辽宁沿海经济带国家战略的“东风”，将把这座城市带到了一个更高的层次。

沈阳

三千化宇风云会，十二重楼烟雨中。沈阳钟灵毓秀，占据着东北大平原最为有利的位置和优越的环境，诚如《大清一统志》所描述：“盛京形势崇高，水土深厚。长白峙其东，医闾拱其西，沧溟鸭绿绕其前，混同黑水萦其后。山川环卫，原隰沃饶。洵所谓天地之奥区也。”真可谓“天眷盛京”，它不仅孕育了辽河流域的早期文化，同时也成为中华民族发祥地之一。这块土地上延续了 5000 年的文明和近 400 年的繁华，并成为东北地区政治、经济和文化中心。

中华人民共和国成立之初，沈阳曾创造了几百个全国第一：第一枚共和国国徽、第一架喷气式歼击机、第一台巨型变压器……仅一个沈阳重型机器厂就曾为装备中国贡献了 70 个第一。沈阳还获得了“全国环保模范城”“全国最具活力之城”“全国最具幸福感城市”等诸多的荣誉称号，也包括“国家森林城市”这一荣誉。经过多年的奋战，2005 年 8 月 24 日，沈阳终于摘得这一桂冠。

值得注意的是，沈阳是继贵阳后，我国的第二个森林城市；当然也是北方的第一个“国家森林城市”。

历史上，沈阳就是有名的“缺水少绿”的城市。沈阳地区以平原

5 这是一座城市的品位 . http://roll.sohu.com/20120101/n330931232.shtml

为主，山地、丘陵集中在东南部，辽河、浑河、秀水河等流经境内。过去，市区树木不多。到2000年年末，沈阳建成区内积攒下来的绿地总量仅为45.3平方公里，绿地率20.87%，绿化覆盖率23.91%，人均公共绿地仅为3.7平方米。在全国各大城市中，这些指标均居于下游。[6]

沈阳是平原地区，建设森林城市比较困难，但林业部门利用原有的森林，将森林与平原结合到一起。沈阳在树种的选择上，都是以乡土树种为主，有其北方城市的特点。

2001年以来，沈阳市先后投巨资，对城市道路进行了大规模改造。这样的规模，在沈阳城建史上是绝无仅有的。市府大路、黄河大街等20条标准化街路宽阔笔直，一些路段达到了双向10车道，这在全国各城市老城区道路改造中是罕见的，体现了沈阳大都会的壮观气魄。每至夜晚，道路两侧华灯初上，一片灯光辉煌，成为都市的美丽一景。那茁壮成长的道路两侧的树木，现在都长成为替路人遮荫的大树。

通过构筑环沈阳的三环生态森林圈、二环绿色屏障，到机场路、沈抚路、铁路沿线，特别是"东部青山半入城"和西部"绿肺"的建设，沈阳逐步建立起了城市外围的生态屏障和穿插市区的绿化通道。不仅如此，方家栏公园、三台子绿地，和两年内接续建成的长达10公里的五里河、沈水湾公园等一大批滨水绿地、街心绿地，也让广大市民享受到了身边的绿色。

现在，沈阳继续以创造优良人居环境为目标，以推动绿色发展为主攻方向，大力开展生态修复和环境治理，全面建设清新城市、绿色城市、亲水城市、节能城市和循环城市，加快推进青山工程和绿化工程，不断提高森林覆盖率和蓄积量，努力打造天更蓝、山更绿、水更清、生态环境更美好的宜居家园。

长春

长春处东北亚制高点长白山腹地，东北大平原中心，历史悠久的松花江支流伊通河自南而北，穿城而过。

长春之得名，据南朝梁·任昉《述异记》卷下记载，燕昭王种长春树，叶如莲，树如桂，花随四时之色，春碧夏红秋白冬紫，四时不败

---

6 龚义龙.沈阳创建"森林城市"纪实.沈阳日报，2004-06-27.

之花，八节长青之树，故名长春树。另据《辽史·地理志》记载，兴宗重熙八年（1039年）置长春州，就是今前郭县塔虎城。今日长春，乃昔年长春州属地，故认为长春得名于长春州。

又有民间一说，“长春”源于女真语茶阿冲。这种说法最为贴近，长春州水鸟众多，自古就是女真人春猎之地。女真人出猎前有一种野祭仪式，即滴血酒祭天，这种仪式女真语称茶阿冲，长春即是女真语茶阿冲的音转。

“大马路、四排树、圆广场、小别墅”，曾是这个城市特点的真实写照。历史上的长春，就曾以“森林城”闻名。人民大街、新民大街等主要街路两侧，绿树环抱、草翠花香，置身城市宛如置身林中。

更让长春人骄傲的是，城市的东南还有国家5A级风景名胜区净月潭国家森林公园。4平方公里的清澈潭水，100多平方公里的亚洲最大的人工森林，莽莽林海，夏日苍翠欲滴，秋日层林尽染，美不胜收，更是天然“氧吧”和城市“绿肺”。

然而随着经济的飞速发展，城市的绿色空间也被大大挤压。绿化率在全国曾经数一数二的长春市位次不断后移。大气污染、水污染、土壤污染、光污染、温室效应等城市生态环境问题日渐突出。一向空气质量良好的长春市近年竟然出现多个重度污染天气。

痛定思痛，从2013年开始，长春结合市情实际，充分借鉴国内外生态建设的先进理念，广泛吸纳国家森林城市、宜居城市、生态城市建设的核心思想，全力打造天蓝、地绿、水净、城美的宜居森林城。

来到长春高新北区西南部，站在北湖大桥放眼望去就是面积近12平方公里的北湖国家湿地公园。沟汊蜿蜒，芦花飞雪，碧绿的湖水中不时有天鹅和野鸭游过。大片原生态湿地既有江南的婉约又有北方的豪放。

其实，在2009年前，这里是一片沼泽，周边堆满垃圾。居住在这里的奋进乡金钱堡村居民说，那些年除了忍受垃圾的恶臭外，还要时刻提防水灾。由于地势低洼，多条河流及污水处理厂的尾水、污水在此汇聚，经常“小雨上炕，大雨上房”。[7]

---

7 郎秋红，宗巍，赵梦卓．绿水浸淫长春秀——长春建设绿色森林城市纪实．新华社，2013-10-18.

2009 年，长春市投资 30 亿元治理北湖。建设过程中，通过生物降解技术处理了 240 万立方米的垃圾，还通过建设人工湿地净化污水，并为湖区提供清洁水源，逐渐恢复生态。

像北湖一样，北方缺水城市长春通过生态治污，恢复了大片水域。

伊通河流经长春市区 19 公里，被称为长春市的“母亲河”，也承担着长春市部分生活污水和工业污水的排放重任，近年来一直是长春市环境治理的一个重点。过去伊通河治理主要是防止洪涝灾害，现在理念改变了，变得更加注重生态。

原来河两侧的池塘一般填死，现在则保留开发，能够涵养水；原来上游水库放水主要考虑防洪，现在保证安全前提下，定期放水，让河水流动起来；原来河两岸的花木少，现在按照三季有花、四季有绿的理念增加了 20 多种花草品种。如今站在伊通河湖心岛凭栏远眺，只见河水宛如一条玉带，穿城而过。两岸垂柳依依，花香四溢。

农田防护林是长春市宝贵的森林资源。目前，长春全市农田防护林构成 4 万多个网格，庇护农田 100 多万公顷。截至 2013 年年底，长春市农田防护林面积达到 2.5 万公顷，形成了以护路、护堤林为骨架，以农田林网为支撑，以四旁植树，荒山、荒地绿化和村镇美化为重点的生态防护体系。

从 2004 年开始，长春市在“三北”地区率先实施农田防护林更新改造试点，创新农田防护林改造模式，总结并推行了更新改造的“五项原则”和“四项机制”，改造成效显著，长春市先后获得“全国造林绿化模范市”“三北防护林建设先进市”、吉林省“十年绿化美化吉林大地先进单位”等称号。

“五项原则”，即生态稳定、过熟优先、砍劣留优、集中连片和采造挂钩。“四项机制”即建立木材竞价销售机制，增加林木收入；建立工程造林机制，实行包栽包活；建立造林资金保障机制，推行保证金专储；建立活立木流转机制，实现所有制多元化。

2006 年，在试点的基础上，长春市农田防护林更新改造在全市实施。

农田防护林更新改造实施 10 余年来，长春市累计采伐林木蓄积量 250 万立方米，完成更新改造面积 8000 公顷，为全市农村集体和农民增加收入 12 亿元。

长春市大力推行“百千工程”，组建起了森林城的绿色骨架。

百园工程，即百个城市公园的建设与质量提升工程。“创森”以来，新建了百花园、百木园等各类公园，并对牡丹园等原有公园进行了改造，每个公园“一园一品”，风格各异。注重公园栈道、健步道等便民游憩通道建设，为市民提供高品质的日常休闲场所。目前，全市具备对外开放功能的公园，由2012年的38个增加到目前的100多个，全部免费游园，基本上实现“300米见绿，500米见园”的规划目标。早晚锻炼、假日游园、平时休憩，城市公园成为长春市民生活中不可或缺的重要场所。

百廊工程，建设高标准的城市森林生态廊道。长春市的环城绿化防护隔离带，在绕城高速公路两侧建设了全长90公里、100～500米宽度的环状闭合绿色廊道，构筑城市绿色廊道骨架，环抱护佑这座城市。城区内用道路景观带把森林引入城市，用慢行游憩步道连接各大公园及城市周边风景林地。在城郊的主要公路、铁路两侧和江河两岸拓宽绿化带，形成片、带、网结合的城市生态网络系统。已建成人民大街的杨树一条街、东南湖大路榆树一条街、莲花山生态景观大道、城市森林绿道2号线等高标准廊道精品工程。

千点工程，建设千个城乡绿色福利空间。在城区，以社区、单位、庭院为单元营造幸福绿地，加强社区林景游园、森林停车场等多元小型绿色空间建设。每年高标准推进30个单位、庭院小区绿化。在人口密集、建设难度大的老旧居民区加快建设步伐。目前已经高标准地完成了伪皇宫、东北师范大学、中国第一汽车制造总公司等单位庭院环境建设，惠民路社区绿化、长春明珠、万科城市花园等居住社区环境建设。在农村，打造乡村绿色福利空间。遍布乡村大地上的农田防护林，面积24605公顷，林带格网整齐，庇护着农田和村屯。在村屯道路、农户庭院、屯内空闲地进行绿化美化。

现在，长春市已经形成了以伊通河生态人文景观为轴线，百个城市公园、百条城市景观防护廊道、千点城乡绿色福利空间为骨架，净月潭国家森林公园为“绿肺”，湿地生态系统为“绿肾”，环城绿化带环抱，绿色村屯簇拥的城市森林生态系统。[8]

---

8 张瑶，魏静．绿美北国春城——长春创建国家森林城市纪实．吉林新闻网，2016-09-21. http://www.jl.chinanews.com/jlyw/2016-09-21/6813.html

伊通河生态人文景观轴大力提升了沿水森林湿地景观魅力和生态文化内涵。这条南北贯穿长春都市区，林水相依的百里生态景观长廊，使一条开放式带状森林绿地景观呈现在市民眼前，以景园、雕塑、景墙及表演活动等多种手段展现的长春历史文化脉络，形成了以文庙为中心的文化历史街区。此外，健康岛、滨水运动乐园、花鸟园、千米健身走廊等项目，将多样化的休闲健身功能融入其中；观光游览线，两条纵贯南北的滨水游览道路，展现一幅步移景异的都市休闲风情画卷。滩塘池岛交织、碧水绿树辉映，这个原本邋遢的臭水河变身为长春人民引以自豪的“城市客厅”。

净月潭国家森林公园，是长春森林城的生态“绿肺”。净月潭占地面积 100 余平方公里，水域面积 5 平方公里，森林覆盖率高达 96%。这里有“亚洲第一大人工林海”，生长 50 多年的人工林就有 8000 公顷。

漫步于山林之间，樟子松青翠欲滴、红松林壮美非凡，白桦亭亭玉立，完美的森林生态景观令人叹为观止。流连于以“天然氧吧”著称的森林浴场，呼吸着城市中难得的清新空气，感受着眼前大森林的原始景致，令人有回返天地洪荒之感。瓦萨国际滑雪节、国际森林徒步节、马拉松赛、消夏节、冰雪节等都在净月潭开展。

万顷湿地生态保育工程，建设了长春森林城的生态“绿肾”。对新立城水库和石头口门水库这两个饮用水源水库，实施封山育林、水源涵养林建设，水源地森林覆盖率达到 86.20% 以上。“创森”后新建湿地保护区 1 个、湿地公园 2 个，已经建成的波罗湖湿地公园是目前长春市面积最大的湿地公园。长春市通过实施“退田还湿”，加强湿地保护与修复工程建设，加大对湿地保护的资金投入，使得长春市境内湿地面积减少和功能退化的趋势得到有效遏制。[9]

经过多年的建设，长春市已成为集中连片人工林面积全亚洲最大的城市，城市公园增速在全国位于领先地位，城区人均公园绿地面积在东北省会城市中名列前茅，城市森林绿地面积位居东北省会城市之首。

行走在长春的大街上，一排排挺立街边的乔木，一丛丛静卧路边

---

9 张瑶，魏静．绿美北国春城——长春创建国家森林城市纪实．吉林新闻网，2016-09-21. http://www.jl.chinanews.com/jlyw/2016-09-21/6813.html

的鲜花，一片片绿意融融的草坪，勾勒出一幅幅“步行绿波上，人在画中游”的诗意景象。

这是一块承载天地精华的绿翡翠，镶嵌在浩瀚的东北平原，无边的黑金沃土之上。

这是一座重新被绿色簇拥的城市，夏季绿树成荫、草木如织，冬季林海雪原、玉树琼枝。

2016 年 9 月 19 日，吉林省长春市，被国家林业局授予“国家森林城市”称号。

第三节　三江平原上，一座回归自然的古城

闻名全国的煤城黑龙江省双鸭山市，因城边两座形似卧鸭的山峰而得名。这一对天然卧鸭，畅游在三江平原——面积最大的淡水沼泽、国际重要湿地之中。

单从地名和地貌上来看，这就是一座与良好生态结下天缘的城市。

这座城市地处由黑龙江、松花江和乌苏里江冲击形成的三江平原腹地。这是一个资源丰富、环境优美、历史悠久的城市，是黑龙江省唯一兼有大煤田、大湿地、大森林、大粮仓、大界江等“五大”特色资源的城市。

昔日的双鸭山市在为国家的发展做出巨大贡献的同时，自己也走过了一段荣光之路。

中华人民共和国成立以后，由于生产建设需要，对这块大湿地进行了大规模开发。“农垦出粮食、森工出木材、地方出资源”成为最主要的任务，一批国有农场、国有煤矿相继形成，作为黑龙江省四大煤城之一，双鸭山也成为我国最重要的商品粮战略生产基地，被誉为“北大仓”。

多年来，默默奉献的双鸭山地区累计为国家输送粮食数百亿吨、煤炭 4 亿多吨，为现代化建设做出了巨大贡献。可是大规模的开发建设，对三江平原湿地造成了客观上的破坏。在收获发展红利的同时，也产生了巨大的生态赤字。

据统计，1949 年以前，三江平原沼泽和草甸湿地面积达 500 多万公顷，保持着原始生态面貌。经过 60 多年来的 4 次大规模开发，耕地面积大幅扩张，已达 473.3 万公顷。这些耕地多在沼泽区内开发，导

致湿地面积大幅减少，截至 2006 年已缩减至 44.9 万公顷。[10]

湿地面积减少，使三江平原生态环境发生较大改变。湿地水文条件被破坏后，致使当地水旱灾害增加，地下水位下降，沼泽普遍缺水，湿地涵养水源、净化空气、调节气候、蓄水防洪及维持生物多样性能力和湿地水质功能降低。据统计，三江平原丹顶鹤、雁鸭类等水鸟数量减少 90%以上，野生梅花鹿濒临绝迹。平原区内大小 100 余条河流水质污染严重，挠力河水土流失严重，农业污染严重，水体高锰酸盐、氨氮等指数严重超标，土地呈现沙漠化趋势，沙化面积已达 70 万公顷。

如影随形的环境污染和生态恶化，让生态危机如同越来越放大的阴影，笼罩城市发展的始终。

生态之皮不存，城市之毛焉附？湿地环境的破坏为生态安全敲响了警钟，转变发展方式，势在必行。实施城市转型，迫在眉睫。

近年来，双鸭山按照“扩大总量、提升质量、优化结构、延伸产业、加快转型、改善民生”的思路，以建设工业煤电化、农业产业化、

□ 双鸭山市对沿岸民宅进行迁移改造，水岸林木绿化率达 86.9%。图为安邦河水岸绿化

10 吴殿峰．双鸭山市破解发展与环境的难题 传统煤城转型湿地之都．双鸭山日报，2013-03-04.https://heilongjiang.dbw.cn/system/2013/03/04/054617917.shtml

城乡一体化和山水生态城为目标，大力实施招商引资和项目开发战略，努力推动全市资源转化、结构转优、体制转轨、城市转型，形成了以煤炭、电力、煤化工、钢铁、绿色食品加工为主导的支柱产业，经济社会实现了又好又快发展。

同很多北方城市一样，双鸭山曾是一个煤、电、钢、粮为主的资源型城市，这些年也一直在发展中促转型，促进绿色发展。转型必须突出以环保优化发展，以改变生产方式和调整产业结构为着力点，着力协调好经济与环境的关系。双鸭山以湿地保护和创建森林城市为突破口，积极探索资源型城市向生态型转型之路，破解发展与环境的难题，力促生态保护与经济发展互动。

双鸭山在全国率先成立了市级湿地管理局，下辖各县也成立了相应的湿地管理机构，初步形成了网络健全、信息共享、责任明确、运行高效的组织系统。

在实验区把湿地保护纳入城市建设总体布局，编制了湿地自然保护区、国家湿地公园、城市湿地饮水补水等规则，并将阶段性重点目标纳入林业“十二五”规划，确保湿地资源从根本上得到保护。

在打造生态产业链的过程中，双鸭山市集中力量开发湿地生态旅游线路，拓展生态旅游空间，延长生态旅游链条，高标准建设安邦河4A级湿地公园和七星河湿地公园，打造湿地生态旅游精品。目前，双鸭山湿地旅游活动已经接待中外游客30多万人次，旅游经济正能量不断放大。

务实的行动，让转型成果日渐丰硕，而厚重的文化，又让转型成果长久不衰。双鸭山市以弘扬湿地生态文化体系建设为重点，提出了“湿地大观园、魅力双鸭山”的建设目标。在这个目标的引领下，双鸭山连续3年举办“中国双鸭山·宝清北大荒双鸭山湿地观鸟节”。2012年举办了“中国·双鸭山东北亚湿地生物多样性保护论坛”。

早在2003年，双鸭山就在全省率先提出对城市生态实施保护，划定了城市周边山体保护绿线。2006年启动“绿色家园”行动，完成了8个乡镇、32个省级新农村建设试点村的绿化。2007年，在全省率先实行禁伐减伐政策，大力实施退耕还林、还湿。2007年，双鸭山市晋升为省级园林城市，周边12座山被批准为省级森林公园。2008年，所辖四个区全部实行禁伐，成为全省首个城市中心区森林全面停伐的地市。[11]

2004年，双鸭山就在全国率先成立了市级湿地管理局，下辖各县也成立了相应的湿地管理机构，同时成立七星河、安邦河、东升、大佳河湿地保护区管理委员会，初步形成了网络健全、信息共享、责任明确、运行高效的组织系统。建立管护站、科研中心、瞭望塔、观测站、监控台、界桩界碑等配套设施，初步实现了保护区基础设施标准化、科研监测动态化、管护工作立体化。

在湿地保护核心区划定保护圈，实施人湿隔离，严格保护生物多样性健康发展。在缓冲区以湿地功能恢复为主，实施了湿地生态补水、生态恢复和综合整治工程，有效地推动了湿地生态功能恢复。在实验区把湿地保护纳入城市建设总体布局，编制了湿地自然保护区、国家湿地公园、城市湿地饮水补水等规则，并将阶段性重点目标纳入林业"十二五"规划，确保湿地资源从根本上得到保护。

在打造生态产业链的过程中，双鸭山市集中力量开发湿地生态旅游线路，拓展生态旅游空间，延长生态旅游链条，高标准建设安邦河4A级湿地公园和七星河湿地公园，打造湿地生态旅游精品。目前，双鸭山湿地旅游活动已经接待中外游客30多万人次，旅游经济正能量不断放大。

务实的行动，让转型成果日渐丰硕而厚重的文化，又让转型成果长结不衰。双鸭山市湿地总面积已恢复到48.5万公顷，占市域面积的22%。建成湿地自然保护区5处，其中国家级两处、省级3处。七星河国家级湿地自然保护区还被国际湿地组织列入国际重要湿地名录，被黑龙江省旅游局评定为3A级风景区。

从2009年开始，双鸭山市委市政府站在促发展、保民生的高度，充分依托"城在山中，水贯城区，山水相间，高低错落"的地貌独特优势，率先在全省高寒地区提出创建国家森林城市的目标。全市森林覆盖率已达到40%，人均公园绿地面积达到12平方米。

生态优先理念促使双鸭山产业结构不断调整优化，产业格局实现了由"一煤独大"向煤、电、钢、化、新能源、新建材等"七业并举"

11 双鸭山绿水青山引来金山银山．黑龙江日报，2013-06-19.http://news.ifeng.com/gundong/detail_2013_06/19/26558617_0.shtml

转变，新兴产业投资已占产业项目总投资25.4%，形成了传统产业比重降低、非煤产业规模扩大、新兴产业发展提速的新局面。

当前，双鸭山市上下正致力于突破城市转型的攻坚阶段。实现文化、经济、社会、环境的融合发展，实现山、水、人的和谐统一，是这座城市的重要任务。围绕“以山为魂”“以水为韵”“以人为本”，双鸭山会把生态文明、绿色发展贯穿于“实力、秀美、幸福双鸭山”建设的始终。

美而不俗谓之秀，内外兼善谓之美。多年来，双鸭山人以湿地为突破口，不断探索资源型城市向生态型转型之路，破解发展与环境的难题。通过几年的努力，双鸭山市的湿地生态面貌得以明显恢复，城市产业结构调整更加科学，昔日“傻大黑”的传统煤城，正向着“慧美绿”的中国北方绿色湿地之都华丽“蝶变”。追求秀美特质的双鸭山正在大湿地上力挥神笔，以湿地突破生态困局，以生态突破转型瓶颈，以转型突破城市发展谜题，湿地与城市互哺、互济、互利，全力加速城市转型，建成“生态小康”城市。

黑龙江流域民族走入中原，然后消失（同化），这样的历史一次次重演，这些民族从弱小走向强大所依赖的是东北丰厚的资源。作为高寒地区以游牧、渔猎为主要生产方式的黑龙江流域先民，与长期处于农耕社会的中原人相比，对人与草原、人与森林、人与江河、人与冰雪等自然界的关系更为敏感，认识更为深刻，更懂得尊重自然、顺应自然、保护自然。东北生态资源之所以能长久保持，黑龙江流域先民自觉的生态意识功不可没。因此，黑龙江流域文明生态伦理意识，其价值是不可低估的。双鸭山这样一个因煤而兴的城市，全力发展生态产业和生态经济，推动整个经济发展的“生态化转型”，有效实现经济、文化、社会和环境的良性互动；这对于当下黑龙江生态文明建设而言，应当是一个珍贵的启示。

行走在双鸭山大地，城镇草木葱茏，山野满目苍翠，河流碧水清清。“绿水青山，就是金山银山”这一理念，双鸭山人耳熟能详。其背后，是对生态文明的深度理解，以及多年来持之以恒建设生态文明的实际行动。

第四节　绿色发展之抚顺模式

抚顺是一座古老的城市。1605 年，清朝开国皇帝努尔哈赤在此建成了清朝第一座都城——赫图阿拉城，从此这里成为清代立基和满族崛起之地。现代的满族人在很多方面仍然保留着先人的古风遗俗，满族风情节上更能让人感受到浓郁的满族风情，在这种特色文化品牌的带动下，满族风情旅游也成为抚顺的一大特色。

众所周知，这座因煤而兴、因石油而发展的老工业基地，在推动中华人民共和国工业发展过程中功勋卓著。中华人民共和国的第一桶石油、第一吨铝、第一吨镁、第一吨硅、第一吨特钢、第一台挖掘机……全都出自抚顺。

辉煌的历史，难掩现实的尴尬。大量矿工棚户区，大面积采煤沉陷区，就业困难，社会保障负担重……“百年煤城”历史欠账不少，民生短板突出。

在大生产、大开发的繁荣时期，没有意识搞绿化；在资源枯竭、经济萧条、工人被迫下岗的困难时期，没有条件搞绿化。这是东北老工业城市普遍存在的问题。

铅华洗尽，风华不再，资源枯竭型城市，如何重拾昔日荣光？唯有转身、转变、转型。产业转型，生态立市，走绿色发展之路。抚顺

□ 抚顺市对乡级以上公路行道树种植、景观带建设、重要节点进行打造，道路绿化率达到84%。图为十里滨水公园

以创建国家森林城市为平台，大打生态牌，她又一次成为辽宁的焦点、全国的亮点。

加快调整经济结构、转变经济发展方式，这对曾经的资源型城市来说意义更加重大。抚顺着力推动经济持续健康发展，力求在不断转方式、调结构中实现稳增长，在推进绿色发展、低碳发展、循环发展中奋力突围，不断增进民生福祉，他们的经验，值得借鉴。

从清王朝的发祥地，到雷锋精神的肇兴地，再到中华人民共和国老工业基地；从森林蓄积量全省第一，到森林面积和覆盖率全省第二，再到国家现代林业示范市。这座城市，还是有着很多得天独厚的条件。通过“创森”，构建城市生态屏障，改善投资环境，提高城市品位，促进经济、社会、生态协调发展，这对全面实现振兴老工业基地的奋斗目标具有十分重要的意义。

按照这一理念，2010 年，抚顺踏上了创建国家森林城市之路，并快马加鞭。

在抚顺市提出创建国家森林城市之初，抚顺实际上已先后启动了人民广场建设、浑河北岸带状公园、浑河南路景观绿化，月牙湾、城市东西出口绿化和秋冬季农村植树造林等创建国家森林城市建设工程，城区栽植大树近 60 万余株，农村植树造林 10 万亩，总投资 27.5 亿元，其中投入城市绿化资金 25.9 亿元，农村绿化资金 1.6 亿元。[12]

作为辽宁林业大市的抚顺，是国家现代林业建设示范市。特别是近年来，抚顺逐步实施老城区的改造和新城区的开发建设，打造低碳城市、宜居城市成为抚顺市委市政府的重要工作目标。通过多年的辛勤努力，全市完成了环城林带建设工程，实现了城在林中的基本工作目标。城东新区、抚顺经济开发区、浑河水岸居住区等地区的绿化美化工作也取得了极为显著的成效。

但抚顺城区绿化工作还有一定的欠账，老城区街路绿化覆盖率离创森标准尚有一定的差距，部分公园的设施陈旧，园内树木遭受一定程度的破坏，公路、铁路和河流绿化水平不高，人均绿地面积距国家森林城市标准仍有一定的差距。

12 抚顺市提出创建国家森林城市的目标 .http://www.ln.gov.cn/zfxx/ggaq/hjbh/201109/t20110929_719837.html

创建国家森林城市，就是要从和谐城乡的要求出发，促进城区、郊区和山区绿化的协调发展；尊重人民的要求，增进人民健康，改善人居环境，惠及人民的生产生活；进一步弘扬森林生态文化，提高全社会的森林和生态意识，建设适宜人居的城市。

到 2010 年年底，市政府成立了抚顺市“创森”工作领导小组及其办公室；2011 年 4 月，市政府通过省林业厅正式向国家林业局提出创建国家森林城市申请；5 月 18 日，国家林业局对抚顺市创建国家森林城市的申请给予批复，要求抚顺市按照《国家森林城市评价指标》的要求，加强领导，健全机构，发动群众，加大投入，扎扎实实做好各项工作。

各项创森工程随之展开：

环城林带建设工程科学选择树种，保证造林质量，全面提高环城森林生态功能。现已完成一、二、三、四期工程建设，累计完成荒山造林 22.9 万亩，保存面积 15.9 万亩；完成封山育林 3.1 万亩；绿化河流 128.4 公里，道路 223.2 公里；建千台山、胜利矿后山、老虎台南山、老虎台北山、阿金沟 5 处森林公园。规划区总面积由最初的 23.8 万亩扩大为现在的 123.7 万亩。

浑河北岸带状休闲公园建设工程。规划范围岸线约 13.8 公里，占地面积 69 万平方米，计划投资 8884 万元。形成水的长廊、绿色长廊、健身长廊，集健身、娱乐为一体的公园。

浑河滩地公园建设工程。建设由鲍家河至前甸甲邦 4 公里，一期占地面积约 53 万平方米，计划投资 6400 万元的河堤滩地公园。

月牙岛生态公园建设工程。总用地面积为 189 万平方米，计划投资 39458 万元。集休闲娱乐、健身、会议、餐饮、住宿为一体的多功能生态岛公园。

人民广场建设工程。总面积为 14.3 万平方米，工程计划总投资为 5200 万元，建设内容包括：景观广场、景观绿地、休闲广场、健身广场、儿童活动空间、亲水平台。

城市公园改扩工程。新建月牙岛生态公园；维修高尔山、华山、虎台山、虎台南山、萨尔浒风景区等城市森林公园道路，改造劳动、儿童、望花、雷锋、新屯、浑河、贤夏园、自春园、千台山等综合性公园，完善公园园林建设和基础设施建设。

社区及居民小区绿化美化建设工程。总投资 2 亿元，对原有居民小区绿化改造及新建小区绿化美化。

公路绿化建设工程。总投资 2000 万元。对乡级以上公路行道树种植、景观带建设、重要节点打造。

河道绿化建设工程。总投资 1500 万元，实现河道及河岸绿化率达 85%。

村屯绿化建设工程。提高村屯生态建设水平，实现村屯绿化美化达标。总投资 4000 万元。全市共 625 个行政村全部实现绿化美化达标。其中 2011 年年底完成绿化村屯 398 个，其余在 2012 年全部完成。

校园绿化建设工程。投资额 1000 万元，全市所有校园实现基本绿化，计划在 2011 年完成 47 所绿化水平较低的重点学校，2012 年全部完成。

自然保护区和森林公园建设工程。划建湿地自然保护区，提高保护区和森林公园建设水平。

矿山废弃采区生态恢复建设工程。恢复矿山植被，保护矿区生态。工程总面积 8000 亩，总投资 1 亿元。

林地经济开发建设工程。扩大开发面积，提高林农收益。

城市生态文化广场建设工程。每区建 2 处以上生态文化广场，提供大众生态文化活动的平台。广场面积在 1 万平方米以上，划分为森林区、健身区、多功能区。[13]

达到国家森林城市标准后：城市森林覆盖率达到 25% 以上，城市建成区绿化覆盖率达到 35% 以上、绿地覆盖率达到 33% 以上、人均公共绿地面积达到 9 平方米以上，城市中心区人均公共绿地面积达到 5 平方米以上。水体沿岸注重自然生态保护，水岸绿化率达到 80% 以上，在不影响排洪安全的前提下，采用近自然的水岸绿化模式，形成城市特有的风光带。道路绿化注重与周边自然、人文景观的结合与协调，道路绿化率达到 80% 以上，形成绿色通道网络。

抚顺“创森”将市区列为生态建设的核心区，重点打造“五点一线”景观带，建成了一批以广场、公园为主的绿化精品工程，加大了沈抚新城绿化、美化工作，并将绿色延伸至街道、社区、校园和单位各个角落，全方位地提升了城市绿化品位，为抚顺市民休闲、娱乐、健身

13 抚顺市创建国家森林城市打造和谐人居环境 .2017-01-09.http://www.wulanchabu.gov.cn/information/wlcbzfw11369/msg2056256847037.html

提供了更多的好去处。

从2010年开始提出“创森”，抚顺的变化可谓日新月异。全市集中时间、集中精力、集中财力，先后启动人民广场、浑河北岸十里滨水公园、浑河南岸景观带、月牙岛生态公园、沈抚新城、石化新城、抚顺东西出口绿化和农村植树造林等18项“创森”重点建设项目。抚顺城区浑河两岸、大街小巷、广场小区以及机关、厂矿、学校、医院都覆盖上了浓浓的绿色。

抚顺山水其实是独具魅力的。这里有千百年穿城而过、被抚顺人称为“母亲河”的浑河；这里耸立着海拔1374米的岗山……为了让抚顺变得更加美丽宜居，近年来，抚顺市坚持把推进绿色发展、打造美丽城市作为一项重要战略任务，全市环境质量不断改善，城市变得更加生态宜居，百姓幸福指数不断攀升。2012年时，全市的环境空气质量优良天数已达到344天。

展望未来，抚顺将依托生态优势，深入实施绿色发展的大战略，坚持大生态产业与其他产业深度融合，在坚持生态产业化、产业生态化发展方向的同时，以“创新、协调、绿色、开放、共享”的发展理念积极融入新一轮东北振兴的浪潮之中。

第五节　本溪：从煤铁之都到森林之城

本溪被称为“枫叶之都”。每到金秋时节，辽宁本溪老边沟森林公园，红叶漫山，层林尽染。五彩斑斓的树荫下，溪水清澈，伴着阵阵细雨，清新的气息扑面而来。群山之间，红叶簇拥，与山中缭绕的云雾浑然一体。

在本溪枫林谷森林旅游风景区，游客纷至沓来。几年前，枫林谷所在的和平林场因为可采资源枯竭，收入锐减，生产经营陷入困境，附近的村庄也因“养在深山”而不为人知。

如今，通过发展森林旅游，变“卖木材”为“卖景观”，和平林场变成了森林公园，林场职工也变成了景区的管理员、服务员和护林员。枫林谷还承接其他林场富余职工数十人。当地最贫困的村庄通过发展农家乐，实现了小康。森林城市的生态效益、社会效益、经济效益实现了共赢。[14]

“让森林走进城市、让城市拥抱森林”——创建国家森林城市不仅使城市的面貌焕然一新，投资环境明显优化，而且培植了一批以森林为依托的绿色产业，促进了城市转型升级和绿色发展，提升了生态承载力和城市竞争力。

说起本溪，人们首先想到的是钢。本溪因钢而生，是一个钢都。中华人民共和国的第一支枪、第一门炮、第一辆汽车、第一台发电机组、第一颗人造卫星、第一枚运载火箭都深深刻有本溪烙印。20 世纪，本溪曾被称为煤铁之城，因为煤炭资源濒临枯竭，本溪后来简缩为钢铁城市，一钢独大支撑了本溪许多年。

人们很难想象，这座曾因污染被称为“卫星上看不到的城市”，通过开展国家森林城市建设，实现了从“黑”到“绿”的华丽转身，促进了发展方式的转型，如今正变身为中国药都、成为休闲旅游城、健康养生城和智慧山水城。[14]

作为煤铁之城，本溪因为重工业的发展和资源的开采付出了巨大的代价。作为资源型工业城市，本溪一直在思考如何实现绿色转型。20 世纪 90 年代，本溪就提出了不能一柱擎天，要多柱共撑。进入 21 世纪，本溪更明确地提出大力发展钢铁深加工、中药、旅游等三大接续产业。而发展城市森林、创建森林城市，正是彻底转型以实现全面、协调、可持续的科学发展的必然选择。

通过 20 多年的奋斗和努力，本溪的生态环境有了彻底的改变。特别是 2006 年以来，以画境林城、森林本溪为目标实施了国家森林城市创建工程。如今的本溪，绿色已经成为显著的城市标志色，生态已经成为叫得响的城市名片和富民口号。

本溪市举全民之力发展城市森林，“让群众参与、让群众受益”。全市 100 多万名适龄公民都参与进来，几十个社会团体先后营造了青年林、和谐林、爱心林、中国移动奥运林等一大批纪念林。省、市领导及各界青年、驻本溪部队和武警官兵万余人次到本溪参加植树。近两年，全市参加义务植树人数超过 200 万人次，适龄公民义务植树尽责率达到 90.8%。

---

14 从“黑”到“绿”的华丽转身．光明日报，2016-10-10.http://rmfp.people.com.cn/n1/2016/1010/c406725-28764345.html

在加强环境污染治理的同时，本溪坚持城乡绿化协调发展。充分利用本溪山水环抱的自然地理条件，构筑城市生态绿地系统的空间结构，积极发展各城市组团之间的绿化隔离带。先后投入 20 多亿元，实施了 6 项重点生态工程，初步形成了“外围森林环抱、内部绿化成网”的城市森林体系。[15]

在城区，结合生态新城建设和老城改造规划，采取点、线、面结合，平面与立体相结合，增绿与补绿相结合，建设沿路绿化带、沿河景观带、沿山林成带，在 144.9 平方公里城市建成区内植树 120 万株。

在城市周边，实施了生态风景林建设工程，对郊区 10.7 万公顷山林实施全面封山育林，初步建成环绕本溪城区具有“一山三湖一沟”等 10 大景区、58 个景点、森林覆盖率达 76.6% 的环城国家森林公园，中心景区平顶山每年接待市民 300 多万人次。

在农村，实施了村屯绿化和枫叶景观带建设工程，打造了“两纵一横”总长 220 公里的枫叶景观带，打造出森林景观优美、季相色彩丰富、生态系统多样的“中华枫叶之路”，开展了“绿化村屯美化环境”“千村绿化百村示范”等活动，对全市 289 个行政村进行全面绿化，初步形成了村在林中、家在绿中、户在花中的新农村绿化格局。

2010 年 4 月 27 日，在武汉举办的第七届中国城市森林论坛上，本溪市被授予“国家森林城市”称号。

创森 5 年来，本溪市积极发展城市森林，在惠及广大市民的同时，也提供了本溪发展不可或缺的“绿色动力”。

20 世纪 50 年代以来，本溪就是辽宁省的制药基地，几十年的医药产业发展历史，使本溪积累了众多的专业人才和产业基础。特别是近年来，国家将现代医药产业作为新兴战略产业重点扶持。沈阳经济区发展战略上升为国家战略后，辽宁省委、省政府将沈本一体化产业带和生物医药产业集群作为沈阳经济区产业布局的战略核心之一，明确要在沈本两市接点上建设中国药都，并提出举全省之力支持药都发展。

本溪地处辽宁东部山区，境内山多地少，水丰林密，山峦叠障，素有“八山一水一分田”之说。长期以来，本溪市农业发展受耕地面

15 林溪．从煤铁之都到森林之城——辽宁省本溪市发展城市森林综述．人民日报，2010-04-27.http://energy.people.com.cn/GB/11460179.html

积少、发展空间不足的制约，农业小规模的紧箍咒一度桎梏了人们的思想，束缚了现代农业的发展。

近几年，在现代农业发展的实践中，全市上下深刻地认识到农业的根本出路在于产业化，确定了加快转变农业发展方式，积极推进农业产业化经营，努力实现由农业小市向农产品加工强市转变的发展目标，也为本溪经济转型提供了强有力的支撑。

2010 年荣获的“国家森林城市”这张绿色名片，彻底扭转了本溪的黑色形象，极大地促进了本溪的对外开放，成为了本溪招商引资的一张绿色名片。2009 年时，本溪市实际利用外资就增长了 77%，引进内资增长了 201.8%。2011 年引进内资就达到 790 亿元，增长 84%。2011 年荣获的“中国枫叶之都”这个红色引擎，又使去年本溪市旅游人数创历史新高，接待游客 3081 万人次，旅游总产值 252 亿元，而森林旅游占 80%。

本溪钢铁之城的黑色形象形成多年，其实本溪也是一座旅游城市。2001 年，本溪市被国家旅游局批准为“中国优秀旅游城市”。全境拥有国家和省级风景名胜区 26 处，高句丽山城为世界文化遗产，本溪水洞正在申报世界自然遗产，本溪铁刹山为东北道教发祥地，本溪全境为国家地质公园。特别是以枫叶为主的特色森林景观，久负盛名，素有“神奇山水、枫叶之都”的美誉。

2009 年，本溪市委、市政府确定建设三都五城的发展战略，由此枫叶之都建设正式成为本溪市城市发展的战略决策。通过建设枫叶之都，实现由一元支撑的工业主导城市向多元支撑的现代城市的转变，进而不断提高城市整体形象和知名度，进一步发展壮大旅游产业，促进全市经济社会又好又快发展。近几年，本溪市休闲农业与乡村旅游作为旅游业的重要补充，伴随着旅游业的快速发展而异常火爆。

依托奇特的山水景观，本溪市正在规划建设 20 平方公里的本溪水洞温泉旅游度假区，得天独厚的山水林泉洞景观吸引海内外游客前来观光览胜。近年来，全市旅游总收入以每年 30% 以上的速度增长。[16]

以打造本溪县山水休闲旅游城和桓仁县中国休闲度假城为载体，

---

16 林溪．从煤铁之都到森林之城——辽宁省本溪市发展城市森林综述．人民日报，2010-04-27.http://energy.people.com.cn/GB/11460179.html

本溪市加快发展以农村休闲观光旅游业为支撑的新兴产业。大雅河漂流有限公司重新进行了产业定位，从旅游业转型为休闲农业和乡村旅游，成功地申报为全国休闲农业和乡村旅游五星级企业。2012 年以来，本溪市旅游局把乡村旅游工作作为重点，整体推进乡村旅游项目朝着企业化、专业化、标准化方向迈进。创新旅游业发展模式，发展旅游新业态，扶持乡村旅游发展，通过指导、评定旅游特色乡镇、旅游专业村和星级农家乐，吸引更多的投资、招来更多的游客，建设本溪最美乡村，推动乡村旅游和沟域经济发展。

如今，本溪城区已不见了往日的灰尘暴土和破旧的街路，映入眼帘的是银杏一条街、樱花一条街、望溪公园和枫叶广场。道路两旁绿树成荫，街心广场花团锦簇。小区内一片片平整的绿地，道路旁一盆盆盛开的鲜花，平静充盈的太子河水，林木茂盛的城市公园，无不让人心生愉悦。

“创森”的成功，将本溪市的生态建设摆放到了一个新的起点上。绿色已经成为这座城市最显著的特色。时临初冬，枫红柳绿的季节慢慢走远，而森林城市的迷人色彩，却再也不会随之褪去。

第八章
江淮：绿色发展与生态红利

第一节　八百里皖江，见证绿色复兴

当浩荡的长江流过安徽这片文化积淀极其深厚的土地，人们习惯将这416公里的江水称作八百里皖江。[1]

皖江流过安庆、池州、铜陵、巢湖、芜湖、马鞍山市，辐射合肥、六安、滁州、黄山、宣城市，滋润着安徽2/3的土地。皖江两岸，集聚着这一区域最具活力的城市群。2014年9月，国务院公布的《关于依托黄金水道推动长江经济带发展的指导意见》，首次明确了安徽作为长三角城市群的一部分，合肥则与杭州、南京并列成为长三角城市群副中心。[2]

国家打造长江绿色生态廊道，安徽地处长江下游，是长三角、长江中游城市群重要的生态屏障和宝贵水源地，拥有巢湖流域和黄山市两个国家级生态文明先行示范区，有利于抢抓长江经济带绿色生态廊道建设机遇，加强污染治理和生态保护、区域环保和生态建设合作，将生态优势转化为发展优势。

安徽承东启西、连南接北、沿江通海。长江经济带战略提出后，

1 徐立京，乔金亮，白海星，文晶．探访长江经济带：安徽传统产业浴火重生．经济日报，2016-04-20.

2 安徽：绿色转型秀皖江．合肥在线，2016-04-22.

安徽整省“入长”，东向发展，拥抱“长三角”。与此同时，安徽把绿色作为产业转型和城市发展的生命，持之以恒推进产业发展绿色化、城市空间绿色化、生活方式绿色化，在资源开发、产业发展、城市建设等方面，迎来了更广阔空间。[3]

青山绿水不但是安徽的靓丽品牌和宝贵财富，也是重要的竞争优势和发展潜力。安徽印发的《关于扎实推进绿色发展着力打造生态文明建设安徽样板实施方案》已明确，大力推进绿色城镇化，建立完善以风景林、防护林为主体的城镇生态保护屏障，持续推进城镇园林绿化提升行动和绿道建设，构建城镇园林绿地系统。注重培育特色林产业，重点实施林下经济示范项目。构建皖北及沿淮平原绿化生态屏障。建设皖江绿色生态廊道，以及长江防护林工程。大力开展封山育林和森林抚育，构建皖南山区绿色生态屏障。全面完成国有林场改革任务，完善国有林场经营管理体制，完善集体林权制度配套改革。启动实施新一轮退耕还林、新一期林业血防及天然林保护工程，加强公益林建设，加快推进木材战略储备基地建设。建设森林重点火险区防火视频监控系统，使森林火灾监控率达到 50% 以上。

到 2020 年，全省森林覆盖率应达到 30% 以上，林木绿化率达到 35%，森林蓄积量达到 2.7 亿立方米，湿地保有量达到 1580 万亩。创建国家森林城市 10 个、省级森林城市 50 个、省级森林城镇 600 个，创建森林村庄 4000 个，建成森林长廊示范段 7000 公里。生态文明建设是大势所趋，是民心所向。如今，江淮大地的绿色发展态势正在走向纵深。[4]

第二节　绿色之光，闪耀大湖名城

大湖名城，城湖共生。

地处长江、淮河之间的合肥，因东淝河、南淝河在此交汇而得名，全国五大淡水湖之一的巢湖就偎依在城市之中。2011 年国家对安徽实

3 安徽：绿色转型秀皖江 . 合肥在线，2016-04-22.

4 安徽省国家森林城市 4 年后或达 10 个 打造安徽样板 . 中安在线，2016-09-26. http://news.hs.ahhouse.com/html/2465744.html

施区划调整，将“五湖四海”中“五湖”之一的巢湖整体划归合肥，使合肥成为全国唯一一个环拥整个淡水大湖的城市。

这是一座有着深厚历史和文化底蕴的城市，自秦朝置县起有2200多年的悠久历史，原巢湖市部分划入合肥后，源远流长的中华文人始祖之一有巢氏文化，又将合肥文化历史拉长至5000多年。三国时期魏吴在此交兵长达32年，历史上著名的淝水之战即在此发生，历史给合肥留下了众多的遗迹和历史故事，人杰地灵使合肥名人辈出。

“十二五”以来，合肥践行绿色发展理念，坚持“绿水青山就是金山银山”，努力建设一座“有土皆绿、是水则清、四季花香、处处鸟鸣”的美丽城市。

以国家级巢湖生态文明先行示范区建设为总揽，合肥近年来着力做好“水、山、气、绿”4篇大文章。在“水”方面，合肥切实提升巢湖流域综合治理水平，扎实推进巢湖生态综合治理工程建设，到2020年，力争巢湖

□俯瞰西山

水质明显改善；在“山”方面，创建国家生态园林城市，推进精品公园、游园和街头绿地建设，到2020年，力争全市森林覆盖率超过28%；在“气”方面，强化大气污染防治，大力实施大气污染联防联控，不断提升空气质量优良率；在“绿”方面，建设低碳城市，大力发展消耗少、效益高的绿色产业，促进循环经济集聚发展。[5]

八百里巢湖，烟波浩渺，湖水最终汇入长江。一句“湖污则城黯、湖清则城美”，道出了合肥坚持城湖共生的执著。巢湖流域面积1.34万平方公里，常住人口980多万人，占安徽总人口近15%，是全省经济社会发展最具活力和潜力的区域之一。因此，建设生态城市、实施巢湖流域综合治理，是合肥绿色发展的重要战略。

如今，城湖共生、林水相依，生态优先、绿色发展的理念已经在这片土地上深深扎根，环境保护与经济建设共赢的成果，为全体人民共享。环城翡翠项链、城西森林公园、环湖生态大道……绿色乃是合肥这座大湖名城的响亮名片。早在1992年，合肥就与北京、珠海同获首批“国家园林城市”。2010年11月，合肥做出了建设森林合肥的重要决策，提出了“十二五”植树造林100万亩、创建国家森林城市的目标。这是合肥历史上范围最广、规模最大、任务最艰巨、影响最深远的造林绿化工程。

目标已定，合肥栉风沐雨，砥砺前行。从城市到农村，从蜀山到巢湖，合肥人开始下大力气植树造林、绿化家园，让森林走进城市、让城市拥抱森林。2011年完成农村植树造林16.86万亩，相当于过去五年的总和；2012年更是达到了24.4万亩，再上了一个新的台阶；2013年，乘势再上，一举完成植树造林36.04万亩，创下历史新高。如果加上城区绿化，三年全市累计完成造林绿化近80万亩。若从绿化标准上看，此时的合肥，已然迈进“国家森林城市”的行列。[6]

蜀山之巅，绿意盎然；巢湖之畔，层峦叠翠。 2011—2015年，这一场合肥历史上规模最大、范围最广、任务最艰巨、影响最深远的造林绿化工程，席卷庐州大地。五年来，合肥累计完成造林117.8万亩，

5 李佳霖，白海星．美丽合肥的绿色贡献．经济日报，2016-07-20.http://www.dzwww.com/xinwen/guoneixinwen/201607/t20160720_14647697.html

6 合肥在打造“全国最美省会城市”上取得新突破．http://www.gaoloumi.com/forum.php?mod=viewthread&tid=754274

□ 合肥大剧院

是"十一五"造林总面积的7倍多，一举奠定了城市发展的生态基础。

一张绿色生态网，在庐州大地徐徐铺开，横跨合肥北部的绿色长城恢宏崛起。按照《合肥森林城市建设总体规划》的布局，合肥森林城市建设将形成"一湖一岭、两扇两翼、一核四区、多廊多点"的空间布局，建成完备的森林生态体系、繁荣的生态文化体系和发达的生态产业体系，把合肥打造成为依山傍水、滨湖通江、林荫气爽、鸟语花香的国际化宜居大都市。

通过破墙透绿、拆违建绿、见缝插绿、垂直挂绿等形式，合肥不断建设和完善城区公园广场绿化、社区绿化、露天停车场绿化、校园绿化、屋顶绿化、企事业单位绿化及新建道路绿化等，不断增加城区绿化面积和绿化空间，营造了"市民接触到绿、享受到荫、观赏到景"的生态宜居环境。连续几年来，合肥城区每年新建、提升的绿地面积都超过1000万平方米。

摊开合肥的城市地图，大蜀山、滨湖湿地森林公园、塘西河金斗公园、董铺水库和大房郢水库上游森林公园、杏花公园、天鹅湖公园、翡翠湖公园等一个个翡翠般的公园镶嵌其中。置身其中，可以充分感受到合肥绿化的魅力。路在绿中、房在园中、城在林中、人在景中……这样的生活愿景，正一步步变为现实。

在森林城市建设中，合肥创新机制，完美地统筹了生态和产业，实行生态林、经济林、景观林三林共建，实现了生态建设产业化、产业建设规模化的结合，并充分发挥森林的多种功能和作用，将生态效益和经济效益、社会效益集于一身，实现“三效合一”。

从 2011 年进入合肥，国内著名园林绿化企业浙江滕头园林在合肥已经租地 2 万亩发展苗木生产，一举开创了一家企业在合肥造林的历史。在滕头公司的苗木基地里，香樟、红枫、樱花等各种苗木应有尽有，而且各品种苗木的规格、树形均较为标准，一改合肥苗木花卉产业此前“散、弱、小”的弊端。

伴随着森林合肥建设中一大批优秀企业的进驻，合肥的苗木花卉产业迎来质的飞跃。合肥苗木生产面积如今已达 85 万亩，年销售额突破 35 亿元，标准化生产、规模化种植、集约化经营水平明显提高，苗木产业提档升级步伐明显加快，并且成为农村经济的重要支柱、农业结构调整和农民增收的重要内容。[7]

随着森林合肥的建设，近年到合肥租地搞项目已经成为国内诸多园林企业竞相角逐的事项。以前植树造林是赴外招商，现在都是外地的企业纷纷登上门来，主动要求落户、寻找土地。

创新机制，激活各种市场主体的积极性，合肥的森林城市创建不仅政府支持，而且企业和农民群众也都积极参与，完美地实现了生态效益、经济效益、社会效益的有机统一。

天道酬勤。2014 年，在山东省淄博市召开的“中国城市森林建设座谈会”上传来喜讯，合肥正式获批成为“国家森林城市”。

“大湖名城、创新高地”，折射着合肥地方史的底蕴，提出未来发展的前景。“大湖、名城、创新”三个词组也是“巢文化”的关键词，既与“巢文化”紧密相联，又是对“巢文化”的精辟概括，并提出了新内涵、新概念。“巢文化”虽带有乡土性，但是，它来源有巢氏始生文明，有历史藤条的凝结，有合肥黄土的气息，有巢湖湖泊的浩瀚，有淝水的灵气。这一文化与时代接轨，与未来发展融洽，就会变成合肥发展的自身灵魂，是别的城市复制不了的特色。

---

7 王永亮．滨湖森林公园屡创第一 森林城市建设成就合肥模式．中安在线，2014-11-03. http://ah.anhuinews.com/system/2014/11/03/006586745.shtml

初春时节，行驶在安徽省合肥市包河区环湖北路，由远及近的合肥滨湖国家森林公园仿佛波澜壮阔的绿色海洋。路的另一侧，就是八百里巢湖，水天一色，帆影点点，蕴蓄着天地大美。昔日所谓“上有天堂，下有苏杭”，其主要是因西湖闻名的杭州，而如今合肥市内巢湖八百里烟波浩渺、碧波荡漾的大湖风光，几乎毫不逊色，别有殊胜，堪称“人居旅游的新天堂”。

在合肥，出门“500 米见游园、1000 米见公园”的梦想已逐步变为现实。道路绿化汇成条条绿色长廊，一个个公园镶嵌其间犹如翡翠般夺目，滨湖新区牛角大圩、庐阳区三十岗半岛花博园、蜀山区四季花海等一个个花海项目相继在合肥“绽放”“有土皆绿、是水皆清、四季花香、处处鸟鸣”的城市生态文明愿景正一步步走来，“大湖名城”的绿色发展与森林城市建设，犹如打开一张绘满美景的绚丽画卷，正在徐徐铺展。

第三节　安庆的绿色“含金量”

安庆位于安徽省西南部，长江中下游北岸。安徽之“安”取自安庆。

这里交通位置重要，处皖、鄂、赣三省交界处，其地襟带吴楚，北界清淮，南临江表，处于淮服之屏蔽，江介之要衢，用古人的话说，它“上控洞庭、彭蠡，下扼石城、京口，分疆则锁钥南北，坐镇则呼吸东西，中流天堑，万里长城于是乎在”；地势十分险要。

安庆又是一个充满诗境画意的城市，自古以来，安庆生态环境就十分优美，皖江江畔的天柱山，简称“皖山”。“皖”为美好之意，“皖山皖水”也意喻为“锦绣河山”。东晋诗人郭璞有语赞云：“此地宜城”，故安庆又称“宜城”。

春宜晨，夏宜风，秋宜月，冬宜雪，安庆简直一年四季都有看不尽的美景。境内有“塔影横江”“菱湖夜月”“龙山晓黛”“百子晴岚”“石门秋泛”等八大景和九斗十三坡等名胜。有名的“菱湖夜月”，别有情趣。每当皓月当空，渔歌唱晚，此地渔火点点，光波粼粼，实在令人陶醉。

安庆物产富饶，盛产水稻、油菜等粮油作物，茶叶、板栗等经济作物，鱼、虾、蟹、鳄等水产品，自古就有“鱼米之乡”的美名。亚

生态与产业良性互动，安庆让620万人民享受到了实实在在的“生态红利”。图为岳西县河图镇古方生态茶园

热带湿润的季风气候，充足的日照，充沛的雨量，平畴沃野，河湖交错，最适宜水稻生长。

安庆自古重视文化教育，创建于清顺治九年（1652年）的敬敷书院，多少文豪、学子在这里孜孜苦读，享誉文坛的“桐城派”正是在这里诞生。1928年，敬敷书院和求是学堂改建为安徽大学堂，开安徽高等教育之先河。安庆也是中国第一代领导人毛泽东主席一生中唯一视察的中学——安庆一中的所在地。安庆俊彦名绅辈出，才子佳人不绝，这与安庆一贯的崇文风尚密不可分。

出于一种创新和发展的精神力量，安庆在历史上一直走在时代的前端。因其在政治、经济、文化、军事上的重要地位，在历史上曾经与上海、南京、武汉、重庆这四个沿江城市并列为中国“长江五虎”城市。

在现今经济快速发展的同时，安庆也遇到了空气污染、植被破坏等一系列的生态问题。安庆的路要如何走？

2010年，安庆率先在安徽省开始走上“创森”之旅，并将“让森林走进城市、让城市拥抱森林”的“创森”理念融入城市发展热潮、融入提升百姓的幸福指数、融入生态林业民生林业和谐共进、融入生态文明和美丽中国建设同频共振，让“创森”在安庆大地上生根、发芽、开花、结果。

按照“生态、精品、魅力”的城市绿化要求，安庆市以加快大型公园绿地建设为突破口，以街道绿化为纽带，以单位庭院为网络，从2011年开始，每年平均投入资金2.5亿元，用于道路绿化提升和公园绿地建设等。

2014年，全市以百万亩森林增长提质工程为抓手，完成人工造林面积24.6万亩，占任务的142.11%，全面提升城市森林绿量。同时，以安徽省委、省政府提出的“三线三边”（铁路沿线、公路沿线、江河沿线及城市周边、省际周边、景区周边）绿化提升为推手，推进“创森”向深层次宽领域迈进。

安庆并不富裕。七县一市中太湖、岳西、潜山等县地处大别山深山区，同时也是国家级贫困县，全市年财政收入不足200亿元。

然而，即使经济再不发达，安庆对生态建设和绿化的投入却是大手笔。据不完全统计，全市仅24条道路绿化提档升级，市财政就从并不宽裕的财政收入中挤出了1.6亿元资金支持道路绿化建设。

其实，安庆的绿色廊道建设早就已经起步。早在世纪之初，安庆市就做出《关于建设绿色长廊工程的决定》。近几年，安庆市结合“创森”工作，以高速公路、国省道以及江河渠道为重点，大力实施绿色廊道工程，形成了林带环绕、林网交织、纵横延伸的通道绿化格局。截至2013年，全市共完成通道绿化2683公里。

合安高速公路、沪蓉高速公路安庆段，建设起点高，单侧绿化宽度达20～50米。省道安九路、铜枞路的意杨高大挺拔，单侧绿化宽度达5～20米。桐城市金嬉路通过招商已建成3200亩高质量的绿色长廊，宽度在100米。宿松县、望江县、枞阳县在江堤两侧已建成长江防护林140公里，不仅有效地防浪固堤，同时宛若一条绿色的飘带镶嵌在长江之滨，美不胜收。

在绿色廊道建设中，安庆市一个十分突出的特点就是创新观念和模式。

在合安高速宜秀段，高速路两边宽50米到上百米的范围内种植的都是银杏、桂花、红叶石楠等绿化大苗。这些地方，既是绿廊，也是苗圃。为了提高苗木大户的积极性，解除他们的后顾之忧，同时又极大地提速绿色廊道建设，安庆市政府部门大胆创新求变，通过租赁的方式将高速路两边的土地租赁过来，然后交给苗木大户承包经营苗木，前 8 年的地租全部由政府买单，后 12 年的地租由承包大户承担。这样既绿化了廊道，又产生了苗木收益。仅宜秀一个区，市林业局每年就要为造林大户承担地租近 80 万元。[8]

观念和模式的创新，带来了绿色廊道建设的快速发展。如今的安庆市，高速公路、国省道、县乡公路，绿树成荫，取得了“有路必有树，两侧树成荫”的建设成效。

与此同时，安庆依托“创森”大力发展林业产业，实现兴林富民，使广大百姓充分享受“创森”成果。

在桐城市范岗镇樟枫村的安徽省永椿园林绿化有限公司的苗木花卉基地上，方圆几里地的连片山头上，种植都是各种各样的名贵苗木花卉，特别是名优桂花金球桂、朱砂桂、早黄、天香台阁长势喜人，一个现代化的生态庄园雏形初具。目前，公司注册资金达 3200 万元，吸纳周边群众务工达 40 人，仅用一年半时间就完成整地造林 3800 亩。

□ 安庆市已成功创建省级森林城市 2 个，省级森林城镇 15 个，省级森林村庄 101 个。图为枞阳县横埠镇横山村

8 生态安庆，创森中绽放美丽——聚焦安徽省安庆市创建国家森林城市 .http://www.ahnw.gov.cn/nwkx/content/BA05423B-2246-479B-8680-A39A09787EF6

公司以“公司＋农户”的永椿林木种植专业合作社，努力增加社员的收入，带动周边群众就业，为美化环境、改善生态、构建和谐的绿色空间作出应有的贡献。

太湖县地处大别山区，属于国家级贫困县，在推进“创森”工程中，大力发展毛竹、油茶产业，实现“创森”与富民双赢。目前，安庆市已建成原料林基地143万亩，板栗基地30万亩，毛竹基地28万亩，杨树基地60万亩，油茶基地45万亩，花卉苗木基地20万亩，涌现出“山里郎”“金天柱”“龙眠山”“岳西翠兰”等一大批绿色知名品牌。2012年森林生态旅游接待游客234万人次，产值近15亿元。天柱山国家森林公园已成为国家5A级风景名胜区。2013年，安庆市林业产值突破百亿元大关，达到196.2亿元。[9]

桐城市金神镇玉嘴村将“创森”和美好乡村建设进行紧密结合，以“生态宜居村庄美，兴业富民生活美，文明和谐乡风美”为主要内容，全面推进美好乡村建设，取得显著成效。如今走进玉嘴村，这里树木葱茏，芳草萋萋，鸟语花香，水声潺潺，偶有参天古树点缀其间，新农村的美好梦想照进了发展现实。

为了“创森”，安庆市委、市政府堪称舍得。

一个知名房地产商相中了安庆市东部新城一处面积200多亩的黄金地段，准备进行房地产开发。如果开发房地产，每亩按照500万元计算，光拍卖地块市财政就将增收近10亿元。这对于经济尚欠发达的安庆市来说，无异于天上掉下来的“馅饼”。但是，为了“创森”，为了给老百姓营造一个良好的生活环境，安庆市委、市政府还是忍痛割爱，硬是拍板将这块“黄金地”建成了安庆市“创森”规划的39个市民游园之一。

“创森”4年，安庆全市共完成建成区绿化面积1253公顷、环城林带640公顷，新增城镇绿化达标59个，新增村庄绿化达标260个；完成道路、河流等绿色长廊建设1056公里；新建、改建农田林网折合造林面积1748公顷，完成植被恢复440公顷，森林提质5.5万公顷，完成退耕还林、血防林、长防林等林业重点工程造林4.1万公顷，完成速丰林、经果林、花卉苗木等各类产业基地造林3.5万公顷，总投入

9 加快森林增长 建设美好安徽．安徽日报，2015-11-23（06专版）．

40 多亿元。

在开展义务植树活动中，安庆市、县、乡三级领导率先垂范兴办绿化点，共建义务植树基地 180 个，面积达 2.6 万亩。同时，鼓励群众认建花草林木、认养绿地公园、认管古树名木，积极开展种植纪念林、志愿林、奥运林、夫妻林、三八林、民兵林、学子林等活动，有力地推动了义务植树运动的蓬勃发展。目前安庆市每年义务植树达 500 多万株，义务植树尽责率达 93.4%，义务植树成活率超过 95%，保存率超过 90%，义务植树建卡率达 100%。

在古树名木保护工作中，出台了《安庆市古老稀有的珍贵树木保护管理办法》。近年来，又把古树名木保护管理同"创森"紧密结合，对全市的古树名木开展了认真细致的普查工作，市政府还对全市树龄在百年以上的古树名木，以每株每年补助 100 元的标准专项用于保护管理。全市现有古树名木 12587 株，已建立了电子卡片和文书档案，在城市乡村分布古树名木全部实行挂牌、围栏保护，落实管护责任。

在巩固绿化成果方面，以《中华人民共和国森林法》及《中华人民共和国森林法实施细则》为准绳，结合本地实际，先后制定出台了《安庆市古老稀有和珍贵树保护管理办法》《安庆市封山禁牧办法》《安庆市城市绿化及绿地建设管理办法》及《安庆市造林绿化工程建设及管理标准》等，为创建国家森林城市和全市造林绿化工作提供了有力保障。在管护工作中，通过层层签订责任书，实行专业队管护和工程承包管护相结合，封山禁牧与拉网管护相结合，重点区域专人管护与家庭托管相结合，门前三包与认养、认领管护相结合等办法，巩固了造林绿化成果，有效加快了"创森"进程。[10]

2013 年年底，安庆市顺利通过国家林业局核验组的预验收，国家森林城市 40 项指标均达到或超过国家标准，这是安庆合力"创森"的最好佐证。

2014 年，安庆荣获"国家森林城市"称号。时隔 2 年，2016 年，安庆市又荣获"全国绿化模范城市"称号，成为安徽省唯一一个同时获得这两项荣誉的城市。

10 刘继广，霍兴华，余遵本．安庆，用绿色开启城市发展美好愿景．中国绿色时报，2011-06-20.http://news.163.com/11/0620/09/76VVMTF800014JB5.html

走在安庆市的中兴大道上，马路中间的绿色隔离带林荫蔽日，马路两边的行道树绿意盎然。如今的安庆，极目远眺，青山如黛，碧湖逐波。一座座山川堆绿叠翠、一个个城镇绿树环抱，一条条通道举目葱绿、一个个公园百花争艳……

这就是有着“万里长江此封喉，吴楚分疆第一州”之美誉的安庆。长江相伴，绿色相拥，把一个正在绿色崛起中的城市打扮得如此美丽妖娆。看来，绿色发展，正在长江之滨，演绎着一个又一个的精彩神话。

第四节 一池山水满城诗

天河挂绿水，秀出九芙蓉。

以灵山秀水享誉天下的皖南名山九华山麓，一座古老而又年轻的现代化城市——池州，宛如一颗璀璨的明珠，闪耀在皖江城市带。

池州地处吴头楚尾，江左要冲，是一座山水园林之城、一座风雅温婉之城、一座祥和闲适之城、一座“宜居、宜业、宜游”充满着生机与活力的魅力新城。“城在山水中，山水在城中”是池州城市面貌的真实写照。在这里，自然生态、历史文化、地域风情交相辉映，堪称“人类诗意栖居”的典范。

池州北濒长江，南接徽杭，东邻宁沪，西望匡庐，州府建制始于唐武德四年（621 年），距今将近 1400 年，是皖南最古老的濒江郡城

□生态家园

之一。九华山的烟霞、牯牛降的松风、平天湖的黄昏、杏花村的酒肆、清溪河的月色、秋浦河的渔歌、升金湖的鹤舞，池州得天独厚的自然山水环境，千百年来吸引了无数硕彦俊杰志士仁人，他们流连于斯、驻足于斯、吟咏于斯。

李白放歌秋浦河，杜牧吟诗杏花村，岳飞跃马翠微亭。这些迷醉于池州山水田园的诗句穿越千载，直抵今人的心头。今天的池州人深深懂得天赋好山好水的弥足珍贵，倍加珍惜自然生态环境资源。于是，池州成为全国第一个生态经济示范区。2000 年 6 月，国务院批准池州地区撤地建市，辖贵池区、东至县、石台县、青阳县和九华山风景区，总面积 8272 平方公里，总人口 162 万。从此，池州的城市建设与发展翻开了崭新的一页。

池州主城区水系发达，平天湖、月亮湖、齐山湖、天堂湖等湖泊湿地和秋浦河、白洋河、清溪河如翡翠散落在城市中，整体呈现为“滨江环湖、依山绕水”的独特城市自然景观格局。然而随着岁月的流逝，到 20 世纪九十年代，就连被诗仙李白赞叹的“清溪清我心，水色异诸水”的清溪河，也一度垃圾堆置、污水横流；风景秀丽的齐山，更因发展工业一度开山炸石；古城十景之一的“百牙荷风”也湮没在枯草方塘之中。[11]

近年来，池州以“滨江环湖、组团布局、传承历史、体现生态”的城市发展新思路以及“环湖临江、一城五区”的城市总体布局，加快了以“拉开框架、完善功能、提升品位、特色发展”为主题的建设步伐。在城市总体规划上，依托良好的山水环境资源，南包齐山，北滨长江，东括平天湖，西抱杏花村，横跨清溪、白洋、秋浦三条通江内河，形成“滨江环湖、组团发展”的城市布局，体现城在山水中、城在园林中、城在文化中的城市个性。同时，在城市绿地系统规划中，重点突出滨江、滨湖、滨河的绿化空间，努力实现城市园林化、社区花园化、城郊森林化、城乡一体化。

2011 年以来，池州市把创森工作列入市委、市政府的年度“十件大事”之一，坚持四大班子合力推进，并作为“一把手”工程列入年

11 池州：青山绿水间，放飞“宜居梦”. 中安在线，2013-09-27. http://ah.anhuinews.com/system/2013/09/27/006109580.shtml

度目标考核。三年来，累计完成创森绿化工程投资 13.1 亿元。

池州始终坚持实施生态立市战略不动摇，把森林城市建设作为建设生态文明、改善人居环境、增创发展优势的重要工程来抓。按照“开发沿江一线、保护腹地一片”的空间开发思路，确立“突出山水特色、培育绿色景观、统筹城乡一体、宜居宜游”发展定位，沿江区域高强度推进工业化、城镇化，在中部丘陵和南部山区大力发展生态旅游产业、特色生态农业，努力实现生态保护和经济发展的有机统一。为了落实森林围城的规划理念，着力构建环池州 400 公里生态圈、环城区山体森林带和环长江防护林生态带。

杏花村文化旅游区建设全面启动、升金湖生态保护和开发利用持续推进，池州拿出主城区近 7000 亩核心区域用于建设城市森林公园，规划建设 40 平方公里的齐山—平天湖国家级风景名胜区，选择 82 个中心村开展美好乡村建设，完成重点绿化工程 217 处。实施“千万亩森林增长工程”，3 年累计完成人工植树造林 24 万多亩，封山育林 100 多万亩。实施“绿满池州行动计划”，在主城区、县城建设 30 多处及中心集镇、村庄、景区 41 个绿化精品。

此外，池州以经济转型为目标，因地制宜，把创建国家森林城市工作与国家生态市、中国人居环境奖创建和美好乡村建设相结合，提升城市知名度、美誉度，推进经济结构调整和发展方式转变。

创建国家森林城市是一项纷繁浩大的工程，从城市的街头巷尾到农村的房前屋后，从山峦之巅到江河两岸，池州 8272 平方公里的国土面积基本都被涉及。单凭政府或部门的力量，而没有广大群众的积极参与和配合，要完成这项工程是不可想象的。为了创森，池州人民付出了极大的热情和努力。

在九华山风景区，人们采取清理雪压木、补植防火林带、强化林木检疫检查等一系列措施，同时用专业喷雾器向部分“伤病”林木进行喷药救治，有效保护风景区旅游森林资源；在石台县马鞍山公园内，附近的居民们年年都为公园空地添新绿；在主城区清溪河两岸，人们创造性地点缀了大量的花草树木。[12]

---

12 绿色，生态池州的第一名片——池州成功创建国家森林城市的回顾与启迪 .http://ah.anhuinews.com/qmt/system/2013/11/06/006197824.shtml

□湿地保护

正是坚持政府主导与群众参与相结合，营造了全民参与的浓厚氛围的结果；正是有了群众的积极参与，才使创森这项工作能够落地生根、开花结果。

2013年9月24日，在南京举行的中国城市森林建设座谈会上，全国绿化委员会、国家林业局宣布授予池州市“国家森林城市”称号。获得这一殊荣的城市，当时在安徽是唯一的一个。绿色也从此由自然天赋转变成为池州的城市标识和形象代言。干净、整洁、优美、和谐的人居环境大大提高了池州人的生活幸福指数。

除了“国家森林城市”，池州还赢得了“中国优秀旅游城市”“国家园林城市”“全国双拥模范城市”以及“安徽省文明城市和历史文化名城”等一系列荣誉。

伴随着创森的成功，池州已站在了绿色发展与生态文明建设的新起点上：创建国家生态城市的大幕已徐徐拉开，创建国家环保模范城市也在紧锣密鼓中前行。今日池州，青山依旧，绿水长流，生态弥新，生机盎然。随着城市框架的迅速拉开，城市功能的逐步完善，人居环境的明显改善，池州正在成为一座山水相依、文脉相承、人与自然相亲的、宜居宜游的民生乐土。

如果说今天的“绿”是大自然对池州的馈赠，不如说是池州市在三年创建国家森林城市中，践行绿色发展、建设生态文明结下的累累硕果。千载诗人地，魅力新池州。一个秉承自然生态法则、遵循科学发展准则、融合现代文明理念的既古老又年轻的皖南滨江新城，正在进入人们关注的视野。

第五节　红色热土的“绿色道路”

巍巍大别山，绿水从中流。六安市位于安徽西部，大别山北麓，俗称“皖西”。

山高水长，山清水秀，形成了六安独特的生态系统，域内地形多样，集山区、库区、灌区于一身，是全国重要的水源保护区和华东生态屏障区。青山绿水是六安独特的气质，先进的理念就如同符合自身气质的服饰，更凸显出大别山区原生态的韵味。

六安是鄂豫皖革命根据地的中心地带，是红军的发祥地之一，是刘邓大军千里跃进大别山的主战场，是全国30个红色旅游精品线路之一。六安红色文化资源主要体现在中国革命和建设时期做出的三次伟大牺牲奉献。革命战争期间，为了民族解放和中华人民共和国的诞生，60万人参加革命，30万人牺牲生命，走出了108位开国将军；社会主义建设初期，为了响应毛主席“一定要把淮河修好”的伟大号召，淹没了50万亩良田，迁移50万群众，兴建了佛子岭等六大水库和淠史杭等三大水渠，惠及豫皖两省1.3万平方公里；改革开放以来，为了保护生态和饮水安全，牺牲了发展速度，奉献了发展效益，建立了16.9万公顷的天马、佛子岭、万佛湖等3个国家和省级自然保护区，创造

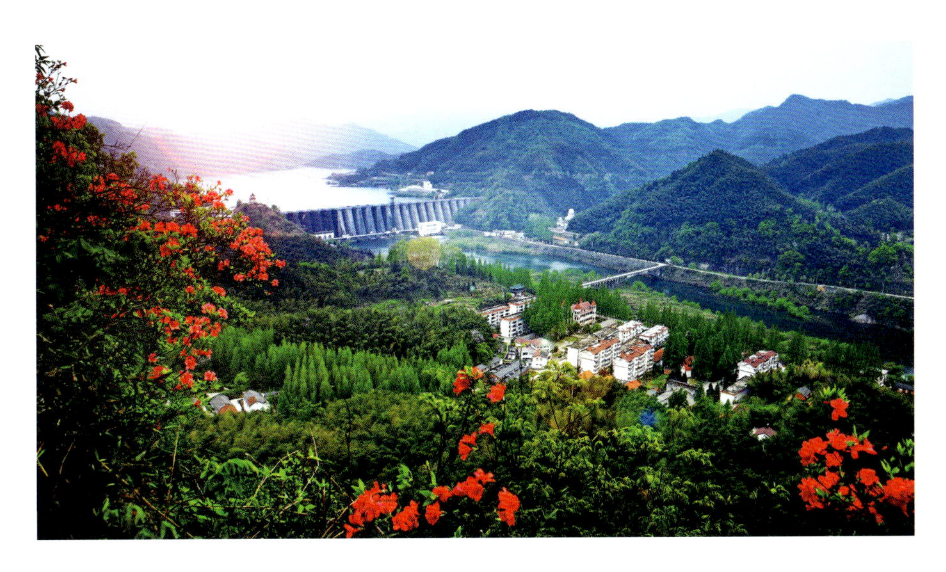

□ 水源地绿化

了超过560亿元的生态效益。

六安有着宝贵的全国十大名茶的六安瓜片、软黄金的霍山石斛，储量全国第五的霍邱铁矿和世界第二的金寨钼矿，大别山毛竹、油茶、水产、畜牧、玉石等九大资源优势。作为贫困地区的六安，由于"欠发展"，加上长期坚持严格的环境保护措施，得以幸运地避免了沿海"先污染、后治理"的发展老路，其良好的自然生态环境、浓厚的当地人文特色，成为发展经济的宝贵资源。

六安下大力发展环境保护产业、绿色食品产业、绿色技术产业、绿色旅游产业、绿色农业产业、绿色服务产业和绿色贸易产业，构建具有地方特色的绿色产业体系，打造绿色发展先行区。凡不符合绿色发展的项目一个不上，凡对青山绿水环境造成损害的项目杜绝上马，已建设的要清理清除，所有的规划、产业、项目实施最严格的绿色审核制。推行"绿卡"制度，六安市打造绿色发展先行区，绿色产业生机勃勃。事实证明，只要跳出传统工业化思路，充分利用这些资源优势，就完全可以走出一条新的跨越式发展的绿色发展道路。

自2002年起，六安实施退耕还林工程，"十二五"以来，六安还重点实施了国家长防林、生物质能源林、天马自然保护区建设、千万亩森林增长工程、百万亩油茶发展行动计划等一大批林业生态建设项目，助推了林业快速发展。

2008年，按照《城市重点工程建设三年实施计划》，六安实施增绿工程20多项。当年，六安荣获"安徽省园林城市"，全市乘势而上，提出了做好滨水、绿色、文化3篇大文章，争创"国家园林城市"。实至名归，六安市先后荣获建设部"中国人居范例奖"和"水环境治理优秀范例城市奖"。2009年完成350公顷绿化建设任务，2010年新增绿地197公顷。先后建成160公顷的河西景观带、35公顷淠河南路景观带和26公顷南屏东路绿化带等。重点实施以城区主干道、公园广场增绿、补绿为主的"绿荫"工程，完成60多条主次干道绿化，一批各具特色的景观大道精彩纷呈，道路绿化普及率100%。2012年2月10日，从北京传来喜讯，国家住建部发布公告，正式批准六安为"国家园林城市"。

生态建设的强力推进，产生了系列连锁反应，如今，城市建成区每500米就有一处公园绿地，它们是城市的"绿肺"。绿色之城"望得见山、看得见水、记得住乡愁”，六安正式走上了一条绿色发展的道路。截至 2013 年年底，中心城市建成区面积扩展到 70.2 平方公里，城市园林绿化总面积达到 2404 公顷。城市绿地率达 34.25%，绿化覆盖率达 37.29%，人均公园绿地面积达 14.06 平方米。公园绿地分布更加合理，生态效益更加明显，绿色出行更加通畅，休闲健身更加方便。形成了“七纵七横连三环，两带十园四广场”的绿化格局，塑造出“二河绕城、林茂花艳、绿洒全城、环境秀美”的园林城市风貌。

2016 年，六安市生态文明建设的版图上又画上了浓墨重彩的一笔。继成功创建“国家级生态示范区”之后，又成功获得“国家森林城市”称号。这是六安转型跨越、绿色振兴的丰硕成果，也是坚定不移践行绿色发展的精彩注解。

清洌的河水，碧绿的山岗，历经沧桑洗礼，曾经的小山屯已然破茧而出，呈现在我们面前的是一座绿意葱茏、山水相依的新兴城市。如今，不论从城市生态布局、人居体系建设还是生态保护、生态经济、生态制度体系建设，生态立市、绿色崛起的目标正从一步步变为现实。当我们回顾和触摸六安城市发展的脉络时，不禁发现，绿色是灵秀六安城的最大变化，绿色发展给了六安发展最大的机遇和动力。

第九章

成渝：大手笔书写绿色传奇

第一节　天府之国的风与水

打开中国地图，仔细察看成渝走廊在中国的空间位置，就会由衷地感叹：成渝走廊实在是大自然恩赐给中国的风水宝地，甚至完全可以说这是中国的“避风港”、安全走廊和“天府之国”。

从中国的地缘政治来看，成渝走廊的历史地理发展依赖东亚大陆，东南濒海，北接大漠草原，西南横亘青藏高原，四面屏障，地理环境属于典型的大陆型地理结构。中国的地理结构表现为三级阶梯，如果由东至西，东南沿海属于一级阶梯；广大的中原属于二级阶梯；大体以成渝走廊为中心逐渐扩散或向西就形成为中国的三级阶梯。

从成渝走廊的圈内看，有著名的四川盆地（实际上这一盆地与重庆成为一体）和周边的广大丘陵地带，土地不但广阔而且相当肥沃，河流纵横，山清水秀，所以历史才留下了“天府之国”的美名。如果我们把长江三峡天险比喻为一只展翅飞翔的苍鹰的身躯，那么以此为中心而向两边分开的崇山峻岭就是苍鹰张开的翅膀，这只苍鹰牢固地把守着成渝走廊的东南大门；西南、西是云贵高原和青藏高原，那可是天然屏障；北是秦岭，并接大漠草原，那可是当年李白十分赞叹的“难于上青天”的蜀道。

从中国的西部看，成渝走廊无疑是整个西部的“桥头堡”或交汇的中心。从广西到云南、到西藏、新疆，再到内蒙古，都属于祖国边陲，有着漫长的陆地边境线。如果我们从整个中国的情况看，连接成渝走廊两头的成都和重庆，无疑就是处于中国“天元”的两颗棋子，或如两个“气眼”，整个成渝走廊就好比中国的“丹田”，练武之人是必守丹田之气，中国必须要保护好、发展好这块丹田之地。

重庆有茂密的森林和草原盆地，阳光充足，雨水充沛，属亚热带山地气候，丰富的动植物资源和适宜的气候条件，为人类的生存与发展提供了良好条件。也许三峡地区就是人类的摇篮，成都的“三星堆遗址”，完全可以与中国同时代的任何一处考古遗址媲美。可以说，早在远古时期，成渝走廊就是中华民族生存与发展的重要区域。

如果我们再纵观中国经济版图，在众多中西部城市中，成渝无疑都是最璀璨的明星，有望成为国家城市体系中综合实力最强的“塔尖城市”和“经济极核”。

2016 年 3 月底，国务院常务会议通过《成渝城市群发展规划》，明确提出包括“建立成本共担利益共享协同发展机制，推动资本、技术等市场一体化”在内的五大发展任务。

成渝城市群地处我国长江流域上游区段，是三峡库区生态安全核心区域，区内分布着三峡库区水土保持生态功能区、川滇森林生态及生物多样性功能区、秦巴生物多样性功能区等重要的陆域生态功能区，该区域生态系统保护、水源涵养和水土保持、生物多样性保护等主导生态功能较为突出，其生态环境状态的优劣直接关系到长江流域中长期生态安全乃至全国中长期生态环境演变趋势与格局，在全国生态安全格局中占据着突出地位。

由此，成渝城市群肩负着我国生态环境保护的重大使命。由于成渝经济区扼守长江上游河段，是我国长江上游和三峡库区重要的生态屏障，在我国生态安全格局上，其生态功能具有鲜明的独特性和不可替代性，其水源涵养、水土保持和洪水调蓄功能直接关系到长江流域的生态安全，具有全局性的生态服务功能，其生态服务功能的强弱将直接关系到长江流域未来中长期生态安全的总体水平和环境质量的演变趋势。

作为我国西部少有的几个城镇化相对发达、人口和城镇分布密集、综合实力较强的区域之一，成渝城市群是我国重要的人口、城镇、产业集聚区，是引领西部地区加快发展、提升内陆开放水平、增强国家综合实力的重要支撑，对西部大开发起着至关重要的支撑作用和辐射带动功能，特别是在我国经济社会发展中具有重要的战略地位。由于该区域地处长江上游生态屏障地区，同时城乡二元结构突出，该区域城镇化进程中生态环境保护和绿色发展的任务也相当艰巨。[1]

在经济全球化和区域经济一体化、我国发展进入新常态、改革进入攻坚期和深水区的大背景下，推进成渝城市群建设，推进绿色发展，非常有利于整合优化区域资源要素，探索城市群合作发展的新路径和新模式，引领和带动西部地区发展；有利于推进统筹城乡区域协调发展与社会和谐进步，使城乡居民共享绿色发展和城市建设的美好成果。

第二节　成都：永续绿色发展根基

在众多中西部城市中，位于川西平原、跻身“国家中心城市”行列的成都，无疑是最璀璨的明星。这座中国西部最发达的城市之一，枕靠着欧亚大陆，在“一带一路”和西部大开发等国家战略中，已被历史推到了前所未有的地位。

与此同时，成都也正在着力实现绿色发展，实现美丽成都愿景。这座城市河流纵横，沟渠交错，良好的水利和气候条件让这里成为了一个绿意盎然的“天府之国”；如今，更进一步认真践行绿色发展要求，着力建设生态典范城市。

川西平原上，岷江、沱江两江环绕，龙门山脉、龙泉山脉两山环抱，构筑起了成都平原最为坚实的生态本底。近年来，成都市牢固树立“形态、业态、文态、生态”四态合一理念，把生态文明建设放在突出的战略位置，以建设国家生态市为抓手，积极探索生态、和谐、可持续的发展之路，逐渐形成了经济科学发展、生态不断优化、民生同步改善的良性互动格局，这就是成都这座城市的“绿色”定义。

如今，绿色发展已成为这个城市转变发展方式的“最优解”。到2025年，全市规划实施23条河流综合整治，57个滨水城镇景观改造提升；同时，按照集中化、特色化、多样化的原则推进“增花添彩”，

1 国家发改委国土地区所课题组．成渝城市群的战略定位与规划目标．https://mp.weixin.qq.com/s?__biz=MzA5ODA1MTY2Ng%3D%3D&idx=5&mid=2652867932&sn=25f66c3284bd6c79391ca8cceaa9a20d

□ 成都绿道建设

引导支持市域赏花基地建设，提升成都市的生态园林绿化景观，丰富现代成都的城市特色，2022 年重现“花重锦官城”盛景。[2]

目前，成都已被赋予建设“国家中心城市”的新使命。既不靠海，又不沿江，作为一座内陆大型城市，如何抓住国家新一轮发展战略的机遇并脱颖而出？

成都这个城市很特别，主要是独特的文化土壤，很悠闲、轻松、自由、从容，适合居住，对创新研发等也很有好处。为了根治“大城市病”，成都“十三五”规划愿景是形成中心城区与天府新区“双核”发展，加快卫星城和区域中心“独立成市”，实施“小街区”规制，就近设置幼儿园、小学、社区用房、农贸市场等城市公共配套。

2016 年 8 月底，随着成都市人民政府《关于推进海绵城市建设的实施意见》出台，一场全域提升城市韧性的工作全面拉开。未来的成都，不只是道路，公园、绿地、社区、湖泊等都将成为海绵体。

打造城市海绵体，仅是成都建设生态城市的其中一环。近年来，成都以生态城市建设为载体，牢固树立尊重自然、保护自然、顺应自然的理念，认真践行绿色发展要求，加大生态本底建设与修复，筑牢绿色生态屏障，强化生态要素水、气、土壤环境污染综合治理，积极推进绿色产业发展，取得了显著成就：现有林业用地面积 648.4 万亩，森林覆盖率达 38.4%；境内有国家、省级自然保护区 4 个，总面积达

---

2 赖芳杰．践行绿色发展 成都建设美丽中国典范城市．华西都市报，2016-12-20.http://sc.sina.com.cn/news/b/2016-12-20/detail-ifxytqax6729944.shtml

1014.11 平方公里；有国家、省、市级森林公园 24 个……城乡绿化水平提升显著提升。[3]

2016 年 12 月，成就提出要在市域内构建“两山两环、两网六片”的生态安全格局，加快推进中心城区环城生态区建设、城市水系保护、环境保护、生态修复等重点任务。其中，打造环城生态区是成都建设绿色城市过程中最大的亮点。

按照相关规划，环城生态区即成都绕城高速公路两侧各 500 米范围及周边七大楔形地块内的生态用地和建设用地，规划总规模 187.15 平方公里，生态用地 133.11 平方公里。

“六库八区”湖泊水系规划为环城生态区的核心内容。位于成都东南部的白鹭湾湿地，就是环城生态带的“六库八区”之一，总规划面积 13.3 平方公里，拥有乔木 10 万余株，绿化面积 95% 以上。如今的白鹭湾，溪流湖泊相连，绿波荡漾；水生植物茂盛，花草铺地，绿树成荫。

成都环城生态区湖泊水系规划建设将于 2020 年全面竣工，届时将建成绿道 240 公里，基本形成环城 85 公里长、400 米宽的绿色生态景观空间，成为全市一道重要的生态屏障，为中心城区装上“天然绿肺”，戴上“翡翠项链”。按照未来规划，成都还将进一步加强城乡绿地系统建设，通过水系和绿道串联城市公园、街头绿地等生态空间，构建“城在绿中、园在城中、城绿相融”的生态绿地新格局。[4]

地处内陆，四面环山，虽然造就了成都不可复制的自然资源和生态本底优势，但在地理和气象条件上，却有着比沿海地区更多的“短板”。如何让“短板”成为“跳板”，成都一直都在探索着一条可持续发展的生态之路。

成都创森工作开展较早。2004 年年初，《中共成都市委成都市人民政府关于统筹城乡经济社会发展推进城乡一体化的意见》出台，将“加强城乡生态建设”纳入了“推进城乡基础设施建设一体化”的框架中。2006 年 7 月，《关于创建国家森林城市的意见》出台，“创森”工作开

---

3 成都：改善生态环境 践行绿色发展理念 . http://news.yuanlin.com/detail/2017414/253080.htm

4 陈曦 . 成都：以绿色发展托起生态典范城市建设 . 人民网，2017-01-09.http://sc.people.com.cn/n2/2017/0106/c345510-29561116.html

始全方位快速推进。

城乡绿化一体化格局：

城区“以空间换绿地”——城市市屋顶绿化达200公顷以上，形成了多类型、多景观、多功能、多效益，以单位、集体和私人住宅共同发展的屋顶绿化新格局。三环路以内具有绿化条件的立交桥、人行天桥、公用设施构造物外立面等均已实现垂直绿化覆盖。

近郊“以绿地换效益”——“创森”以来，除继续完善并管护好活水公园、浣花溪公园、东湖公园以及幸福梅林、北湖公园、青龙湖公园、青羊绿舟等十大城市森林公园外，还同时推进“城市生态屏障林”建设，加快了北郊风景区12平方公里的森林建设步伐。

远郊“以森林换人口”——远郊农村绿化围绕“三生态”（生态建设、生态安全、生态文明）的目标，加强生态示范区建设，已建和在建国家级生态示范区11个，吸引越来越多的城里人前去旅游。

移步换景、步步皆景。一道道盎然绿景，次第在成都城乡大地舒展开来。

成都重视“林网化和水网化”城市森林建设新理念的运用；以城市水网、路网、林网为基础的城市绿化网络系统已基本形成。

按照“师法自然”和“林水相依”的规划原则，合理布局，发挥水体在城市功能中的重要作用，取得了良好效果。如以锦江（府南河）、沙河为代表的滨河景观带的建成，就重现了成都历史上“两江抱城”的城市格局。[5]

沙河滨河景观带的建设，充分尊重自然，以其良好的“亲水性”和“连通性”，而成为“林水一体”的范例，并获得“2006年国际舍斯河流奖”。自此，成都市在绿化建设中，均重点采用生态型水系建设，在河道、水系两侧建设高标准林网，凤凰二沟工程建设中所进行的生态湿地建设试点就是其典型。该工程利用河道沿岸湿地、坑、洼、塘多的自然特点，构筑起林水相依的水体生态系统。

近年来，成都市还实施了锦江延伸段的河岸绿化以及干河、西郊河、饮马河、桃花江、摸底河的滨河绿地建设，对中心城区的150余

---

5 陈晓霞．天人合一 和谐成都——成都市创建国家森林城市纵横观系列报道（上篇）．成都日报，2007-05-09.

条中小河道进行了全面治理。2006年，投资1250多万元，完成水土保持绿化面积2500公顷，渠系绿化270公里，河道绿化28公里。

林水相依、纵横交错的绿链，勾勒出“清波绿林抱重城”的城市风貌特色；森林在城中、人在森林中，呈现出人与自然和谐的美妙意境。

成都市还以前所未有的力度，依靠科学的规划，创新的理念，坚持不懈地开展城乡生态建设。坚持严格实施“天然林保护”“退耕还林”和“野生动植物保护和自然保护区建设”等国家重点林业生态建设工程。开展“创森”以来,《成都市城市绿化系统规划》加快实施，以城市水网、路网、林网为基础的城市绿化网络系统已基本形成，建成了符合城市发展布局和功能分区的多形式、多特色的绿块、绿楔、绿廊、绿色隔离带。城市生态环境得到根本改变，城市森林整体水平和质量显著提高，成就斐然。

目前，城区建成区绿地率达到35.12%，绿化覆盖率达到36.46%，人均公共绿地面积指标达9.22平方米。市民休闲场所也大大增加，人居环境明显改善。

成都坚持生态建设和产业发展并举，把林业园林产业发展放在更加突出的位置，致力实现国家要生态、社会要效益、农民要致富的目标。

产业发展，是推进城乡生态建设一体化的重要支撑，成都市在建设森林城市过程中，坚持生态建设和产业发展并举的原则，把林业园林产业发展放在更加突出的位置，以国家要生态、社会要效益、农民要致富为目标，以重点工程建设为抓手，努力推进林业园林产业发展反哺生态建设。

成都市的绿化建设布局合理、功能健全，取得良好效果。城市价值随之提升，拉动房地产经济快速发展。

在不改变农民土地使用权性质的情况下，采取政府推动、农民入股、企业参与运作的模式，达到农民增收、企业盈利、政府减少投资、城市森林建设取得突出成绩的效果。

以丰富的森林资源为依托，建设各具特色的山区旅游度假集镇，新型居住社区，引导城市资金、信息和人流聚集，既巩固了退耕还林成果，保护了森林资源，发展了后续产业，又促进了林区农民增收致富和生活方式的转变。[6]

以产业基地建设为基础，培育重点产业龙头企业，全力推进林业基地建设向规模经营集中。现在，全市木材经营加工行业吸收安置就业至少10万人以上，实现林产品工业化、商品化、经济效益化，带动了林农增收就业。

成都市确定：将用5年时间再造一个森林资源体系，以50万亩可持续利用的短期工业原料砍伐林，换取650万亩森林屏障体系的稳定，促进林业生态屏障体系、产业林体系、文化传承林体系的发展。[7]

龙泉山作为成都两山环抱生态屏障的东翼，在全市绿色生态系统建设中举足轻重。对此，成都编制完成了《龙泉山脉生态提升工程2016—2020年总体规划》，根据规划，到2020年，龙泉山脉区域将初步建成资源丰富、布局合理、功能完善、优质高效的森林资源体系。[8]

实现城市绿色发展，开展美丽成都行动，提升城市绿化品质无疑成为重要的考核标准。为此，成都编制完成了《花重锦官城2015—2025规划》，将实现3年初现“花重锦官城”，6年重现“花重锦官城”的景象。[9]

下一步，成都将继续推动城市立体绿化和郊区（市）县新增绿地建设，深入推进城乡园林绿化环境综合治理，完善园林绿化管理机制，全面推进绿化养护分类分级管理。到2020年，全市土壤环境质量得到改善，森林覆盖率、中心城区绿化覆盖率分别达到40%、45%，人均公园绿地面积达到15平方米以上。[10]

成都，是我国唯一一座2300余年来，城址从未迁移、城名从未更改的千古名都。自公元前4世纪，古蜀王开明九世徙治成都起，成都一直是蜀地的首府所在。尽管历经战乱毁损，却始终能不断恢复重建、持续繁荣，堪称城市史上的奇迹。

城市之韵，源于历史传承、文化熏染。世界名城的傲世魅力，无

---

6 颠覆传统：森林进城园林下乡．华西都市报，2006-05-17.

7 艾毓辉．关于我市速生丰产林建设确保我市生态林屏障安全的情况报告．2008-08-21. 成都人大，http://www.cdrd.gov.cn

8 筑牢龙泉山绿色生态屏障 打造都市现代田园“绿舟”．成都全搜索新闻网，2016-12-16. http://news.chengdu.cn/2016/1216/1839403.shtml

9 王琳黎，缪梦羽，胡清．大力推进绿色发展 让成都天更蓝水更清地更绿．成都日报，2016-12-13.

10 赖芳杰．践行绿色发展 成都建设美丽中国典范城市．华西都市报，2016-12-20.

不源于城市的独特个性与文化底蕴。成都的特别之处在于，没有在城市化的大潮中淹没、患上“千城一面”的城市病，而是努力留存、保护城市的文化记忆，让珍贵的文化脉息与时代同频共振。

第三节　山水重庆，记往乡愁

重庆古称楚州，公元581年隋文帝改楚州为渝州。公元1189年宋光宗先封恭王、后即帝位，自诩“双重喜庆”，升恭州为重庆府，重庆由此得名。

在传教士于20世纪初拍摄的照片中，重庆城是嘉陵江南岸一块楔入长江的不规则三角形，尖锐的顶点是朝天门，左右两翼临江的峭壁上布满了城墙和吊脚楼，迤逦地向西延伸而去。

重庆是沿着长江入川的门户，也是从中原翻越秦岭入川的锁钥之地，与黔北和湘西的大山相连。政治上的重要性取决于重庆之于成都平原和云南高原的军事价值。此为“一夫当关，万夫莫开”之地，军事价值又完全是由于其独特的地理决定的。

重庆被高山环抱，尤其是北方的秦岭阻隔，使得长江水道长时期成为出入重庆的第一选择。水汽上升，被山势所阻，当地所以常年阴云低垂，浓雾弥漫。黯淡、潮湿的环境里，船工为了驱寒祛湿，在江边生火取暖，用吊炉把荤素食材一锅烩，添加海椒和花椒，由是发明了味重麻辣的火锅。

重庆市以丘陵、山地为主，大部分是坡地，山坡高楼林立，江面轮船穿梭，嘉陵江与长江就在此交汇。流经重庆的主要河流有长江、綦江、大宁河、阿蓬江、酉水河等，而嘉陵江、乌江、涪江也都不远千里来到它的怀抱里与长江汇合，然后浩浩荡荡地奔向远方。

重庆三面是水，只有西面同陆地相连，可以说它是一个半岛。巍巍群山，滚滚江水，把重庆紧紧和山水连在一起，山与水仿佛已经融进了重庆，融进了山城人的生命里。融为一体的山与城，在高高低低的山峦之上，各式房屋层叠错落，弯弯曲曲的山路，成就了城市的道路。据说重庆每年平均104天的雾日，这也让这座城市显得扑朔迷离。

江河纵横、群山环抱的重庆，如何实现人与自然和谐发展，怎样让居民望得见山、看得见水、记得住乡愁？

重庆地质地貌复杂，山地、丘陵众多。主城完全被群山环抱，城区内，还有一条条城市山脊线，整座山城层次感明显。

重庆，还被称为全国最大的山地城市。在大都市区内，有金佛山、四面山等大型山体构成的区域生态屏障，渝东北城镇群有大巴山、巫山等大型山体构成的区域生态屏障，渝东南城镇群有七曜山、武陵山、方斗山等大型山体构成的区域生态屏障。

在都市区山系统规划方面，重庆将严格保护四山（缙云山、中梁山、铜锣山、明月山）和桃子荡山、东温泉山，划定生态控制区，建立森林生态屏障，设立自然保护区、风景名胜区和郊野公园，合理确定城市建设空间。

重庆之所以是一座层次感明显的山城，因为它拥有城市山脊线。一条是在渝中半岛上，从朝天门到枇杷山，直至鹅岭佛图关。另外一条处于城区的北部，也就是火凤山到照母山。这两条城市山脊线，以及樵坪山、云篆山等城中山体，都被保护并串联起来，实现山体格局的连续性和完整性，发挥其生态服务、分隔组团、综合游憩等功能；同时合理进行旅游、休闲、观光等设施的建设。

在这座望得见山的城市里，还要保护与建设生态绿地，促进城市人居环境的改善和提升。除了建设结构合理、布置均匀、方便市民生活、独具山城特色的城市园林绿地系统，还要建设特色绿道交通，丰富山城步行体验，利用山体资源，构建登山步道为主的郊野绿道体系等。[11]

重庆境内河流众多，水体环境多样化。在大都市区内，有长江、嘉陵江、乌江、渠江等水系，渝东北城市群有长江、小江、任河等水系，渝东南有乌江、芙蓉江、阿蓬江等水系构成的区域水生态廊道。

在都市区水系统规划这方面，划定长江、嘉陵江保护范围，175 米水位以下的消落带内按照湿地建设的模式种植水生植物，175 米水位以上、位于滨江控制区内的区域建设公园。

划定御临河、梁滩河等二级水系以及湖泊、水源地保护范围。将长江、嘉陵江及其支流和湿地与城区内的水体、绿地、绿岛串联起来，形成网络型、深入城市内部的水系生态格局，发挥调节气候和微环境的作

---

11 任明勇，蒲泽熙．山水重庆，如何显山露水？重庆晨报，2014-09-04.https://www.youtube.com/

用。统筹规划江河湖泊岸线，对城市生活岸线、桥位岸线、宜港岸线等资源进行保护和控制，确保关系国计民生重大项目的岸线需要。[12]

总的来说，山水不分开。大城市采取组团式布局，中小城市强调集中紧凑发展，形成山水环绕的城市空间形态。控制建筑轮廓线，形成与自然环境高度契合、显山露水的建筑布局。其中，在水系统规划这一块，除了打造亲水活动岸线外，还对次级水系和峡、滩、碛石、岛、沱等生态景观资源，实现生态空间、生产空间和生活空间的统一规划、有序布局、合理开发、科学发展。

2013 年以来，重庆把生态文明建设放在突出位置，加快实施主体功能区战略，密集出台多项举措，全面实施"蓝天、碧水、宁静、绿地、田园"环保五大行动，着力推进绿色发展、循环发展、低碳发展。重庆永川，就是重庆推行绿色发展的一个典型例子。

三河汇碧，是为"永"；群山绵延，形如"川"。永川得名，与其自然山水有着生动的关联。

然而，作为城市发展新区的重要节点、全市工业化和城镇化的主战场，如今的永川在高速发展中却不得不面临水资源匮乏、环境承载能力差等现实困境。

肩挑城市发展之重、生态保护之责，重庆永川区将生态文明建设作为全区重要战略，提出建设碧水青山、绿色低碳、人文厚重、和谐宜居的现代山水田园城市。围绕生态林业、民生林业、效益林业，一幅以林业建设为图景的生态文明画卷在永川大地上徐徐展开。

永川区是全国绿化委员会和国家林业局评定的"国家森林城市"。通过大力实施退耕还林等林业工程，永川区森林总面积已达 95.13 万亩，森林覆盖率达到 44.13%。面对来之不易的森林建设成果，永川区将工作重点放在了资源的培育和保护上，以此大力发展生态林业。

以森林防火监测预警系统为代表，永川区的林业信息化建设早已走在了全市前列。早在 2012 年，永川区就在全市率先建成了以防火通道为骨架、防火林道和生物防火阻隔带相结合的森林防火复合阻隔网络体系；该体系能够将森林火灾控制在限定范围内，提高森林自身综合抗火效能以及预防森林火灾的发生和蔓延。

12 周梦莹．"美丽山水城市"成为重庆城市定位．华龙网，2014-09-03.

□茨竹新村

目前，永川区已建成防火通道 220 公里、防火林道 550 公里、生物防火阻隔带 240 公里；可确保不发生 500 亩以上森林火灾。

以防火复合阻隔网络体系建设为基础，永川区于 2013 年又在全市率先开发了森林防火地理信息管理系统。“高科技”的保护措施确保了永川生态林业的良性发展。因为在信息化道路上的创新实践，永川区被国家林业局确定为“全国林业信息化示范县（区）”。

在保护的同时如何发展？怎样在促民生的同时见效益？这也是永川区林业建设的一个重要课题。

近年来，永川区坚持以“小资源做大产业”为发展理念，以“生态产业化、产业生态化”为目标，坚持走“产业兴林、招商兴林”发展道路，大力发展以林浆纸、林板、森林旅游和林下经济为主的林业产业，努力提升着林业综合效益，有效带动了林农增收致富。

永川区依托国家级林业龙头企业——重庆理文造纸公司，大力发展 10 余万亩纸浆原料林基地，形成立足永川、辐射川渝林浆纸产业的发展链条，年消耗竹材原料 70 万吨以上。目前，理文公司浆（浆粕）年产值在 10 亿元左右。

在林板产业发展上，依托市级林业龙头企业——重庆义三木业有限公司，大力发展速生桉30余万亩，建成渝西地区最大面积速丰林基地和板材加工基地，全区现已拥有板材加工企业4家，年产各类板材30万立方米以上。

森林生态旅游业方面，依托国家级森林公园——重庆市永川茶山竹海国家森林公园，大力发展森林生态旅游业，建成市级以上森林公园6处，森林人家30个，森林公园每年接待游客数超过100万人次。

林下经济同样风生水起。依托丰富的林地资源，永川区建成林下种植球盖菇，林下养殖绿壳蛋鸡、中药鸡、七彩山鸡等一大批独具特色的林下经济示范基地，带动全区从事林下经济的农户超过350户，户均年收入5万元以上。

2015年，是重庆生态文明建设元年和"十二五"收官之年，也是全面深化改革的关键一年。永川区以创建"全国集体林业综合改革试验示范区"为契机，努力深化集体林权制度改革，在开展集体林地"三权分离"（林地所有权、林地承包权、林地经营权）、探索公益林管理经营机制、构建以森林经营方案为基础的采伐管理体系、建立林权流转的机制和制度四个方面进行试验和探索，破除制约林业发展的瓶颈，增强林业发展内生动力，努力构建着新型的林业经营体制机制和林业生态保护体系。[13]

现在重庆主城区空气质量指数优良天数日益增长，库区水质总体保持稳定，长江、嘉陵江、乌江三江（重庆段）水质总体保持二类（总磷除外），实现了重庆出境水质保持或优于上游进水的目标。环保部还将重庆纳入全国生态功能区环境保护全过程管理的4个试点省市之一，五里坡市级自然保护区晋升为国家级自然保护区。30个安静居住小区被授牌，越来越多的市民能感受到宁静。重庆的环境质量持续改善，这座集大城市、大农村为一体的直辖市，正越来越成为3300万重庆老百姓心目中的美丽山水之城。

第四节　绵阳的绿色路径

冬日午后，涪江之上，碧波荡漾，成群来自俄罗斯贝加尔湖的红

13 山水田居永川城．重庆日报，2015-04-03. http://www.wutongzi.com/a/333042.html

嘴鸥在这里栖息过冬，动物的本能选择，为绵阳生态环境之变写下最美注脚。

2013年，在联合国环境基金会、中国大陆和香港、澳门、台湾环境保护协会联合主办的绿色中国环保成就奖评选活动中，绵阳在西部城市中脱颖而出，荣膺“杰出绿色生态城市奖”。这是又一顶戴在头上的生态桂冠。这份沉甸甸的荣誉是对绵阳生态环境建设的褒奖。

2014年，在中央电视台联合国家统计局等单位举办的《中国经济生活大调查》中，绵阳又获评“中国最幸福城市”二十强，成为四川唯一上榜城市。

作为一座西部内陆城市，绵阳的经济条件、基础设施等“硬指标”并不突出，市民的幸福感从何而来？

绿色产业，是美丽城市的重要支撑，是城市可持续发展的“生命线”。绵阳市以科技创新驱动加快发展、推进绿色发展，形成了科技含量高、资源消耗低、环境污染少的产业结构和生产方式，享获中国“富乐之乡·西部硅谷”美誉。

对于幸福的体会，每个人会有不同的答案。然而，对于绵阳绝大多数市民而言，最直观的“幸福密码”，仍然是优越的宜居环境。

坚持绿色发展，让森林走进城市，让城市拥抱森林，一直是绵阳多年的不懈追求。特别是近几年来，绵阳市紧紧围绕打造国家森林城市这张绿色名片，加快实施林业“八大工程”，着力探索绵阳绿色发展的“生态路径”，森林绵阳建设迈出了坚实的步伐。城区大气环境优良天数、城市生活污水处理率、建成区绿地覆盖率、森林覆盖率等一系列的数据，是绵阳生态环境建设成效的最有力佐证，“绿色发展”成为鲜明特色。

一座城市，坚持什么样的发展方式，考量着地方决策者的智慧和眼光。2010年，绵阳提出创建森林城市，加快城乡绿化步伐，吹响了经济转型绿色发展的集结号。2012年，绵阳正式提出创建国家森林城市，西部经济文化生态强市发展大幕正式开启。

各级林业部门坚持按照政府主导、市场运作、公众参与的原则完善投入机制，多渠道筹措创建资金。3年多来，全市投入各类资金近40亿元用于绿化。仅绵阳主城区投入绿化资金就高达7亿元，其中市本级就投入5亿元。全市森林覆盖率已达到52.4%；城区绿化覆盖率

□ 绵阳市自创森以来，开展森林生态文化体系建设和生态体育健康运动，弘扬生态文明。图为绵阳市环仙海湖自行车大赛

近40%，人均公园绿地面积超过10平方米。[14]

如今穿行在绿意盎然的绵阳，深深地感受到了540多万绵阳人民在争创国家森林城市过程中，曾经付出的艰辛努力。

在创建过程中，这座城市把生态绵阳、宜居绵阳确立为森林城市建设的新定位。在宏观上突出背景林和生态圈层建设，注重营造植物群落，建设多树种、多层次、多色彩的生态风景林。

在景观上，突出路网、河网、城市公园的绿化景观，做到乔木、灌木、草坪、花卉科学配置，构建常绿艺术长廊。

在微观上，突出社区园林景观，采取垂直挂绿、见缝插绿、空中造绿、拆墙透绿等办法，形成各具特色的城市绿地生态系统，提升城区绿化品位。

同时，把绿作为塑城之魂，扎实推进城区、近郊、远郊绿化三位一体工程建设加快城市绿化、美化、园林化建设步伐，统筹推进城乡绿化。

14 魏星奎．我市加快推进森林城市建设纪实一座西部内陆城市的“生态路径”．绵阳日报，2015-03-12.http://www.my.gov.cn/MYGOV/147211412819673088/20150312/1310222.html

在城市，通过建绿地、扩广场、修公园，先后建成各类大小园林景点200多个，80%以上市民出门500米就有休闲绿地。森林走进城市、城市拥抱森林的格局基本形成。

在农村，结合新农村和小城镇建设，通过庭院栽种风景树、山岭遍布“摇钱树”，引导农民利用四旁四地等非规划林地建设乡村公园，以绿化促美化、促文明、促致富。近两年，全市累计投入资金4亿元，创建绿色乡镇21个、绿色村庄148个。绵阳市结合幸福美丽新村和小城镇建设，引导农民利用荒山荒地建设乡村公园，基本形成了“山、水、田、林、路”交汇相容，“花、草、藤、树、竹”全面覆盖，“城市、集镇、村社、庭院”错落有致的绿化美化和谐格局。[15]

绵阳还开展水系河岸绿化，累计完成可绿化河流水岸2280.7公里；开展绿色通道建设，全市县级以上道路（含铁路）林木绿化1828公里，道路林木绿化率达到89.07%；依法有效管护106.77万公顷森林资源；巩固4.12万公顷退耕还林成果；完成营造林5.22万公顷，平均每年新增造林面积占市域面积的0.65%；新增北川小寨子沟和安县千佛山2个国家级自然保护区；大熊猫栖息地面积达到4000平方公里，占全省大熊猫栖息地面积的21%……现在，每到年末岁初寒冬正隆时，数以千计的海鸥不请自来，在烟波浩渺的三江汇合处江面上翩翩起舞，与争相投食的爱鸟市民构成一幅人鸟和谐的自然美景。

三江六岸，垂柳皆绿；街头公园，众木成林；城市周边，青山环抱。漫步绵阳大街小巷，城在林中、水在城中、显山露水、人景交融的森林城市风貌已然显现。一个西部城市的生态路径逐渐清晰，一幅“天蓝、地绿、水净、人和”的生态画卷正在徐徐展开。[16]

2016年9月19日，在全国2016年国家森林城市建设座谈会上，绵阳市被命名为“国家森林城市”。

---

15 刘鑫．碧水蓝天映绵州——我市建设国家环保模范城市工作综述．绵阳市环境保护局网站.http://www.my.gov.cn/MYGOV/150650784009158656/20140609/1053019.html

16 刘鑫．绵阳：一座西部城市的生态路径．绵阳日报，2014-01-06.http://www.chinacity.org.cn/csfz/cshj/128011.html

第十章
黄土地，森“呼吸”

第一节　西安：古都叠翠满画屏

2015 年 11 月 3 日，《中共中央关于制定国民经济和社会发展第十三个五年规划的建议》（以下简称《建议》）公布。在拓展区域发展空间方面，《建议》提出，发挥城市群辐射带动作用，优化发展京津冀、长三角、珠三角三大城市群，形成东北地区、中原地区、长江中游、成渝地区、关中平原等城市群。

这是关中平原城市群的概念，首次被明确列入国家级发展规划中。在关中城市群的建设中，大西安的规划和发展，尤为引人关注。

从山水格局上看，关中地区建都依托特有的地理形势，“因天材，就地利”“以山为势、以水为脉；依山为障、依水而建”。关中平原“田肥美、民殷富、战车万乘”，在我国最早被称为“金城千里、天府之国”。关中历代都城“南依秦岭、北望嵯峨、渭水横贯、八水滋润”。[1] 秦岭是我国南北方的分水岭；渭河横贯东西，是关中的母亲河；它们是关中的生态屏障和军事屏障。关中城市群的开发和建设，不但承载着对中国美好城市空间增量的想象，亦承载着中国新型城镇化制度变革的未来蓝图。

1 从西安到长安：一条城市轴线的多元价值激荡 . http://www.shaanxijs.gov.cn/zixun/2016/2/89248.shtml

文化因素也正在国家战略以及相关研究中占据越来越重要的地位。国际知名城市研究机构——全球化与世界级城市研究小组与网络最新排名中，诸多 GDP“不达标”的欧洲城市名列其中，其背后对于文化传承与影响的重视不言而喻。

在这方面，古城西安无疑得天独厚。近年来，多项国家层面的文化活动落定西安。其背后体现的，不仅是中国对提升软实力的迫切需要，更是“一带一路”战略下国家对西安独特地位的认可，是国家层面对西安千年历史文化积淀“现实意义”的肯定。

实际上，早在 2009 年国务院颁布的《关中—天水经济区发展规划》中，便将西安定位为“国际化大都市”。这也是继北京、上海之后，第三座被定为“国际化大都市”的城市。越来越多的政府智库和专家学者认定，国际化文化大都市建设中，西安应和巴黎、罗马等世界著名古都比，在全球城市当中找到自己的位置。[2]

从巍巍秦岭，到八水润城，西安，这座有 3000 年建城史的城市，正迎来前所未有的发展契机。长期以来，西安始终高度重视城市的生态文明建设，不断推进植树、造林、增绿等工作，让森林在城市中成长。作为西部地区中心城市，西安更把生态环境建设放在优先发展的位置，通过“创森”推动城市转型升级，实现天蓝、水碧、地绿的美好愿景。

从 2003 年起，西安相继启动实施了“六片、八河、十路”等重点绿化工程；创建国家生态园林城市；“八水润西安”等一系列生态环境建设工作，获得了“中国优秀旅游城市”“国家卫生城市”“国家园林城市”和“中国十佳绿色城市”等称号，并成功举办了第 30 届世界园艺博览会。

在建设国际化大都市的进程中，西安对城市生态建设提出了更高的目标。在详细精准调研的基础上，2013 年，西安启动了创建国家森林城市的工作，开始向“国家森林城市”这一新的目标发起冲刺。

生态建设，理念先行。西安结合市情，提出了“水韵林城，美丽西安”“让城市走进森林，让森林拥抱西安”“低碳出行，环保生活”“人

---

2 关中—天水经济区发展规划 . http://www.tianshui.com.cn/news/tianshui/ 2009062621043550608.htm

在林中，林在城中”等理念，相继启动实施了“大水大绿”、退耕还林、天然林保护等重点绿化工程，开展了“绿满西安、花映古城，三年植绿大行动”等“创森”建设工作。

“创森”工作启动以来，全市上下共同参与，各主要负责部门各司其职，市容园林部门重点加强城区绿化，市林业局大力实施郊区绿化工程，市交通局以道路绿化为重点，市农委持续推进七大特色经济林果产业基地建设，市水务局扎实开展河流水系绿化，市旅游局以国家A级景区的培育创建为抓手，有力地推动了创建工作不断走向新高度，城乡面貌不断改善。

而今，古都西安已经初步形成了以城市公园和街头绿地为支撑，以城郊景观林、经济林、生态公益林为网络，以水网、路网为连接线，森林公园、自然保护区、森林城镇等点面结合的城乡一体化生态网络格局。

创建国家森林城市，植绿和护绿同样重要。几年来，西安市以《创森规划》为纲领，着力开展城区增绿、乡村绿化美化、台塬坡面绿化、绿色廊道、都市水源涵养林保护、湿地保护、自然保护区与森林公园建设、林业产业富民、森林生态文化建设、森林资源安全能力建设十大重点工程，全力构建“一屏、三轴、五环、十块、百廊、千点”的绿化主体框架。

在栽植植被的过程中，西安市灵活按照城区、山地等不同地域作为区分。在城区绿化中，优先使用了适生性好、群众接受度高的槐树、银杏、石榴、白皮松等乡土树种，在保证树木存活率的同时，满足了市民的观赏需要；在山地则重点改造了立地条件差、治理难度大的地块，提升保水固坡能力，增强景观效果，为市民游客打造良好的郊野旅游环境。

在保护生物多样性方面，西安加强了自然保护区基础设施和保护能力建设，开展了湿地恢复、大熊猫生态廊道建设、中蜂养殖与秦岭生物多样性保护等项目，采取安置人工鸟巢、设立视频监控系统、悬挂户外警示标示等措施，不断改善野生动植物的生存环境，使生物多样性得到了有效的提升和保护。[3]

---

3 魏鑫，汤宁，李圆．“创森”三年 西安焕发生态魅力．西安晚报，2016-08-10. http://www.banyuetan.org/chcontent/jzfp/lszhg/2016810/205994.shtml

法律法规是最为有效的行为规范。开展“创森”工作以来，西安市先后颁布实施了《西安市城市绿化条例》，将已建成的80处公园、143条绿化道路、126个绿地广场纳入首批永久性绿地保护名单；编制了《大秦岭西安段生态环境保护规划（2011—2030）》《西安城市绿地系统规划》《西安市绿地小广场布点及详细规划》等规划，为森林城市建设提供了政策支持和科学依据。

古城古树繁多，为此，西安还颁布了《西安市古树名木保护条例》，完成了第三次古树名木普查工作，对18663株古树名木进行拍照定位、登记造册、建立档案、挂牌保护，明确了管护主体，制定了管理措施。

在全市的共同努力下，“创森”3年多来，西安城市道路的树多了，城区公园增加了，河道景观提升了，绿色产业发展起来了。全市森林绿化面积有效增加，生态环境得到进一步优化。

据统计，自“创森”工作开展以来，西安市新建（续建）了浐灞国家湿地公园、航天城中湖公园等26座公园，道路林木绿化率达84.1%，水岸绿化率达到了83.2%，形成以长安八水为主骨架的水岸绿化网络。

以创建带动产业，以产业促进创建，西安坚持生态建设与产业发展并举，下活了生态与民生一盘棋，实现了城市增绿、农民增收的双赢。

以绿色富民，西安主打优势产业，通过大力发展产业基地，七大特色经济林、苗木花卉和林下经济等产业实现快速发展。如今，西安郊县许多林农心有所感，“绿色不仅能改善生态，还能收获财富”。

发展七大特色经济林果产业，让不少林农脱了贫、致了富。蓝田县秦家寨村很多村民都未曾想到，小小核桃能改变他们的命运。依靠家中发展几十亩核桃林，农户每年收入就能达到几十万元。

作为西安“创森”产业发展项目之一，核桃经济林产业已成为蓝田县林业产业富民工程的一项重要内容。

“创森”以来，西安七大特色经济林果产业基地稳步推进。西安共建设核桃干杂果经济林产业基地11.75万亩，低产园改造1.1万亩；有机猕猴桃产业示范基地达40.48万亩。灞桥优质樱桃标准园、周至竹林猕猴桃标准园成功晋升为农业部“菜篮子”产品生产水果标准园。周至把苗木花卉产业作为县域经济发展的突破口，不断加大投资力度，并从政策、资金、技术等方面积极扶持。目前，周至苗木花卉种植面积达10.2万亩，新建标准化繁育基地1.1万亩、标准示范园2000亩；实现年产值9.2亿元。

苗木花卉产业已成为西安花农心中的美丽产业，林下经济则成为西安林农的绿色银行，"林药、林菌、林菜、林禽、林油等多种模式的林下复合经营，为林农迅速带来了经济效益"。将旅游名城的优势与自然资源的优势进行深度融合，在"创森"的推动下，西安生态旅游产业也风生水起。

三大生态旅游产业集群效果初显。灞桥区白鹿原森林公园休闲旅游观光带基本建成，并成功举办了第十一届灞桥白鹿原樱桃旅游季活动；通过发展产业，蓝田县玉山森林公园、紫云山森林公园等景区的基础设施建设得到完善；浐灞国家湿地公园、黑河森林公园、王顺山森林公园、汤峪旅游度假区成功创建国家4A级景区，沣东现代都市农业博览园、西咸沣东沣河生态景区、蓝田辋川溶洞风景区、蓝田流峪飞峡生态旅游区、长安广新园民族村等8家晋级国家3A级旅游景区，周至老县城自然保护区已晋升国家级自然保护区。

找准特色，多方发力，西安还在特色产业上寻求空间，目前已形成多元化的发展格局，让更多的活力得到释放。

特种动物养殖规模不断壮大。目前，临潼马额街办建设蓝狐特种动物养殖基地，新增蓝狐存栏1万只，蓝狐养殖规模达3万只；灞桥新合街办建设环颈雉动物养殖基地，环颈雉养殖规模达3000只；长安东大街建立野山鸡特种动物养殖基地，养殖规模达1.5万只。养殖业的发展，让一批企业和大户找到了新的机遇。

林产品加工经营产业取得实效。泾河工业园陕西中兴林产有限公司年产42万立方米中高密度纤维板生产线及地板集成加工生产项目建成投产，年吸纳当地果树枝桠柴及农林剩余物65万吨，年产值达10亿元，有效改善了环境，提高了农民收入。蓝田县完成1.5万亩核桃产业园建设，100亩加工基地建设已通过环评和土地初审。[4]

如果说历史文化造就了西安的不凡气度，那么绿色文明则让西安的底蕴更加厚重。"创森"，让"绿满古城、花映西安"的美丽景象实现了，让市民可推窗见绿、出门观景，让因历史文化造就的魅力西安

4 赵侠，任彦军．绿富双收 下活生态与民生一盘棋．西安日报，2015-04-04（第1版）．

更加夺目、更加精彩。

而今，“绿色发展、生态优先”的理念感染着这座古城，古城里的人民正在用实际行动践行着绿色的发展理念。未来的西安，必将更是一个充满生态活力、绿意盎然美如画的森林之城、魅力之城。

第二节　红色延安，绿色崛起

黄土高原，曾是一片神奇圣灵的土地——昔日树木繁茂，土地肥沃，经济繁荣，文明璀璨，是中华民族的摇篮和发祥地。

同时，它亦曾历经巨大变迁，繁荣富庶一再沉沦。大地被割成了千沟万壑，绿色被黄色替代，滚滚洪水裹卷泥沙冲向黄河，贫穷相伴而生。

这片广袤的地理区域，东起太行山，西至青海日月山，南界秦岭，北抵鄂尔多斯高原，包括山西、内蒙古、河南、陕西、甘肃、宁夏、青海共 7 个省（区）341 个县（市），总面积 64.87 万平方公里，占国土面积的 6.76%。

由于自然因素加之乱砍滥伐、过度放牧、陡坡开垦以及不合理的资源开发等人为因素影响，黄土高原的生态环境日益衰退，已威胁到人类的生存与发展。

调查数据显示，仅宁夏全区就有荒漠化面积 4461 万亩，其中沙化土地面积 1774.5 万亩。同时，内蒙古鄂尔多斯市的乌审旗、鄂托克旗、鄂托克前旗和杭锦旗地处毛乌素沙漠腹地，降雨稀少，蒸发强烈，水蚀模数小、风蚀剧烈，沙尘暴频繁，危害十分严重。[5]

草地退化、沙化和盐化面积逐年增加。干旱少雨、超载过牧等自然和人为因素，加剧了草原生态环境恶化。据青海省有关资料分析结果和遥感调查，青海黄土高原地区有荒漠化土地 2100 多万亩，达到土地总面积的 40% 以上。目前仍以每年 145 万亩的速度扩展，草地退化、沙化和盐化面积还在逐年增加。据监测，内蒙古黄土高原区内 8 个牧业旗（县）冷季总饲草储量 229.89 万吨，适宜载畜量 616.73 万绵羊单位，

5 千沟万壑看巨变——“三北工程”修复黄土高原生态纪实．黄河网.http://www.yellowriver.gov.cn/xwzx/lylw/201408/t20140827_146247.html

而6月末牲畜实际存栏数已达1195.14万绵羊单位，草原承载压力日益加大。加之河套地区地下水位较高，导致草地盐化面积逐年增加。

据各地观测，黄土高原坡耕地每年因水力侵蚀损失土层厚度0.2～1厘米，严重的可达2～3厘米。黄土丘陵沟壑区90%的耕地是坡耕地，每年每亩流失水量20～30立方米，流失土壤5～10吨。特别是滚滚洪水裹卷泥沙冲向黄河，河道淤积，河床上升，母亲河脚步沉重，愈发苍老，变成了世界著名的地上悬河。年均输入黄河的泥沙达16亿吨。

让黄河之水变清，让黄土高原变绿，始终是中华民族的夙愿。

如今，打开卫星遥感图，黄土高原上有了越来越多动人的绿色，延安就在其中。

"巍巍宝塔山，滚滚延河水。"延安，同样是中华文明的重要发祥地，有着悠久历史和灿烂文化，是中国革命的圣地、历史文化名城。

历史的光环难掩生态的贫瘠，使这片红色圣地曾长期饱受环境恶化之苦。"水恶虎狼吼"、荒山秃岭、黄沙漫天，头裹羊肚子手巾的放羊老汉和漫天黄土似乎已成为人们心中固化的"陕北印象"。

其实，历史上，延安曾有"森林茂密、水草丰盛、牛马衔尾、群羊塞道"的记载，是名副其实的"塞上江南"。由于历代战争的破坏、人口的急剧增加以及传统的"散牧"放羊等，延安境内的植被逐渐被破坏，水土流失不断加剧，生态环境日益恶化，自然灾害频繁发生，成为黄土高原地区生态最为脆弱的地区之一。"下一场暴雨刮一层泥，发一场山水褪一层皮""开荒种地不打粮，年年岁岁受灾荒"就是对过去生态环境的真实写照。特别是春季，"大风从坡上刮过"，沙尘暴频发，遮天蔽日，数日不止。

联合国粮农组织专家考察延安后断言：这里不具备人类生存的基本条件。

改革开放后，全国各地都在飞速发展，然而延安这块曾为中华人民共和国成立作出过巨大贡献的土地，留给全国人民的基本印象，依然是荒凉贫穷和苦难沧桑。

延安其实是有着极好的发展条件的。延安境内有杨家岭、枣园、王家坪等445处重要革命旧址，是全国红色资源最集中、最丰富、最突出的城市，也是全国爱国主义、革命传统和延安精神三大教育基地。

富县青兰高速段绿化。阡陌纵横的绿色廊道。延安完成道路绿化里程为5739.53公里，林木绿化率平均为98.47%。绿色廊道将靓丽的延安山川大地美丽的村镇连接在一起

这里还有天下第一陵——轩辕黄帝陵寝、黄河壶口瀑布等各类历史遗迹9262处。作为举世瞩目的炎黄子孙朝圣地、黄河自然遗产观光地和黄土风情文化开发传播地，改善恶劣生态环境和落后面貌，为诸多珍贵历史文化遗产披上美丽的绿装，成为摆在延安人面前一场迫在眉睫的“战役”。改善生存环境，转变发展方式，始终是压在延安历届决策层肩头的重大责任和历史性课题。

实际上从中华人民共和国成立以后，延安的植树造林就没有停过，但开始主要是群众义务劳动，成效不是特别明显。直到三北防护林等国家生态工程，特别是退耕还林工程开始之后，通过政策性造林，延安的生态面貌才发生翻天覆地的变化。

从1999—2012年，是延安“绿色革命”的13年。延安，曾因这里的“红色革命”闻名世界，如今又因这里的“绿色革命”成为人们关注的焦点。

1999年国家做出退耕还林的重大决策后，延安抢抓历史机遇，在全市范围内开展了大规模退耕还林。经过10年艰苦努力，以退耕还林为主的生态建设取得了辉煌成就。截至2008年年底，全市累计完成国家计划内退耕还林面积882.16万亩，其中，退耕还林502.38万亩，荒山造林371.78万亩，封山育林8万亩，占到全国的2.5%，占陕西省的27%。延安人以韧性书写自豪，把大地基色由黄变绿。延安，成为名副其实的全国退耕还林第一市。[6]

6 红色体育与绿色环境的结合 .http://travel.sohu.com/20100724/n273735029.shtml

到 2012 年年底，通过 2000—2012 年的卫星遥感图对比，可以清晰地看到，延安实施退耕还林区域的颜色明显在继续变绿变深。一系列林业重点工程的实施，不仅使延安大地森林覆盖率大幅提高，实现了由黄到绿的历史性转变，而且在汛期延安遭遇暴雨灾害时，起到了重要的减灾作用。虽然有些年头持续强降雨，但并没有造成大的汛情，延安干流延河的流量只达到警戒量的三分之一。[7] 而如果没有退耕还林等举措，森林涵养水源能力增加，延安一定是很多地方洪水暴发，会带来极大的灾难。

在延安，退耕和禁牧是生态建设上的一对“孪生兄弟”。人们以往印象中的农民唱着信天游放羊的场景早已不见，取而代之的是大规模的舍饲圈养。

在搞好退耕还林的同时，延安将绿化和农民致富结合起来，发展绿色产业。目前全市苹果种植面积达 235 万亩，占全国 7%，占陕西省的 33%，总产量 164 万吨。“洛川苹果”远销欧洲、东南亚、俄罗斯等 20 多个国家和地区，全市以苹果为主的绿色产业收入占到农民人均纯收入的 60% 以上。

然而，退耕还林后，延安的耕地总面积减少了一半多。尤其是随着第二轮退耕还林 8 年的钱粮兑现期限的到期，粮食安全怎么保证？群众靠什么增收？退耕还林成果如何巩固？接下来的路要怎么走？一个个新的问题，期待着新的思路、新的实践。

延安地处黄河中上游陕北黄土高原腹地，生态环境较为脆弱，经济社会发展相对滞后。典型的资源型经济结构，决定了延安必须加快调整经济结构，转变经济发展方式，遵循自然规律和经济规律，正确处理经济社会发展与生态环境建设的关系，把主要以石油、煤炭为支撑的经济结构调整为多业并举的经济格局，实现产业活动与生态系统的良性循环和绿色发展。

生态环境是农业生产的先决条件。生态环境的改善，不仅能够提高农业生产效益，而且生态建设本身也能成为一种带动就业和增收的产业。建设“绿色延安”，促进社会生产力和自然生产力的和谐，有利

---

7 延安建设国家级森林城市总体规划通过评审．http://news.cnwest.com/content/2013-12/16/content_10470945.htm

于改善农村生产生活条件，增强农业抗御自然灾害能力，提高农业生产效益，增加农民收入。建设“绿色延安”的过程，就是改善农村环境、促进农业发展、增加农民收入的过程。

同时，良好的生态环境也是提高生活质量和扩大对外开放的基本需要。通过建设“绿色延安”，把延安建设成为山绿水清的生态区、城秀景美的特色城，提升城市品位，优化人居环境，促使以红色旅游为龙头的文化旅游业快速发展。建设“生态延安”，就必须摒弃浪费资源、牺牲环境的粗放经营模式，最大限度地减少资源消耗及其对环境的影响，实现清洁发展、安全发展。[8]

出于这样的战略思考，2012 年 3 月，延安喊出了在黄土高原上创建国家森林城市的口号。

要在生态环境脆弱的黄土高原上创建国家森林城市，这在 20 年前无异于痴人说梦。首先，延安的气候条件不理想。延安是干旱半干旱地区，年降水量相对偏少，北部地区则更少。受此制约，生态自然恢复功能较弱。其次，延安地处黄土高原丘陵沟壑区，自然立地条件差，山峁沟梁多，坡度大，植树造林的难度和成本都很大，成活率相对偏低。另外延安市区、各县城都位于沟道之内，可利用的建设用地少，在人口稠密区，不可避免地存在人和树争地的现象。

但实际上，地处黄土高原腹地的延安已具备创建国家森林城市的条件。从 1978 年起，随着三北防护林、天然林资源保护、退耕还林等一系列国家重点林业工程的实施，延安大地实现了由黄到绿的历史性转变。除了过去多年造林积累的生态基础、能源开发积累的经济基础、市民热情支持的群众基础外，延安还有很多独特的资源，仅千年以上的古树就有 3 万多棵。这对延安创建国家森林城市都很有好处。

延安市审时度势，正式启动了创建国家森林城市工作，《延安市国家森林城市建设总体规划》也迅速通过专家评审。延安“创森”主要有六个方面的建设内容，分别是生态安全屏障建设工程、城镇社区绿化美化工程、干果经济林提质增效工程、森林资源保护管理工程、生

8 李希．建设生态延安　实现科学发展．求是，2009（23）．http://www.qstheory.cn/zxdk/2009/200923/200911/t20091127_16019.htm

态文化体系建设工程和林业管理信息化工程。[9]

延安的"创森"工作，可谓是举全市之力、汇全民之智，掀起的一场波澜壮阔的"绿色革命"。大到全力以赴推进退耕还林等林业重点工程，小到层层深入绿化美化城区道路、河岸，延安"创森"的每一步都走得扎实而有力。

"创森"四年，全市累计投入创建资金 62.4 亿元，累计新造林 364.08 万亩，远远超出创森近期规划任务的 169.27 万亩，2015 年空气优良天数达 282 天，居全省第一。"创森"工作成效显著。

"创森"四年，全市累计新建、扩建和提升"两黄两圣"生态文化基地 14 处，黄陵县树木园等科普教育基地 12 处，义务植树基地 30 处，建设"创森"示范点 65 个，绿色家园示范点 40 余处。各类基地、示范点成为传承红色基因，滋养精神的家园。

"创森"四年，延安共组织 51 批次中小学生森林体验活动，有 8140 名学生接受了生态文化教育。此外，市树市花评选活动，中小学"创森"主题班会、演讲比赛，生态文化进学校、进社区、进机关、进村镇，丰富多彩的生态文化活动深入人心，激发了市民爱绿、植绿、护绿的积极性。延安的创森工作早已成为全民动员的伟大行动。

山坡沟谷，城市农村，见缝插绿，拆违还绿，集中补绿。创森以来的实践成果表明，延安基本形成以城镇社区绿化为中心，道路河流绿化为廊道的林城相依、林居相依、林路相依、林山相依、林水相依

---

9 延安建设国家级森林城市总体规划通过评审 . http://sx.sina.com.cn/yanan/focus/2013-12- 17/07234177.html

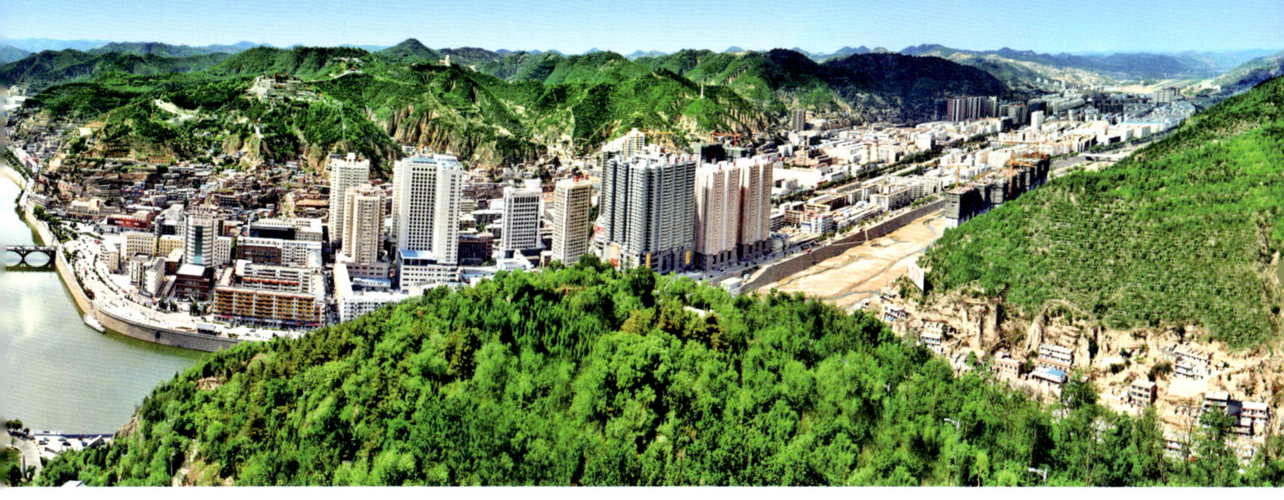

□ 延安累计投入资金62.4亿元，城区绿化覆盖率达到42.65%，人均公园绿地面积达到14.45平方米。图为绿色怀抱的延安市

的城乡一体化森林景观格局。

延安的城市建设，也充分考虑了延安的城市定位和建筑风格，突出体现革命圣地、历史文化名城、陕北风土人情、适宜人居的特色，把适宜人居放在城市规划的首要位置，围绕利民、便民，使山、水、城为人服务。[10]

从中国革命圣地、历史文化名城，到创建国家森林城市，延安不负众望，走出了一条"绿水青山"与"金山银山"相融相生，红色文化与生态文明交相辉映的绿色崛起之路。

改善生态环境就是发展生产力。当红色文化与绿色革命在延安这片土地激情碰撞，擦出的火花也燃爆了当地的产业发展，为百姓带来源源不断的生态红利。

得益于生态环境优势，延安的苹果搭上了"绿色经济"这趟快车，成为惠及当地百姓的支柱产业。

具体以上文提到的洛川苹果为例。位于延安南部的洛川，被称为"苹果之乡"。这里地处黄土高原腹地，土质疏松深厚，昼夜温差大，光照充足，是国内外专家公认的世界最佳苹果优生区的核心地带，出产的苹果因果形端庄、色泽鲜艳、口感纯正、香甜清脆而美名远扬。

这样优质的水果，被外交部礼宾司选为国礼，先后赠送给蒙古国总统等多位国家元首。以苹果作为国礼，这在中国外交史上尚属首次。

如今，在延安，以洛川为中心的南部塬区集中连片的苹果园，绵

---

10 处处景观皆宜人——延安市创建国家森林城市系列报道之二．延安日报，2016-09-18. http://www.yanews.cn/2016/0918/19136.shtml

延千里，蔚为壮观。每到金秋，红彤彤的苹果挂满枝头，果香四溢，沁人心脾。目前，延安苹果的种植面积、产量约占世界的二十分之一，全国的九分之一，种植面积达 350 万亩，年产量 280 万吨，年产值突破 100 亿元。全市农民人均纯收入的一半来自苹果，在洛川、宜川等苹果重要产区，农民收入的 90% 以上来自苹果，涌现出一批千万元明星村和百万元明星户。苹果还与红枣、核桃、花椒形成了延安的四大经济林基地，带动群众实现脱贫致富。[11]

与此同时，依托生态美景发展的旅游产业近几年也在持续升温。"创森"四年，延安 8 个省级以上森林公园共接待游客 394.43 万人次，旅游收入 12399.64 万元，黄陵国家森林公园成功晋升为国家 4A 级景区。据统计，延安林业总产值由创建国家森林城市前的 51.56 亿元增长到目前的 130.64 亿元，年均增速 36.87%。

波澜壮阔的绿色革命，令延安彻底变了模样，再次充满生机。历史上森林茂密的景象逐渐恢复，一些多年不见踪影的珍稀动物原麝、黑鹳和白鹳等重返山林，甚至发现了金钱豹的活动踪迹。近年新建的黄龙山褐马鸡国家级自然保护区、陕西子午岭国家级自然保护区、黄龙山次生林省级自然保护区、桥山省级自然保护区、劳山省级自然保护区，成为野生动植物遮风挡雨、繁衍生息的乐园。湿地保护工作正在层层深入。良好的湿地环境，吸引了黑鹳、白鹳、鸳鸯等珍稀鸟类在此安家落户。目前，延安鸟类已增至 172 种。

"创森"工作的有效开展，还使得生物多样性显著提高，森林生态系统更加完备，保护野生动物成为全民的自觉行动。如今的延安，处处可以欣赏到人与自然和谐相处的美景。

让历史遗迹地"绿"得有气质、有内涵，实现红色文化与绿色生态的相融相生，是延安生态文明建设的更高要求。如今，簇拥在宝塔山、凤凰山等革命遗迹地周边的是延安美丽的市树——柏树、苹果树，市花——山丹丹、牡丹，寓意革命火种永不灭、延安精神永流传。放眼望去，绿树成荫、花团锦簇，衬托得革命圣地更加典雅美丽，光彩照人。得益于延安人的悉心照料，境内的 8 万余株黄帝陵古柏群，冠盖蔽空，苍劲挺拔，庄严守护着中华民族始祖陵寝——轩辕黄帝陵寝，

---

11 陕西省延安市创建国家森林城市纪实 (2). http://www.sxzmw.com/hy/yw/3600_2.html

见证着中华民族五千年的辉煌璀璨。这片古柏群亦成为中国乃至世界极其珍贵的历史文化遗产。

目前，延安全市森林覆盖率达 46.35%，超出国标要求 16.35 个百分点，公园绿地 1510.78 万平方米，人均公园绿地面积达 14.45 平方米。[12] 无论是从西安到延安，还是从延安到志丹、子长、黄陵等县，一路都是赏心悦目的绿。

从穷山恶水到经济全省前列，从漫天黄土到山川大地绿意葱葱，从农业靠天吃饭到农业结构特色鲜明，从温饱财政到公共服务和社会保障成为全省范本。这一切，都蕴含在延安交出的这份绿色答卷之中。

第三节　草原上的绿色“硅谷”

未来的中国经济，将是城市经济圈群雄争霸的格局。目前国内长三角城市经济圈、珠三角经济圈已日趋成熟，京津冀城市经济圈正在崛起；西部大开发背景下的西安都市经济圈和成渝经济区也渐渐浮出水面，这些都市圈的经济积聚力量，正在发挥着单一城市所不具有的巨大作用，体现出明显的规模效益。

作为内蒙古最具发展活力的经济板块，呼包鄂地区已初步形成品字形的城市群，被誉为内蒙古的“金三角”。近 10 年来，内蒙古自治区经济快速发展，很大程度上得益于呼和浩特、包头、鄂尔多斯的发展。

作为内蒙古最为发达的经济区，“金三角”呼包鄂已经成为全国重要的能源重化工业基地、西部地区发展最快的经济板块和全国最为活跃的经济区域之一。但是，从现在来看，“金三角”的称谓已成为历史。

内蒙古高调提出“呼包鄂经济一体化”的概念，三地的发展已经从独立的“金三角”，上升到协调统一发展的层面。更为可喜的是，目前，呼包鄂一体化战略已经纳入国家发改委提出的主体功能区重点开发区范围。

目前，国内外第一轮的经济竞争已经从单一的城市间的竞争逐渐演变为区域性城市群的竞争。城市一体化已经成为增强区域竞争力的

---

12 创建国家森林城市 看大美延安 . http://shx.wenming.cn/sxdt/yanan/201609/t20160921_3707657.shtml

一种必然手段和务实选择。

因此，推进呼包鄂一体化发展战略，必将增强该地区的综合经济实力和辐射带动能力，由领跑全区向与沿海发达城市攀高比强的方向转变，走上一条产业协调、城乡协调、人与自然协调的发展之路。

半壁江山的经济总量、丰富的资源条件、较为完善的基础设施、健全的科技支撑、各具特色的产业基础，已为三地经济社会一体化发展奠定了坚实的基础。在内蒙古的经济版图上，呼包鄂区域经济带无疑是最璀璨的亮点。2002 年以来，这三地逐步成为内蒙古加快发展、又好又快发展、科学发展的成功典范，顶起了自治区 GDP 总量和财政收入的半壁江山。伴随着国家积极打造城市群政策的出台，呼包鄂一体化发展的呼声也越来越高。

呼包鄂城市群位于内蒙古自治区中西部的核心区，呈品字形分布，有着非常密切的经贸和社会联系。三市 GDP 总量占全区 GDP 总量的一半以上，加上丰富的资源条件、较为完善的基础设施、健全的科技支撑、各具特色的产业基础，均为三地经济社会一体化发展奠定了坚实的基础。

目前，呼包鄂大部分已经达到或接近全面建设小康社会的水平；从衡量现代化主要标志的经济发展、社会发展、城市建设三组指标来看，无论是三市 GDP、恩格尔系数还是人均居住面积都已经达到或接近基本现代化的水平，呼包鄂有理由也有实力打造一体化发展区域。而这一区域的森林建设，也正可连成一体，彼此响应，形成祖国西部一道无隙的绿色屏障。

在敖汉旗、在呼伦贝尔市、在阿拉善盟、在内蒙古自治区 12 个盟市的 90 个旗县，各族人民也栽下一棵棵杨树、一棵棵樟子松、一片片梭梭林，像先民一样用朴实而智慧的劳动，缔造了一道道绿色长城缚住肆虐黄龙的奇迹。履约 20 年，内蒙古完成了从风沙源头到祖国北方生态安全屏障的蝶变，生态环境实现了“整体遏制，局部好转”的历史转变。在北方，这道生态防线护佑着 2390 万各族人民的福祉，护佑着北京、华北乃至全国的生态安全。[13]

13 李燕，丁荣．内蒙古：从风沙源到生态安全屏障的蝶变．中国绿色时报，2014-11-06. http://stpd.chinadevelopment.com.cn/stgc/2014/11/760381.shtml

呼和浩特

呼和浩特，蒙古语意为“青色的城”。

漫步草原丝绸之路主题公园，盛世青城、库库和屯胜景、蒙元盛世、盛乐长歌、云中风云的雏形已经显现，在这里闲庭信步即可感受历史文化名城的厚重文化底蕴。踏足塞上老街，明清古街风韵犹存，百余家商铺见证着历史的变迁，在这里游览观光，品味古朴，品茶赏乐，悠然自得。

行驶在快速路上，一路畅通的快意，人们发现，新建的道路通了，桥梁通了，快速公交系统成型了，路两侧绿化带成型了。[14]

大黑河过去是一条“农村河”，经过近年来城市发展，大黑河已成为名副其实的“城中河”，过去由于设防标准低以及挖沙取土等，河床破烂不堪，河内污水横溢，河边杂草丛生。如今来到大黑河城区段，经过处理的中水在治理好的河段已开始注入，实现大黑河碧波荡漾的目标也越来越近。河中，成群的水鸟在游弋嬉戏，为大黑河增添了更美的生机。

沙石地变成万亩草原，渣土堆变成山体公园，烂石滩已森林密布，垃圾坑成生态景观——近年来，呼和浩特首府致力于改善城市人居环境，提升城市品位，再次浓墨重彩绘就出了城市发展的新画卷。

如今，青城四季有绿三季有花，不仅绿意满城，更被市民称为“彩色之城”。

2000 年，呼和浩特市在全区率先提出了“建设生态市”的目标，并着手实施了天然林保护等六项重点工程；2006 年，呼市确定了“五区、三环、两带”总体建设布局，不断加大了生态改造建设力度；2012 年，又启动了大青山生态综合治理保护工程；2016 年，“两带”“两环”“六个出城口”“八个公园”“二十条景观街”等重点工程也开始稳步推进。

在保护中发展，在发展中保护。呼和浩特统筹全局，辩证发展，在生态的保护与修复中谋求长远利益和永续发展。

呼和浩特市提出认真践行绿色发展理念，在主城区由里到外、从

---

14 呼和浩特城市建设生态文明再次刷新“颜值”打造百姓宜居乐园 .http://www.nmgcb.com.cn/news/mengshi/2016/0821/117443.html

南到北打造“三环两带”，改造“五河两库”，努力为群众提供更多优质生态产品，不断提升首府生态文明水平。这些发展思路，凝聚了全市上下智慧，保持了连续性、增强了前瞻性、体现了时代性，有力引领和推进了全市各族人民打造祖国北疆亮丽风景线的生动实践。

“三环两带”五道亮丽生态绿化景观带工程，正是呼和浩特市在已取得成绩的基础上，将“让居民望得见山、看得见水、记得住乡愁”这个绿色发展理念落实到行动的全面体现，是呼和浩特市打造宜居城市、生态城市的重要举措，对城市生态环境改善具有重要意义。其中，“三环”是实施65公里的城市快速路园林绿化，101公里长的绕城高速宽林带绿化，巩固提升44公里长的环城水系景观和6个出城口生态景观；“两带”是完成大青山前坡生态休闲景观带和14.3公里长的大黑河生态绿化带建设。

呼和浩特环城水系景观带全长44公里，对于首府环境改善、特色城市塑造具有极为重要的意义。环城水系流经市四区，是呼和浩特市重要的生态廊道和景观节点。东河的喷泉、河道两岸绿化、几座跨河大桥的修建和亮化工程，滨河路的畅通，都依托环城水系而生，各种景观和节点环岛景观绿化工程，让人耳目一新。

大青山南坡是大青山自然保护区的重要组成部分，是重要的水源保护地。然而由于多年人为破坏和自然原因，大青山植被逐渐衰退，土地破坏面积累计达154.72公顷，严重影响首府水源安全，破坏了区域内的地形地貌景观和整个大青山生态环境。[15]

2012年年初，大青山前坡综合治理作为一号工程摆上重要议事日程。在治理过程中，呼和浩特市共关停取缔各类污染企业170家、拆除生产设备177套；拆迁棚户区2500户、厂院45个，共拆除建筑面积40万平方米；妥善安置企业职工848人；淘汰落后产能68万吨；修复治理沙坑8个，落实绿化用地1500亩。

在整个项目实施过程中，呼和浩特始终坚持绿色生态理念，围绕“保护生态、涵养水源、搬迁村民、旅游休闲、展示文化”的规划目标，实现山、河、林等自然景观与历史文化等人文资源的和谐交融，打造

15 大青山前坡环境保护和生态综合治理工程综述 . http://inews.nmgnews.com.cn/system/2016/09/10/012129074.shtml

形成“一山、六线、七区、九带、多点”空间结构。

在市委市政府的努力下，呼和浩特为群众提供了更多优质生态产品，不断提升着首府生态文明水平，使呼市的城市生态环境与宜居水平实现了历史性飞跃。在获得了“国家级森林城市”荣誉称号之后，呼和浩特市又荣膺“国家园林城市”称号。

“十二五”期间，呼和浩特着力在加强生态建设和环境保护上下功夫，深入实施大青山前坡生态综合治理、绕城高速宽林带绿化等工程，扎实推进绿色发展，努力实现生态效益和经济效益双赢。

“十三五”时期，呼和浩特提出坚持绿色发展，建设人与人、人与自然和谐共处的美丽家园，更加注重生态建设，加快城市水系、绿带、小微绿地和城外河湖、森林、草原建设，构建完整的生态网络，打造城在林中、绿在城中、水系环绕、文明宜居的城市。

呼和浩特市“十三五”规划，也为城市发展描绘出了一幅绿意盈盈的美好画卷：城市建成区绿化率将提高到40%，全市森林覆盖率将提高到27.4%，城市宜居水平和可持续发展水平会大幅提升。[16]

包头

包头素有“塞外通衢”之称，历史悠久、文化底蕴深厚，自古以来，就是沟通北方草原游牧文化与中原农耕文化的重要纽带，促进了多民族、多宗教、多文化在这里交流融合。包头是汉民族茶文化、丝绸文化向北向西传播的重要通道，也是陕西、山西人走西口的重要落脚地。

在长江文化、黄河文化和草原文化中，草原文化是最早形成的，所以最早的丝绸之路应该是草原丝绸之路。包头大部分正好处于北纬45°～50°之间，这是一个天然的草原地带，没有大山的障碍，没有大河流的阻隔，地势平坦，人们走多了，就走出路来了，先是游牧民族的游牧，再加上中原走西口的这些人的后续的开拓，人们不辞辛苦，有时候是冒着生命危险在这条路上行走，才走出一条草原丝绸之路。几千年来，草原文明和农耕文明在这个草原丝绸之路上创造了极其丰富而且沉甸甸的文化，促进了民族融合、经济交流、文化吸收、宗教

16 苗青.我市全力打造生态文明新常态 实现美丽与发展双赢.呼和浩特日报，2016-10-21（第1版）.

的交流，这些历史文化也大多在包头以不同形式遗存下来。

包头故地和民族与丝绸之路在政治、经济、文化中有密不可分的关系。游牧民族由分散到集中，包头集中有八个民族，这八个民族在丝绸之路的历史行程中有着密不可分的文化关系。翻开包头的历史纵向一查，始终处于变动，迁进迁出，不同的部族、不同的人物在这个舞台演出着有声有色的人生大剧。1124 年，耶律大石就从包头出发建立了西辽国，另外，马可波罗走的路线就是经过包头最后到的大同，这条路和丝绸之路完全契合。所以，包头故地的各民族、古老的包头人与丝绸之路有着密不可分的关系。

到了近现代，包头好多商贩都在丝绸之路的节点上设立商号，西宁、哈密都有包头商号设立。茶道与丝绸之路的结合，包头是个不可忽略的枢纽。

从清代开始，草原丝绸之路的繁盛与古丝绸之路对接，而这一条草原丝绸之路包头是重要的节点和起点，包头每年从丝绸之路这条路到科布多的团队至少 1000 支，包头的众多商号，就是在这一条草原丝绸之路与古丝绸之路的节点上得到发展的，包头因此也成为我国西北皮毛集散的重镇。

中华人民共和国成立后，作为中国边疆少数民族地区最早开展大规模工业建设的重点城市，包头成为内蒙古自治区最大的工业城市，由于其钢铁、稀土优势，被外界称为“草原钢城、稀土之乡”。

2000 年以来，包头大力开展城区、近郊和远郊三大森林生态圈和绿色通道建设，并按照中央政策相继实施了退耕还林、天然林保护、京津风沙源治理和三北防护林等国家林业重点工程建设，城市周边生态面貌为之焕然一新。

截至 2006 年年底，包头森林面积已达到 400.8 万亩，森林覆盖率达到 26.1%（不包含草原牧区），人均公共绿地面积达到 10.7 平方米，形成了“半城楼房半城村，林中有城，城中有林，绿染包头”的独特森林景观。当时中国林业科学研究院首席科学家、中国城市森林论坛科学顾问彭镇华对这个城市题写“荒漠草原一明珠，包头城郊万木春”，可见包头的森林建设得到了林业专家的认同。

2013 年 11 月 7 日，包头决定在该市深入实施“青山、湿地、大草原”计划，致力打造中国北疆生态安全屏障。

包头市建设大青山（历史上称之为阴山）南坡绿化工程，能充分发挥森林“包头之肺”的生态功能，打造中国北部绿色生态屏障。他认为大青山是内蒙古高原和黄土高原的分水岭，是阻隔风沙和蒙古干燥气流进入华北平原的天然绿色屏障。历史上大青山生态植被较好，其南坡的山前平原曾出现过“天苍苍、野茫茫、风吹草低见牛羊”的景象，但由于人为破坏等原因大青山植被逐年衰退，从 2007 年至今，该市启动大青山南坡绿化工程，在“十二五”期间规划投资 8.8 亿元，完成 5 万亩建设任务。[17]

建设黄河国家湿地公园，能充分发挥黄河湿地作为“包头之肾”的生态功能。黄河流经包头段全长 220 公里，现有河堤 170 公里，黄河滩涂湿地 2.9 万公顷，占全市湿地面积的 82.3%，同时也是黄河流经最高纬度的湿地。为此包头市政府专门成立了包头市生态湿地保护管理中心，先后编制了《包头市黄河湿地概念性规划》等，并于 2011 年申报建设黄河国家湿地公园，当年 12 月 12 日国家林业局发文批准包头黄河湿地公园列入国家湿地公园试点。

包头市处于草原和荒漠草原的过渡带，气候属于四部干旱半干旱地区，全市草原共有 5 大类总面积 2447 万亩，2008 年以前由于受干旱、过度放牧、垦荒等影响，山北地区（指大青山以北）草原退化、沙化现象逐年加剧。为扭转草原生态恶化趋势，“大草原”计划出台禁牧政策，全市农区全面实施围封禁牧，牲畜全部舍饲圈养等措施，力图全面恢复草原生态环境。

从 1996 年前的风大、土大、脏乱差，到 2007 年的“国家森林城市”称号，包头的绿色发展之路已经走过了 11 年。

从 2008 年至今，包头在生态绿化上投入更多，不仅使得这座城市景观日新月异，随着一轮轮的绿化“运动”，成绩越来越被市民和外界认可。

在包头市达茂旗巴音敖包苏木的京津风沙源封山育林项目上，当地北部牧区种植的藏锦鸡儿、白茨等树种，通过围封禁牧，目前已显现出防风固沙的坚强作用。

---

17 李爱平．包头：一个国家级森林城市的“生态”变奏曲．中国新闻网，http://www.chinanews.com/df/2013/11-07/5477210.shtml

在包头市固阳县，2000 年以来，该县被列入国家退耕还林（草）试点示范县后，该县累计完成各类退耕还林工程 62.164 万亩，亦因此当地多年不见的狐狸、黄鼠狼、老鹰、猫头鹰、山鸡等重新出现，生物多样性大大增加。

从 2000 年至今，包头土右旗开始实施天然林资源保护工程，禁止天然林采伐，实施围封禁牧，关停矿山企业，确保了现有资源的安全，目前已圆满完成 87 万亩工程建设任务，先后获得了“全国三北防护林工程建设突出贡献单位”等殊荣。

在包头市青山区三北防护林工程项目上，目力所及全是一片片与城区几乎相连的樟子松、云杉、油松、侧柏等树木，规模已蔚为大观。而该项目实施中国西北地区最先进的滴灌节水方式对苗木灌溉，已被作为先进经验在业内被广为学习。

2007 年 5 月，包头被中国绿化委员会、国家林业局授予“国家森林城市”荣誉称号，并先后获得“联合国人居奖”“国家园林城市”等荣誉，实现了由一座钢铁城、工业城迈入文明城、森林城的历史性跨越。

鄂尔多斯

鄂尔多斯为蒙古语，意为“众多的宫帐”或“宫帐群落”。

鄂尔多斯市位于内蒙古西南部，处在黄河的三面环抱之中，总面积 8.7 万平方公里，有 190 多万人口，其中蒙古族 18 万人，是一个以蒙古族为主体、汉族占多数的少数民族聚集地区。

鄂尔多斯地区是草原游牧文化的发祥地。古代，鄂尔多斯草原水草丰美，是游牧民族理想的生存之地。历史上，从夏商春秋至秦汉唐宋，先后有土方、鬼方、熏育、戎狄、林胡、楼烦、匈奴、乌桓、鲜卑、敕勒、党项、契丹等众多北方游牧民族、部落在这里驻牧。众多游牧民族共同在这里创造了以“鄂尔多斯青铜器”为代表的灿烂草原游牧文化。1973 年在鄂尔多斯杭锦旗出土的匈奴鹰形金冠，作为匈奴文化的经典而为举世考古学界瞩目，呈现出了“鄂尔多斯青铜文化”的绚丽光彩。[18]

明代中叶，祭祀成吉思汗的“八白宫”迁移到了鄂尔多斯境内，

18 鄂尔多斯文化与时俱进与日俱新 .http://blog.sina.com.cn/s/blog_574cd6e90102y876.html

蒙古族“黄金家族”也随之入住鄂尔多斯地区，从而把蒙古族的文化精华带到了鄂尔多斯地区。之后，生活在鄂尔多斯地区的蒙古族传承了内涵丰富的成吉思汗祭祀文化，延续、发展了特色鲜明的蒙古族优秀传统文化。

鄂尔多斯同时又是一座拥有内蒙古一半煤炭资源的城市。随着在煤炭“黄金十年”期间定下的百万人口发展大计落空，在前两年，这里一度变成了一片寂静的“空城”。对靠煤吃饭的地方来说，煤炭走下坡，城市蓬勃的生命线也就断了。

2000年以来，鄂尔多斯市抓住西部大开发的历史机遇，加大生态建设力度。

鄂尔多斯坚持以国家和地方投入为导向，以生态工程为抓手，以社会参与为重点，大规模推进生态环境建设，形成了国家项目、地方工程、企业和个人参与的多轮驱动生态建设的良好局面。

当地先后组织实施了退耕还林、天然林保护、三北防护林、退牧还草、国家水土保持重点建设工程、水土保持淤地坝试点工程等一批生态重点工程，完成人工造林920万亩、飞播造林805万亩、封育442万亩，草牧场围栏3660万亩，水土保持初步治理面积2000多万亩，建成淤地坝1628座。

围绕创建国家生态园林城市和国家森林城市的目标，鄂尔多斯加大国土绿化力度，启动实施了“六区”（城区、园区、景区、通道区、生态移民区、新农村新牧区）绿化、“四个百万亩”（百万亩油松、樟子松、沙棘、山杏）、碳汇造林和城市核心区百万亩防护林生态圈等地方林业重点工程。

全民义务植树已成为鄂尔多斯生态建设的又一支重要力量。正是全社会参与生态建设，不断点燃着鄂尔多斯绿色希望。

与此同时，鄂尔多斯鼓励多种所有制参与生态建设，大力推行以非公有制为主体的运行模式，支持民营企业、造林大户参与生态治理，全市非公有制造林面积占总造林面积的90%以上。

近年来，鄂尔多斯实施了集体林木划拨到户、小流域治理拍卖到户等生产责任制，实行两权分离、分户治理经营，相继出台了“个体、集体、国家一齐上，以个体为主”“谁造谁有，长期不变，允许继承流转”等生态保护和建设的基本政策，促进了资金、技术、劳动力等生产要素向生态治理和开发聚集，[19] 也形成了人人共筑北疆绿色屏障的庞大合力。

在与恶劣生态环境的博弈中，鄂尔多斯涌现出无数造林模范和先进群体，创造出了许多生态传奇。从"乌审召精神"，到"穿沙精神"；从鄂尔多斯集团治理"恩格贝"，到东达·蒙古王集团建设万亩沙柳基地、伊泰集团建设万亩甘草园、亿利集团建设库布其沙漠万亩锁边林带和杭锦旗穿沙公路护林网；从乌日更达来，到治沙女杰王果香、全国劳模殷玉珍，一个个企业倾情投入，一代代治沙人不断涌现，接力谱写绿色新篇章。目前，全市承包造林面积在 500 亩以上的大户超过 2500 户，治理沙漠 200 多万亩。鄂尔多斯多元投资生态建设新格局初步形成，生态建设呈现出治理主体由国家、集体为主向社会各界多元转变，由简单行政命令为主向政策激励转变的重大变化。

在鄂尔多斯东部丘陵地区，灰白、紫红、黄褐等五颜六色的岩石层显得格外醒目，这就是被称为"地球癌症"的砒砂岩区。但这里并非寸草不生，耐干旱、耐贫瘠的沙棘小灌木在这里顽强生长着。为此，科研人员进行了一系列攻关，攻克了砒砂岩区沙棘育种、高效栽培等一整套提高成活率的技术，并将其作为治理砒砂岩水土流失的最佳树种在全市大力推广。十几年来，鄂尔多斯市累计种植沙棘 11.6 万公顷，并仍以每年 6000 多公顷的速度推进。

在库布其沙漠，针对沙丘高大、地下水位较低、治理比较困难的实际，采取"南围、北堵、中切隔"的综合治理模式，沙漠南北两侧营造生物锁边林草带，阻止沙漠南侵、北扩、东移，利用天然的十大孔兑和修建穿沙公路进行切隔治理，已使库布其沙漠治理率达到了 23%，沙漠趋于稳定。

在毛乌素沙地，针对沙丘低缓、地下水位高、有不少天然绿洲的特点，采取"庄园式生物经济圈"的治理模式，运用"封、飞、造"等措施进行综合治理开发，坚持增加绿色和提高质量并重，突出樟子松基地建设。目前，毛乌素沙地治理率达 70%，沙害基本消除。

在干旱硬梁区和丘陵沟壑区重点实施人工造林，加强封禁保护，

---

19 荒漠化治理的鄂尔多斯经验：左手经济右手生态融合发展 . http://www.sohu.com/a/191958894_362042

减少水土流失。干旱硬梁区以封育保护旱生灌木和濒危植物为主，采取了“窄林带、宽草带、灌草结合，两行一带”的治理模式，行植灌木、带间种草，灌草搭配，为舍饲养殖提供充足的饲草料；丘陵沟壑区结合水土保持采取了“沙棘封沟、柠条缠腰、松柏戴帽”的治理模式。2000 年以来累计减少入黄泥沙 3 亿吨。

同时，鄂尔多斯加快推进“数字林业”平台建设，组织开展全境航拍工作，建成集森林草原防火远程监控、基础地理信息、荒漠化动态监测、森林资源管理等功能于一体的数字林业云计算和海量数据库，实现了生态管理的网络化、智能化和可视化。启用自动报警装置，实时监控 2 万平方公里的重点林草植被情况，大幅度提高了林业监测数字化和管理科学化水平。建立了拥有 10 架飞播飞机的通航公司，购置了全国地级市首架人工增雨飞机，创办了拥有种子筛选、包衣、丸化先进设备的碧森种业公司，组建机械化造林专业队 10 个，全市机械造林面积达到 70% 以上。

以科学技术作为生态建设最重要的支撑，鄂尔多斯坚持适地适树、以水定树，通过科技支撑提高生态建设效率，一系列抗旱造林新技术广泛应用，培育出一批抗旱、耐寒、耐盐碱、耐贫瘠乡土树种，为提高造林成活率和保存率打好了基础；以国家“973”项目为支撑，启动了“五大类型区生态监测和优化模式集成示范项目”，研究确定不同立地条件、不同树种、不同密度区域以水调控生态的可持续发展模式。“数字林业”平台建设卓有成效，建成了集森林草原防火远程监控、森林资源管理等功能于一体的数字林业云计算和数据库，被列为“全国林业信息化建设示范市”。[20]

经过不懈努力，鄂尔多斯生态环境实现由严重恶化到整体遏制、大为改善的历史性转变。

据统计，鄂尔多斯市 2000—2005 年沙尘暴年均发生 4.8 次，而 2005 年以来 7 年间年均只发生 2 次。2005 年以来年均降水量 308 毫米，2012 年降水量达到了 448 毫米。全市森林覆盖率和植被覆盖度分别由 2005 年的 16.2% 和 45%，提高到 2012 年的 25% 和 70%。昔日一度

20 鄂尔多斯：绿意滋润 美富兼收．经济参考报．https://wenku.baidu.com/view/d4dd77156edb6f1aff001ff3.html

袭扰京津冀地区的风沙源头，今朝已经成为祖国北疆的重要绿色生态屏障。

“反弹琵琶，逆向拉动”，是鄂尔多斯生态建设的创新之举，它使生态建设和经济发展相融合，绿了荒漠，富了百姓。在推进生态文明建设的过程中，鄂尔多斯把生态建设摆在突出位置，亲近自然、尊重规律，最大限度增加生态资产，最大限度减少环境负债。创新和完善农牧民参与生态建设的利益共享机制，努力实现生态效益、经济效益和社会效益同步提升，有力促进当地农牧民持续增收。

坚持“生态建设产业化、产业发展生态化”的发展思路，在大力开展生态建设的同时，延长林沙产业链条，促进林沙产业发展，形成了“五化”（林板一体化、林纸一体化、林饲一体化、林能一体化、林景一体化）、“三品”（饮品、药品、化妆品）的总体格局，初步构建起以人造板、造纸、生物质发电、饲料、饮食品、药品、化妆品加工和生态旅游为主的林业产业体系。建成林沙产业原料林基地2700.85万亩，建成碧森种业、宏业人造板、东达纸业、毛乌素生物质热电、高原圣果等规模以上林沙企业20家，建成成陵、恩格贝、响沙湾、七星湖、萨拉乌素等生态旅游景点20多处。林沙产业的发展以及退耕还林补助、生态效益补偿等直补政策的实施，把林业的生态、经济和社会效益紧密地结合在一起，农牧民通过生产、加工、销售各个环节参与利益分配，积极性显著提高，增收渠道不断拓宽，收入水平大幅提升，实现了农牧业生产和农牧民收入的“双增长”，林业成为了农牧民增收的重要渠道和繁荣农村经济的有效途径。林沙产业的发展实现了生态生计兼顾、治沙致富共赢。2014年，鄂尔多斯市林业总产值达44亿元，农牧民来自林沙产业的人均纯收入达2600元。

鄂尔多斯生态的改观也引起了国家和自治区的高度重视，“全国灌木林建设现场经验交流会”“全国退耕还林、退牧还草工程建设现场会”和“全国防沙治沙现场会”等大型会议相继在鄂尔多斯召开，赢得了“全国防沙治沙先进集体”“全国绿化先进集体”“全国三北防护林建设突出贡献单位”和“全国生态建设突出贡献奖”等荣誉称号。有关领导2007年在鄂尔多斯考察时说，鄂尔多斯地区“整个生态环境有了明显改善”。一位国家两院院士称鄂尔多斯是“中国干旱半干旱地区实现经济社会与生态环境协调、持续发展的典型范例。”2013年，鄂尔多斯市被全国绿化委员会授予“全国绿化模范城市”荣誉称号。

到 2017 年，鄂尔多斯森林资源面积将增加到 3870 万亩，全力推进“341”生态经济林建设工程，实现沙柳、柠条、杨柴基地建设面积各达到 1000 万亩，樟子松、油松景观林和沙棘、山杏经济林基地各达到 100 万亩，农村牧区户植百株数，森林覆盖率提升到 29%，毛乌素沙地和库布其沙漠的治理率分别达到 75% 和 35%。

昔日的环境脆弱、十年九旱已被历史封存；如今，大漠草原绿意盎然。鄂尔多斯，天蓝、地绿、水清、人和，正以崭新的姿态迎接四方宾朋。从举目望去遍地黄沙到漫山遍野尽披绿装，鄂尔多斯生态环境的脱胎巨变，与鄂尔多斯市对环境改善的孜孜以求、对生态建设的不懈努力密不可分。鄂尔多斯人用勤劳和智慧，探索出了一套符合实际、科学合理、独具特色的生态治理模式。

第四节 用绿色力量构筑“幸福西宁”

行走在青海，从碧波荡漾的青海湖到水草丰美的三江源，从湖光山色的冬格措纳湖到碧水连天、天水一色的黄河源头姊妹湖——扎陵湖、鄂陵湖，碧水迢迢、蓝“海”无边，那是水的蔚蓝，还有天空的无垠。

这是青海人民共同的美好家园，这里的人们像保护眼睛一样保护绿水青山，像对待生命一样对待绿水青山。在青海，这种广泛的生态共识已经转化为积极的“生态实践”。

今天，青海的蓝天、湖泊、草甸、森林，让不少外地人心生羡慕。走进青海，一个个“绿镜头”让人怡心悦目：黄河源头生态绿地——千湖湿地，“黑颈鹤故乡”隆宝滩自然保护区，人与自然和谐相处的白扎林场……

青海是三江之源、“中华水塔”，是长江、黄河、澜沧江的发源地；青海是我国极其重要的生态屏障，在维护国家生态安全中具有无可替代的战略地位；青海是全球气候变化的启动区，是地球气候和生态环境变化的敏感区和脆弱带；青海还是全球高海拔地区生物多样性最集中的地区，被誉为“高寒生物自然种质资源库”，为全人类提供了不可估量的生态服务价值……

青海最大的价值在生态、最大的潜力在生态、最大的责任也在生态。生态是青海最宝贵的资源、最明显的优势、最亮丽的名片，也是后发赶超的最大潜力。

2015 年年底，中央深改组会议审议通过三江源国家公园体制试点方案，为绿色青海描绘新蓝图。

2016 年 8 月，习近平总书记视察青海时提出，青海最大的价值在生态、最大的责任在生态、最大的潜力也在生态，必须把生态文明建设放在突出位置来抓，尊重自然、顺应自然、保护自然，筑牢国家生态安全屏障，实现经济效益、社会效益、生态效益相统一。

2016 年 12 月，青海省委十二届十三次全会提出要努力实现从经济小省向生态大省、生态强省的转变，从人口小省向民族团结进步大省的转变，从研究地方发展战略向融入国家战略的转变，从农牧民单一的种植、养殖、生态看护向生态生产生活良性循环的转变。

我们看到青海在全国大局中的生态战略地位日益凸显。

转变发展方式，追求绿色增长，满腔“绿色”情怀的青海，正在以独一无二的生态资源优势，在生态保护优先中不断淬炼，努力走出一条生态资源持续不断转化为绿色经济的特色之路。

青海是一个多民族省份，各兄弟在与大自然长期相融共生、和谐相处中，创造了深厚、多元的生态文化。特别是在藏传佛教文化的影响下，形成了“尊崇自然、敬畏生命”“中和节制，以维持人的基本需求为目的”等内涵丰富的生存理念，极大影响了他们世世代代保护生态环境的态度和行为；青海将其作为生态文化建设的重要基因和源泉，形成了繁荣的生态文化体系，有力推动了生态文明建设进程。

生态兴则文明兴。青海因绿色而美丽，青海因绿色而重焕生机。绿色转型，青海迎来了千载难逢的机遇。绿色发展，青海迎来了美丽经济的新时代。绿色崛起，青海迎来了天更蓝、水更清、山更绿的新纪元。

青海的省会西宁，说起来绿色家底很厚，但也是有先天不足的。西宁全市年均降水量仅为 380 毫米，蒸发量却达 1700 毫米，干旱缺水是这片土地不争的现实。从 20 世纪 50 年代起，一辈辈西宁人攻坚克难、用心血和汗水换来绿色，开启了西宁历史上规模最大、范围最广、任务最艰巨、影响最深远的优化生态与造林绿化工程。

近年来，西宁严抓“生态优先”与“发展率先”两个关键，坚持以生态保护优先理念协调推进经济社会发展，坚持保护与发展并重。随着西宁推进全国水生态文明城市建设试点步伐的加快，这里的三河六岸正华丽变身，蓬勃的新绿扑面而来。

按照西宁市委、市政府的要求，为了让西宁市冬见绿春夏闻花香，西宁市对15个街区进行了景观提升改造，开展花街营造、盆花造景等举措，南北大街变成了海棠大道、南关街人行道护栏上点缀着鲜艳的花箱；北山美丽园和北川、海湖、宁湖湿地等城市公园相继建成，成功打造了“三河六岸”生态景观，让西宁变成了一个“大公园”，市民开窗就能见绿；扎实推进节能减排，空气质量优良率、空气质量综合指数位居西北省会城市前列；将6400亩工业用地用于申办“园博会”，建成区绿化率达到40.5%，人均绿地面积达到12平方米；2015年西宁南北山三期绿化工程建设启动，将西宁通向三县城主要通道两侧的荒山进行全面绿化，到2020年，将完成绿化任务27万亩，实现“再造一个南北山”的远大目标。[21]

2015年年底，西宁迈进国家森林城市行列。这是西北地区第一个获得“国家森林城市”称号的省会城市，是唯一地处青藏高原、高寒地区的国家森林城市，也是西北地区唯一获得“国家园林城市”和“国家森林城市”双项荣誉的省会城市。毫无疑问，这是对近年来西宁市生态文明建设取得成绩的最高褒奖。

绿树成荫、虫鸣鸟啼、风景怡人……站在西宁市南山顶的凤凰亭台上俯瞰西宁城区，满目葱茏包裹着这座高原古城，让人心旷神怡。从不毛之地的荒岗到青山如黛，如今的西宁南北两山已经成为西宁人消暑、度周末的好去处。

提起南北山，老西宁人都深知，要让南北山披绿装可不是件容易的事。

由于受气候干旱、风沙较大、自然条件相对差、环境治理难度大等诸多因素制约，早在二十多年前，西宁南北山上还是荒山秃岭，“山黄、风黄、水黄”是当时西宁自然环境的真实写照。南北两山曾经黄

---

21 卡娅梅朵．打造“绿色发展样板城市”用绿色力量构筑“幸福西宁”．新华网．http://www.qh.xinhuanet.com/20161121/3542341_c.html

土裸露，让西宁的百姓饱受风沙之苦。而如今，随着西宁南北山绿化工程的不断实施，南北两山渐渐变了颜色，光秃刺眼的黄土色被一抹抹绿色代替，山绿了，气候也变得温润了。

多年来，为了遏制风沙、改善生态，西宁开展了大规模的南北两山绿化行动。早在 1989 年，西宁启动了南北山绿化工程，并成立指挥部督导两山造林绿化。自 2005 年开始，西宁市成立了西宁市南山绿化指挥部，筹措专项资金相继实施了大南山生态绿色屏障一、二期工程。累计完成造林 13.8 万亩，栽植高规格苗木 1500 余万株，项目总投资 8.2 亿元，改变了昔日南北山黄土露天的荒凉景象，大南山区域内交通网络基本形成，水利工程配套完善，生态环境大为改善，同时建成了湟水森林公园、野生动物园等一批森林景区，初步形成了森林生态景观。

到 2014 年，南北两山造林绿化工程基本解决了山间高寒、干旱缺水的问题，提高了造林质量和效率。2012 年西宁市大南山生态绿色屏障建设也被住房和城乡建设部评为“中国人居环境范例奖”。南北两山绿化的巨大成功，成为西宁城市的一笔宝贵财富。

截至“十二五”末，西宁市森林覆盖率由 28% 提高到 32%，森林面积由 321.28 万亩增加到 367.15 万亩，活立木蓄积量由 287 万立方米增加到 327 万立方米。森林资源的持续增加，使得西宁市的生态环境得到进一步改善。全面的保护和科学经营，森林管护面积由 2015 年的 547.1 万亩增加到 592.47 万亩，改善生态环境和抵御自然灾害的重要功能得以充分发挥。

2 处国家级森林公园，4 处省级森林公园，1 处国家级湿地公园，1 处国家级自然保护区，总面积为 184418 公顷，占西宁市森林资源总面积的 38%……

近年来，西宁市紧紧围绕“生态立省”战略，以建设“美丽西宁”为目标，坚持“美宁方略，树为关键”的方针，大力实施林业生态工程建设，倾力打造宜居、宜业、宜游的高原山水花园城市。

2012 年，西宁市以“高原花城、森林西宁、魅力夏都”的建设理念，构建“一核、二区、三轴、四环、多园”森林城市的总体布局。通过实施天然林保护、三北防护林、重点公益林、南北山绿化等林业生态工程建设和“三河六岸”、北山美丽园、主题公园、主城区街道、庭院小区、街头绿地及小游园等绿地建设，市郊城区实现大幅增绿，初步形成了“城在林中、楼在树中、人在绿中、林水相依、林路相嵌”的城市环境和生态格局，为西宁城市发展提供了绿色支撑和生态保障。对照《国家森林城市评价指标》，西宁40项评价指标全部达到或超过国家评价标准，于2015年11月24日被国家林业局授予“国家森林城市”称号。

“十三五”时期，西宁将努力构建以湟中县西堡为中心的生态绿芯，南北两山和城市远山（拉脊山、日月山、达坂山）为屏障，沿湟水河、北川河、南川河“三河六岸”绿化为生态廊道的“一芯二屏三廊道”的城市新型生态格局，积极创建国家生态园林城市。

到“十三五”末，森林覆盖率将达到35%以上，建成区绿化覆盖率保持在40%以上，人均公园绿地面积保持在12平方米以上，为建设“幸福西宁”提供绿色支撑。

依托着天然林保护、三北五期、退耕还林等林业重点工程，西宁市大力发展公益林高标准造林项目，提升造林景观效果；同时，为巩固现有造林成果，发展与保护并进，积极实施巩固退耕还林低效林改造，退化林改造，森林抚育和森林管护等项目，保护现有森林资源，提升森林资源质量。特别是“十二五”以来，累计完成林业重点工程人工造林110.5万亩、封山育林63.64万亩，组织实施了350个新农村村庄绿化美化工作，完成10万亩“四边”绿化任务。西宁大南山、湟中塔尔寺周边、大通景阳等多处造林工程被国家林业局评为“三北优质工程”。

此外，2016年西宁市完成天然林保护工程8万亩；三北防护林工程9.54万亩；退耕还林工程13.9万亩；公益林高标准造林13.1317万亩；巩固退耕还林成果生态经济林建设项目2.2万亩，补植补栽0.87万亩，低效林改造1.7万亩，完成森林抚育补贴试点任务7.15万亩，落实管护责任。[22]

2016年，青海生态环境持续向好，三江源国家公园体制试点全面展开，省州县乡村五级管理实体完成组建，“点成线、网成面”的管护

22 谭梅，马忠良．西宁：让城市拥抱森林．青海日报，2016-07-20.http://www.qhnews.com/newscenter/system/2016/07/20/012060055.shtml

体系正在形成；生态文明制度体系加快构建，具有青海特色的“四梁八柱”生态文明制度体系不断健全。

重大生态工程扎实推进，三江源二期、祁连山、退耕还林、天然林保护等重点生态工程加快实施，生态状况日益好转；重点生态环境整治成效明显：主要城市空气质量优良天数比例达到75.5%，湟水河出省断面四类水质比例达83.3%；各族群众守望蔚蓝天空、呼吸清新空气、喝上健康干净水的愿望正在一步步变为现实，绿色获得感不断提升。[23]

如今，在这个以“绿色发展样板城市”为发展路径的城市，无论走到哪里都能感受到浓浓“绿意”，高原古城经济社会发展呈现出绿色新常态。

青海的“绿色崛起”实践证明，只要秉持绿色发展理念和路径，经济发展和生态保护就可“金山银山与绿水青山兼得”。作为中国西部欠发达省份绿色发展的案例，青海也将以此给越来越重视环境保护和生态文明的中国，传递出最美声音。

今后五年，西宁将进一步构筑绿色发展空间格局。坚持绿色为芯、双城联动、生态环抱、组团发展，构建“一芯双城、环状组团发展”的生态山水城市，打造“一核两极、三大功能区、八个重点特色镇”的城镇空间新格局。

当梦想照进现实，绿色经济、绿色环境、绿色城镇……发展之“绿”，必须是青海坚定不移、支撑青海经济快速发展的“底色”。当艰难成就蓝天白云和碧水青山；当青海形成以生态保护的理念来推进经济发展、社会保障、民生改善的多赢局面；熔铸大美青海、实现美丽中国的坚实路基就在脚下。

第五节　石河子：“军绿色”的城市

这是一座年轻的城市，比中华人民共和国还小一岁；这是一座特殊的城市，完全由军人选址、设计和建造；这是一座神奇的城市，在戈壁滩上拔地而起，一片欣欣向荣。它就是屹立于新疆古尔班通古特沙漠

23 韩萍．青海主要城市空气优良天数达75%. 法制日报，2017-01-19.

□石河子市街道绿化

腹地的"军垦之城"———石河子市。

当军垦第一犁唤醒沉睡千年的戈壁荒原时，透着军旅底色，展现大漠雄风的军垦文化就诞生了。石河子就发端于军垦文化，植根于军垦文化。军垦文化是石河子的精、气、神，它赋予石河子独有的风格和神韵。

"石河子"因古老的玛纳斯河两岸多石而得名，1949 年以前不过是古丝绸之路上一个不起眼的小镇，到处是荒地、沙丘和碱滩，自然环境极其恶劣。1950 年 7 月，和平解放新疆的 10 万人民解放军官兵在司令员王震将军的率领下，来到石河子，一手拿枪，一手拿锄，铸剑为犁，进行开荒生产、屯垦戍边。

这座年轻的城市，石河子，经过几代人的建设，终于变成了"戈壁明珠"。

走在石河子街头，如今仍处处可以感受到军垦文化的震撼力。军垦博物馆展示了半个世纪以来石河子崛起的辉煌历程。王震将军雕像表达了石河子人民对中国军垦事业开拓者的深切缅怀。"军垦第一犁"是兵团将士艰苦创业的真实写照。"边塞新乐章"雕像，是为新疆兵团女性建造的一座丰碑。

石河子市委市政府把军垦文化视为传承军垦精神的载体，明确提出要把石河子建成军垦文化名城。军垦博物馆、艾青诗歌馆、文化宫、群艺馆、世纪公园、音乐广场、大型游憩广场等14处标志性建筑，延伸了军垦文化，丰富了市民生活。

文化的影响力是巨大而久远的。著名诗人艾青曾在石河子生活了16年，写下了大量的诗篇，在他周围聚集着一大批文学青年。经艾青培育指点，石河子诗坛迅速活跃起来，著名诗人、"边塞诗"代表人物杨牧就是那批文学青年中的一个。1983年，石河子成功地举办了首届全国"绿风诗会"，170多位当代著名诗人云集石城，这是中国诗坛的一次盛会，石河子由此得到"诗城"的美誉。石河子人创办的《绿风》杂志，是新时期国内创办最早的诗歌刊物，成为全国最具影响力的诗歌刊物之一。[24]

近年，石河子市从规划、建设、管理等方面着手，进一步提高城市的发展速度和质量，城市面貌发生了日新月异的变化，人居环境更加舒适，城市功能不断完善、品位不断提高、知名度不断提升。

如今，石河子市这座"年轻的城"迸发着无限活力。

到2020 年，石河子市中心城区人口预计达到55万人，中心城区形成"三心、三轴、两组团"的总体空间布局。"三心"即军垦文化中心、南山综合服务中心、行政中心；"三轴"即南北向贯穿老城和南山组团的子午路发展轴，连接军垦文化中心和行政中心的北三路发展轴，东西向贯穿南山组团的机场路发展轴；"两组团"即定位为城市传统商业中心、军垦文化展示区和城市重要居住社区的老城组团，定位为城市文化休闲中心和宜业、宜居、宜游的城南新区的南山组团。"创新、协调、绿色、开放、共享"五大发展理念，为石河子的城镇化建设提供了遵循。

"绿"是石河子城市建设的灵魂。游客穿行在石河子的大街小巷，最大的印象就是到处都花团锦簇、郁郁葱葱。生活在戈壁深处的石河子人对绿色的依恋和渴望由来已久。

在石河子市规划建设初期，老一辈军垦人就在自然条件极其恶劣、物质条件极其匮乏的情况下，提出了"先栽树后修路，以树定路、以

24 荒漠绿洲——新疆石河子市创建文明城市纪事.http://www.ts.cn/special/shzsz/2009-09/21/content_4472198.htm

树定规划"的城市建设思路。经过几十年的发展，如今100多种植物、300余万株绿树给这座城市搭起了绿色的骨架，苹果一条街、绿化示范街、广场绿色园、街心大花园等一大批绿色园区无不让游客感叹这戈壁中的绿色奇迹。早在2004年，石河子的绿化覆盖率就达到41%，人均占有公共绿地7.6平方米，成为春有花、夏有荫、秋有果、冬有青的四季绿洲。

近年，石河子市更提出了"每年新增绿地600 亩，每两年提高城市绿地率和绿化覆盖率各1个百分点，人均公共绿地增加1平方米"的目标，把植树造林、改善生态环境作为一项经常性工作来抓。

如今的石河子，是一座绿树和鲜花拥抱的城市。在城市道路两侧，有着各种景观绿带，在交叉路口和重点路段配置了富有地方特色的园林景点，建成了具有观赏和休闲功能的开放绿地。选择了樟子松、云杉、紫丁香、玫瑰等20多个品种，配以绿篱、草坪和花带，构成了绿化、美化、香化、彩化为一体的园林绿化特色，多次获得"全国园林绿化先进城市"称号。

2007年，石河子提出了创建国家森林城市的目标，把城市绿化工作再次推向一个新的阶段。此间，石河子市大力加强庭院绿化建设，从根本上加长城市绿化工作这条短腿。市政府与庭院单位签订了绿化责任书，着力开展创建花园式单位等活动，积极实施见缝插绿植树工程，大兴立体绿化、墙体垂直绿化，城市园林绿化水平不断提升，同时形成了以30公里环城防护林为屏障，以行道树、绿化带为骨架，以庭院、小区绿化为基础，以公园、广场为中心的各种绿地交融渗透，点、线、面、片、环相结合的城市园林绿化系统。[25]

石河子市还十分重视加强乡镇生态环境建设，全力实施城区、郊区、乡镇绿化建设"三位一体"统筹协调发展的战略，在城乡结合部大力开展植树造林活动，最终实现了"城区园林化、郊区森林化、道路绿荫化、乡村林果化"的发展目标。

2000年以来，石河子市先后荣获"国际迪拜人居环境改善良好范例奖""中国人居环境奖""国家园林城市""全国双拥模范城"和"全

25 戈壁荒滩上的森林城市是怎样炼成的？ http://opinion.dahe.cn/2011/07-25/100785552.html

国精神文明工作先进城市”称号。2011 年 6 月 20 日，石河子市被全国绿化委员会、国家林业局命名为“国家森林城市”。此时，中国获此称号的城市还只有 30 个。

“十三五”期间，石河子市要按照“富规划、穷建设”的要求，突出“显山、享水、秀城、融绿”特色，全力打造“一山两河三区四水五路”生态绿网体系；建立“党委统筹、政府引导、部门协调、市场运作、企业主体”的运行机制，采取政府购买服务、PPP 模式和全民义务植树等多种方式，大力开展植树活动，力争 3 年完成绿化植树 900 万棵任务，实现南山现绿、邻里插绿、节点增色、湖边森林的目标。

在今后 5 年的工作中，石河子要扭住一条主线，就是集中力量建设乌鲁木齐副中心城市。彰显军垦文化和大绿大美特色，让“年轻的城”迸发活力。以“一带一路”建设为统领，推进东西双向开放。[26]

目前，石河子正在积极融入“乌昌石”城市群，着力构建“石沙玛”半小时经济圈，充分发挥城市的辐射带动作用，吸引人流、物流、资金流向石河子竞相涌入，打造创新、协调、绿色、开放、共享的石河子，形成强劲、持续、平衡、包容的发展动力，把石河子建成乌鲁木齐副中心城市，构建大绿大美的“天上人间”。

第六节　石嘴山：煤城烟霞

金秋时节，走进石嘴山森林公园登高远眺，绵延的贺兰山麓层林尽染。

置身于石嘴山这个西北老牌工业重镇，真是有种不知今夕何夕的感觉。环境问题是一度困扰这座城市的大问题，过去提起这里，人们总是联想到煤炭、粉尘和灰蒙蒙的天。近些年，石嘴山市通过加快绿色发展，让曾经“灰头土脸”的城市焕发出全新的活力。“城在林中、林在城中，城在水中、水在城中，山水辉映、绿树环抱”已成为资源依托型城市石嘴山成功转型的真实写照。

石嘴山悠久的历史，孕育了贺兰山岩画、古长城、北武当寿佛寺、

26 石河子市城市发展纪略 .http://xj.people.com.cn/GB/n2/2017/0105/c186332-29558386.html

□ 沙湖

平罗玉皇阁等人文古迹，还有星罗棋布的湖泊，415 平方公里湿地，水资源总量 10.8 亿立方米。融江南水乡与大漠风光于一体的全国首批 5A 级旅游景区——沙湖，是著名休闲旅游度假胜地。星海湖水域面积 23 平方公里，是国家水利风景区、国家湿地公园、国家水上运动训练基地和全国首批中国文化旅游新地标。中华奇石山集天下奇石之大成，是全国观赏石博览基地。贺兰山北武当生态保护区获“中国人居环境范例奖”，森林公园、汇泽公园、舍予园等园林景观媲美竞秀，城市绿化覆盖率 36%，人均公共绿地面积 14 平方米。2013 年 1 月，石嘴山被人民网评选为“首批中国文化旅游示范基地”。[27]

石嘴山是宁夏工业的摇篮，境内矿产资源丰富，煤炭探明储量 25 亿吨，其中被国际誉为“煤中之王”的无烟煤——太西煤储量 5.6 亿吨，硅石探明储量 42 亿吨。电力资源丰富，总装机容量达 319 万千瓦，人均发电量居全国地市第一。现有一个国家级经济技术开发区，三个省级工业园区。已形成以机械装备制造、电石化工、特色冶金、碳基材料、新型煤化工、煤炭开采及洗选等传统优势产业和汽车制造及零部

27 邢纪国，叶阳欢．适应新常态 实现化蛹成蝶美丽转身—— 宁夏石嘴山市加快推进旅游业转型发展纪实．中国改革报，2015-03-18.

件、太阳能及节能环保、有色金属新材料、农产品精深加工、医药等新兴产业快速发展的工业体系，是世界重要的钽铌铍、碳基材料制品生产研发基地、国内重要的镁硅及深加工产品基地和宁夏光伏新材料产业化示范基地。

石嘴山是一座典型的移民城市，来自全国各地的建设者在这里交汇交融、开发开拓、共建共享，形成了“五湖四海、自强不息”的石嘴山精神，铸就了开放包容、海纳百川的文化特征和城市品格。作为宁夏统筹城乡发展试点市，石嘴山在西北率先编制完成了统筹城乡发展全域规划，陶乐、红果子、星海镇等一批特色小城镇和新型农村大社区开创了城乡统筹建设新模式。平罗县被确定为全国农村土地经营管理制度改革试验区。在西北率先实现城乡居民养老和医疗保险全覆盖。建立了新型农村合作医疗门诊统筹制度，医疗卫生网络覆盖城乡，实现了一乡一院、一村（居）一室。

石嘴山是资源型城市转型的典型范例，“四矿”等历史遗留问题基本解决，昔日的采煤沉陷区改造为国家煤矿地质公园。城乡社区全面推行网格化管理，基层社会管理服务能力不断提升，维护群众权益机制不断健全，流动人口、特殊人群和重点领域管理服务全面加强，公共安全体系和平安石嘴山建设扎实推进，社会保持和谐稳定，城乡居民幸福指数居全区五市第一。

2013年9月23日，石嘴山市获得“国家森林城市”称号。10年来，这座城市坚持不懈播撒绿色，使昔日煤城由黑变绿、由绿更美，环境面貌发生了巨变。

50多年的大规模煤炭开采，使石嘴山这个给社会贡献了5亿吨煤的老工业基地环境逐渐恶化。2003年，石嘴山市被列入“全国十大空气污染城市”黑名单。惨痛现实让石嘴山人警醒：不要黑色GDP，坚决摘掉“黑帽子”。

此后石嘴山坚持生态立市，大搞生态文明建设。

用钢钎、镐头凿出一个个树坑，再一筐筐背土上山，一桶桶提水上山，在石头缝里种树；这是当年植树的寻常场景。石嘴山人清淤挖湖、围湖种树，原来的污泥塘，变成美丽的星海湖；煤矸石山和煤灰场覆土绿化，变身生态园。

增绿减黑，石嘴山把环境看得比GDP增速重要：出重拳整治煤炭市场，建成 286 家储煤仓，400 多家非法煤企退出市场；2009 年以来，治理了 800 多个污染项目，先后拒绝 115 亿元的“两高”工业项目。

截至 2016 年年底，全市森林覆盖率达 30% 以上，城市建成区绿化覆盖率达 40%，人均公共绿地达 15 平方米。国家森林城市考核验收组成员、中国科学院院士唐守正说：“石嘴山绿化规模虽然比不上南方，但体现的精神让人震撼”。[28]

如今，石嘴山市正站在新的历史起点上，围绕民生、产业、生态转型发展，大力实施工业强市、民生优先、城乡统筹、生态立市、人才支撑五大战略，努力把石嘴山建设成为和谐富裕美丽、宜居宜业的新型工业化城市。东屏滔滔黄河水，西依巍巍贺兰山的石嘴山市，将向人们展现全新的姿态。

28 背土播绿誓摘“黑帽子”石嘴山获国家森林城市称号 . http://www.nxhao.cn/ns_detail.php?id=47632&nowmenuid=356

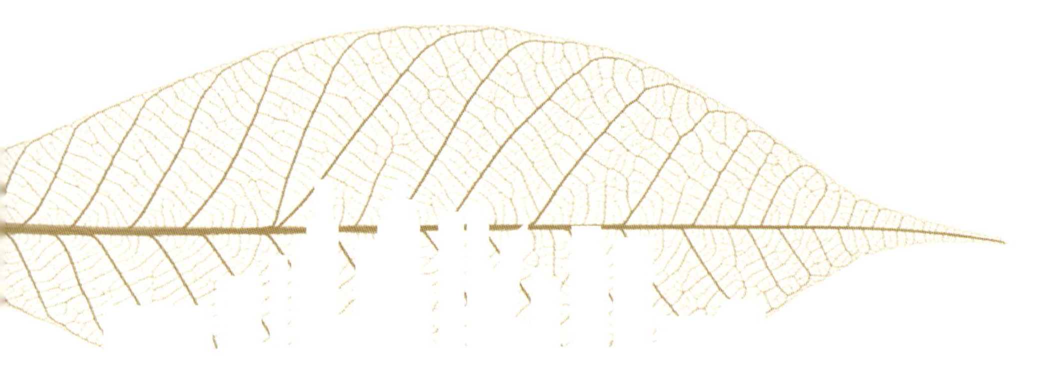

第十一章
其他部分省份森林城市建设成果撷英

第一节　彩云之南的风景

云南天蓝、水清、山绿，拥有良好生态环境和自然禀赋。由于特殊的地形地貌和多样的气候类型，云南形成了极为丰富的物种资源，以4%的国土面积分布了全国一半以上的植物和接近一半的动物种类，是著名的“植物王国”“动物王国”和生物物种“基因库”。良好的生态环境，是云南的亮丽名片和宝贵财富，也是云南实现绿色发展的独特优势和核心竞争力。作为中国西南生态安全屏障和生物多样性宝库，云南还承担着维护区域、国家乃至国际生态安全的战略任务。

与此相应，云南又是生态环境比较脆弱敏感的地区，保护生态环境和自然资源的责任重大；同时，也面临着与国内其他省市一样的发展瓶颈。对此，云南省着力转变发展方式，探索现代生态发展之路，改善生态环境，促进绿色发展，取得可持续成效。

坚持“生态立省、环境优先”，云南坚决维护好云南的绿水青山、蓝天白云，擦亮“绿色发展、美丽云南”这块金字招牌。转方式，兴绿色产业，近年云南大力发展高原特色现代林业、农业，将“生态、绿色”作为“走出去”的法宝，把生态环境作为跨越式发展的重要保障，着眼于长远利益和可持续发展，云南正在坚定不移走好生产发展、生活富裕、生态良好的文明发展道路。

绿色，是云南的生命底色，是云南的内在神韵，是云南的魅力所在。

昆明

伴随着40艘古滇特色画舫船起航，云南“十大历史文化旅游项目”之一的“七彩云南古滇文化旅游名城”首期项目在昆明晋宁正式开放。昆明市晋宁县石寨山古滇国墓地遗址等是“古滇文化”的重要组成部分。如今在晋宁，以此为标志的古滇文化开发正在启动。这笔历史财富正转变为预计总投资220亿元的旅游品牌。

2亿年前的海水笼罩；300万年前地质运动创造了伟大的西山和滇池；公元前108年，司马迁《史记》所说的“彩云南现，遣使迹之”；马可·波罗13世纪所言的“壮丽大城”……它们共同构成了昆明这座城市的文化轨迹。近年来，昆明不断加大城市文化研究，绿色发展的建设规划，传统的文化名城风貌和新城市文化景观建设热火朝天。

昆明是著名的“春城”，宜人的气候和良好的生态环境，一直是昆明的一大优势。昆明先后荣获“国家园林城市”“国家卫生城市”“全国绿化模范城市”“中国优秀旅游城市”“联合国宜居生态城市”“中国最佳休闲宜居绿色生态城市”等荣誉称号。从2008年开始，昆明又走上了创建国家森林城市的征程。

显然，昆明并不缺林少绿，且多数指标高于国家森林城市评价标准。那么，昆明“创森”之“创”作何解释？其深意何在？

对于昆明的城市建设决策者而言，既要让这个城市“养眼”，又要让这个城市“养生”。森林城市是城市绿化从小桥流水到大气磅礴的转变，是从平面到立体的转变，它是城市宜居度更高级的反映形式。与此同时，加强森林昆明建设，把生态产业做大，把绿色家园建好，既是昆明的重大责任，也是进一步优化昆明发展环境，提升区域竞争力的重要优势。

为此，昆明将“创森”放在了绿色新政的首要位置，要举全市之力建成一个林在城中、绿色环抱、林城相融、自然和谐的新昆明。

2008年，昆明市正式提出，要把昆明建设成为“森林式、园林化、环保型、可持续发展的高原湖滨生态城市”；

2009年，昆明提出按照“城市园林化、城郊森林化、道路林荫化、水域林湿化、农田林网化、村镇林果化、市域全绿化、国土生态化”的目标，推进“森林昆明”建设；

2010年，昆明下决心要通过两年冲刺和攻坚，到2013年实现创建国家森林城市的目标，让这座历史文化名城更加魅力彰显。

昆明把创建国家森林城市纳入了全市经济社会发展总体规划，建立了"点、线、面"相结合的立体化全方位建设模式，抓点、连线、造面，拓展市域生态建设的广度和深度，形成了立体多维的城市森林系统。在城市，建成区公园绿地面积达3235公顷，国家财政建设的各类公园均免费向市民开放，为城市居民提供了普惠式的生态服务。在农村，目前全市村庄绿化面积31万亩，林木绿化率达37.55%。[1]

打造绿色景观廊道，在滇池流域的主城及周边卫星县城之间，规划建设了8条城市生态隔离带；城市（镇）规划区内道路林木绿化率达90%以上，形成绿色景观通道，全市2700公里河道已经绿化2609公

□城中秋色

1 昆明创森林城市40项硬指标已全部达到 . 2013-08-27. 昆明市环境保护局官网 .http://kmepb.gov.cn/c/2013-08-27/2146082.shtml

里，水岸林木绿化率达 96.61%；完成 750 余公顷城市生态隔离带建设，市域林网控制率达到 85% 以上，农田林网、贯通路网、河道水网实现三网合一。全市生态修复了 1.5 万亩“五采区”。2008 年以来，全市年均新增造林面积占市域面积的 1.55%。全市分散式再生水利用设施总处理规模达每日 8.83 万立方米，城市再生水利用率达 64.9%。[2]

应当说，昆明除符合《中国宜居城市科学评价标准》所提出的“社会文明、经济富裕、环境优美、资源承载、生活便宜、公共安全”六个方面的评价标准外，独有的历史文化、自然风光、气候条件、民俗风情、旅游资源等城市发展的核心竞争力资源，都是昆明成为一个宜居城市的重要条件。

截至 2012 年 12 月 31 日，昆明共建成了主题森林公园 20 个。全市以公共绿地、城市公园、休憩广场、社区庭院、景观道路、郊野公园等为主的“三带七廊、六楔三环十二道、十五片百园”森林城市架构渐趋完成。

生态成果是普惠式的福利，凡是市财政投资的公园，昆明全部免费向群众全时段开放。这样的做法增强了市民对“创森”工作的认同感、归属感和“创森”的信心、决心。

随着创建国家级森林城市步伐的加快，昆明用绿色扮靓城区，用树木点缀乡间，更用森林覆盖山野。由“创森”而引发的一场林业产业蜕变性的崛起，也在昆明上演。

经济增速是带动全民积极参与的重要抓手，有力促进了林业生态建设持续健康发展。绿色承载力大增的昆明吸引的外来关注更为频繁了，游人倍增，林农的收入也随之增长。通过保护森林资源，发展森林生态旅游，昆明乡村风情特色旅游也有了资源依托和产业基础。同时，利用种植苹果、杨梅、葡萄、桃、梨等经济林木，保护、利用食用菌等林下资源，开发林下种植养殖，也推进了乡村风情特色旅游。

近年来，昆明还依托自然保护区、森林公园、民俗村寨等优势资源，丰富生态文化传播途径，繁荣生态文化市场，建成大批特色鲜明的生态文明、生态文化教育基地。为弘扬植绿、护绿、爱绿的文明新风，昆明每年还举办海鸥节、茶花节、樱花节、荷花节、梅花节、苹

2 黄河清．昆明三个创新点燃“创森”激情．昆明日报，2013-08-06.

□ 昆阳磷矿职工在复土植被的鲜花丛中进行登山比赛

果节等生态文化活动。现在，“昆明城市森林网络逐步形成，生态环境明显改善，城市森林健康发展，林业经济逐年提升”，生态文化气氛浓郁，“一个青山萦绕、森林环抱、林道相通、林网相连、林水相依、林居相伴的城市正在崛起”。[3]

昆明的城市品质在于“春城”二字，只要做好“春城”的文章，就等于抓住了昆明的文化灵魂。举目未来，昆明将以国家森林城市为起点，一如既往地以国际视野规划城市，用国际标准建设、管理城市，全面构筑城市国际化的生态支撑，打造与世界媲美的品质春城，海鸥飞翔、白鹭嬉戏，商贾云集、旅人忘归，这一切都把昆明带向生态和谐、美好幸福的未来。

普洱

沿着一片茶叶引导的绿色脉络，循着澜沧江澎湃不息的涛声，踏着千年古道马帮的厚重足迹，走进北回归线最大的生态绿洲——普洱。

千百年来，汉、彝、哈尼、拉祜、佤、傣等 26 个民族、14 个世居民族，在这片人与自然和谐共荣的土地上繁衍生息、团结拼搏，创造

3 森林围住幸福昆明．云南生活网，2013-08-06.http://www.lifeyn.net/article-1408598-1.html

了如普洱茶般鲜明绚丽、丰富多元的普洱文化，铸就了如澜沧江般奔涌向前、波澜壮阔的辉煌历史。

普洱是“彩云之南”一个生态良好、环境优越的地方，是中国乃至世界生态环境最好的城市之一，其生命生态系统完整，生物多样性丰富，是我国西南生态安全的重要屏障。绿色是普洱最大特色，生态是普洱最大优势。全市森林覆盖率近70%，建有国家、省、县级自然保护区16个、面积12.91万公顷，占国土面积的20%，保存着全国近1/3的物种。据《云南省森林生态系统服务功能价值评估》报告统计，普洱森林生态系统服务功能价值每年达2110亿元，居全省第一。每立方厘米空气负氧离子含量达8000个，思茅中心城区高达12500个，成为中国乃至世界气候舒适指数最高、空气洁净度最好、最适宜人类居住的地区之一。[4]

绿色发展已经成为全市共识，生态文明的和谐脉动正在这块丰饶的土地上开花结果。以绿色发展引领转型升级，普洱先行先试加快建立系统完整的生态文明制度体系，建立健全重大环境行政决策机制、环境保护“一岗双责”运行机制和公众参与监督机制，制定发展绿色经济主要指标体系，实施产品和行业绿色化评价标准，构建绿色产业体系，实施八大试验示范工程，初步走出了一条以绿色为底蕴的发展之路。

如中国工程院院士朱有勇所说，普洱茶、咖啡、林下经济、大健康四大产业在绿色发展中大有可为，要在抓质量、打品牌上下功夫，要把普洱茶打造成和星巴克一样的品牌连锁店，把文化卖到全球。普洱从原料开始，扣紧绿色、有机、优质要求，发展深加工、拓展产品的文化内涵。普洱以茶、咖啡、烟草、生物制药、高原特色食品为重点，打造特色生物和休闲度假养生两大主导产业，同时带动了绿色农业、绿色工业、绿色服务业的快速发展。

比如，普洱祖祥高山茶园有限公司两千亩茶园严格按照有机茶的方式管理、加工茶叶，先后获得了国家相关部门以及欧盟、美国的有机认证，有机茶出口到欧盟、美国、日本等地，价格也随之快速攀升，

4 卫星．打造森林城市 建设美丽普洱．中国绿色时报，2015-11-29.http://www.isenlin.cn/sf_A3D029E247E0419BBB380E0E9A4D15D6_209_isenlinzx.html

□ 普洱市生态茶园建设

目前公司茶园的平均亩产值达到了5万元。同样是看到了普洱生态优势的巨大潜力，普洱淞茂医药集团在保护原生态环境的基础上，着力进行野生珍稀药材的保护和开发，并建立了药材种植和精深加工基地，重点发展灵芝、茯苓、鹿仙草、石斛等药材。[5]

目前，普洱初步形成了绿色产业集群，绿色产业增加值占GDP的比重保持在90%以上。通过坚持走生态、有机的发展之路，以建设生态水产、有机果蔬等"种植、饲养、深加工"一条龙的产业基地为重点，普洱正在努力建设成为中国著名、世界闻名的高原特色食品业基地。

为抢占绿色经济制高地，普洱加快建设特色生物产业、清洁能源、现代林产业、休闲度假养生4大产业基地，大力发展特色农业、绿色工业、现代服务业、智能产业4大新型产业，形成了"4+4"产业集群，推动产业结构变"新"、模式变"绿"、质量变"优"。[6]

为深入实施"生态立市、绿色发展"战略，普洱以"森林普洱"

---

5 普洱市以绿色和创新推动跨越发展．云南日报，2015-11-26.https://www.yndaily.com/html/2015/zhoushi_1126/100807.html

6 梁荔，罗成建."六个普洱"建设齐发力 协调发展争朝夕．普洱日报,2017-07-04(第3版).

建设为抓手，坚持城乡共创共建，按照城市、森林、园林三者融合，城区、近郊、远郊三位一体，水网、路网、林网三网合一，乔木、灌木、地被三头并举，生态林、产业林、城市景观林三林共建的方针，举全市之力推动国家森林城市创建工作。如今，城市森林网络基本形成，城市森林健康独具魅力，城市林业经济加快发展，城市生态文化日益凸显，城市森林管理不断规范，创建工作取得了阶段性明显成效。

普洱坚持用绿色构建城市肌理，规划塑造城市空间，用精品项目增添城市标识，用绿色产业彰显城市活力，着力打造特色城镇，在自然和谐、天然野趣上做足文章，继续推进城市风貌改造等“十二大工程”，把独具普洱特色的生态文化、普洱茶文化等元素融入城镇建设中；着力打造美丽乡村，在充分挖掘、整理、提炼村庄特色的基础上，科学规划建设新农村，把每一个村庄都建成融民族特色、地域特色、生态特色于一体的美丽家园，尽显现代文明之美、自然风光之美和山水田园之美，把普洱打造成全国乡村旅游目的地。

按照“一核两翼三带”国土空间开发格局，划定生态红线，普洱全面落实了大气污染、水污染和土壤污染防治行动计划，实施了15万人的生态移民和退耕还林、天然林保护、湿地修复等生态保护工程。

在普洱，放眼都是绿色，绿色的旋律将每一个发展音符谱写在生态、生产、生活之上，“妙曼普洱”正在成为“美丽云南”的一个绿色窗口。为了让“‘天赐普洱·世界茶源’城市品牌更有颜值、更有质感、更有温度、更加响亮”，[7]这个城市坚持根植本土优秀传统文化，继续塑造鲜明的城市个性，高品质、高品位地定位城市、建设城市、营销城市，充分彰显普洱的风物之美、精神之美、人文之美。

临沧

一直以来，对于很多省外游客，临沧都还是一个陌生的名字。

随着“中国十佳绿色城市”“中国十大避暑避寒旅游城市”的入选，尤其每年一度的亚洲微电影节已经永久落户临沧，在每年的亚洲微电影艺术节上，都将颁出微电影最高奖项“金海棠奖”。同时，还有

7 卫星．坚持文化引领，品牌支撑绿色崛起．第二届普洱绿色发展论坛，2016-08-01.

盛典晚会、微电影高峰论坛、微电影大学生专题讲座等活动。而目前，亚洲微电影节也成了临沧最具有特色和最具影响力的活动之一。此外，每年一度的“沧源摸你黑狂欢节”，也都吸引着数以万计的游客来到这座城市。临沧“世界佤乡、天下茶尊、恒春之都”的形象，日益走进人们的视野。因为有绿色生态环境和较高的森林覆盖率，以及年均18.5℃的气温，临沧被称为中国的“恒春之都”。

2013年7月，临沧市也启动了“森林临沧”建设，提出建设完备的森林生态体系，发达的森林产业体系，繁荣的森林文化体系，合理的森林城镇体系，通过创建森林城市，打造生态宜居新城，让广大市民看到绿色、闻到花香、听到鸟鸣，提升市民的幸福指数，成就天、地、人高度和谐的“大美临沧”。

临沧坚持把沿江、沿河、沿路和建档立卡贫困地区、生态脆弱地区作为实施新一轮退耕还林的重点区域，扎实做好各项工作。严格执行生物多样性保护规划，加强国家公园、自然保护区、森林公园和保护小区建设与管理。全面实施天然林资源保护，全面停止天然林商业性采伐，严禁移植天然大树进城。严格执行《临沧市古茶树保护条例》，实行古树（古茶）、名树挂牌保护。提高农村新能源利用率。[8]

临沧的茶叶、核桃等八大高原特色农业产业不断发展壮大，全市创建了临沧华叶庄园、凤庆滇红园、耿马华裕庄园、沧源碧丽源茶叶庄园、临沧荷塘庄园、耿马县勐撒茶叶庄园、镇康县哈里咖啡庄园等一批农业庄园。云县幸福高原特色农业循环经济庄园、镇康县南伞咖啡庄园、双江县沙河勐勐现代农业蔬菜庄园、镇康县如意橡胶庄园、镇康县勐堆蚌孔常绿草地牧业庄园、凤庆县洛党蔬菜与畜牧循环农业示范庄园等也陆续建成。至2016年，已累计建成高原特色农业产业化基地近两千万亩。

同时，临沧大力推动新型工业、绿色工业、生态文化旅游业，促进经济发展。

在发展八大高原特色农业的同时，积极发展烤烟、咖啡、坚果、生物药业等绿色农产品加工业，引进了凌丰、后谷等咖啡龙头企业和

8 临沧市“森林临沧”建设凸显双赢效益．云南网，2018-03-17.http://mini.eastday.com/bdmip/180317113118363.html#

云澳达澳洲坚果加工厂；大力发展木竹产品加工业，加快发展以水电、太阳能、风能、生物能等为主的清洁能源产业，以多晶硅、高纯硅、光伏等为主的新材料产业，以石斛、龙胆草、重楼等为主的生物药业，构建绿色低碳工业体系，推动工业发展的绿色转型。

抓住云南旅游“二次创业”的机遇，立足临沧旅游资源优势，以“世界佤乡·天下茶仓”为品牌，临沧有效整合旅游资源要素，强化景区景点、酒店、交通等基础设施建设，建设一批森林公园、休闲养生度假基地、旅游小镇，开发一批观光旅游、休闲度假、探险体验项目，推出一批民族文化、茶文化、边地文化、休闲养生精品文化旅游产品，提升完善一批以沧源“司岗里摸你黑狂欢节”为代表的旅游节庆活动，建实建亮“中国可持续发展实验区”和“中国红茶之都”，做强做大临沧生态文化旅游产业，把临沧打造成体验边地风情、成就创业奇迹、领略美丽文化、迸发快乐激情的天堂。

在 2012 年，全市的工业增加值、工业投资就双双跨越百亿元台阶，以绿色生态为主的旅游业快速发展，每年接待游客达数百万人次。2013 年，临沧市荣获“中国十佳绿色城市”称号，临沧市森林覆盖率已达 62.21%，空气优良率达百分之百。

近年来，临沧市更把生态文明建设放在突出位置，坚定不移地走绿色发展之路，着力构建完备的森林生态体系、发达的森林产业体系、合理的森林城镇体系、繁荣的森林文化体系四大体系建设，初步建成“森林繁茂、水系发达、空气清爽、人文荟萃、经济循环”的大美之地。

目前，临沧森林生态体系建设成效明显。全市森林覆盖率达 66.5%，森林生态服务功能总价值达 1300 亿元，临沧主城区负氧离子浓度超过 2000 个／立方厘米。[9]

临沧先后被评为“中国十佳绿色城市”“全国低碳国土实验区”“中国最美生态旅游示范市”、云南省首个创建国家可持续发展实验区的地级州市、滇西南生物多样性重点保护区和“云南最佳生态州市”等称号，无不凝结着临沧推进绿色发展与生态建设的苦心。

现在，临沧的林业产业体系已初具雏形，森林城镇体系建设也随之不断加强。以“森林临沧”建设助推国家森林城市创建，各项核心

9 张伟锋．我市国家森林城市创建稳步推进．临沧日报，2016-08-12（第 1 版）．

指标提升明显，城市人居环境得到有效改善。同时，以突出反映临沧茶文化、佤文化，反映临沧各民族与林业生态的依存关系等为题材的电视连续剧、数字电影、微电影、摄影图集等作品达百余部，进一步丰富了生态文化的内涵；一批以野茶树群落为重点的珍稀植物群落划定和村寨周边古树名木的挂牌保护，进一步拓展了生态文化的渠道，临沧市花果山城市森林公园和凤庆县安石村成为全省第一批生态文明教育示范基地。

我们看到，微笑之城、创业之城、森林之城、洁净之城四城一体的美丽边城，正在全力构筑生态高地，成就大美临沧。

大理

世界旅行家阿瑟·米兰达曾经说过："一个旅行者如果走到大理，就再也不想离开。"地处中国西南边陲的云南大理，是中国唯一的白族自治州。

早在公元前 221 年，大理地区就纳入了秦王朝统一的封建国家，唐、宋时期分别出现了"南诏国"和"大理国"等地方政权，相继延续 500 多年。白族博大包容的和谐文化，被西方学者誉为"亚洲文化的十字路口的古都""多元文化与自然文化和谐共荣的典范"。可见大理悠久的历史、灿烂的文化已成为宜居城市的必不可少条件。

大理除了拥有悠久的历史外，风光、气候和空气质量也成了宜居城市核心竞争力的重要内容。大理的上关花、下关风、苍山雪、洱海月四大自然景观已经享誉古今中外，成为了这里独一无二的金字招牌，这里年平均 1000 毫米的降水量、平均 15℃的气温，加上空气质量常年保持在优级以上，更是让慕名的海内外游客纷至沓来。

近年来，大理把生态文明建设作为后发赶超的核心竞争力，把保护建设生态环境作为可持续发展的根基与关键。

大理坚持走生态建设产业化、产业发展生态化之路，"目前大理已成为国家级出口食品农产品质量安全示范区，下一步，大理仍将发展以十大高原特色产业为重点的生态农业，以生物资源及农产品加工、清洁能源为重点的生态工业，以生态旅游、文化创意为重点的生态服务业，提出规划建设的大理环保产业园，将引进和培育节能环保产业。同时加大科技创新和应用，淘汰落后产能，促进资源集约节约利用，助推传统产业转型升级”。[10]

来到洱海上游大理市上关镇青索村花果山，成片的牡丹粗具规模，芍药、红豆杉混种其中，原本荒芜的小山变成了绿洲，原本杂草丛生，水土流失的荒坡，现种植牡丹560余亩，若是阳春三月，满山都是牡丹花开。千亩药用牡丹示范园的打造，形成了洱海保护、生态旅游、产业发展、农民增收致富多赢的局面。

在鹤庆草海、剑川剑湖、洱源洱海源头、大理洱海湖区等区域有9万亩湿地，这在全国都很罕见。草长莺飞、绿树繁茂，大理被世界华媒组织评为“中国内地位居前列的十佳宜居地”。2016年11月4日，长江湿地保护网络年会在大理举行，来自国际国内的专家学者齐聚大理。肯定了大理在湿地立法、保护、恢复、利用中所取得的成绩，发表了重要的《大理宣言》，创新管理模式，建立全球视野下的长江大保护新格局。

绿色发展，是大理后发赶超的核心竞争力，保护好生态环境，培育好核心竞争力是永续发展的根基与关键。正是在这样一种理念的引领下，大理不断推进生态文明建设，坚持生态建设产业化，产业发展生态化，并朝着最适宜居住、最适宜创业、最适宜旅游、最适宜生活的幸福宜居地迈进。

第二节　“创森第一城”贵阳对绿色发展的诠释

“乍寒乍暖早春天，随意寻芳到水边。树里茅亭藏水景，竹间石溜引清泉。”500多年前，心学大儒王阳明就对贵阳作了这样诗意的描述。贵阳冬无严寒，夏无酷暑，山、水、洞、林、石交相映照，自然风光令人心折，丰富的人文景观和多彩的民族文化璀璨生辉。

当然，尽管自然禀赋突出，贵阳的“先天不足”却是显而易见的：地理区位差，经济发展方式粗放，产业发展处于产业链前端、价值链低端等问题突出；自然资源富集，但生态脆弱，保护难度大，经济发展多受制约。

10 大理坚持生态优先绿色发展 保护开发并行不悖．云南日报，2013-07-23. https://m.focus.cn/km/zixun/3667512/

要想建成更高水平的全面小康社会，唯有扬长避短，培植后发优势，走出一条有别于东部、不同于西部其他城市的绿色发展新路。2007年，贵阳市委、市政府全面通过了《关于建设生态文明城市的决定》。走绿色发展道路，由此成为贵阳市的总体发展战略。

与此同时，贵阳长期重视城市森林建设，是中国首座获得“森林城市”称号的城市。“市委、市政府始终将提高城市森林覆盖率和绿地率作为城市建设的重要指标，坚持科学规划、合理布局、保证投入、全民参与，环城林带和城区绿地建设规模宏大，成效显著”“长70公里、总面积13.6万亩的第一环城林带成为城市重要景观，列入全市‘十五规划’；长304公里、总面积132万亩的第二环城林带进展迅速。特别是1999年以来，贵阳市结合六大林业重点工程的实施，每年将以城市森林建设为主要内容的城市绿化，列入向全市人民承诺办好的十件实事之一，城市森林建设速度不断加快、质量不断提高，全市森林覆盖率和绿化覆盖率已达34.77%和40.47%，‘城在林中、林在城中、四季常青、人居舒适’的面貌已经呈现”。[11]

栽得梧桐树，引得凤凰来。从2009—2012年，连续4届生态文明贵阳会议在这里举行，论坛汇聚了政、企、学、民、媒等国际精英人士，围绕生态文明的战略性、前瞻性问题，分享知识与经验，汇集最佳案例，共商解决方案，促进政策落实。随着时间的推移，论坛的层次越来越高，影响力越来越大。贵阳的知名度、美誉度也随之快速提升，生态文明建设深入推进。2013年1月，经党中央、国务院同意，外交部批准，已经连续举办4年的生态文明贵阳会议，升格为生态文明贵阳国际论坛。这是我国继博鳌亚洲论坛之后，又一个得到国家层面大力支持的国家级论坛，也是目前全国唯一以生态文明为主题的国际论坛。生态文明贵阳国际论坛催生了一系列行动方案和建议——从绿色银行到绿色发展基金；从可持续企业联盟到海洋保护联盟；从“一带一路”环境生态保护应对到气候变化合作……

时光荏苒，十几年如白驹过隙，不过弹指一挥间。如今的贵阳，所到之处，满眼是绿水青山。有人用四句话概括贵阳：“四面青山含黛，三重锦绣楼台，两条绿带环绕，一湾碧水穿城。”除全国首个“国家森

11 国家林业局关于授予贵州省贵阳市“国家森林城市”称号的决定.2004-11-9.

林城市”称号之外，贵阳还获得了“国家园林城市”“中国避暑之都”等美誉。一座生态环境优美、林业产业发达、森林文化繁荣、人与自然和谐的森林城市正在崛起，一座独具魅力的现代化国际性人文绿都正在彰显。

“天下之山，萃于云贵；连亘万里，际天无极。”

这是王阳明在《重修月潭寺公馆记》中赞誉贵州山势磅礴的一段话。贵州这片土地，见证了从蛮荒向文明迈进的沧桑历史。而贵阳这座城市，更以神秘雄奇的自然风光、古朴浓郁的民族风情以及深远厚重的历史文化，展现了兼容的文化品格和开放的博大胸怀。将“天人合一、知行合一”形成一个概念是个创造，凸显了贵阳文化底蕴和多彩元素。这一概念上连天线、下接地气，是探讨贵阳人文精神的逻辑起点和旨归所在。

内涵最丰富的城市精神，是能够彰显城市个性的学说。“天人合一、知行合一”的贵阳人文精神，一方面，它是中华优秀传统文化高度凝练的精华，最能代表中华优秀传统文化的核心价值；另一方面，它又与贵州的历史与现状有着密切正相关的、从理论上需要解决、实践上需要落实的重要议题。阳明文化流淌在今天实现民族复兴中国梦的共同奋斗中，也渗透在贵阳人的血脉和基因中，流露着一股强烈的文化自信、文化焦虑与文化自觉。

□美丽的黄果树

“天人合一，知行合一”，对今日贵阳的发展，还有着另一层特殊的意义。

生态兴则文明兴，生态衰则文明衰，这是人类发展不可抗拒的规律。贵阳要后来居上，就要特别注意处理好人与环境的关系，促进绿色发展，用好绿色资本。

生活在黔地地区的贵州各族人民，由于世代农耕，对大自然有着很强的依赖性，深信万物有灵。在“侗族大歌”“苗族飞歌”的传唱中，在贵州少数民族“寨老”“鬼师”“歌师”们的讲述中，天地和合、物我不二的观念比比皆是，集中表现为人与自然、人与人、人与自身的和谐。之于贵阳，也始终彰显着顺天应人、理性健康的生态情怀，各美其美、美美与共的文化基因，以及遵循规律、修身养性的实践智慧。“天人合一”正是黔贵大地世代坚守的人际相处之“神圣约定”。随着汉民族的大量迁入，中国传统儒家和道家的“天人合一”生态哲学思想也在贵州产生了巨大影响。“天人合一”作为中国古典哲学的基本内核、中华传统文化的主体，体现人与自然、人与人、人与自己内心之间的和谐。

“心者，天地万物之主也”。王阳明强调人类与宇宙万物皆归本于良知，统一于良知。他说：

盖天地万物与人原是一体，其发窍之最精处是人心一点灵明。风雨露雷、日月星辰、禽兽草木、山川土石与人原只一体，故五谷禽兽之类皆可以养人，药石之类皆可以疗疾，只为同此一气，故能相通耳。人的良知就是草木瓦石的良知。若草木瓦石无人的良知，不可以为草木瓦石矣。岂惟草木瓦石为然，天地无人的良知亦不可为天地矣（王阳明《传习录》）。

天地万物已进入人的生活的领域，与人的生活息息相关，不可须臾相离，风雨露雷、日月星辰、禽兽草木、山川土石本是自在之物，但作为人生存的条件，已与人类生活融为一体。所谓“人心一点灵明”是其发窍之最精处，意即人的良知对天地万物的关照。“以五谷养人”“以药石疗疾”则体现了“人心的灵明”对自然之物的利用，这是人与万物的一体和谐共生的充分体现。

所以天人合一与知行合一，作为贵阳人文精神的内涵，它其实反映的也是人与自然协调和谐的生态价值观：不管是经济发展、社会建设，还是文化理念、个人心理，讲求的是一种平衡或协调。在贵阳绿色发展的境况下，它所讲究的就是当下诉求与长远发展、金山银山与绿水青山之间达成一种相对的、持久的平衡。

"天人合一，知行合一"，是对我国乃至东亚历史文化进程、民族性塑造产生重大影响的大学问、大智慧，作为"贵阳人文精神"，再好再贴切不过。但关键是如何淬炼、积聚，蔚然成风，真正成为贵阳的民气、民风、民魂？

知者行之始，行者知之成，知行不可分作两事。在责任的指引下，在担当的砥砺中，贵阳迈出了实践的步伐，用行动践行了自己的坚持与信仰。

作为一个"后发赶超"的城市，"天人合一"的思想为贵阳的发展提供了指引，成为了贵阳生态价值观的来源。祖祖辈辈置身其间的绿水青山、清爽空气、凉爽天气，顿时都具有了莫大的价值，这些曾被视为无足轻重的事物，都成了贵阳后来居上的巨大优势。

生态之于贵阳，就像森林之于大地，紧密联系、相得益彰。贵阳清醒地认识到：要以规划为总纲，以更加严厉的措施保护生态，切实加强生态建设，扩大森林、湖泊、湿地等绿色生态空间的比重，增强水源涵养能力和环境容量，实现生态环境持续好转，让市民喝上干净的水、呼吸清新的空气、吃上放心的食物、生活在宜居环境中。

知中有行，行中有知。一个个创新举措，成就一部部"绿色法规"，贵阳牢记"责任"二字，以最大的力度、最严的态度、最强的措施推进绿色发展，让这个承载着500多万贵阳市民幸福未来的"生态文明之梦"，一点点照进现实。

为了改善城乡人居环境，打造宜居的生态之城，贵阳新建花溪十里河滩、阿哈湖等国家级城市湿地公园，完成南明河水环境综合整治一期工程；依托城乡规划体系形成"规划树"层级结构，构建了"双核多组团"城市空间布局，"疏老城、建新城"工作成效明显。[12]

绿色发展和森林城市建设，是贵阳不懈的探索与实践。国家森林城市不仅是我国褒奖一个城市生态文明建设的最高荣誉，也是综合体现一个城市科学发展水平与和谐发展程度的重要标志。贵阳在城市科

---

12 2016年1月19日在贵阳市第十三届人民代表大会第六次会议后通过的政府工作报告.

学、绿色发展、历史文化有机承载转化等方面，都迈出了坚实步伐。围绕着创建国家森林城市目标，贵阳开展了大量卓有成效的工作，统一了认识，明确了目标，强化了举措，城市森林建设也亮点纷呈。

为了进一步构筑发展的绿色屏障，贵阳深入实施“绿色贵州三年行动计划”，大力培育和保护森林资源，实施了一系列林业生态建设和森林资源保护工程，2015 年全市森林覆盖率达到 45.5%。

为坚定不移地推进绿色发展，贵阳实施山水林田湖生态保护和修复工程，强化生态保护和环境治理，严格环境执法监管，守住“山上、天上、水里、地里”生态底线，确保建成空间开发格局更加优化、生态质量更加优良、城市环境更加宜居、绿色生产生活方式更加普及、生态文明制度体系更加完善的全国生态文明示范城市，努力探索可复制可推广的“贵阳路径”。

与此同时，贵阳正在积极推进“千园之城”建设，预计到 2020 年，将新增各类公园 660 个，全市公园达 1000 个以上，实现中心城区 300 米见绿、500 米见园。[13] 还将确保环境空气质量稳步提升，集中式饮用水源地水质稳定达标，南明河水环境综合整治全面完成，国家水生态文明试点城市建设，必将取得明显成效。

如今贵阳的绿色令人为之赞叹，行政区域内已有林地面积近 300 万亩。市区四周群山环抱、林木苍翠，宽 1 ~ 7 公里、长逾 70 公里的第一环城林带，长 300 多公里、面积 130 多万亩的第二环城林带，为贵阳市提供了绿色生态屏障，其所能提供的负氧离子，平均每立方厘米达 2700 个以上，超过正常值的几倍，可谓“天然氧吧”。

无论是与同纬度城市相比，还是与国内及国外著名避暑旅游城市相比，“爽爽的贵阳·中国避暑之都”同样具有夏季凉爽、紫外线低、空气清新、水质优良、海拔适宜、生态环境优良等优势。2016 年第十三届中外避暑旅游口碑金榜在香港发布，在全球避暑名城百佳榜单中，贵阳与去年一样继续位列第九。绿意盎然和心旷神怡之中，贵阳的韵味让人回味无穷。

历经多年打造，生态文明贵阳国际论坛已成为一个深化国际合作

---

13 甘良莹，张勇．深化治理水气林 推进生态建设——贵阳建成全国生态文明示范城市路径之一．贵阳文明网，2016-01-22.

的开放平台，来自全球的政、商、学界代表定期聚集，纵论关乎人类命运的重大课题，共商新议程，适应新常态，为生态文明新行动描绘了清晰生动的宏图远景。各方在建设生态文明的思想观念、政策举措、保障措施等方面加强交流互动，成果丰硕，贵阳成为一扇讲述中国故事、传递中国声音的重要窗口。

在2016年7月9日的年会开幕式上，时任中共中央政治局常委、全国政协主席俞正声出席开幕式并发表主旨演讲。俞正声对贵州在生态文明建设方面的努力与成果给予了肯定："中华民族有'天人合一'的生态文化传统，明代哲学家王阳明在贵州提出了'知行合一'的哲学思想。在贵州这片土地上，人们坚持'天人合一、知行合一'的人文精神，用实际行动热爱自然、保护生态、加快发展。近年来，贵州认真贯彻习近平主席重要指示要求，以生态文明理念引领经济社会发展，努力实现经济发展和生态环境保护协调共进。在这里，我们可以处处感受到绿色发展的脉动和气息，体会到推动绿色发展的探索和实践。"[14]

风雨同舟、携手共进。透过生态文明贵阳国际论坛，贵阳市促进可持续发展国际合作的脉络也清晰可见，中国在生态文明世界舞台扮演的角色，彰显出其在可持续发展全球治理体系中全球应对的大国责任；走向生态文明新时代的愿景，更加广为人们期待。

贵阳用厚重的绿色，诠释自己的责任与担当——2015年12月，市委九届五次全会绘就了贵阳"十三五"的壮美蓝图，明确提出"十三五"时期，贵阳市要实现打造创新型中心城市、建成大数据综合创新试验区、建成全国生态文明示范城市、建成更高水平的全面小康社会的目标。坚守生态底线，坚持绿色发展，贵阳守住了绿水青山，也守来了"金山银山"。改革正在贵阳多层次、宽领域推开，唤起了生态文明的勃勃生机。

贵阳市民也在践行着绿色、低碳、简约的生活方式、消费模式，绿色发展理念渗透到了贵阳这座城市建筑、市民行为、城市精神等方方面面。环境容量就是未来，生态积累就是财富。贵阳牢固树立生态

---

14 2016年7月9日中共中央政治局常委、全国政协主席俞正声在生态文明贵阳国际论坛2016年会开幕式上发表主旨演讲.

优先理念，推动物质财富和生态财富同步增长。共创生态城市、共享绿色未来，在创建国家森林城市的过程中，不断提升百姓生态福祉，也赢得广大群众的参与和支持。对于贵阳而言，国家森林城市不仅是一块牌子、一项荣誉，它更有着丰富的内涵、深刻的寓意。科学发展、社会和谐、生态文明、品质生活、品质城市等，都能从这座城市中找到注解。

第三节　寻找桃花源里的城市

福建，被誉为“海滨邹鲁”“理学名邦”，闽地历史发展至今，对中国文化、世界文化贡献良多，在中华文明历史的演进轨迹上扮演着举足轻重的角色。

朱子理学是福建文化对中华文化的一次大贡献，尤其是《四书》的产生，使中华文化有了最主要的经典，构建了中华民族温馨的精神家园。朱熹继承发展了孔子思想，把文化发展由“五经时代”推向儒、释、道相融合的“四书时代”。

以林则徐的“林学”和严复的“侯官新学”为代表的近代闽都文化，则开启了中华民族救亡图存、奋起抗争的新时代，是福建文化对中华文化的又一次大贡献。

山海画廊，人间福地。福建更是我国南方地区重要的生态屏障，森林覆盖率 65.95%（2014 年数据），全国最“绿”，连续 30 余年位居第一。全国首个生态文明先行示范区也落户这里。从青山绿水的山区到碧海蓝天的海滨，从仍欠发达的乡村到繁华热闹的特区，福建各地严守生态环境红线，持之以恒推进生态文明建设。

在福建全省，生态红线内的重点生态功能区，面积超过 3.6 万平方公里，接近全省陆域面积 1/3。2013 年 1 月公布的《福建省主体功能区规划》，将全省国土规划为优化开发、重点开发、限制开发和禁止开发区域，其中占全省 2/5 的县（市）和 197 处区域被列入限制或禁止开发区域。[15]

15 福建省人民政府关于印发福建省主体功能区规划的通知．福建省人民政府门户网站，http://www.fujian.gov.cn/zc/zxwj/szfwj/201301/t20130117_1466232.htm

在工业化、城镇化快速发展阶段，推进生态文明建设，实现"百姓富、生态美"的目标，福建还面临许多这样的困难和挑战。治理难度在增加，资源约束在趋紧，环境压力在加大。福建各地都在探路生态文明建设体制的机制变革，努力爬坡过坎，快马加鞭。

海峡蓝色经济试验区规划、金融改革试验区、生态文明先行示范区……近年来，一项项重大"利好"密集落地福建，政策叠加效应凸显。八闽大地对青山绿水的坚守，换来了意料之外、情理之中的"丰厚回报"。在国内外环境复杂严峻、经济下行压力加大的形势下，福建省不为速度牺牲质量，始终以"绿色追求"引领城市建设和改革发展，推动经济稳中向好，逐步进入"生态型速度"增长轨道。[16]

按照相关规划，到 2020 年，福建的能源资源利用效率、污染防治能力、生态环境质量显著提升，系统完整的生态文明制度体系基本建成，绿色生活方式和消费模式得到大力推行，形成人与自然和谐发展的现代化建设新格局。

如今，作为森林、水、大气、生态环境质量均保持优良的省份，"清新福建"的金字招牌愈发闪亮。打造山清水秀、宜居宜业的生态环境，丰富了福建生态文明建设的内涵，切合福建实际，符合百姓享受绿色生活的期待，绿色发展与森林城市，正在福建开启新篇章。

福州

福州"襟江带湖，东南并海，二潮吞吐，有河灌溢，山川灵秀。逢兵不乱，逢饥不荒"（明·闽都记）；是一个具有 2200 年历史的闽越古都。

福州又名榕城。榕，从木，音"容"，意"纳"。有宽容、容纳、从容之意。

福州的文化历史，也正如榕树一样，根系中原，却又独木成林，繁衍出一脉与中原文化并不相同的文化特征。遮天蔽日的长青树冠，容留着每一个南来北往的游子，安抚着每一个行色匆匆的过客。

清朝末年，当北京的秀才们还在之乎者也中回文八股时，福

---

16 福建追求经济增长的"生态型速度".新华社，http://www.gov.cn/xinwen/2014-06/09/content_2696853.htm

州——这个远离中央集权，远离封建文化的海洋城市，在中国第一所新学——马尾船政学堂里已开始传播近代文明之音。它是中国近代教育之先，它为中国近代史率先开启了近代文化之光。1901 年，在乌山之麓诞生中国最早的一所师范学校——福州师范学校。在福州，折射出近代中国文化的第一缕曙光。

作为中国都市仅存的一块“里坊制度活化石”，三坊七巷是福州历史文化名城的精华所在，乃闽都精神根脉的发源地。这里可谓中国近代现代化进程的见证地，林则徐、沈葆桢、严复、林觉民等一大批在中国近现代舞台上风起云涌的人物，他们的生活背景都或多或少映现在三坊七巷。这些先贤，正是在闽都文化土壤滋养下、读着朱子著作成长起来的。

福州又是一个“山在城中，城在山中，水在城中”的独具特色的山水城市，在开放博大、兼容并蓄的文化底蕴下，城市建设和发展该如何扬长避短？又该如何统筹兼顾？

早在 2000 年，福建就提出了建设生态省的战略构想，2 年后，福建省正式提出建设生态省战略目标，同年，福州市启动生态市建设，决心一张“绿图”绘到底。

闽江水质优、榕城满眼绿。生态福州是对这座城市的集中概括。福州依山傍水，两江环绕，森林覆盖率高，居全国省会城市第二。为了持续保护和提升“生态福州”，福州出台了《生态福州总体规划》；明确提出建立生态红线管控制度；启动了对《福州市大气污染防治办法》的修订工作，决心用一部部“绿色法规”，助力生态文明建设，保护绿水青山。

2014 年《生态福州总体规划》出炉，让福州拥有了一份更长远的生态规划蓝图。“生态福州”就是以生态理念引领福州城市发展，探索生态城市建设的新模式。在这张蓝图里，福州将以“显山露水”为主要目标，通过保护山水本体，控制山水界面，建立与城市的良好衔接，建设城在山水中，山水在城中，山、水、城和谐共处的格局。[17]

此外，规划专家还提出了“城市风道”概念。福州是一个盆地，

17 苏杰．用“绿色法规”提升“生态福州”．新华社，http://www.gov.cn/xinwen/2014-04/14/content_2658449.htm

□ 金牛山公园福道绿道建设

三面环山，一面是闽江出海口。为改善福州市风环境、减缓热岛效应，按照通风廊道、降温节点、通风口的建设模式，将福州市规划为“一轴十廊、一门多点”的通风格局。“一轴”指闽江和乌龙江及沿江两岸100米范围，“十廊”是连接“主通风轴”向城市各方向放射的10条重要内河河道，今后城市建设尤其是沿江沿河高层建筑必须符合通风规划。这些风道将有助于福州“夏天降温、冬天除霾”。

闽江河口湿地是东亚至澳大利亚候鸟迁徙通道上的重要驿站，每年在这里越冬和迁徙停歇的水鸟达数万只，其中濒危珍稀的黑嘴端凤头燕鸥、勺嘴鹬、黑脸琵鹭，被称为闽江河口湿地的“吉祥三宝”。不少观鸟爱好者、摄影爱好者都到过闽江河口湿地，身临其境地感受过“湿地深处群鸟腾飞”的大自然奇观。

为了更好地保护湿地等自然生态资源，最近，福州市明确提出建立生态红线管控制度。实施生态保护红线划定工作，将自然保护区、风景名胜区、森林公园、湿地、饮用水源保护区、水源涵养区、基本农田保护区、矿山公园、矿产资源禁采区等区域纳入红线保护区，确保全市生态红线区域面积不低于国土面积的30%。同时建立生态红线管控监督、

□ 建成国家级森林公园 5 个，省级森林公园 10 个，实现每个乡镇建成 1 个以上森林景观公园。图为福州国家森林公园

协调和考核机制，对生态环境损害实行领导干部责任追究。[18]

徜徉在榕城的青山绿水之间，到处是一片生机勃勃的景象。温暖明媚的阳光，清新湿润的空气，馥郁繁盛的森林，枝繁叶茂的榕树遮天蔽日，碧波荡漾的闽江风光旖旎。近年来，"国家园林城市""国家环保模范城市""全国绿化模范城市""最宜居城市"……这些荣誉花落福州，无一不与"绿色发展"紧密相连。

福山福水福州城。这座城市不仅在语言上保留了宋以来真正的中原古音，也保留着一份长远的闲和、宁静的禅意和对健康人居的天然向往。从短笛横吹的匝地古榕、通络透脚的头汤温泉，满眼绿意的山水中，都可以读出一座古城的生活底蕴。

厦门

厦门人对城市的深深眷恋、外地人对厦门人的艳羡，很大一部分要落在森林城市的环境上。如今的厦门，绿意浸染，水碧山青，林木葱翠，花团锦簇；绿道林网交织阡陌，经纬纵横。

厦门于 2013 年被评为"国家森林城市"，也是福建首个国家森林城市。

18 苏杰．用"绿色法规"提升"生态福州"．新华社，http://www.gov.cn/xinwen/2014-04/14/content_2658449.htm

早在2000年，厦门就率先在全国提出厦门林业走生态型、景观型、科技型的城市林业发展道路，通过实施生态风景林、沿海防护林、绿色通道、绿色海岸、城区园林等工程，初步实现了传统林业向现代林业、山地林业向城市林业的转变；同时，通过推进森林城市建设，积极改善人居环境，促进人与自然和谐相处。

按照“一心两带五湾多点”的森林城市规划框架格局，厦门努力构建点、线、面相结合的山、海、岛、城集于一体的城市森林网络，实现了四季有花、终年常绿、环境优美的宜居城市建设目标。自创建森林城市以来，全市新造林面积近5000公顷，平均每年完成新造林面积占全市面积的1.03%。[19]

大手笔“泼”绿的背后，我们看到一条贯穿全局的理念，那就是造林绿化是一项普惠的公共福利工程，是重要的民生工程、民心工程。公园、绿地、森林是拓展城市宜居空间，提升市民幸福指数的重要载体和依托。

在创建国家森林城市工作紧张进行的3年来，厦门的森林生态廊道基本形成。在森林、海湾、湿地、溪流、湖泊、陆地等生态区域之间，厦门建设起以乡土树种为主、近自然生态型、能满足厦门地区关键物种（如苏门羚、蟒蛇、穿山甲、棘胸蛙、虎纹蛙、林鸟等）迁徙利用的5条贯通性森林生态廊道。此外，还充分利用山地天然隔离屏障，把人工绿化带与天然绿色屏障紧密结合起来，形成完整的生态防护隔离林网，对建设温馨宜居城市、保证城市生态安全、减轻台风等自然灾害、缓解热岛效应、提升空气质量等生态社会效益，发挥了极其显著的作用。一卷卷长幅生态画轴，正在岛外徐徐打开。

站在汀溪水库大坝上，放眼望去，四面青山环碧水，景色让人心旷神怡。厦门把水土流失治理与水源地生态风景林建设有机结合起来，不仅水源保护区的水土保持工作成绩卓著，还形成林水相依、山水辉映的滨水绿地和防护林带生态系统。厦门以创建“国家森林城市”为契机，以“海西森林城市，温馨宜居厦门”建设理念为引领，以建设森林和树木为主体，城乡一体、稳定健康的城市森林生态系统和美丽

---

19 徐胥．厦门：一城如花．经济日报，2015-10-21. http://www.wenming.cn/specials/wmcj/lywm/gjslcs/201510/t20151021_2923313.shtml

厦门为目标，结合“创森三大主题工程”“四绿”工程建设、全民义务植树活动等，大力推进城乡绿化统筹发展。

在海沧东孚镇山边村，可以看到，村道两侧绿意盎然，古庙戏台被绿树鲜花装扮得美轮美奂。近年来，随着跨岛发展战略的全面推进，城乡绿化一体化的步伐不断加快，厦门城市绿化建设的重心已从岛内向岛外转移。特别是通过加大财政扶持，厦门集中建设了一批生态文化示范村。形成了一个个“环境优美、四季有花、全年常绿”的绿色村庄；居民绿化美化意识逐渐增强，基本实现了“条条道路有绿树、家家庭院有鲜花”的景观。

翔安区吕塘村是古厝文化典型的村庄，是闽南戏曲文化的发祥地，结合历史悠久的古松柏林和闽南古厝，这里还建成了别具特色的风水林生态文化村。翔安区马塘村则将工业文明与生态文明巧妙结合，村庄环境优美，经济富裕，被称作“南方的华西村”，游客络绎不绝。

文化是城市的灵魂，也是城市最大的特色。创建国家森林城市工作开展以来，厦门在造林绿化过程中，没有一味追求数字的增长，而是充分地遵循地域文化和多元文化相结合的内在规律，以人为本，融旧合新，使“绿色”成为塑造城市精神的重要载体，将森林建设与闽南历史文化相结合，形成了环岛路滨海生态文化走廊、万石山生态园林文化科普教育园区、金光湖森林文化教育园区、五缘湾湿地公园、小嶝岛生态文化拓展区、闽南生态文化主题社区以及以山边村、马塘村为代表的生态文化示范新村和以吕塘村为代表古厝、风水林生态文化村等一大批各具特色的生态文化基地。

创建工作开展三年来，厦门闽台合作绿色产业蓬勃发展。结合农村产业结构调整，全面加强了与台湾在乐活林业、特色水果、种苗花卉等方面的交流合作，大力发展闽台特色的绿色产业。以森林旅游、山地运动、休闲娱乐为主题，以生态、阳光、健康、民俗为特色，完善和建设了一批森林公园或游憩公园，如天竺山、金光湖、北辰山、五缘湾、园博苑等，大力发展森林生态休闲产业，形成“城乡互动、农林水结合”的城市森林旅游格局。

以森林旅游、山地运动、休闲娱乐为主题，以生态、阳光、健康、民俗为特色，厦门还逐步形成了“城乡互动、农林水结合”的城市森林旅游格局。生态休闲旅游的发展已成为优化农业产业结构、发展高效生态农业的新亮点，繁荣农村经济、增加农民收入的新渠道，拓展旅游业的新途径。

如今，厦门为实施“美丽厦门”发展战略，提出“两个百年”的发展愿景：在建党100周年时建成美丽中国的典范城市、在中华人民共和国成立100周年时建成展示中国梦的样板城市。今天的厦门大地，在绿色的掩映下尽显生机和活力，山清、水秀、天蓝、岸绿、村美，不远的将来，呈现给世人的必然是一个生态环境更加秀美的“海上花园”。

漳州

漳州地处福建省东南部，气候宜人，四季瓜果飘香，是著名的侨乡和台胞祖居地。近年来，漳州同样以绿色发展为突破口，着力破解城乡二元经济结构，走出了一条可持续发展的生态文明新路。

漳州山、海、江、田、林、园资源丰富，有着独特的优势。按照建设“田园都市、生态之城”的定位，在推进“工业化提速、城镇化提升、现代农业提效”的进程中，漳州努力建设现代气息与田园风光交相辉映的宜居宜业城市。

在“田园都市、生态之城”建设过程中，漳州大力推进郊野公园、生态公园、绿色廊道及慢行交通系统等建设，搭建起互通连接的绿道网络和开阔的生态空间，集中体现了人与自然和谐相处的理念。仅中心城区附近就规划和建设22处、面积100平方公里的城市郊野公园。

□侨村绿化

漳州城呈现出“城在林中、路在花中、房在苑中、人在景中”的田园风光和生态景观。在城区，芝山公园、江滨公园、西溪湿地亲水公园、碧湖生态园等陆续开放；在乡村，一批村级公园、文体活动场所相继建成。[20]

近年来，漳州组织开展“关爱山川河流”“认植认养名贵树木”“世界水日”“保护母亲河日”“世界海洋日”“爱鸟周”“增殖放流”“18周岁成人纪念树”“红领巾绿地”等生态公益活动。广大市民热烈响应，积极参与其中。关爱自然、节约资源、保护环境等文明理念随着活动的广泛开展深入人心。

再比如认养名树，共结“绿缘”。在龙海林下国有林场名贵树木认植认养基地，降香黄檀、重阳木、黄花槐、火焰木、竹柏、桃花心木、红叶乌桕等1000多棵名贵树木在一位位认养者的呵护下成长。

如今的漳州，正一步一步迈向描绘中的生态之城，市民们开始享受到富有生机的田园都市生活。

第四节　青山绿水咏乡愁

北部湾畔蓝天碧海，桂林山水清新秀丽，田园山色宁静淡雅。优美的自然风光、良好的生态环境，是广西特有的优势，作为集欠发达后发展地区、矿产资源富集区、重要生态功能区等特点于一身的西部省区，广西在全国率先作出建设生态文明示范区的决定，在加快推进工业化、城镇化的进程中积极探索适合区情的绿色发展道路，努力打造并保持广西“山清水秀生态美”的优势品牌。

良好的生态环境和自然禀赋，是广西最具魅力、最富竞争力、最持久的独特资源和宝贵财富。与此同时，广西生态环境又有其脆弱的一面，土地、能源、矿产资源相对匮乏，资源环境承载力较弱。部分区域由于长期对自然资源过度开发、粗放利用，保护和恢复治理措施滞后，付出了较大的环境代价，石漠化、水土流失、矿山生态破坏、环境污染、土壤重金属污染等环境问题突出，对区域可持续发展已造成明显影响。

---

20 以水为脉、以绿为韵、以文为魂 . http://fj.zhaoshang.net/2013-07-12/113424.html

广西采取试点先行、示范引路的做法，积极推进生态文明示范区试点示范建设。近年来，各级各部门大力开展文明城市、环境保护模范城市、园林城市、森林城市、生态文明示范县、生态乡镇和生态村创建以及绿色学校、社区、家庭等"绿色系列"创建活动，实施了一批生态经济、资源环境保护、人居环境建设以及循环经济园区和行业企业等各类试点示范项目。

梧州在广西第一个获得"国家森林城市"称号，"创森"5年多来，森林继续增加，质量不断提升，越来越焕发出生态魅力。如今，梧州城乡3/4土地上覆盖着森林，牢牢把守着"广西最绿之地"；初步形成一路一品、一街一景的绿化格局；居民出行300米范围就见绿地，500米范围至少有一块5000平方米以上绿地。[21]

贺州森林覆盖率仅次于梧州，目前为72.46%。"山上优结构、山下增绿量"，贺州市把造林主战场从山上绿化转移到乡镇绿化、村屯绿化和通道绿化上，营造"四季皆绿、四季有花、四季变化"之美景。

与贺州一起跻身"森城"行列的玉林，以"山上提质增量，山下扩容增绿"为主题，实施"身边增绿""生态修复""生态惠民"三大工程，依山造绿、见缝插绿、腾地建绿、沿河布绿、傍路栽绿，实行全方位、立体式绿化。

早在2005年，柳州就开始实施"百里柳江、百里画廊"工程，按照绿化型、果化型、美彩型、园林型标准，对沿江进行大规模绿化美化。2012年，又把"绿化美化"工程扩展为"绿化美化彩化"，实施范围从"沿江"扩大到"全城"。正是这一年7月，柳州获评为"国家森林城市"。借助穿城而过长达108公里的柳江，柳州在建设生态宜居城市上着力与国际接轨，做足"城在山水森林中、山水森林在城中"大文章。如今，白日里，柳江两岸花木繁茂、小道亲水，城间河水清澈、江风清新，令人流连忘返；入夜来，对岸青山弄影、彩瀑飞流，街区华灯竞艳、霓虹闪烁，仿佛身处梦境。

森林与城市融合，演化成经济增长亮点。柳州市绿色助农增收计划推出，实施十大示范基地，良种油茶、良种桉树种植、花卉苗木、

21 谢彩文，蒋卫民，陈天颖．八桂"森城"生态竞升级．广西日报，2014-08-11.http://www.forestry.gov.cn/main/72/content-695988.html

毛竹低产改造等企业等，林下经济日趋繁荣。桂中现代林业科技产业园和柳城县林产加工物流园区初见成效。玉林市推广林药、林菌、林花等 8 种模式，龙头带大户、大户带小户，千家万户共同参与。梧州市全力建设森林资源培育、森林花卉、木材采运、木材加工、人造板、林产化工、森林食品、香料香油、竹藤加工、林果、林药、森林生态旅游等门类众多的绿色产业体系。林产工业园区的发展也引人注目。广西在加快推进工业化、城镇化的进程中，努力探索适合区情的绿色发展道路，实现森林与城市、人与自然、资源与环境、经济与社会的"相依"与"共荣"。

南宁

青山环城、碧水绕城、绿树融城、繁花簇城——在绿城南宁，这些已经触手可及。"半城绿树半城楼"，在创建国家森林城市的历程中，南宁不仅营造绿色森林，而且重视人居环境建设，更重要的是走上了绿色发展的生态之路。

目前，南宁已形成以青秀山风景名胜区为中心，以邕江主河道沿江森林风光为生态主轴，以县区自然保护区等森林为补充，融合城市园林绿化系统，构建了城乡一体化的城市森林体系。截至 2010 年底，南宁市森林覆盖率就已达到 43.65%，建成区绿化覆盖率 40.36%、绿地率 35.10%、人均公园绿地 12.95 平方米。

结合"中国水城"规划，南宁围绕"一江、两库、两渠，六环、十八河、一百湖"水系结构，重点打造 18 个内河湖泊，把水系两岸绿化作为园林绿化发展的重要载体，营造水岸特色景观。重点开展邕江综合整治和开发利用工程，推进实施了南湖—竹排江、可利江、心圩江、良庆河、楞塘冲等河流水系综合整治工程，打造出了一批秀美的滨水景观区、内涵丰富的文化长廊和人水和谐的生态休憩区。[22]

依托青山绿水，南宁做足山水文章。城外，依托盆地地形，以城市周边水库、林区为基础，形成得天独厚的青山绿水环城生态圈。城内，蜿蜒的邕江穿城而过，郁郁葱葱的邕江两岸风光带与城市街道、

22 依托青山绿水做足山水文章 南宁力造国家生态园林城市．南宁新闻网，2015-10-29. http://www.hbzhan.com/news/detail/101430.html

公园绿地生态相融合。构筑了“青山为屏、邕江为带、山水相衔、绿羽成脉”的绿地系统格局，展现了南宁生态宜居的城市自然风貌。

自实施“蓝天、碧水、宁静、整洁”四大工程以来，南宁市环境空气质量逐年提升，城市大气质量常年保持优良等级，在全国省会城市名列前茅。通过倡导“绿色出行，低碳环保”出行方式、大力实施绿道建设、发展城市快速公共交通事业和公共租赁自行车出行等措施，保护自然、师法自然、尊重自然的理念已成为广大市民的共识，南宁宜居宜业环境日益彰显。

如何让“中国绿城”的内涵更丰富，进一步提升品质和格调，南宁提出了总体的目标和定位：依托南宁市山水相依的生态格局条件，在绿城、水城的建设基础上，结合本地历史人文特征，按照国家生态园林城市的标准和要求，重点打造生态化、森林化、多样化、多彩化、本土化及低成本化的城市绿化景观，使南宁市成为具有壮乡首府特色和亚热带风情的、可持续发展的宜居型生态园林山水城市。

桂林

作为著名的风景游览城市和历史文化名城，桂林从“公园”求拓展、在“山水”上下功夫、在“路边”做文章，整座城市生态环境不断优化。如今，无论家住何处，只要站在窗边，就能见到满眼绿意，共享城市绿色生态发展的文明成果。

2008 年起，桂林向市民免费开放了穿山、南溪、西山、虞山和园林植物园等 5 个公园。5 个分别位于城市东南西北的免费公园，与原来市中心已经免费开放的“两江四湖”环城水系公园相辅相成。后来，作为城市中心“绿肺”的訾洲公园也对市民开放，市民无论移步城市何处，都能觅到休憩放松的绿地。

桂林不断增加城市绿量，完善绿地布局，优化绿地结构，优化提升城市生态环境质量。通过更换行道树树种，逐步实现了对全市道路绿化系统的改造和优化。一大批高大、绿化效果好的树种，取代树冠幅小、分枝点低、生长慢、抗污能力弱、遮荫效果差的树木，扮靓了城市道路。

与此同时，“锦上添花”工程又为城市道路装点了一片彩色。每年，桂林都会新种一批树形优美、花朵繁茂艳丽的木本观花、观叶植物，春有迎春、夏有紫薇、秋有金桂、冬有蜡梅，让城市中的人们一年四季都有花可赏、有景可看。

如今，漫步城中，乔木、灌木、花草、地被植物的组合错落有致，城市街道、广场绿地间的绿化层次丰富多彩。漓江剧院绿地、宁远河东侧绿地、南门桥小游园绿地、龙隐桥头绿地、穿山南路绿地、三里店大圆盘及周边绿地等城市中大块绿地，成为市民青睐的城市“绿肺”。[23]

在完成城市主要道路绿化、美化和亮化的基础上，桂林市还把完善城市基础设施的触角延伸到小街小巷和社区。小街小巷改造从2004年开始至今，通过打造“一路一景、一街一品”的绿化工程，越来越多的桂林老百姓发现，周围的绿色多了，桂林的美丽不再只是在青山秀水之间，更留在了自家的房前屋后。

桂林山水是桂林的“魂”，而水正是桂林山水的灵气所在。桂林城市建设和老城改造提升就围绕这个“魂”来展开，把水环境综合治理作为城市建设重要内容之一。“两江四湖”一期工程再现了桂林水在城中、城在水中，山环水绕、城景交融的山水城市特色，让桂林城市中心变成了一座大公园。

桃花江是桂林市仅次于漓江的第二条黄金水道，河道迂回曲折，素有九曲十八弯之誉，沿江风景秀丽，景点众多，为桂林山水、人文景观的又一荟萃之地。为了做好桃花江的“水”文章，桂林市启动了“两江四湖”二期工程，建设者们历经3年奋战，通过实施河道疏浚、清淤截污、架桥修路、修闸建坝、园林绿化、夜景灯光和芳莲池水道开挖等工程，使得连绵十余里水路已变成“山水画廊”。

来宾

在创建国家森林城市口号提出后，来宾市将目光锁定在打造广西“双核驱动”重要战略节点城市新定位，站在这一重要的历史节点，借势发力，加快城市生态环境建设，努力营造宜居宜业的桂中水城。

——建设宜居“水城”。一弯清水蜿蜒环绕、两岸植被苍翠欲滴、城市绿带飘舞飞扬、音乐喷泉绚丽多姿……这条规划长达60公里的桂

23 桂林 一座让人心旷神怡的生态公园．桂林日报，2011-09-04. http://news.guilinlife.com/news/2011/09-4/193895.html

中水城水系生态景观长廊细长而灵动，令人赏心悦目。在新城区建设中，来宾市一改过去新城建设"水泥森林"模式，营造出一幅水清林茂、碧波荡漾、人在城中、城在画里的宜居美景，成为市民休闲娱乐的绿色"新天堂"。

——打造秀美绿城。洋紫荆、三角梅、毛杜鹃……30余个品种上万株花木将市区迎宾路、桂中大道、维林大道、盘古大道等主干道装扮得更加靓丽，同时还继续对部分城区道路、公园及沿街生态景观进行改造升级。

——构建活力新城。绿化品位大幅提升，城市环境显著改善，良好的投资环境为这片充满希望的土地锦上添花。全市依托资源、区位优势，引进了新能源、光电、风能开发等一批重大项目。

漫步水系河岸，绿荫满枝、碧水绕城。无论闲坐在林荫下一隅欣赏水城夜景，还是沿着河岸或慢跑或散步，都让人感到无比惬意。2008年以来，来宾市以公园绿地建设为重点，不断加快城市绿化建设进度，全面提升城市绿化水平。特别是继2011年成功创建广西园林城市后，来宾市城市园林绿化工作持续强力推进，全市森林覆盖率达50.86%，城区绿化覆盖率达36.7%，基本达到城区绿地乔木种植率60%以上，城区街道树冠覆盖率25%以上目标，市民出门500米内即有休闲绿地，形成了"林水相依、林路相依、林居相依、林村相依"的城市生态环境格局。

贯穿主城区桂柳高速公路及红水河景观带，成为城区内部大型生态绿色长廊；主城区内的草鞋湖、中心湖、磨东湖、来华湖等主要内湖，和入城水系的十三渠形成的滨水绿带以及城区内的道路绿带交错而成一张均匀的"绿网"，将城区包含其中。

结合创建国家森林城市活动，来宾还规划设计了5个面积300亩以上的城市郊区森林、湿地休闲公园，使城郊外围的郊区防护林、滨水林地、经济林、风景林所构成的生态绿地渗透城市中。

柳州

"千峰环野立，一水抱城流。"清澈的柳江在柳州市蜿蜒迂回，喀斯特岩溶地貌又使得这里的山平地突起，嵯峨俊秀。与北方的凛冽寒风、雪花纷飞、四季分明截然不同。站在柳江大桥上远眺，满眼的绿

□人在画中

在整洁的街道、错落的楼群中穿行，沿江两岸公园赏心悦目、美不胜收。

柳州是一座文化名城。柳州古称龙城，建制于西汉王朝，距今有2100多年的历史。数万年前，柳江人、白莲洞人就在这里繁衍生息；铸着汉字的铜镜和富有南方特色的铜鼓，真实地记录了2000多年前中原文化与岭南文化在这儿的交汇与融合；迤至唐宋时期，只要说到柳州，唐代文学家柳宗元是绝绕不过去的。徜徉在风景宜人的柳侯祠，使人油然生发对历史的感慨。

柳州距全国山水名城桂林150公里。人说桂林山水甲天下，其实柳州山水风光及民族风情更胜桂林一筹。柳州市山水之奇秀自不待言，三江、融水、鹿寨……在柳州1.86万平方公里的土地上，尽显48个民族的文化与风情，无论是高雅的文学、神秘的宗教、通俗的山歌，还是民间奇石，共生共绘出这块土地上斑斓的景象和色彩。

每到春季，广西柳州市区24万株洋紫荆进入花期，数条街道的洋紫荆竞相绽放花朵，成为花的海洋。置身粉红的洋紫荆花海中，谁能想到这是一座以工业闻名的城市？谁又能想到这里年产230万辆汽车是“中国人均生产汽车最多的城市”？更不会想到10多年前这座城市曾是“酸雨之都”。

在加快工业排放污染治理的同时，柳州市也看到了森林对城市空气净化能力和水源涵养的作用，因此加大了对森林资源的保护，广植绿树。柳州市决心“让森林走进城市，让城市拥抱森林”，2009年年底，柳州市开始启动国家森林城市的创建。如果这一名片取得，将是对柳州市多年来保护森林资源成就的肯定，也是鼓励柳州继续改善生态环境的巨大动力。

当时，对照创建国家森林城市的各项指标，柳州市在城市建成区绿化覆盖率、城市建成区人均公共绿地面积、全民义务植树尽责率等多个方面，已达标或超额完成“创森”的任务。但是，柳州市并未将各项指标的达标，作为“创森”的唯一目标。

在接下来的几年里，柳州在围绕打造“工业城市中山水最美，山水城市中工业最强”城市品牌的同时，创新思路，通过大力实施百里柳江绿化美化、城市林业生态圈、绿满龙城等一系列森林建设工程，不断探索创建设森林城市的新途径新模式，为“生态工业柳州，宜居创业城市”提供有力生态支撑。

结合创建国家森林城市，柳州市开展了“绿满龙城”造林绿化工程，把各种因素结合起来通盘考虑，重点打造“一江”“两级”“三路”“四林”“五节点”“六片区”造林绿化工作，在工作的推进过程中，坚持政府引导，市场运作，全社会参与。造林绿化工程管理采取“六统一”的措施，即：统一租地、统一设计、统一标准、统一招标、统一施工、统一管护。[24]

通道绿化、城市石山治理和重点区域绿化美化，是柳州提升生态环境的大手笔。一是开展市内废弃或关闭的采石场石山山体治理，包括6座石山总面积23.6万平方米。二是打造森林景观道路，由市财政投入近亿元资金，在四个进出城路口道路两旁20～30米范围内，采用每年每亩1500～1800元，付给农民土地租金的租地绿化方式，共完成绿化美化重点路段道路40公里。三是各地通过开展“绿美家园”建设和“身边增绿”等活动，在城市街道、工业园区、校园、公园等种树80万株、绿篱65.5万株、植草20万平方米。四是搞好绿色通道

24 全民参与共创 建绿满龙城有柳州特色的森林城．柳州日报，2012-02-21.https://m.fang.com/news/bj/0_7089127.html

绿化，各县（区）投入资金506万元，共完成通道绿化1008公里，绿化面积1.4万亩。

按照“国家森林城市”评价指标，城市建成区（包括下辖区市县建成区）绿化覆盖率35%以上，绿地率33%以上，人均公共绿地面积9平方米以上，城市中心区人均公共绿地5平方米以上等，到2010年时，这些指标柳州市就已达到，其中人均公共绿地面积大幅度超过指标。

2012年7月9日，在内蒙古呼伦贝尔市举办的第九届中国城市森林论坛上传来喜讯，全国绿化委员会、国家林业局正式命名柳州市为“国家森林城市”，柳州由此成为广西第三个获此殊荣的城市。

今天的柳州，工业总产值约占广西四分之一强，拥有柳工、东风柳汽、上汽通用五菱等知名品牌，除了是西南工业重镇，同时还是“中国人居环境范例奖城市”“国家园林城市”“中国节能减排20佳城市”和“国家森林城市”。

如今，柳州市仍在进一步完善城市环境设施，加快建设生态宜居城市，开展“美丽柳州·生态乡村”活动，推进城乡生态文明建设与环境综合整治。

“岭树重遮千里目，江流曲似九回肠”，这是柳宗元诗中的柳江水。如今，柳州的山依然苍郁，柳江的水依然清澈，映照着千年岁月。

后记

经过《绿色发展与森林城市建设》编写团队近半年来的努力，本书（上下册）终于要与读者见面了。这是一部凝聚着多位专家学者心血的著作，也是十几年来关于创森工作最厚重的一份成果集结和历史见证。

本书上册，围绕党和国家关于绿色发展的重大决策部署，围绕森林城市建设的重点问题，从发展历程、理论建构、建设成效等角度，全面屡析绿色发展与森林城市建设的相关成果，深入探讨了森林城市建设的理念、经验和成果，丰富了具有中国特色的森林城市建设的理论体系，为森林城市建设推动绿色发展的良性循环提供了较为完备的理论支持，也留下了森林城市创建工作推行十多年来一份弥足珍贵的历史记录。下册则繁简得当地论述了超过一百个具有代表性的森林城市，以创森工作历程为主线，以城市群和经济区划为大致脉络和理路，对地方和相关部门在森林城市建设过程中积累的宝贵经验、阶段性成果和典型案例，进行了较为客观简要的论述和分析，相信这些森林城市建设进程中的成就和经验，对于未来中国森林城市建设的进一步推进，应当有着多方面的镜鉴意义。

对于我们编撰者而言，艰苦的写作过程，和“创森”工作的实践一样，是一个认识不断深入、理念不断澄明的过程。总体说来，有这样几点比较深入的感触：

首先，创建国家森林城市，的确是对绿色发展理念的升华。森林城市创建当然首先是林业工作领域的理论创新、是林业产业发展的重大实践创新，实现了林业自然功能和社会功能的有机结合、人与自然生态系统的高度融合，但更是推进绿色发展、推进两型社会建设、打造美丽城市的重大战略举措。

下册中论述的众多的森林城市典型例证说明，城市绿色转型的快慢、高低，考量的是绿色发展理念的强弱。绿色转型的效果显著，与其强烈的绿色发展意识紧密相关。举例而言，在写作中我们认识到，绿色发展更有可能先在中国的二三线城市和中小城市，而不是发达地区取得较大突破。不少大城市已经处于高污染、高排放状态，其绿色转型的成本相对较高，而中小城市则具有后来居上的优势，可以直接通过建设森林城市等方式，推动绿色发展和城市转型，实现经济起飞。

作为人类社会发展的全新理念，绿色发展代表了人类应对生态危机、破解发展难题和走向生态文明的共同愿景，其丰富的生态意蕴和价值，彰显了新时代的特色和情怀，也在推动着中国城市治理体制的改革走向纵深。以绿色发展为灵魂的森林城市建设，是空间上的绿化、美化，更是向着经济社会和谐、城乡一体统筹、生态文明建设方向的发展提升。

第二，我们由此更深刻地识到城市发展的真谛。千百年来，城市作为文明的地标、发展的编年史，一直承载着人类对美好生活的追求与成果。城市一直承载着人们对美好生活永恒的追求，让人幸福就是城市本质所在。推进绿色发展，建设森林城市，是全面建成小康社会、实现中国梦的时代抉择。城市面貌与美感、人民幸福指数、宜居宜业等概念，将成为城市建设者自我审视的重要维度。森林城市建设并不只是城市的点缀，而是与产业发展、城市改造、文化创新相互成就。产业转型牵一发而动全身，很多时候甚至涉及整个城市、区域布局的大调整。以绿色发展方式让产业转型，是让全体市民“同呼吸、共命运”的公益事业，是最平均的大众福利，是长远的民生战略，只有依托大力推动绿色发展，推行生态经济，做好与民生改善相结合的文章，才能真正造福于民。

第三，让我们更切实地感受到生态文明的巨大力量。一座城市的决策，容易产生“后遗症”的事会很多，只有一件事没有“后遗症”，那就是植树造林造福后代。我们在本书创作中接触到的每一个森林城市，都会让人感到一种难言的生机和力量，应当说，那就是创森工作对民心民力的凝聚。对绿色环境的渴望、强大的舆论宣传、广泛的群众基础和良好的创建氛围，让植绿、爱绿、护绿、兴绿成为市民的自觉行动，聚合了巨大的智慧和力量。随着时间的推移，森林城市的内涵还将不断丰富、外延不断伸展，日益向着经济社会和谐、城乡一体统筹、生态文明建设方向发展提升，森林城市将成为生态文明越来越重要的建设平台和展示窗口；营造着越来越能唤起亲切感、产生亲和力的自然环境、社会环境和文化环境。而生态文明本身，就可以视为一种抽象的朝阳产业，对于经济发展相对落后、资本要素匮乏，但文化底蕴厚重、人文资源鲜活的地区而言，推动生态文明及相关产业，充分利用优势，完全可能在未来的发展中获得竞争优势，和推动经济持续向好的强大动力。而国家森林城市做为当前国家对一个城市在生态方面的最高评价，是最能反映城市生态文明建设整体水平的指标之一。森林城市的工作将继续稳步推进，促进经济、社会、生态协调发展，努力构建越来越多覆盖城乡、全民共享的"生态宜居之城"。

第四，森林城市建设同时也是一种文化创举。《易经》有云："刚柔交错，天文也。文明以止，人文也。观乎天文以察时变；观乎人文以化成天下。"不言而喻，城市森林的建设对城市历史文化有着重要的支持作用。包括森林在内的自然景观，是城市文化最直观的载体。如何把自然景观与历史人文巧妙结合，既保护城市特有的历史特色，又能赋予现代内涵，使之成为历史文化与现代文明交相辉映的宜居之城，这是提升市民幸福指数、突出城市魅力的重要内容。翻阅中国的诗词曲赋，先人对城市与森林的寄情歌咏，比比皆是。这也从侧面印证着这两者之间天然的历史渊源。无论是"一城森林环两江，满目青翠醉酒城"、还是"春风十里扬州路，绿杨城郭是扬州"，我们在阅读时从情感深处被唤起的，决不会是普通的一草一木、一山一水、一城一郭，而是凝聚着无限感情寄托与历史乡愁。所以本书的下册内容，除了重点论述森林城市与绿色发展的内容之外，还将视野投向了中国森林城市建设与历史、文化的多方位交融与互动，我们相信，在今后的创森工作中，城市的绿色空间会对城市的历史文脉延续会起到越来越明显的承载功能，城市森林与城市文化之间，真正做到和谐共进，共同营造可持续发展的城市空间。

创建国家森林城市，是对绿色发展脉络的传承。创森工作非一日之功，是一个动态长期的过程，必须有历史的基业、文化的积淀和持之以恒的建设。今天我们无时无刻不在享受着前人留下的资源，我们也有责任为后人留下更多的财富。"无山不绿，有水皆清，四时花香，万壑鸟鸣，替河山装成锦绣，把国土绘成丹青”；这是中华人民共和国第一任林业部长梁希先生的名言，也是中国森林城市建设的奋斗理想。

森林，是永增值、不折旧、有生命的基础设施，拥有大自然最美的色调。城市，因林而秀，一座城市如果以林为体，一定充满生机。现在，越来越多的森林城市已成为绿色发展与生态文明建设的重要窗口。走绿色发展的文明之路，是中国社会的历史嬗变，也是中国城市的绿色传奇。青山绿水、碧海蓝天、江河安澜；这是我们正在追求的绿色梦想，也是正在演绎的绿色现实。在《绿色发展与森林城市建设》一书出版之际，祈愿华夏大地万里锦绣由梦想化为现实，护佑中华民族的百年复兴之路。

本书中的纰漏、不足，欢迎社会各届批评指正。

参考文献

周一星．城市地理学[M]．北京：商务印书馆，2003
于洪俊，宁越敏．城市地理概论[M]．合肥：安徽科学技术出版社，1983
周牧之．托起中国的大城市群[M]．北京 世界知识出版社，2004
李大农，李福钟．文化经济学[M]．北京：北京师范大学出版社，2002
李志勇（译）．城市森林与树木[M]．北京：科学出版社，2009
陕西统计局．陕西统计年鉴[M]．北京：中国统计出版社，1996—2007
戴维·哈维（David Harvey）．后现代状况[M]．北京：商务印书馆，2003
罗伯特·文丘里．建筑的矛盾性与复杂性[M]．北京：中国建筑工业出版社，1991
凯文·林奇．城市意象[M]．北京：华夏出版社，2001
凯文·林奇．城市形态[M]．北京：华夏出版社，2001
国家统计局城市社会经济调查司．中国城市统计年鉴[M]．北京：中国统计出版社，2009—2012
辛章平，张银太．低碳经济与低碳城市[J]．城市发展研究，2008（4）
刘仲华．京津冀区域协同发展的历史文化根基[J]．前线杂志，2014（7）
张涛．城市群理论研究与实证分析[D]．武汉：武汉理工大学，2006
赵云伟．当代全球城市的城市空间重构[J]．国外城市规划，2005（1）
李宏宇．关于中原城市群崛起的思考[J]．北方经济，2006（1）
方元．大造城市群——安徽奋力崛起的选择[J]．决策参考，2005（8）
叶玉瑶．城市群空间演化动力机制初探——以珠江三角洲城市群为例[J]．城市规划，2006（1）
周国华，舒倩，李红霞．长株潭城市群生态安全建设研究[J]．湖南师范大学自然科学学报，2005（4）
倪鹏飞．中国城市竞争力报告[M]．北京：社会科学文献出版社，2006(4)
姚士谋，李青，武清华，等．我国城市群总体发展趋势与方向初探[J]．地理研究，2010（8）

崔冬初，宋之杰．京津冀区域经济一体化中存在的问题及对策[J]. 经济纵横，2012（5）
朱正龙．汉长昌三大城市群空间结构比较研究[D]. 南昌：江西师范大学，2010
童中贤．中部地区城市群空间范围界定[J].Urban Problems，2011(7)
段七零．长江流域的空间结构研究[J]. 长江流域资源与环境，2009(9)
李平华，于波．经济全球化中的世界城市体系与上海城市发展方向[J]. 南京财经大学学报，2006（6）
冯德显．从中外城市群发展看中原经济隆起——中原城市群发展研究[J]. 人文地理，2004，19
陈永生．城市功能定位研究——以辽源市为例[D]. 长春：东北师范大学，2006
刘振新．珠三角城市群的形成与发展[J]. 同济大学学报（社会科学版），2004，15
杨姝．建设森林城市推进城乡统筹发展[J]. 西南农业大学学报（社会科学版），2010（3）